150 Jahre
Wissen für die Zukunft
Oldenbourg Verlag

Kostenrechnung

Grundlagen und Anwendungen
Mit Übungen und Lösungen

von

Prof. Dr. rer. pol. Frank Kalenberg

2., überarbeitete und erweiterte Auflage

Oldenbourg Verlag München Wien

Bibliografische Information der Deutschen Nationalbibliothek

Die Deutsche Nationalbibliothek verzeichnet diese Publikation in der Deutschen Nationalbibliografie; detaillierte bibliografische Daten sind im Internet über <http://dnb.d-nb.de> abrufbar.

Rosenheimer Straße 145, D-81671 München
Telefon: (089) 45051-0
oldenbourg.de

Lektorat: Wirtschafts- und Sozialwissenschaften, wiso@oldenbourg.de
Herstellung: Anna Grosser
Coverentwurf: Kochan & Partner, München
Gedruckt auf säure- und chlorfreiem Papier
Gesamtherstellung: Druckhaus „Thomas Müntzer“ GmbH, Bad Langensalza

ISBN 978-3-486-58615-2

Vorwort zur 2. Auflage

Im Rahmen der nun vorliegenden 2. Auflage dieses Lehrbuches (die 1. Auflage erschien noch unter dem Titel: Grundlagen der Kostenrechnung – eine anwendungsorientierte Einführung) wurden im Textteil notwendige Aktualisierungen und kleinere Korrekturen vorgenommen. Zudem erfolgte eine Erweiterung um einen umfangreichen Aufgaben- und Lösungsteil. Hierdurch wird die anwendungsorientierte Lehrstoffvermittlung, die im Textteil auf Grundlage zahlreicher Beispiele erfolgt, sinnvoll ergänzt. Zusätzlich zu den kleineren Kontrollfragen am Ende der einzelnen Kapitel sollen die Übungsaufgaben am Ende des Lehrbuches dazu beitragen, den individuellen Lernfortschritt zu verbessern. Die ausführlichen Lösungen und zusätzlichen Erläuterungen ermöglichen neben einer selbständigen Überprüfung des entsprechenden Lernerfolges auch eine weitere Vertiefung der Lehrinhalte.

Meinen Kollegen Prof. Dr. Hartmund Barth und Prof. Dr. Andreas Piel danke ich für wertvolle Hinweise im Rahmen der Entstehung der 2. Auflage dieses Lehrbuches. Frau Dr. Christiane Kallenbach hat erneut das Korrekturlesen des Manuskriptes übernommen, wofür ich ihr ebenfalls sehr dankbar bin. Danken möchte ich natürlich auch meinen Studierenden für die positive Aufnahme der 1. Auflage sowie für zahlreiche Anregungen und Hinweise, über die ich mich auch zukünftig sehr freuen würde.

Berlin, Februar 2008 Frank Kalenberg

Vorwort zur 1. Auflage

Das vorliegende Lehrbuch entstand im Rahmen meiner Vorlesungen zur *Kosten- und Leistungsrechnung* an der Fachhochschule für Wirtschaft Berlin. Auf den ersten Blick erscheint es nicht besonders originell, der Vielzahl von Lehrbüchern zu dieser Thematik ein weiteres hinzuzufügen. Auf die Frage meiner Studenten nach einer Literaturempfehlung zum Thema *Kostenrechnung* habe ich mich allerdings bisher mit einer Antwort nicht leicht getan. Viele Lehrbücher zu dieser Thematik erscheinen mir insgesamt zu „theorielastig". Gerade ein so praxisorientiertes Fachgebiet wie die Kostenrechnung erfordert m.E. aber eine verstärkt anwendungsorientierte Lehrstoffvermittlung. Aus dieser Motivation heraus ist das vorliegende Lehrbuch entstanden.

Der inhaltliche Fokus liegt dabei auf der Darstellung der *wesentlichen* Grundlagen der Kostenrechnung. Neben den drei Stufen der Kostenrechnung (Kostenarten-, Kostenstellen- und Kostenträgerrechnung) werden Kostenrechnungssysteme auf Voll- und Teilkostenbasis in ihren Grundzügen behandelt. Dabei werden insbesondere Systeme der Plankostenrechnung, die häufig sehr komprimiert dargestellt werden, ausführlicher erläutert. Neben diesen *traditionellen* Systemen der Kostenrechnung werden mit der Prozesskostenrechnung und dem Konzept des Target Costing auch vergleichsweise neue Entwicklungen auf dem Gebiet des Kostenmanagements behandelt. Der konkrete Anwendungsbezug wird durch eine Vielzahl von Beispielen hergestellt. Kleinere Kontrollfragen und -aufgaben am Ende der einzelnen Kapitel ermöglichen zudem eine Überprüfung des individuellen Lernfortschritts.

Meinen Studenten am *Fachbereich Berufsakademie* der Fachhochschule für Wirtschaft Berlin danke ich für zahlreiche wertvolle Hinweise und Anregungen im Rahmen der Entstehung dieses Lehrbuchs. Darüber hinaus bin ich Frau Dr. Christiane Kallenbach für das Korrekturlesen des Manuskriptes (und für unsere langjährige Freundschaft) sehr dankbar.

Berlin, Mai 2004 Frank Kalenberg

Inhaltsverzeichnis

Seite

Abbildungsverzeichnis

Seite

1. Stellung der Kosten- und Leistungsrechnung innerhalb des betrieblichen Rechnungswesens

1.1 Begriff, Aufgaben und Teilbereiche des betrieblichen Rechnungswesens

Zweck eines Unternehmens ist die Erstellung und der Absatz von Leistungen. Dabei handelt es sich - je nach Branchenzugehörigkeit - i.d.R. um Sach- und/oder Dienstleistungen. Die Leistungserstellung erfolgt im Wege der Kombination von Produktionsfaktoren (menschliche Arbeitskraft, Betriebsmittel, Werkstoffe und Dienstleistungen).

Der Leistungserstellungsprozess umfasst die **betrieblichen Grundfunktionen** Beschaffung, Produktion und Absatz, die auch als einzelne Phasen des Leistungserstellungsprozesses aufgefasst werden können. Hauptaufgaben der Unternehmensführung sind dabei die Planung, Steuerung, Überwachung und Kontrolle der einzelnen Phasen des Leistungserstellungsprozesses sowie der sich dabei vollziehenden Aktivitäten.

Um den Leistungserstellungsprozess zielorientiert planen, steuern und kontrollieren zu können, bedarf es entsprechender unternehmensinterner und -externer Informationen. Wichtigster Informationslieferant insbesondere für interne Informationen ist das **betriebliche Rechnungswesen**, dessen Ziel es ist, die erforderlichen Informationen zum richtigen Zeitpunkt und in der geforderten bzw. notwendigen Qualität bereitzustellen.

Das betriebliche Rechnungswesen stellt dabei gewissermaßen ein **wertmäßiges Spiegelbild des betrieblichen Leistungserstellungsprozesses** dar. "In ihm werden wirtschaftlich relevante Informationen über angefallene und geplante Geschäftsvorgänge und -ergebnisse erfasst, gespeichert und entsprechend dem zugrunde liegenden Rechnungszweck verarbeitet und an den Informationsadressaten weitergegeben".[1]

Das betriebliche Rechnungswesen ist dabei nicht Teil der betrieblichen Grundfunktionen, sondern wirkt eher indirekt, indem es zweckgerichtete und entscheidungsrelevante Informationen zur Verfügung stellt. Es wird damit zu einem der **zentralen Instrumente der Unternehmensführung** bei der Erfüllung der Führungsaufgaben. Ohne ein leistungsfähiges Rechnungswesen ist eine zielorientierte Unternehmensführung daher kaum möglich.

---

[1] Haberstock, L. (2005), S.1 f.

Die **Aufgaben des Rechnungswesens** bestehen generell in der Erfassung, Überwachung und Auswertung des (quantitativen bzw. wertmäßigen) Unternehmensgeschehens. Im Einzelnen lassen sich folgende Hauptaufgaben zusammenfassend nennen:

Hauptaufgaben des Rechnungswesens

• **Dokumentation:**	Aufzeichnung aller Geschäftsvorfälle (Belege)
• **Rechenschaftslegung/ Information:**	für Finanzbehörden, Gläubiger, Anteilseigner (aufgrund gesetzlicher Vorschriften) und für interne Entscheidungsträger
• **Kontrolle:**	Überwachung der Wirtschaftlichkeit, Rentabilität, Liquidität
• **Planung/Disposition:**	Grundlage für alle unternehmerischen Entscheidungen

Da die o.g. Hauptaufgaben des Rechnungswesens durchaus heterogener Natur sind, haben sich innerhalb des Rechnungswesens **unterschiedliche Teilgebiete** herausgebildet. Die einzelnen Teilgebiete "agieren" dabei - trotz gewisser inhaltlicher Anknüpfungspunkte - recht unabhängig voneinander. Unterscheiden lassen sich neben der **Bilanzrechnung** und der **Kosten- und Leistungsrechnung** die **Finanz- und Investitionsrechnung**.

Die **Bilanzrechnung** dient der Darstellung der Vermögens-, Finanz- und Ertragslage eines Unternehmens und zerfällt in die Teile Bilanz, Gewinn- und Verlustrechnung (GUV), Anhang und ggf. Lagebericht. Die nach handels-, steuerrechtlichen und/oder internationalen Bilanzierungsvorschriften durchgeführte Bilanzrechnung dient insbesondere externen Adressaten (z.B. Eigentümern, potenziellen Investoren, Gläubigern, Staat) als Informationsgrundlage und wird daher auch als **externes Rechnungswesen** bezeichnet. Die übrigen Teilgebiete werden zum **internen Rechnungswesen** gezählt, da sie v.a. die internen Entscheidungsträger mit den notwendigen Informationen versorgen sollen und i.d.R. keinen gesetzlichen Regelungen unterworfen sind.

Die Ziele und Aufgaben der **Kosten- und Leistungsrechnung** werden in Abschnitt 1.3 noch detaillierter dargestellt. Generell lässt sich aber bereits hier festhalten, dass auch die Kosten- und Leistungsrechnung der Erfolgsermittlung dient. Im Gegensatz zur GUV bezieht sich der ermittelte Erfolg (Gewinn oder Verlust) aber nicht auf das

Gesamtunternehmen, sondern nur auf die "eigentliche" betriebliche Tätigkeit und ist eher kurzfristig orientiert (i.d.R. Monatsrechnung). Neben dem "Betriebserfolg" ermittelt die Kosten- und Leistungsrechnung darüber hinaus auch den stückbezogenen Erfolg einzelner Produkte und liefert so wichtige Informationen für die Preis- und Sortimentspolitik eines Unternehmens.

Das Rechnungsziel der **Investitionsrechnung** liegt ebenfalls in der Ermittlung einer Erfolgsgröße. Im Gegensatz zu den o.g. Teilgebieten handelt es sich hierbei allerdings bei Anwendung einer dynamischen Investitionsrechnung um eine mehrperiodige Erfolgsgröße, die die Vorteilhaftigkeit einzelner Investitionsobjekte bzw. umfangreicher Investitionsprogramme über die Jahre ihrer Nutzung z.B. durch die Ermittlung von Kapitalwerten, internen Zinsfüßen oder Annuitäten aufzeigen soll. Während die Kosten- und Leistungsrechnung und die GUV den eher kurzfristigen bzw. mittelfristigen Betriebs- und Unternehmenserfolg ermitteln, versucht die Investitionsrechnung den entsprechend der Nutzungsdauer eher langfristigen Erfolg von geplanten Investitionen zu ermitteln.

Die **Finanzrechnung** bildet - soweit sie sich auf die Finanzierung von Investitionen bezieht - das Pendant zur Investitionsrechnung und ist in diesem Fall ebenfalls als Mehrperiodenrechnung (langfristig) konzipiert. Im Rahmen einer kurzfristigen Finanzrechnung geht es hingegen um die Sicherung der jederzeitigen Zahlungsfähigkeit eines Unternehmens. Die Liquidität wird damit zur zentralen Zielgröße der Finanzrechnung, die je nach Branche z.T. sogar als Tagesrechnung durchgeführt werden muss.

Häufig werden neben den genannten Teilgebieten des Rechnungswesens zusätzlich die Bereiche **Statistik und Planungsrechnung** aufgeführt. Eine gesonderte inhaltliche Betrachtung dieser Gebiete erscheint allerdings obsolet, da statistische Auswertungen sowie die Durchführung von Planungsrechnungen elementarer Bestandteil aller bereits erläuterten Teilgebiete des Rechnungswesens darstellen.

In der betrieblichen Praxis werden die Bereiche Bilanz- und Finanzrechnung häufig organisatorisch zur **Geschäfts-** oder auch **Finanzbuchhaltung** und die Bereiche Kosten- und Leistungsrechnung sowie Investitionsrechnung zur **Betriebsbuchhaltung** zusammengefasst.

1.2 Grundbegriffe des betrieblichen Rechnungswesens

Nachdem im vorherigen Abschnitt die einzelnen Teilgebiete des betrieblichen Rechnungswesens kurz charakterisiert wurden, sollen im Folgenden die zentralen Grundbegriffe, mit denen in den einzelnen Teilbereichen "gerechnet" wird, näher erläutert werden. Für das Verständnis ist es dabei wichtig, bereits an dieser Stelle darauf hinzuweisen, dass es sich bei den abzugrenzenden Begriffen keinesfalls um Synonyme handelt, obwohl diese umgangssprachlich häufig so verwendet werden, sondern die einzelnen Begriffe - trotz gewisser Überschneidungen - i.d.R. jeweils mit unterschiedlichen Inhalten belegt sind.

Grundsätzlich ist zunächst zwischen den so genannten **Stromgrößen** und den **Bestandsgrößen** zu unterscheiden. Während sich die Stromgrößen auf einzelne Perioden beziehen, sind Bestandsgrößen stets stichtagsbezogen. Änderungen von Stromgrößen innerhalb einer Periode führen dabei zu Änderungen der jeweils zugehörigen stichtagsbezogenen Bestandsgrößen. Den Zusammenhang zwischen Strom- und Bestandsgrößen sowie den zugehörigen Rechnungsebenen zeigt Abbildung 1.

Abb. 1: Grundbegriffe des betrieblichen Rechnungswesens

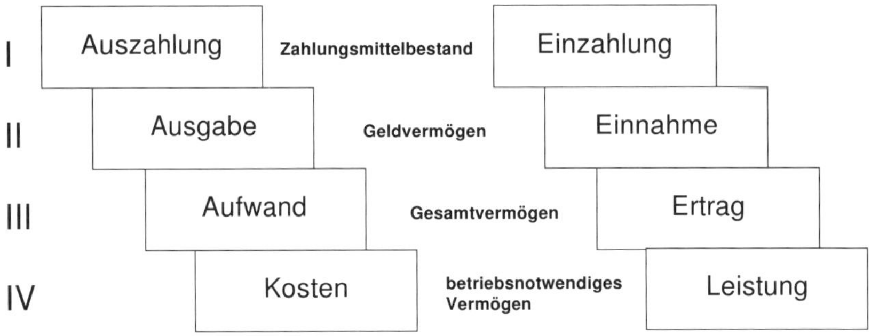

I/II: Ebene der Finanz- und Liquiditätsplanung
III: Ebene der Finanzbuchhaltung (Bilanz und GUV)
IV: Ebene der Kosten- und Leistungsrechnung

Quelle: in Anlehnung an Haberstock, L. (2005), S. 16.

Wie aus der Abbildung deutlich wird, gibt es zwischen den einzelnen Begriffen deckungsgleiche Überschneidungsbereiche, aber auch Bereiche, wo die einzelnen Begriffe inhaltlich nicht korrespondieren. Bevor anhand einzelner Beispiele die Gemeinsamkeiten und Unterschiede der einzelnen Begriffe bzw. einzelnen Begriffspaare näher erläutert werden, ist es sinnvoll, zunächst Strom- und Bestandsgrößen inhaltlich zu definieren.[2]

[2] Vgl. Haberstock, L. (2005), S. 17 f.

Stromgrößen des betrieblichen Rechnungswesens	
Auszahlung:	Abgang liquider Mittel (Bargeld und Sichtguthaben) pro Periode = Verminderung des Zahlungsmittelbestandes
Einzahlung:	Zugang liquider Mittel (Bargeld und Sichtguthaben) pro Periode = Erhöhung des Zahlungsmittelbestandes
Ausgabe:	Verminderung des Geldvermögens pro Periode
Einnahme:	Erhöhung des Geldvermögens pro Periode
Aufwand:	Wert aller verbrauchten Güter und Dienstleistungen pro Periode
Ertrag:	Wert aller erbrachten Leistungen pro Periode
Kosten:	Wert aller verbrauchten Güter u. Dienstleistungen pro Periode zur Erstellung der "eigentlichen" (typischen) betrieblichen Leistungen
Betriebs-ertrag:	Wert aller erbrachten Leistungen pro Periode im Rahmen der "eigentlichen" (typischen) betrieblichen Tätigkeit

Die den einzelnen Stromgrößen zurechenbaren Bestandsgrößen lassen sich folgendermaßen definieren:

Bestandsgrößen des betrieblichen Rechnungswesens	
Zahlungsmittelbestand:	Bestand an liquiden Mitteln (Bargeld (=Kasse) und Sichtguthaben)
Geldvermögen:	Zahlungsmittel + Forderungen - Verbindlichkeiten
Gesamtvermögen:	Geldvermögen + Sachvermögen
Betriebsnotwendiges Vermögen:	Gesamtvermögen (kostenrechnerisch bewertet) abzüglich des nicht betriebsnotwendigen (neutralen) Vermögens

Zwischen Strom- und Bestandsgrößen bestehen folgende Zusammenhänge: Änderungen des Saldos zwischen Ein- und Auszahlungen führen zu einer Änderung des Zahlungsmittelbestandes. Änderungen des Saldos von Einnahmen und Ausgaben führen zu einer Änderung des Geldvermögens. Hierbei ist die Rechnungsebene der Investitions- und Finanzrechnung betroffen. Änderungen des Saldos von Erträgen und Aufwendungen (Gewinn oder Verlust) führen zu einer Änderung des Gesamtvermögens, während Änderungen des Saldos von Betriebsertrag (= Leistung) und

Kosten eine Änderung des kostenrechnerisch bewerteten Gesamtvermögens bedingen.

Die definitorischen Begriffsabgrenzungen sollen im Folgenden anhand konkreter **Beispiele** erläutert werden. Zunächst sei hierzu noch einmal auf die Abbildung 1 verwiesen. Der linke Teil der Abbildung bezieht sich auf die Inputseite, d.h. auf Vorgänge, die i.d.R. mit der Beschaffung und dem Einsatz von Produktionsfaktoren in Zusammenhang stehen. Der rechte Teil der Abbildung bezieht sich auf die Outputseite, d.h. auf Vorgänge, die mit der Verwertung der erstellten Leistungen verbunden sind.

Zunächst soll das Augenmerk auf die Inputseite und die Begriffe **Auszahlung und Ausgabe** gerichtet werden. Betrachtet man die zugehörigen Bestandsgrößen Zahlungsmittelbestand und Geldvermögen, liegen Auszahlungen und Ausgaben immer dann gemeinsam vor, wenn sich sowohl der Zahlungsmittelbestand als auch das Geldvermögen ändern. Dies ist immer dann der Fall, wenn Barkäufe (z.B. von Rohstoffen) stattfinden und die Position *Verbindlichkeiten* in der Geldvermögensgleichung nicht tangiert wird. Im Umkehrschluss bedeutet dies, dass beide Begriffe sich nicht entsprechen, wenn im Zusammenhang mit der Beschaffung Kreditierungsvorgänge stattfinden. So führt ein Zielkauf von Rohstoffen in einer Periode über den Anstieg der Verbindlichkeiten und der damit zusammenhängenden Verringerung des Geldvermögens zwar zu einer Ausgabe, da der Zahlungsmittelbestand hiervon jedoch zunächst unberührt bleibt, liegt keine Auszahlung in der Periode vor. Die entsprechende Auszahlung findet erst in einer späteren Periode statt, wenn die Lieferantenverbindlichkeit beglichen wird und der Zahlungsmittelbestand sich verringert. Eine Ausgabe liegt dann jedoch nicht mehr vor, da in der Geldvermögensgleichung der Verringerung des Zahlungsmittelbestands eine Verringerung des Verbindlichkeitsstands gegenübersteht und sich das Geldvermögen mithin insgesamt nicht verändert.

Auf der Outputseite ergeben sich die Zusammenhänge analog. **Einzahlung und Einnahme** entsprechen sich stets bei Barverkäufen (z.B. von Fertigerzeugnissen), da sowohl der Zahlungsmittelbestand als auch das Geldvermögen (bei gleichzeitiger Konstanz der Forderungen) zunehmen. Treten Kreditierungsvorgänge in der Weise auf, dass die Produktverkäufe auf Ziel erfolgen und zunächst kein Zahlungseingang erfolgt, liegen zwar Einnahmen (über einen Anstieg der Forderungen in der Geldvermögensgleichung) vor, zu einer Einzahlung kommt es hingegen erst in der Periode, in der die Forderung durch den Kunden beglichen wird. Da in diesem Fall über den konstanten Saldo aus Anstieg des Zahlungsmittelbestands und Verringerung des

Forderungsbestands das Geldvermögen wie oben unverändert bleibt, liegt eine Einnahme nicht vor.

Betrachtet man nun die Begriffe **Ausgabe und Aufwand** auf der Inputseite, so lassen sich auch hier Gemeinsamkeiten und Unterschiede feststellen. Gemäß Aufwandsdefinition setzt ein Aufwand einen konkreten Verbrauch von Gütern und/oder Dienstleistungen voraus. Ist dies (wie z.B. bei Lagervorgängen) nicht erfüllt, so entsprechen sich beide Begriffe nicht. Werden also z.B. Rohstoffe beschafft, aber nicht sofort in der Produktion eingesetzt, sondern zunächst auf Lager gelegt, liegt zwar eine Ausgabe vor, ein Aufwand hingegen entsteht erst bei Verbrauch der Rohstoffe in Folgeperioden. Bei Beschaffung und Verbrauch der Rohstoffe in der gleichen Periode liegen sowohl Ausgaben als auch Aufwand vor.

Die getroffenen Aussagen gelten analog für die Begriffe **Einnahme und Ertrag** auf der Outputseite im Zusammenhang mit der Leistungserstellung und einer möglichen Lagerung von Fertigfabrikaten bzw. deren Erstellung und (direktem) Verkauf innerhalb derselben Periode.

Für das Verständnis der Kosten- und Leistungsrechnung ist die Abgrenzung zwischen den Begriffen *Aufwand* und *Kosten* einerseits sowie *Ertrag* und *Leistung* (= Betriebsertrag) andererseits von besonderer Bedeutung. Daher erfolgt eine ausführliche Erläuterung der Unterschiede und Gemeinsamkeiten.

Hinsichtlich der Unterscheidung von **Aufwand und Kosten** sei zunächst auf Abbildung 2 verwiesen. Aus der Abbildung werden folgende Zusammenhänge deutlich: **Aufwand** setzt sich aus den beiden Komponenten *Neutraler Aufwand* und *Zweckaufwand* zusammen. Der **Neutrale Aufwand** beeinflusst in der Finanzbuchhaltung das Periodenergebnis. Eine Übernahme in die Kostenrechnung erfolgt aber nicht. Der neutrale Aufwand ist in den betriebsfremden, außerordentlichen und den periodenfremden Aufwand zu unterteilen. Beim *betriebsfremden Aufwand* besteht kein Zusammenhang zwischen Aufwand und der betrieblichen Leistungserstellung und -verwertung (z.B. Spenden). Der *außerordentliche Aufwand* ist zwar betriebsbedingt, fällt aber in Art und/oder Höhe nicht regelmäßig an, so dass eine Übernahme in die Kosten- und Leistungsrechnung nicht erfolgt (z.B. außerordentliche Schäden am Anlagevermögen). Der *periodenfremde Aufwand* ist ebenfalls i.d.R. betriebsbedingt, aber die Gründe für das Entstehen dieser Aufwendungen liegen in einer anderen Periode (z.B. Steuernachzahlungen).

Der **Zweckaufwand** entsteht bei der Leistungserstellung und -verwertung und wird mit der gleichen Bewertung als Kosten in die Kosten- und Leistungsrechnung übernommen. In diesem Fall sind Aufwand und Kosten deckungsgleich (i.d.R. beispielsweise bei den der Personalkosten).

Abb. 2: Abgrenzung zwischen Aufwand und Kosten

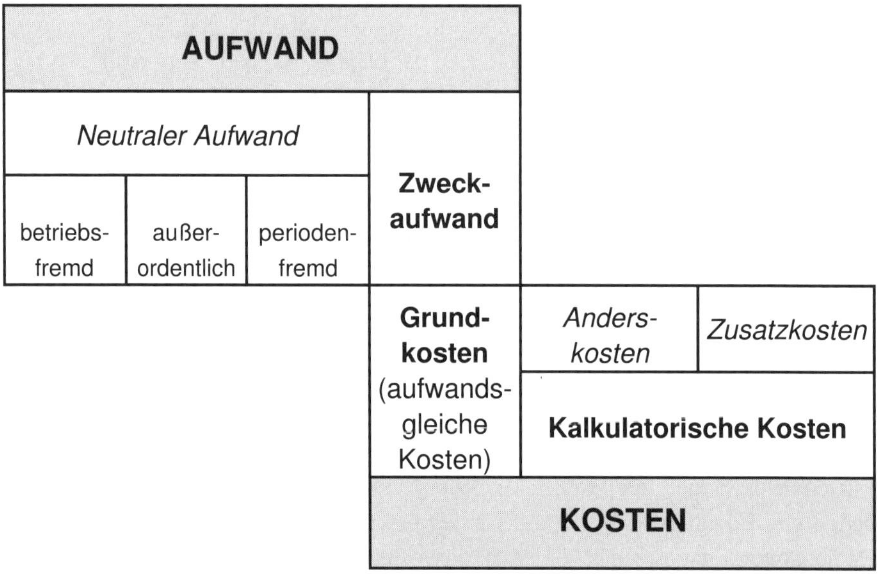

Kosten bestehen aus den beiden Komponenten Grundkosten und kalkulatorische Kosten. Während die **Grundkosten** als aufwandsgleiche Kosten dem Zweckaufwand entsprechen, bestehen die **kalkulatorischen Kosten** aus den Anderskosten sowie den Zusatzkosten. *Anderskosten* werden anders bewertet als der entsprechende Aufwand in der Finanzbuchhaltung (z.B. Abschreibungen) und daher differieren die jeweiligen Wertansätze in der GUV und der Kostenrechnung. *Zusatzkosten* sind Kosten, denen gar kein Aufwand in der Finanzbuchhaltung gegenübersteht (z.B. kalkulatorische Zinskosten auf das Eigenkapital) und deren Ansatz in der Kosten- und Leistungsrechnung der Erfassung des tatsächlichen Werteverzehrs dient.

Die Unterscheidung zwischen **Ertrag und Leistung** (= Betriebsertrag) lässt sich nach ähnlichen Überlegungen vornehmen. Auch hier sei zunächst auf die Darstellung der Abbildung 3 verwiesen. **Ertrag** setzt sich aus den beiden Komponenten *Neutraler Ertrag* und *Zweckertrag* zusammen. Der **Neutrale Ertrag** beeinflusst ebenso wie der neutrale Aufwand in der Finanzbuchhaltung das Periodenergebnis, eine Übernahme in die Leistungsrechnung erfolgt aber nicht. Der Neutrale Ertrag ist in den betriebsfremden, außerordentlichen sowie den periodenfremden Ertrag zu unterteilen. Beim *betriebsfremden Ertrag* besteht kein Zusammenhang zwischen Ertrag und der betrieblichen Leistungserstellung und -verwertung (z.B. Kursgewinne bei der Veräußerung von zu Spekulationszwecken gehaltenen Wertpapieren). Der *außerordentliche Ertrag* ist zwar betriebsbedingt, aber in Art und/oder Höhe nicht regelmäßig anfallend, so dass eine Übernahme in die Leistungsrechnung nicht erfolgt (z.B. Verkauf von Teilen des Anlagevermögens über dem Buchwert). Der *periodenfremde Ertrag* ist i.d.R. betriebsbedingt, aber die Gründe für das Entstehen dieser Erträge liegen in einer anderen Periode (z.B. Steuerrückerstattung).

Abb. 3: Abgrenzung zwischen Ertrag und Leistung

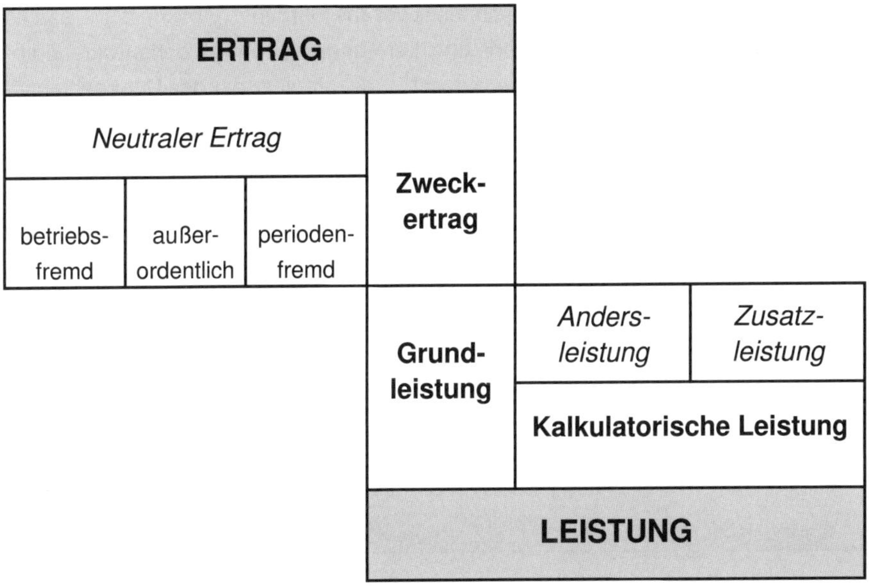

Der **Zweckertrag** wird aus analogen Überlegungen wie oben mit der gleichen Bewertung als Grundleistung in die Leistungsrechnung übernommen. In diesem Fall sind Ertrag und Leistung deckungsgleich (z.B. bei der Veräußerung von Fertigprodukten).

Grundleistung und kalkulatorische Leistung bilden die **Gesamtleistung** eines Unternehmens. Während die **Grundleistung** dem Zweckertrag entspricht, besteht die **kalkulatorische Leistung** aus der Andersleistung sowie der Zusatzleistung. Beide Formen sind im Vergleich zur obigen Unterscheidung von Anders- und Zusatzkosten aber von geringerer Bedeutung. Beispiele hierfür sind deshalb ungleich schwerer zu finden. *Andersleistungen* entstehen i.d.R. aus Bewertungsunterschieden von fertigen und unfertigen Erzeugnissen in der GUV und der Leistungsrechnung. *Zusatzleistungen* sind Leistungen, denen gar kein Ertrag in der Finanzbuchhaltung gegenübersteht (z.B. selbstgenutzte Patente mit Aktivierungsverbot).

Nachdem nun die wesentlichen Begriffe des betrieblichen Rechnungswesens erläutert wurden und insbesondere auf die für die Kosten- und Leistungsrechnung wichtige Unterscheidung der Begriffspaare Aufwand/Kosten und Ertrag/Leistung näher eingegangen wurde, sollen im Folgenden die Aufgaben und einzelnen Teilbereiche der Kosten- und Leistungsrechnung im Vordergrund stehen.

1.3 Aufgaben und Teilbereiche der Kosten- und Leistungsrechnung

Die wesentlichen Aufgaben des Rechnungswesens wurden in Abschnitt 1.1 bereits genannt. Die **Aufgaben der Kosten- und Leistungsrechnung** können daraus abgeleitet werden. Ihre Hauptaufgabe besteht in der Versorgung der Unternehmensführung mit entscheidungsrelevanten Informationen, die v.a. Planungs- und Kontrollzwecken dienen.

Typische **Planungs- und Entscheidungssituationen** auf Basis von Informationen der Kosten- und Leistungsrechnung sind z.B.:

- Wahl zwischen verschiedenen Bezugsquellen und Beschaffungswegen
- Bestimmung optimaler Bestellmengen und Seriengrößen
- Bestimmung von Preisuntergrenzen
- Bestimmung des optimalen Produktionsprogramms
- Wahl zwischen Eigenfertigung und Fremdbezug

Hinsichtlich der **Kontrollaufgaben** geht es u.a. um:

- Kostenkontrolle (z.B. in Form von Zeitvergleichen)
- Wirtschaftlichkeitskontrolle (z.B. Soll-/Ist-Vergleiche)
- kurzfristige Erfolgskontrolle (z.B. Zeitvergleich von Betriebsergebnissen)

Die Kosten- und Leistungsrechnung soll insgesamt die Transparenz der unternehmerischen Prozesse erhöhen, um v.a. den betrieblichen Leistungserstellungsprozess im Hinblick auf **Wirtschaftlichkeit und Rentabilität** zu optimieren.

Hier zeigt sich auch der wesentliche Unterschied zur Finanzbuchhaltung, die auf das Gesamtunternehmen abzielt und nicht vordergründig den betrieblichen Leistungserstellungsprozess betrachtet. Ziel der Kosten- und Leistungsrechnung ist es, ein von "Störungen" befreites Betriebsergebnis zu ermitteln, das im Zeitverlauf möglichst realistische Vergleiche zulässt (Glättung von außerordentlichen Einflüssen und Verzerrungen). Aufgrund der geforderten Entscheidungsrelevanz der Informationen erfolgt die **Bewertung zweckorientiert** und ist nicht an gesetzliche bzw. normative Regelungen gebunden.

	Bilanzrechnung	**Kosten-/Leistungsrechnung**
Hauptzweck:	realistisches (IFRS[3]) und vorsichtiges Bild (HGB) der Lage des Unternehmens	Unterstützung von Entscheidungen, Vergleich von Betriebsergebnissen
Gegenstand:	Gesamtunternehmen	Betriebsbereich
Vorgehen:	zeitgenaue Erfassung	zeitliche Glättung
Bewertung:	gesetzlich/normativ geregelt	zweckorientiert

Die vorstehende Gegenüberstellung fasst die wesentlichen Unterschiede zwischen der Kosten- und Leistungsrechnung (im Folgenden kurz Kostenrechnung) und der Bilanzrechnung zusammen. Die zunehmende Kapitalmarktorientierung hat in den letzten Jahren zu einer stärkeren Konvergenz von externem und internem Rechnungswesen v.a. in international ausgerichteten Unternehmen geführt. Zielsetzung ist dabei u.a. die Informationsversorgung von externen Kapitalgebern und internen Entscheidungsträgern stärker zu vereinheitlichen. Aufgrund der o.g. grundsätzlichen Zweckpluralität von Bilanz- und Kostenrechnung ist eine vollständige Harmonisierung beider Teilgebiete des Rechnungswesens jedoch nicht sinnvoll.[4]

Die Kostenrechnung vollzieht sich grundsätzlich in den drei Stufen **Kostenarten-, Kostenstellen- und Kostenträgerrechnung**. Bevor auf diese einzelnen Stufen in den folgenden Kapiteln ausführlich eingegangen wird, sollen bereits an dieser Stelle kurz deren wesentliche Inhalte erläutert werden (vgl. Abbildung 4).

Die **Kostenartenrechnung** bildet die erste Stufe der Kostenrechnung und dient der Erfassung und Gliederung aller im Laufe einer Abrechnungsperiode angefallenen bzw. für eine kommende Periode geplanten Kostenarten. Die Kostenartenrechnung gibt dabei Antwort auf die Frage, welche Kosten in einer Periode insgesamt in welcher Höhe angefallen bzw. geplant sind. Die erste Stufe der Kostenrechnung hat damit primär vorbereitenden Charakter für die folgenden Stufen.

---

[3] International Financial Reporting Standards

[4] Vgl. hierzu ausführlich Coenenberg, A.G. (2007), S. 28 ff.

Abb. 4: Stufen der Kostenrechnung

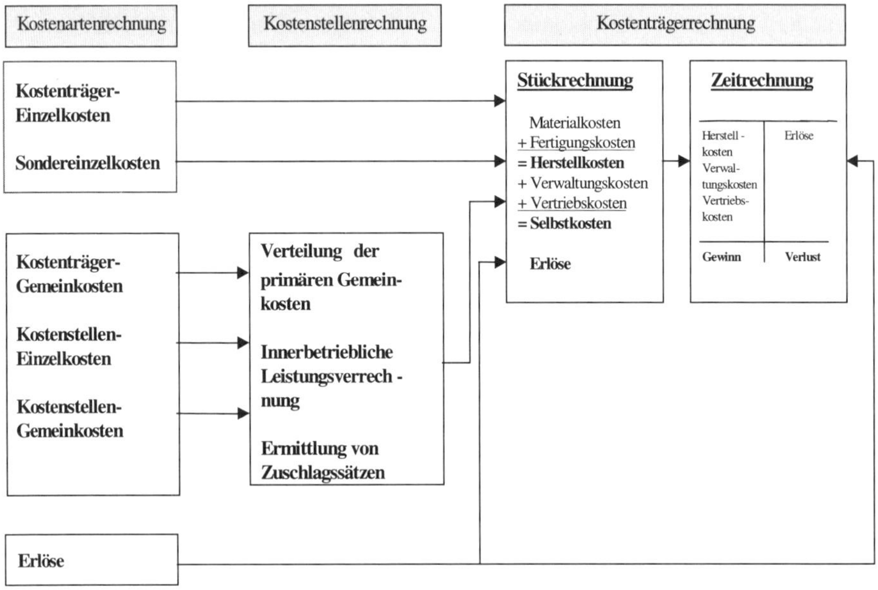

Im Rahmen der **Kostenstellenrechnung** werden die in der Kostenartenrechnung erfassten Kosten auf die "Orte der Entstehung", d.h. auf die einzelnen Betriebsbereiche und Abteilungen (Kostenstellen) verteilt, die diese Kosten verursacht haben. Die zentrale Frage der Kostenstellenrechnung lautet daher: "Wo sind welche Kosten in welcher Höhe angefallen bzw. wo werden diese Kosten anfallen?" Die Kostenstellenrechnung schafft die Voraussetzung für eine Weiterverrechnung der Kosten in der dritten Stufe der Kostenrechnung auf die sog. Kostenträger (Endprodukte). Darüber hinaus ermöglicht die Verteilung der Kosten auf die Kostenstellen bei entsprechender Gestaltung des Kostenrechnungssystems die Durchführung von Kosten- und Wirtschaftlichkeitskontrollen.

Die **Kostenträgerrechnung** stellt die dritte und letzte Stufe der Kostenrechnung dar. Zu unterscheiden ist hier zwischen der produktbezogenen Kostenträgerstückrechnung (Kalkulation) und der periodenbezogenen Kostenträgerzeitrechnung. Im Rahmen der *Kostenträgerstückrechnung* werden - wie der Name schon sagt - die Stückkosten für die erstellten bzw. geplanten Güter und Dienstleistungen ermittelt (Wofür sind welche Kosten in welcher Höhe angefallen bzw. wofür werden sie anfallen?). Die *Kostenträgerzeitrechnung* ermittelt als Periodenrechnung - i.d.R. nach Produktarten gegliedert - die insgesamt angefallenen bzw. geplanten Kosten einer Periode. Werden die Kosten den erstellten bzw. abgesetzten Leistungen gegenübergestellt und der Betriebserfolg der Periode ermittelt, spricht man auch von einer *kurzfristigen*

Erfolgsrechnung. Hierbei wird die Frage beantwortet, welche Kosten und Leistungen insgesamt in einer Periode für welche Kostenträger angefallen sind bzw. anfallen werden und welcher Erfolg (Gewinn oder Verlust) dabei realisiert wurde bzw. wird.

Bevor die einzelnen Stufen in den Kapiteln 3 - 5 näher erläutert werden, sollen im folgenden Kapitel zunächst einige Grundlagen der Kostenrechnung vermittelt werden, die für das weitere Verständnis wichtig sind.

Kontrollfragen und -aufgaben

1) Was ist der Zweck eines Unternehmens?

2) Welches sind die betrieblichen Grundfunktionen?

3) Was sind die Hauptaufgaben des betrieblichen Rechnungswesens?

4) Aus welchen Teilgebieten besteht das betriebliche Rechnungswesen?

5) Welche Aufgaben erfüllen die einzelnen Teilgebiete des betrieblichen Rechnungswesens?

6) Was ist der Unterschied zwischen Strom- und Bestandsgrößen?

7) Nennen Sie Beispiele, bei denen Folgendes gilt:
   - Auszahlung = Ausgabe
   - Auszahlung ≠ Ausgabe
   - Aufwand = Kosten
   - Aufwand ≠ Kosten
   - Einnahme ≠ Ertrag
   - Einzahlung = Einnahme = Ertrag = Leistung

8) Worin besteht der zentrale Unterschied zwischen Anders- und Zusatzkosten?

9) Warum wird neutraler Aufwand in der Kosten- und Leistungsrechnung nicht berücksichtigt?

10) Nennen Sie Planungs- und Kontrollaufgaben der Kosten- und Leistungsrechnung.

11) Worin bestehen die zentralen Unterschiede zwischen der Bilanzrechnung und der Kosten- und Leistungsrechnung?

12) Erläutern Sie die drei Stufen der Kostenrechnung.

2. Grundlagen der Kosten- und Leistungsrechnung

2.1 Kostenbegriffe

In Abschnitt 1.2 wurden bereits ausführlich die zentralen Grundbegriffe des betrieblichen Rechnungswesens dargestellt. Für die Kostenrechnung ist der Begriff der **betriebswirtschaftlichen Kosten** naturgemäß von besonderer Bedeutung, so dass im Folgenden hierauf noch einmal näher eingegangen werden soll.

Kosten lassen sich - in Anlehnung an die Definition aus Abschnitt 1.2 - allgemein wie folgt definieren:

Kosten sind der bewertete Verbrauch von Gütern (Produktionsfaktoren und Dienstleistungen) zur Erstellung und zum Absatz betrieblicher Leistungen.

Die Kostendefinition wird durch die drei **Merkmale** *Güterverbrauch*, *Leistungsbezogenheit* und *Bewertung* bestimmt:

Kosten setzen zunächst das Vorliegen eines **Güterverbrauchs** voraus. Grundsätzlich kann dabei zwischen Verbrauchsgütern (Repetierfaktoren) und langlebigen Gebrauchsgütern (Potenzialfaktoren) unterschieden werden. *Verbrauchsgüter* werden mit ihrem Einsatz in der Produktion direkt verbraucht. Hierzu zählen v.a. die Roh-, Hilfs- und Betriebsstoffe. *Gebrauchsgüter* verfügen hingegen über ein "längeres" Nutzungspotenzial. Der Verbrauch erstreckt sich über einen längeren Zeitraum (Nutzungsdauer) und die Kosten werden dementsprechend über mehrere Perioden verrechnet. Typisches Beispiel sind Güter des Anlagevermögens, die bei ihrer Anschaffung zu einer sog. Anschaffungsauszahlung führen. Die entstehenden Kosten werden in Form periodenbezogener Abschreibungen (Verteilung der Anschaffungsauszahlung auf die Perioden der Nutzung) verrechnet.

Kosten setzen zusätzlich eine **Leistungsbezogenheit** (Sachzielbezug) voraus, d.h. es muss ein Zusammenhang zwischen dem Güterverbrauch und der "eigentlichen" betrieblichen Leistung bestehen. Dies ist auch der Grund, warum neutrale Aufwendungen ohne Leistungsbezug keine Berücksichtigung in der Kosten- und Leistungsrechnung finden. Entstehen z.B. bei Industrieunternehmen Aufwendungen für Reparaturen an Gebäuden, die anderweitig (d.h. nicht zu Betriebszwecken) vermietet sind, werden diese in der Gewinn- und Verlustrechnung berücksichtigt. Kosten liegen hingegen nicht vor, da der Sachzielbezug fehlt.

Von besonderer Bedeutung im Rahmen der Kostendefinition ist schließlich die Frage der **Bewertung**. Hier lassen sich im Wesentlichen zwei Ansätze unterscheiden, die zum pagatorischen bzw. wertmäßigen Kostenbegriff führen. Beim *pagatorischen*

Kostenbegriff orientiert sich die Bewertung des Güterverbrauchs grundsätzlich an tatsächlich geleisteten Auszahlungen. Ohne Zahlungsvorgang entstehen nach dieser Kostenauffassung im Prinzip keine Kosten. Dies hätte letztlich zur Konsequenz, dass die unter 1.2 erörterten kalkulatorischen Kostenarten entweder gar nicht oder in anderer Form in der Kostenrechnung berücksichtigt würden. U.a. aus diesem Grund hat sich in Theorie und Praxis mehrheitlich die *wertmäßige Kostenauffassung* durchgesetzt, die in obiger Definition bereits zum Ausdruck kommt. Die Bewertung des Güterverbrauchs hat danach zweckorientiert zu erfolgen und beinhaltet auch den Ansatz von kalkulatorischen Kosten, die z.B. zum Zwecke von Betriebsvergleichen angesetzt werden und gar nicht zu Auszahlungen führen (z.B. kalkulatorischer Unternehmerlohn).

Den folgenden Ausführungen liegt daher stets der wertmäßige Kostenbegriff zugrunde.

2.2 Kriterien zur Kosteneinteilung

Bevor in Kapitel 3 (Kostenartenrechnung) auf die Erfassung und Gliederung der einzelnen Kostenarten detaillierter eingegangen wird, werden im Folgenden zunächst Kriterien zur grundsätzlichen Einteilung von Kosten diskutiert. Von besonderer Bedeutung sind dabei die verrechnungsbezogene Kosteneinteilung (Abschnitt 2.2.1) sowie die beschäftigungsbezogene Kosteneinteilung (Abschnitt 2.2.2).

2.2.1 Verrechnungsbezogene Kosteneinteilung

Bei der verrechnungsbezogenen Kosteneinteilung geht es um die zentrale Frage, ob und inwieweit Kosten unmittelbar bzw. direkt einem Bezugsobjekt zugerechnet werden können. Als Bezugsobjekte fungieren dabei i.d.R. die betrieblichen Leistungen bzw. die einzelnen Kostenträger (also Produkte) oder auch betriebliche Kostenstellen, als diejenigen Orte in den Unternehmen, wo die Kosten im Allgemeinen anfallen.

Generell lassen sich bei diesem Einteilungskriterium **Einzel- und Gemeinkosten** unterscheiden.

Einzelkosten werden auch direkte Kosten genannt, weil sie ohne weitere Verrechnungsschritte einem Bezugsobjekt (i.d.R. dem Kostenträger) direkt zugerechnet werden können. Sie lassen sich unmittelbar aus der Kostenartenrechnung entnehmen und sind den Kostenträgern in der Kostenträgerrechnung direkt zurechenbar.

Eine Weiterverrechnung in der Kostenstellenrechnung ist bei diesen Kosten i.d.R. nicht notwendig.

Gemeinkosten werden hingegen auch als indirekte Kosten bezeichnet, da bei diesen Kosten eine direkte Zurechnung auf ein Bezugsobjekt nicht möglich ist und die Verrechnung nur auf indirektem Wege erfolgen kann. Bei diesen Kosten ist das Verursachungsprinzip der Kostenrechnung nur schwer bzw. gar nicht einzuhalten. Dieses zentrale Kostenrechnungsprinzip besagt, dass Kosten nur denjenigen Bezugsobjekten zugerechnet werden dürfen, die diese Kosten auch direkt und unmittelbar verursacht haben. Da eine direkte Zurechnung der Gemeinkosten bspw. auf die Kostenträger nicht möglich ist, werden diese Kosten i.d.R. über den Umweg der Kostenstellen auf die Kostenträger verteilt. Hierzu bedient man sich bestimmter Schlüsselgrößen, die eine Verteilung der Gemeinkosten ermöglichen sollen. Dieser Sachverhalt wird im Rahmen der Kostenstellenrechnung in Kapitel 4 noch näher diskutiert.

Abbildung 5 stellt die verrechnungsbezogene Einteilung der Kosten grafisch dar. Danach lassen sich die Einzelkosten in Materialeinzelkosten, Fertigungseinzelkosten und Sondereinzelkosten unterteilen. **Materialeinzelkosten** fallen insbesondere für Rohstoffe und bestimmte Bauteile an, die direkt in ein Produkt eingehen und einen wichtigen Bestandteil des Produktes bilden (z.B. Holz bei Möbeln). Materialeinzelkosten lassen sich direkt dem Kostenträger bzw. Produkt zurechnen. Über Stücklisten bzw. Rezepturen ist i.d.R. genau bekannt, in welchem Umfang der entsprechende Rohstoff bzw. das Bauteil in das Endprodukt eingeht. Über eine Bewertung der Mengen mit den jeweiligen Preisen lassen sich die Kosten genau ermitteln und dem Kostenträger, d.h. dem einzelnen Produkt genau zurechnen.

Fertigungseinzelkosten sind i.d.R. Lohnkosten. Diese Personalkosten fallen im Rahmen des Leistungserstellungsprozesses direkt an und lassen sich dem Kostenträger bzw. Produkt direkt zuordnen. Klassischer Fall der Fertigungseinzelkosten sind die Akkordlöhne. Über die Zeiterfassung ist bekannt, wie viel Zeit für die Bearbeitung eines Zwischen- bzw. die Herstellung eines Endproduktes in den einzelnen Fertigungsstufen benötigt wird. Mit Hilfe des entsprechenden Kostensatzes können dann die Lohnkosten als Fertigungseinzelkosten direkt kostenträgerorientiert ermittelt und unmittelbar auf den einzelnen Kostenträger zugerechnet werden.

Die Besonderheit der sog. **Sondereinzelkosten** besteht darin, dass es sich bei diesen Kosten im Prinzip um Gemeinkosten handelt, da sich diese nicht mehr unmittelbar und direkt einem einzelnen Kostenträger zurechnen lassen. Die Kosten sind aber im Vergleich zu "normalen" Gemeinkosten noch sehr nahe am Produkt, d.h. sie lassen sich zwar nicht einer einzelnen Leistungseinheit, wohl aber einem bestimmten

Auftrag oder einer Serie gleichartiger Produkte zuordnen. Die Zurechnung der Kosten auf den einzelnen Kostenträger kann daher vergleichsweise einfach durch Division der Kosten durch die Anzahl der Kostenträger je Auftrag bzw. Serie erfolgen und bedarf nicht der umständlicheren und ungenaueren Verrechnung über die Kostenstellen. Deshalb erfolgt ihre Erfassung häufig als Einzelkosten.

Abb. 5: Verrechnungsbezogene Einteilung der Kosten

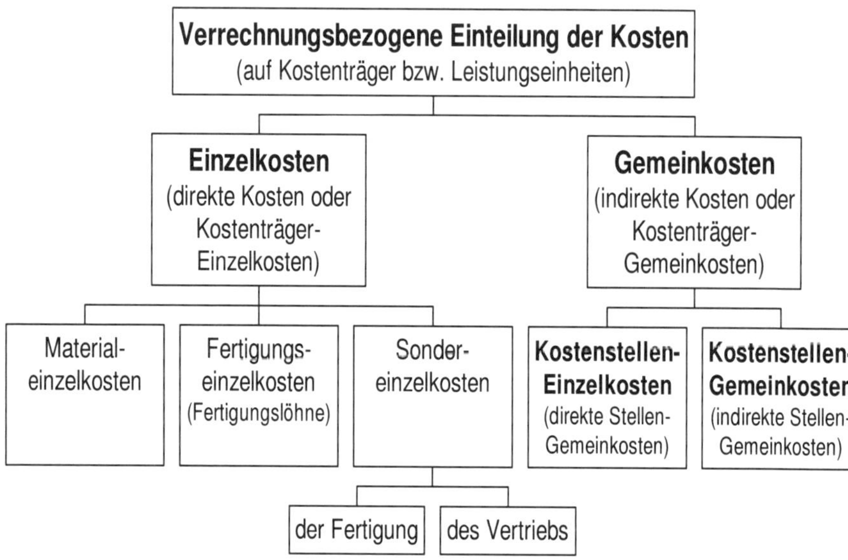

Quelle: In enger Anlehnung an Birker, K. (1998), S. 17

Die Sondereinzelkosten lassen sich weiter unterteilen in Sondereinzelkosten der Fertigung und des Vertriebs. Beispiele für *Sondereinzelkosten der Fertigung* sind Kosten für Spezialwerkzeuge, Entwicklungskosten, Patent- und Lizenzkosten. Beispiele für *Sondereinzelkosten des Vertriebs* sind spezielle Verpackungskosten, auftragsbezogene Werbungskosten oder auch Frachtkosten.

Gemeinkosten lassen sich - wie bereits weiter oben erläutert - nicht direkt einzelnen Kostenträgern zurechnen. Ihre Verrechnung auf die Kostenträger erfolgt i.d.R. auf indirektem Wege über die Kostenstellenrechnung. Gemeinkosten sind dabei vorwiegend Kosten, die für die Sicherung und Aufrechterhaltung der Betriebsbereitschaft anfallen. Hierzu zählen u.a. die Kosten für die Maschinen (Abschreibungen, Reparatur- und Wartungskosten, Zinskosten etc.), Miet- und Energiekosten sowie der große Anteil der Personalkosten, die nicht in Form von Fertigungseinzelkosten verrechnet werden können (Gehälter).

Da diese Art von Kosten *gemeinsam* für alle Kostenträger anfallen und daher eine direkte Zurechnung nicht möglich ist, werden die Kosten im Rahmen der Kostenstellenrechnung (vgl. hierzu ausführlich Kapitel 4) zunächst auf die Orte ihrer Entstehung, d.h. auf die einzelnen Kostenstellen verteilt. Zielsetzung ist es dabei, die Kosten entsprechend der Leistungsinanspruchnahme der Kostenstellen durch die Kostenträger über noch näher zu erläuternde Verfahren den jeweiligen Kostenträgern zuzurechnen. Also auch die Gemeinkosten werden letztlich - wenn auch nicht direkt - auf die Kostenträger verrechnet.

Hinsichtlich der Frage, wie die Zurechnung der Gemeinkosten auf die Kostenstellen erfolgt, lassen sich - wie aus Abbildung 5 ersichtlich ist - zwei Arten von Gemeinkosten unterscheiden: **Kostenstelleneinzelkosten** und **Kostenstellengemeinkosten**.

Bei **Kostenstelleneinzelkosten** handelt es sich um Kostenträgergemeinkosten, die einzelnen Kostenstellen direkt zugerechnet werden können. An dieser Stelle mag der Begriff Gemeinkosten etwas verwirren. Da es sich bei der Frage von Einzel- und Gemeinkosten aber stets um relative Begriffe handelt, ist das konkrete Bezugsobjekt, auf das sich das Begriffspaar bezieht, von zentraler Bedeutung. Bezogen auf den einzelnen Kostenträger handelt es sich bei Kostenstelleneinzelkosten um Gemeinkosten, da eine direkte Zurechnung auf Kostenträger nicht möglich ist. Bezogen auf einzelne Kostenstellen handelt es sich hierbei aber um Einzelkosten, da sich diese direkt ohne weitere Verrechnungsschritte einzelnen Kostenstellen zurechnen lassen. Als Beispiel seien die Personalkosten des Verwaltungsbereichs genannt, die sich einzelnen Kostenträgern bzw. Produkten nicht direkt zurechnen lassen, insofern also Kostenträgergemeinkosten vorliegen. Da i.d.R. bekannt ist, auf welche Kostenstellen die Personalkosten des Verwaltungsbereichs entfallen, lassen sich diese Kosten den einzelnen Kostenstellen der Verwaltung mehrheitlich direkt zuordnen. Bezogen auf die einzelnen Kostenstellen liegen hier also direkt zurechenbare Kostenstelleneinzelkosten vor.

Kostenstellengemeinkosten liegen hingegen vor, wenn eine direkte Zuordnung der Kosten zu einzelnen Kostenstellen nicht möglich ist oder zu aufwändig wäre. Die Zurechnung der Kosten auf die einzelnen Kostenstellen erfolgt hier über Verteilungsschlüssel. Man spricht in diesem Zusammenhang daher häufig auch von Schlüsselkosten. Als Beispiel seien hier die freiwilligen Sozialkosten genannt, die über die Gehaltssummen oder über die Anzahl der in den Kostenstellen Beschäftigten auf die Kostenstellen verteilt werden.

Zum Abschluss der Ausführungen zur verrechnungsbezogenen Kosteneinteilung sei noch auf die Sonderform der sog. unechten Gemeinkosten hingewiesen. Während es sich bei *echten Gemeinkosten* um den Normalfall der Gemeinkosten handelt, der nicht direkt auf einzelne Kostenträger zugerechnet werden kann, sind *unechte Gemeinkosten* vom Grundsatz her zwar direkt und damit einzeln den Kostenträgern zurechenbar, hierauf wird aber vornehmlich aus Wirtschaftlichkeitsgründen i.d.R. verzichtet. Dies gilt beispielsweise für geringwertige Hilfsstoffe, wo der Erfassungsaufwand der Einzelzurechnung in keinem wirtschaftlich vernünftigen Verhältnis zur gewonnenen Kostengenauigkeit stünde.

Als **Fazit** dieser Ausführungen kann festgehalten werden, dass Kosten nicht generell als Einzel- oder Gemeinkosten bezeichnet werden können, sondern das letztlich das konkrete Bezugsobjekt, auf das sich dieses Begriffspaar bezieht, darüber entscheidet, ob Einzel- oder Gemeinkosten vorliegen.

2.2.2 Beschäftigungsbezogene Kosteneinteilung

Das zweite wesentliche Kriterium zur Einteilung von Kosten ist die sog. beschäftigungsbezogene Kosteneinteilung. Bei dieser Form geht es genau genommen um die Frage, ob und inwieweit die betrachteten Kosten z.B. einer bestimmten Periode auf Veränderungen des Niveaus einer ausgewählten Bezugsgröße reagieren bzw. sich ebenfalls verändern. Da die betrachtete Bezugsgröße i.d.R. die Beschäftigung ist, spricht man auch von beschäftigungsbezogener Kosteneinteilung.

Unter **Beschäftigung** versteht man dabei die Nutzung des konkreten Leistungsvermögens eines Unternehmens. Das Leistungsvermögen bzw. die Betriebsbereitschaft ergibt sich durch die Durchführung konkreter Investitionen, die Bereitstellung entsprechender Ressourcen sowie organisatorische Maßnahmen im Unternehmen. Das Leistungsvermögen bei Vollbeschäftigung wird auch als Kapazität bezeichnet. Die Beschäftigung kann über den sog. *Beschäftigungsgrad* gemessen werden. Der Beschäftigungsgrad ergibt sich als prozentualer Anteil der ausgenutzten zur vorhandenen Kapazität:

$$\text{Beschäftigungsgrad} = \frac{\text{ausgenutzte Kapazität}}{\text{vorhandene Kapazität}} \times 100$$

Die Messung der Beschäftigung erfolgt in Leistungseinheiten für das Gesamtunternehmen oder für einzelne Kostenstellen separat, ausgedrückt bspw. durch die Ausbringungsmenge, die Arbeitsstunden oder auch die Maschinenstunden. Liegt also z.B. der Beschäftigungsmessung die Ausbringungsmenge zugrunde und beträgt die produzierte Menge 60.000 bei einer maximal produzierbaren Menge i.H.v. 100.000, ergibt sich der konkrete Beschäftigungsgrad nach obiger Formel wie folgt:

$$\text{Beschäftigungsgrad} = \frac{60.000}{100.000} \times 100 = 60\%$$

Ziel eines Unternehmens ist es, möglichst flexibel auf Änderungen des Beschäftigungsgrades zu reagieren. Diese Fähigkeit hängt im Wesentlichen von der Frage ab, ob und in welchem Umfang die Höhe der Kosten des Unternehmens abhängig sind von einer möglichen Beschäftigungsänderung. Je abhängiger die Kosten vom Beschäftigungsgrad sind, desto flexibler kann ein Unternehmen auf Beschäftigungsänderungen reagieren. Hat das Unternehmen beispielsweise eine mehrjährige Investition getätigt und unbefristete Arbeitsverträge abgeschlossen, so fallen die hiermit verbundenen Kosten über mehrere Perioden hinweg an und reagieren nicht auf eine z.B. kurzfristige Änderung der Beschäftigung. Die geschaffene Kapazität wird möglicherweise nicht durch eine entsprechende Beschäftigung (z.B. Produktionsmengen) ausgenutzt und die entstandenen Kosten werden nicht durch entsprechende Umsätze aus verkauften Produkten gedeckt. Nur auf mittlere bzw. lange Sicht können diese zeitabhängigen Kosten reduziert werden, in dem z.B. Ersatzinvestitionen unterbleiben oder die Arbeitnehmerzahl unter Berücksichtigung entsprechender Kündigungsfristen an zukünftige Bedürfnisse angepasst wird.

Zeitabhängige Kosten bleiben bei Änderung des Niveaus der Beschäftigung konstant und werden daher auch **fixe Kosten** genannt. **Variable Kosten** verändern sich bei Änderung des Niveaus der Beschäftigung und lassen sich daher auch als *mengenabhängig* bezeichnen. Einige Kostenarten in der unternehmerischen Praxis weisen sowohl fixe als auch variable Kostenbestandteile auf (z.B. Energiekosten) und haben daher den Charakter von **Mischkosten**. Auf die Reinformen der fixen und variablen Kosten soll im Folgenden noch näher eingegangen werden.

Der Anteil der variablen Kosten an den Gesamtkosten hat sich in den letzten Jahrzehnten insbesondere in der industriellen Praxis aufgrund der zunehmenden Automation stark verringert. Beispiele für variable Kosten sind Materialkosten oder auch Fertigungslöhne (Akkordlöhne) in der Industrie. Variable Kosten können dabei einen recht unterschiedlichen Kostenverlauf haben. Zu unterscheiden sind im Wesentlichen **drei Kostenverläufe**: **proportional** (linear); **degressiv** (unterproportional); **progressiv** (überproportional).

Beim **proportionalen (linearen) Kostenverlauf** führt jede Beschäftigungsänderung zur gleichen Änderung der Kostenhöhe. Bei einer Verdoppelung der Beschäftigung verdoppeln sich folglich auch die Kosten. Dies bedeutet, dass die Durchschnittskosten pro Beschäftigungseinheit unabhängig vom Beschäftigungsgrad konstant bleiben. Beispiel für einen proportionalen Kostenverlauf sind Akkordlöhne, die für jede Einheit in gleicher Höhe anfallen.

Beim **degressiven (unterproportionalen) Kostenverlauf** verursacht eine relative Beschäftigungsänderung eine geringere relative Kostenänderung. Der Kostenanstieg ist geringer als der Anstieg der Beschäftigung und damit unterproportional. Beispiel für einen solchen Kostenverlauf sind Lerneffekte, die Arbeitskräfte aufgrund wachsender Erfahrung bei steigenden Produktionsmengen realisieren.

Der **progressive (überproportionale) Kostenverlauf** ist dadurch gekennzeichnet, dass eine relative Beschäftigungsänderung zu einer größeren relativen Kostenänderung führt. Der Kostenanstieg ist mithin größer als der Anstieg der Beschäftigung und damit überproportional. Typisches Beispiel für einen solchen Kostenverlauf sind die Energiekosten für eine Produktionsmaschine, die mit sehr hoher Intensität gefahren wird.

In der Kostenrechnung wird i.d.R. **vereinfachend** ein **linearer Kostenverlauf** unterstellt, d.h. es wird davon ausgegangen, dass unter variablen Kosten proportionale (lineare) Kosten zu verstehen sind. Für jede Beschäftigungseinheit fallen somit gleich hohe variable Kosten an, die auch als **Grenzkosten** bezeichnet werden. Die Ermittlung von Grenzkosten spielt beispielsweise bei der Berechnung von kurzfristigen Preisuntergrenzen, mit deren Hilfe die Mindesterlöse eines zusätzlichen Produktionsauftrags bestimmt werden sollen, eine wichtige Rolle.

Im Gegensatz zu variablen Kosten verändern sich fixe Kosten bei Änderung des Beschäftigungsgrades innerhalb eines bestimmten Zeitraums (zeitabhängig) nicht. Jede relative Beschäftigungsänderung führt zu einer Kostenänderung von Null. Die Kosten verhalten sich fix bzw. konstant. Die fixen Durchschnittskosten pro Beschäftigungseinheit nehmen folglich mit zunehmender Beschäftigung ab.

Der Anteil fixer Kosten an den Gesamtkosten hat in den letzten Jahren insbesondere in der industriellen Praxis - aber nicht nur dort - stark zugenommen. Beispiele für fixe Kosten lassen sich recht zahlreich finden. Neben einem Großteil der Personalkosten (Gehälter), sind dies beispielsweise Mietkosten, Zinskosten oder auch die (zeitabhängigen) Abschreibungen.

Fixkosten dienen letztlich der Herstellung der Betriebsbereitschaft. Durch Fixkosten werden die Kapazität bzw. das Leistungsvermögen eines Unternehmens determiniert. Bei Unterbeschäftigung wird die durch Fixkosten geschaffene Kapazität nur teilweise genutzt. Die konkrete Auslastung der Kapazität kann durch die Relation der sog. **Nutz- und Leerkosten** dargestellt werden. Abbildung 6 stellt diesen Sachverhalt grafisch dar.

Abb. 6: Nutz- und Leerkosten

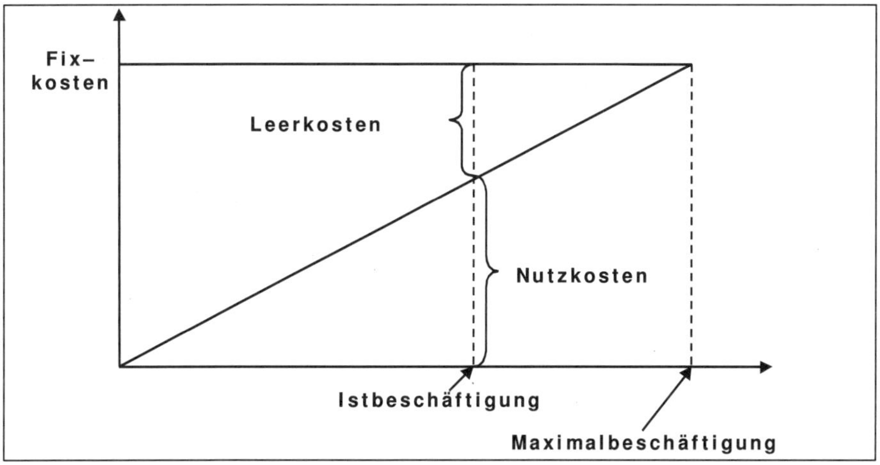

Die durch die Fixkosten geschaffene Kapazität entspricht der Maximalbeschäftigung. Liegt Unterbeschäftigung vor (Istbeschäftigung < Maximalbeschäftigung), wird ein Teil der durch die Fixkosten geschaffenen Maximalkapazität nicht produktiv genutzt. Für diesen Teil entstehen **Leerkosten**. Leerkosten sind also der Teil der Fixkosten für die ungenutzte Kapazität. Die Leerkosten geben damit auch an, in welchem Umfang eine Steigerung der Beschäftigung möglich ist, ohne dass es hierdurch zu einer Steigerung der Fixkosten kommt. Rechnerisch ergeben sich die Leerkosten als Differenz aus Fix- und Nutzkosten.

Unter **Nutzkosten** ist demzufolge der Teil der Fixkosten zu verstehen, der bei der jeweiligen Istbeschäftigung auch tatsächlich produktiv genutzt wird. Rechnerisch ergeben sich die Nutzkosten aus dem Produkt von Fixkosten und Beschäftigungsgrad. Betragen beispielsweise die Fixkosten in einer bestimmten Periode 100.000 € und der Beschäftigungsgrad 60%, ergeben sich Nutzkosten i.H.v. 60.000 € und demzufolge Leerkosten i.H.v. 40.000 €.

Eine Sonderform der Fixkosten stellen die sog. **sprungfixen Kosten** oder auch **intervallfixe Kosten** dar. Es handelt sich hierbei um Fixkosten, die zunächst bis zu einer bestimmten Beschäftigungsgrenze konstant bzw. fix sind. Bei Überschreiten dieser Beschäftigungsgrenze steigen die Kosten zwar sprunghaft an, verlaufen dann aber wieder fix, allerdings auf einem höheren Kostenniveau (vergleiche hierzu Abbildung 7). Ein Beispiel mag dies verdeutlichen. Verfügt ein Unternehmen über eine

Produktionsmaschine mit einer Beschäftigung von 1.000 Mengeneinheiten (Normalbeschäftigung), so entstehen für diese Maschine Fixkosten z.B. für die (zeitabhängigen) Abschreibungen. Plant das Unternehmen die Produktionsmenge z.B. zu verdoppeln, wird eine zusätzliche Produktionsmaschine benötigt (Maximalbeschäftigung), die ebenfalls Fixkosten in Form von Abschreibungen verursacht. Die Fixkosten steigen also durch den Kauf der zusätzlichen Maschine sprunghaft an, verlaufen dann allerdings wieder fix, da sie nicht vom konkreten Beschäftigungsgrad abhängen.

Abb. 7: Sprungfixe Kosten

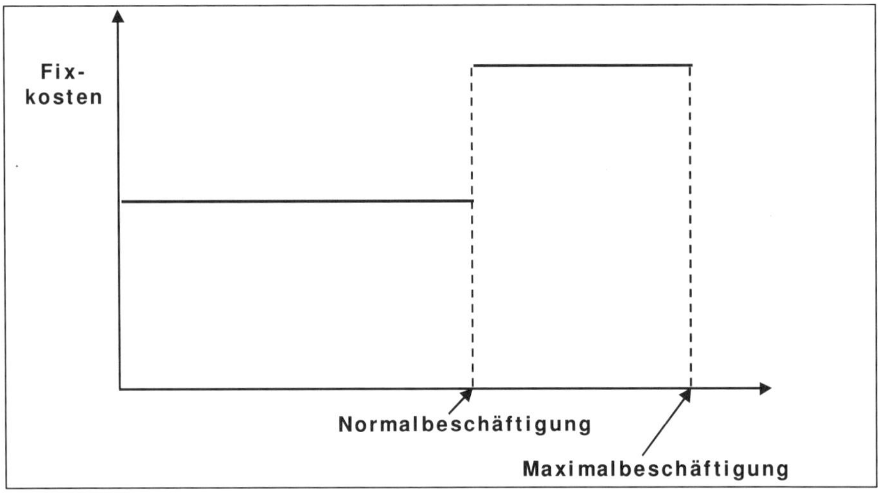

Sprungfixe Kosten führen immer dann zu Problemen, wenn es wieder zu einem Absinken der Beschäftigung z.B. auf die Normalbeschäftigung kommt. Die einmal geschaffenen zusätzlichen Fixkosten für die zusätzliche Kapazität lassen sich i.d.R. nämlich nicht so ohne weiteres wieder direkt abbauen. Die Folge ist eine Zunahme der Leerkosten bei entsprechend geringerer Auslastung der Kapazität.

Als **Fazit** dieser Ausführungen kann festgehalten werden, dass bei der beschäftigungsbezogenen Kosteneinteilung nicht nur zwischen variablen und fixen Kosten zu unterscheiden ist, sondern dass mit den Nutz- und Leerkosten sowie den sprungfixen Kosten auch Sonderformen der Grundformen bestehen.

2.2.3 Zusammenhang zwischen verrechnungs- und beschäftigungsbezogener Kosteneinteilung

In diesem Abschnitt soll der Frage nachgegangen werden, welche Beziehungen zwischen der verrechnungsbezogenen und beschäftigungsbezogenen Kosteneinteilung bestehen. Grundsätzlich sind die Begriffspaare **Einzel- und Gemeinkosten** sowie **variable und fixe Kosten** nicht deckungsgleich. Die folgende Darstellung bezieht sich auf das Bezugsobjekt des einzelnen Kostenträgers bzw. Produktes. Demnach lassen sich die folgenden Beziehungen, die in Abbildung 8 zusammengefasst sind, herleiten.

Abb. 8: Zusammenhang zwischen Einzel- und Gemeinkosten sowie variablen und fixen Kosten

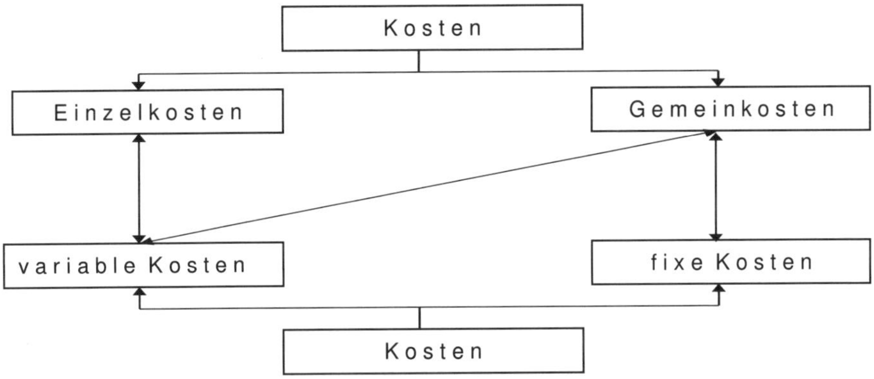

Quelle: In Anlehnung an Haberstock, L. (2005), S. 58

Bezogen auf eine einzelne Mengeneinheit (Kostenträger) kann also zunächst festgehalten werden, dass Einzelkosten immer auch variable Kosten sein müssen. Ein Beispiel hierfür sind die Materialkosten, die für eine einzelne Mengeneinheit anfallen und dieser eindeutig zugerechnet werden können (Einzelkosten). Wird nicht produziert, fallen diese Kosten nicht an, wird die Ausbringung verdoppelt, verdoppeln sich auch die Materialkosten (z.B. variable Reifenkosten bei Automobilproduktion).

Variable Kosten hingegen können sowohl Einzelkosten als auch Gemeinkosten sein. Gemeinkosten sind sie immer dann, wenn eine eindeutige Zurechnung der Kosten auf den einzelnen Kostenträger nicht gelingt. Ein Beispiel hierfür wären die Energiekosten, die bei der Automobilproduktion entstehen. Es sind variable Kosten, da mit höherer Ausbringungsmenge auch der Energiebedarf und damit die Energiekosten steigen. Diese Kosten dürften aber i.d.R. dem einzelnen Automobil nicht direkt zugerechnet werden können. Sie stellen mithin Gemeinkosten dar.

Gemeinkosten können wiederum variabel als auch fix sein. Im Falle der Energiekosten sind sie variabel, wie bereits gezeigt. Fix sind sie immer dann, wenn die Höhe der Kosten unabhängig vom Beschäftigungsgrad ist. Dies ist beispielsweise bei dem Großteil der Personalkosten (mit Ausnahme der Akkordlöhne), insbesondere bei den Gehältern der Fall.

Fixe Kosten sind bezogen auf die einzelne Mengeneinheit stets Gemeinkosten. Sie lassen sich nicht der einzelnen Mengeneinheit direkt zurechnen. Dies gilt beispielsweise für die Miet- und Zinskosten, aber auch für die (zeitabhängigen) Abschreibungen.

Als **Fazit** bleibt festzuhalten, dass Fixkosten zwar immer Gemeinkosten, Gemeinkosten aber nicht immer Fixkosten sind. Der folgende Abschnitt befasst sich mit weiteren Kriterien zur Einteilung von Kosten.

2.2.4 Weitere Kriterien zur Einteilung von Kosten

Neben der verrechnungs- und beschäftigungsbezogenen Kosteneinteilung gibt es weitere Kriterien, nach denen man Kosten systematisieren kann.

Bei der Einteilung nach der **Art der verbrauchten Produktionsfaktoren** geht es beispielsweise um die Frage, für welche Produktionsfaktoren (Input) die Kosten angefallen sind. Unterschieden werden hier z.B. Werkstoffkosten (Materialkosten), Personalkosten, Dienstleistungskosten, Betriebsmittelkosten u.s.w. Auf diese Einteilung wird im Rahmen des Kapitels 3 (Kostenartenrechnung) noch eingehender Bezug genommen.

Ein weiteres Kriterium stellt die Einteilung nach **betrieblichen Funktionen** dar. Hier geht es um die Frage, in welchen Funktionsbereichen eines Unternehmens die Kosten angefallen sind. Zu unterscheiden sind beispielsweise Beschaffungs-, Lagerhaltungs-, Produktions-, Verwaltungs- und Vertriebskosten. Die Tiefe der Untergliederung dieser Kosten wird letztlich von der Einteilung eines Unternehmens in Kostenstellen beeinflusst. Dieser Aspekt wird daher im Rahmen der Kostenstellenrechnung im Kapitel 4 näher betrachtet.

Schließlich kann eine Kosteneinteilung auch nach der **Art der Herkunft der Kostengüter** erfolgen. Hierbei unterscheidet man zwischen primären und sekundären Kosten. *Primäre Kosten* sind Kosten, die durch die Beschaffung von Inputfaktoren über die Beschaffungsmärkte (also von außen) entstehen. Beispiele sind die Personal- und die Materialkosten. *Sekundäre Kosten* werden auch als abgeleitete Kosten bezeichnet, da sie gewissermaßen das wertmäßige Äquivalent für den Verbrauch von innerbetrieblichen Leistungen darstellen. Innerbetriebliche Leistungen sind Leistungen, die ein Unternehmen nicht über die Beschaffungsmärkte bezieht, sondern intern erstellt. Dies können beispielsweise Dienstleistungen der EDV-Abteilung oder auch Reparaturleistungen der betriebseigenen Werkstatt sein. Die Kosten für diese Leistungen sind dann sekundäre Kosten. Kostenstellen, die diese Leistungen beziehen, werden mit anteiligen Kosten (im Sinne eines "internen Preises") belastet. Dieser Aspekt wird ebenfalls in Kapitel 4 (Kostenstellenrechnung) näher beleuchtet.

Der folgende Abschnitt 2.3 befasst sich abschließend mit den Gliederungsaspekten und Gestaltungsprinzipien der Kostenrechnung, ehe in Kapitel 3 mit den Grundlagen der Kostenartenrechnung die erste Stufe der Kostenrechnung eingehender behandelt werden soll.

2.3 Gliederungsaspekte und Gestaltungsprinzipien der Kostenrechnung

In Theorie und Praxis hat sich eine Vielzahl von unterschiedlichen Kostenrechnungssystemen herausgebildet. Bereits an dieser Stelle kann festgehalten werden, dass es nicht "das" Kostenrechnungssystem gibt. Dafür sind die konkreten Anforderungen an die Kostenrechnung in der Praxis zu unterschiedlich. Die Ausgestaltung der Kostenrechnung hängt dabei von verschiedenen Einflussfaktoren ab. Zu nennen wären hier nur beispielhaft die Unternehmensgröße, die Organisationsstruktur, die Art der erstellten Leistung (Einzel-, Serien-, Massenfertigung) sowie die Art und Gliederung des Fertigungsprozesses (Werkstatt-, Gruppen-, Fließfertigung).

Kostenrechnungssysteme lassen sich allerdings anhand ausgewählter Kriterien systematisieren. Diese **Gliederungsaspekte** sollen im Folgenden näher erläutert werden, ehe im Anschluss konkrete **Gestaltungsprinzipien** der Kostenrechnung diskutiert werden. Bei den Gliederungsaspekten sind im Wesentlichen drei Kriterien von Interesse: die Betrachtungsebenen, der Umfang der Kostenzurechnung und der Zeitbezug der Kostendaten.

Nach den **Betrachtungsebenen** kann man die drei Stufen der Kostenrechnung (Kostenarten-, Kostenstellen- und Kostenträgerrechnung) unterscheiden. An dieser Stelle soll hierauf nicht näher eingegangen werden, da die einzelnen Stufen bereits in Abschnitt 1.3 kurz behandelt wurden und in den Kapiteln 3-5 eine ausführliche Darstellung der drei Stufen der Kostenrechnung erfolgt.

Das Kriterium des **Umfangs der Kostenzurechnung** führt zur Einteilung in die Voll- und Teilkostenrechnung:

- **Vollkostenrechnung**
  Es werden grundsätzlich alle anfallenden Kosten auf die einzelnen Kostenträger zugerechnet. Bei den Gemeinkosten kann dies nur indirekt erfolgen, was dem sog. Verursachungsprinzip widerspricht ("Umlegen" von Kosten).

- **Teilkostenrechnung**
  Es wird nur der verursachungsgerecht zurechenbare Teil der angefallenen Kosten den jeweiligen Kostenträgern zugerechnet (i.d.R. variable Kosten). Die restlichen Kosten (fixe Gemeinkosten) werden als Block direkt in die Betriebsergebnisrechnung (kurzfristige Erfolgsrechnung) übernommen.

Traditionsgemäß dominieren **Vollkostenrechnungssysteme** in der Praxis. Dahinter verbirgt sich häufig der Gedanke einer Vollkostendeckung durch die Produkte. D.h. *langfristig* müssen die Produktpreise zumindest die "vollen Kosten" des Produktes decken, um Verluste zu vermeiden. **Teilkostenrechnungssysteme** werden in der Unternehmenspraxis insbesondere zur Beantwortung spezieller Fragestellungen herangezogen. Da hier i.d.R. nur die variablen Kosten auf den Kostenträger verrechnet werden, können mit Hilfe dieser Systeme v.a. *kurzfristige* Entscheidungsprobleme gelöst werden, bei denen die Fixkosten nicht entscheidungsrelevant sind. Hierzu zählen beispielsweise die Bestimmung von kurzfristigen Preisuntergrenzen für Zusatzaufträge oder auch die operative Programmplanung, bei der die Beurteilung des Erfolgsbeitrages einzelner Produkte auf der Grundlage sog. Deckungsbeiträge (= Preis - variable Kosten) erfolgt.

Voll- und Teilkostenrechnungssysteme sind dabei keine konkurrierenden Systeme. Sie ergänzen sich vielmehr und sollten daher in Abhängigkeit der konkreten Fragestellung bzw. des jeweiligen Rechnungszwecks der Kostenrechnung zum Einsatz kommen.

Nach dem **Zeitbezug der verwendeten Kostendaten** lassen sich Ist-, Normal- und Plankostenrechnung unterscheiden:

- **Istkostenrechnung**
  Die Istkosten ergeben sich aus den tatsächlich verbrauchten Mengen, bewertet mit den tatsächlichen Preisen (Ist-Menge x Ist-Preis).

- **Normalkostenrechnung**
  Die Normalkosten werden mit ihrer "normalen" Höhe angesetzt, wobei die Art der Normierung unterschiedlich sein kann (in der einfachsten Form Durchschnittswerte der Vergangenheit).

- **Plankostenrechnung**
  Die Plankosten werden auf Basis zukunftsbezogener Werte ermittelt und ergeben sich aus der Multiplikation von Planmengen und Planpreisen.

Die **Istkostenrechnung** liefert im Prinzip die Grundlage für alle realen Kostenrechnungssysteme in der Praxis. Hierbei werden von der Kostenartenrechnung bis zur Kostenträgerrechnung die tatsächlich angefallenen Kosten der Periode verrechnet. Die Übergänge zwischen den o.g. Rechnungssystemen sind allerdings fließend. Eine "reine" Istkostenrechnung gibt es in der Praxis nicht, da immer auch in einem gewissen Umfang Durchschnitts- oder Planwerte in die Rechnung einfließen. Istkostenrechnungssysteme erlauben zwar eine exakte Nachkalkulation der Kosten, eine Vorkalkulation z.B. im Rahmen der Angebotserstellung ist hiermit allerdings aufgrund des Vergangenheitsbezugs der Daten kaum möglich. Auch die Durchführung von Kosten- bzw. Wirtschaftlichkeitskontrollen macht i.d.R. den Einsatz zusätzlicher Systeme erforderlich.

Die **Normalkostenrechnung** baut auf der Istkostenrechnung auf und basiert auf dem Prinzip der Durchschnittsbildung. Sie verringert sowohl die Vor- als auch die Nachteile einer Istkostenrechnung. So ist eine exakte Nachkalkulation zwar nicht mehr möglich, dafür verringert sich aber auch der Berechnungsaufwand und eine erste - wenn auch noch sehr bescheidene - Wirtschaftlichkeitskontrolle über den Vergleich von Normal- und Istkosten wird möglich.

Eine effektive Wirtschaftlichkeitskontrolle durch den Vergleich von Soll- und Istkosten (Soll-/Ist-Vergleich) wird erst mit dem Einsatz einer **Plankostenrechnung** möglich. Die konsequente Ermittlung von Kostenvorgaben (Sollkosten) macht einen Vergleich zwischen den "wirtschaftlichen" Kosten (Sollkosten), d.h. denjenigen Kosten, die bei wirtschaftlichem Umgang mit den Ressourcen verursacht werden, und denjenigen Kosten, die tatsächlich entstanden sind (Istkosten), erst möglich. Darüber hinaus können mit Hilfe solcher Systeme Vorkalkulationen z.B. zur Angebotserstellung erfolgen.

Es wird deutlich, dass es sich auch hier nicht um konkurrierende Kostenrechnungssysteme handelt, sondern dass sich Istkosten- und Normalkostenrechnung bzw. Plankostenrechnung gegenseitig ergänzen. Grundsätzlich lassen sich die beiden

Kriterien "Umfang der Kostenzurechnung" und "Zeitbezug der Kostendaten" **kombinieren**, so dass sich (zumindest theoretisch) sechs Arten von Kostenrechnungssystemen ergeben, die die Abbildung 9 zeigt.

Im Rahmen dieses Lehrbuchs werden zunächst die drei Stufen der Kostenrechnung (Kostenarten-, Kostenstellen- und Kostenträgerrechnung) auf Basis von Systemen der Vollkostenrechnung in den Kapiteln 3-5 dargestellt, wobei implizit eine Istkostenrechnung unterstellt wird. Normal- und Plankostenrechnungssysteme werden in Kapitel 6 auf Vollkostenbasis und in Kapitel 7 auf Teilkostenbasis erläutert. Kapitel 8 zeigt schließlich typische Anwendungsgebiete von Teilkostenrechnungssystemen in der Praxis.

Abb. 9: Systematisierung von Kostenrechnungssystemen

	VERGANGENHEIT		**ZUKUNFT**
	Istkosten	**Normalkosten**	**Plankosten**
Vollkostenrechnung	Istkostenrechnung auf Vollkostenbasis	Normalkostenrechnung auf Vollkostenbasis	Plankostenrechnung auf Vollkostenbasis (*starr* und *flexibel*)
Teilkostenrechnung	Istkostenrechnung auf Teilkostenbasis	Normalkostenrechnung auf Teilkostenbasis	Plankostenrechnung auf Teilkostenbasis (*Grenzplankostenrechnung* und *Relative Einzelkostenrechnung*)

Quelle: In enger Anlehnung an Haberstock, L. (2005), S. 173

Trotz der prinzipiellen Verschiedenartigkeit der o.g. Kostenrechnungssysteme haben sich eine Reihe von **Gestaltungsprinzipien** herausgebildet, die gewisse Anforderungen an solche Systeme formulieren und deren Beurteilung zulassen. Zwar unterliegt die Kostenrechnung grundsätzlich keinen rechtlichen Regelungen, die Einhaltung gewisser "Spielregeln" erscheint aber dennoch geboten.

- **Prinzip der Vollständigkeit**

  Erfassung und Darstellung aller in einer Periode erbrachten Leistungen und Kosten

- **Prinzip der Objektivität**

  Gleichbehandlung von betrieblichen Werteverzehren bei gleichen Umständen bzw. Situationen

- **Prinzip der Periodengerechtigkeit**

  Zurechnung der Kosten zu den Perioden, in denen sie angefallen sind

- **Prinzip der Ausschaltung außergewöhnlicher Ereignisse**

  "Glättung" von außergewöhnlichen Ereignissen zur besseren Vergleichbarkeit (Normalkosten)

- **Verursachungsprinzip**

  Dieses zentrale Prinzip der Kostenrechnung verlangt in der strengen Auslegung, dass alle Kosten einer Periode verursachungsgerecht den Leistungen zugerechnet werden, durch die sie entstanden sind.

- **Prinzip der Wirtschaftlichkeit**

  Die Kostenrechnung selbst muss nach dem Prinzip der Wirtschaftlichkeit ausgestaltet sein. Der Aufwand zur Erzielung einer höheren Genauigkeit darf nicht größer sein als der hierdurch erzielbare Nutzen.

Kontrollfragen und -aufgaben

1) Wie lassen sich Kosten allgemein definieren?

2) Wodurch unterscheiden sich der pagatorische und der wertmäßige Kostenbegriff?

3) Nach welchen Kriterien können Kosten grundsätzlich eingeteilt werden?

4) Wodurch unterscheiden sich Einzel- und Gemeinkosten?

5) Was versteht man unter unechten Gemeinkosten?

6) Wie kann eine Messung der Beschäftigung in Unternehmen erfolgen?

7) Wodurch unterscheiden sich variable und fixe Kosten?

8) Nennen Sie Beispiele, bei denen Folgendes gilt:

- variable Kosten = Einzelkosten
- Gemeinkosten ≠ fixe Kosten
- Gemeinkosten = fixe Kosten
- variable Kosten = Gemeinkosten
- Einzelkosten = fixe Kosten

9) Nach welchen Kriterien lassen sich Kostenrechnungssysteme grundsätzlich systematisieren?

10) Worin unterscheiden sich Voll- und Teilkostenrechnung?

11) Weshalb dient eine Plankostenrechnung als Ergänzung einer Istkostenrechnung?

12) Welche Arten von Kostenrechnungssystemen ergeben sich bei Kombination der Kriterien "Umfang der Kostenzurechnung" und "Zeitbezug der Kostendaten"?

13) Erläutern Sie, was in der Kostenrechnung unter dem Verursachungsprinzip zu verstehen ist.

3. Die Kostenartenrechnung

3.1 Vorbemerkungen

Im Rahmen des nun folgenden Kapitels soll mit den **Grundlagen der Kostenartenrechnung** die *erste Stufe der Kostenrechnung* näher erläutert werden. Unabhängig vom Kostenrechnungssystem können i.d.R. die drei Stufen *Kostenartenrechnung* (Kapitel 3), *Kostenstellenrechnung* (Kapitel 4) und *Kostenträgerrechnung* (Kapitel 5) unterschieden werden (vgl. Abbildung 4). Alle drei Stufen werden hier zunächst **auf Vollkostenbasis** erläutert. Dies bedeutet, dass alle anfallenden Kosten erfasst und auf die einzelnen Kostenträger (Produkte) verrechnet werden.

Eine Vollkostenrechnung erfordert insbesondere bei Mehrproduktunternehmen eine **Trennung in Einzel- und Gemeinkosten**. Während Einzelkosten den einzelnen Kostenträgern (Produkten) direkt zugerechnet werden können (z.B. Materialkosten), ist dies bei Gemeinkosten (z.B. Gehältern) nicht ohne weiteres möglich. Hierzu bedarf es i.d.R. weiterer Verrechnungsschritte, auf die im Einzelnen noch in der Kostenstellenrechnung (Kapitel 4) einzugehen sein wird.

Die **Verrechnung von Gemeinkosten** - hierauf sei an dieser Stelle bereits hingewiesen - ist dabei nicht ganz unproblematisch, verstößt sie doch gegen das Verursachungsprinzip[1], wonach nur diejenigen Kosten einem Kostenträger (Produkt) zugerechnet werden dürfen, die von diesem auch direkt verursacht wurden. Dieser offenkundige Verstoß gegen das Verursachungsprinzip hat in der Praxis allerdings durchaus nachvollziehbare Gründe. So ist es für ein Unternehmen natürlich von Interesse zu wissen, welche Kosten insgesamt, wo im Unternehmen und für welche Produkte angefallen sind. Letztlich müssen alle Kosten durch die jeweiligen Produktpreise gedeckt werden. Daher dominiert in der Praxis vielfach immer noch das "Vollkostendenken".

Die Kunst der (Voll)Kostenrechnung besteht nun darin, durch geeignete Verrechnungsmethoden den Verstoß gegen das Verursachungsprinzip möglichst gering zu halten. Dieser Nachteil der Vollkostenrechnung kann aber auch durch die zusätzliche Anwendung von Teilkostenrechnungssystemen für bestimmte Auswertungsrechnungen (z.B. Bestimmung kurzfristiger Preisuntergrenzen, Make or Buy-Entscheidungen etc.) vermieden bzw. vermindert werden. Unabhängig hiervon kann aber festgehalten werden, dass die Vollkostenrechnung nach wie vor in der unternehmerischen Praxis i.d.R. die Grundlage der betrieblichen Kostenrechnung bildet und daher auch hier den Ausgangspunkt der weiteren Erläuterungen zur Kostenrechnung darstellt.

[1] Vgl. Abschnitt 2.3.

3.2 Aufgaben der Kostenartenrechnung

Im Gegensatz zu den Folgestufen der Kostenrechnung hat die Kostenartenrechnung als erste Stufe der Kostenrechnung im Prinzip keine "eigenständigen" Aufgaben. **Zentrale Aufgabe** dieser Stufe ist die Erfassung und Gliederung aller im Laufe der jeweiligen Abrechnungsperiode angefallenen Kosten. Die Kostenartenrechnung bildet damit eine wichtige Grundlage für alle weiteren Stufen der Kostenrechnung. Fehler bei der Erfassung, Abgrenzung und Bewertung der Kosten wirken sich unmittelbar auf die Qualität der Ergebnisse der Folgestufen aus. Anders ausgedrückt wird die Qualität der Ergebnisse der Folgestufen maßgeblich von der Qualität der Kostenartenrechnung (mit)bestimmt.

Eine sinnvolle Erfassung und Gliederung der Kosten setzt dabei die **Beachtung wichtiger Gestaltungsprinzipien** voraus, die im Abschnitt 2.3 näher erläutert wurden. Zu nennen wären hier nur beispielhaft die Prinzipien der Vollständigkeit, Objektivität, Periodengerechtigkeit, Glättung außergewöhnlicher Ereignisse etc.

Betrachtet man die **Aufgaben der Kostenartenrechnung** im Einzelnen, ergibt sich folgende Zusammenstellung:

- Erfassung und Abgrenzung der Kosten
- Aufbau einer Kostengliederung bzw. -struktur
- Schaffung der Grundlage für eine exakte, überschneidungsfreie und eindeutige Zuordnung der Kosten auf Kostenstellen und -träger (Vorbereitung der Kostenstellen- und -trägerrechnung)
- Schaffung der Grundlage für kostenartenorientierte Planung und Kontrolle
- Bereitstellung der Informationsbasis für Entscheidungszwecke etc.

Grundsätzlich geht es bei der Kostenartenrechnung um die Erfassung der sog. **primären Kostenarten**[2], d.h. diejenigen Kosten, die für die Beschaffung von Inputfaktoren über die Beschaffungsmärkte entstehen.

Im folgenden Abschnitt soll es um die Erfassung und Bewertung der wesentlichen Kostenartengruppen gehen.

[2] Vgl. Abschnitt 2.2.4.

3.3 Gliederung und Ermittlung der Kostenarten

Die Gliederung der Kostenarten erfolgt in Literatur und Praxis weitgehend einheitlich. Der Gliederung liegt dabei im Wesentlichen die Einteilung nach **Art der Produktionsfaktoren** zugrunde. Die Kostenartengruppen sind:

- **Werkstoffkosten** (Roh-, Hilfs- und Betriebsstoffe)
- **Personalkosten** (Löhne, Gehälter etc.)
- **Dienstleistungskosten** (Rechts-, Steuerberatungs-, Versicherungskosten etc.)
- **Kosten aus öffentlichen Abgaben** (Steuern, Gebühren etc.)
- **Kalkulatorische Kostenarten** (Abschreibungen, Zinsen, Miete etc.)

Die einzelnen Kostenartengruppen werden im Folgenden näher erläutert.

3.3.1 Werkstoffkosten

Die **Werkstoffkosten** (Materialkosten) ergeben sich durch den *bewerteten Verbrauch* von Roh-, Hilfs- und Betriebsstoffen und sind insbesondere in Industrieunternehmen von großer Bedeutung.

Rohstoffe sind ein wesentlicher Bestandteil des zu erzeugenden Produktes und gehen unmittelbar in dieses ein. Kostenrechnerisch handelt es sich hierbei um variable Einzelkosten.

Hilfsstoffe gehen zwar ebenfalls unmittelbar in das Produkt ein, sind aber i.d.R. von wert- und mengenmäßig geringerer Bedeutung. Beispiele hierfür sind Schrauben, Nägel oder auch Lacke. Hilfsstoffe stellen im Prinzip variable Einzelkosten dar, werden aber üblicherweise aus Wirtschaftlichkeitsüberlegungen als unechte Gemeinkosten[3] behandelt.

Betriebsstoffe sind kein unmittelbarer Produktbestandteil, sondern dienen vielmehr der Durchführung des Leistungserstellungsprozesses. Beispiele sind Schmieröl, Benzin, aber auch Schreibpapier. Betriebsstoffe sind i.d.R. variable Gemeinkosten.

---

3 Vgl. Abschnitt 2.2.1.

In der industriellen Praxis (z.B. Automobilindustrie) hat in der Vergangenheit der Zukauf von Einbauteilen und Baugruppen an Bedeutung gewonnen. **Zukaufteile** bilden daher eine weitere Gruppe, die als spezielle Form der Werkstoffe aufgefasst werden kann. Zu denken wäre hier an Reifen, Airbags oder auch Motoren. Zukaufteile können kostenrechnerisch als variable Einzelkosten erfasst werden.

In **Dienstleistungsunternehmen** sind Werkstoffkosten von geringerer Bedeutung. Hier treten allenfalls Betriebsstoffkosten auf. In **Handelsunternehmen** treten an die Stelle der Werkstoffkosten die Kosten für Handelsware, die zu Einstandspreisen bewertet werden. Auch im **industriellen Bereich** hat diese Kostenart zur Abrundung des Absatzprogramms an Bedeutung gewonnen.

Da Kosten als der bewertete Verbrauch von Einsatzgütern definiert wurden, ergeben sich im Rahmen der **Kostenermittlung** zwei *Aufgaben*:

1. Erfassung der Verbrauchsmengen
2. Bewertung der Verbrauchsmengen

Beide Aufgaben sollen im Folgenden näher erläutert werden. Zunächst soll es um die Möglichkeiten zur **Erfassung der Verbrauchsmengen** gehen. Im Wesentlichen lassen sich mit der *Inventurmethode*, *Fortschreibungsmethode* (Skontrationsmethode) und *Retrograden Methode* dabei drei verschiedene Verfahren unterscheiden.

Bei der **Inventurmethode** erfolgt die Erfassung der Verbrauchsmengen (= Lagerabgang) am Ende der Abrechnungsperiode. Hierzu wird zunächst zum Anfangsbestand der Lagerzugang hinzugerechnet, um in einem weiteren Schritt den Endbestand (laut Inventur) abzuziehen.

Verbrauch = Anfangsbestand + Zugang - Endbestand (lt. Inventur)

Die Berechnung des Verbrauchs soll an einem **Beispiel** verdeutlicht werden, bei dem ein bestimmtes Material betrachtet wird:

01.04.2003	Anfangsbestand	500 g
03.04.2003	Zugang	750 g
10.04.2003	Zugang	650 g
17.04.2003	Zugang	500 g

Es sei nun angenommen, dass der Endbestand laut Inventur 260 g betrage. Unter Verwendung der obigen Daten ergibt sich folgender Verbrauch:

Verbrauch = 500 g + 750 g + 650 g + 500 g - 260 g = 2.140 g

Der **Vorteil** dieser Methode ist, dass der Verwaltungsaufwand relativ gering ist, denn die jeweiligen Lagerzugänge müssen nicht separat erfasst werden. Es ist lediglich eine Inventur am Ende der Abrechnungsperiode notwendig.

Diesem Vorteil stehen aber einige **Nachteile** gegenüber, die die Anwendung der Inventurmethode aus kostenrechnerischer Sicht deutlich einschränken. So können Bestandsminderungen aufgrund von Schwund oder Diebstahl nicht ohne weiteres festgestellt werden. Hierzu bedarf es der gesonderten Erfassung der Lagerabgänge, die bei der Inventurmethode aber nicht üblich ist. Aus dem gleichen Grund ist zudem eine Zurechnung des Materialverbrauchs auf Kostenstellen und Kostenträger nicht möglich, wodurch Kostenstellen- und Kostenträgerrechnung deutlich erschwert werden. Für eine aussagefähige Kostenrechnung ist die Inventurmethode daher kaum geeignet.

Das Ziel der **Fortschreibungsmethode** (Skontrationsmethode) ist es nun, die Nachteile der Inventurmethode zu vermeiden. Dazu werden nicht nur die Lagerzugänge wie bei der Inventurmethode auf der Grundlage von Lieferscheinen und Eingangsrechnungen erfasst, sondern auch die Lagerabgänge werden durch Materialentnahmescheine separat dokumentiert. Der **Verbrauch** ergibt sich hier als Summe der Entnahmemengen laut Materialentnahmescheinen.

Will man den **(Soll)Endbestand** an Materialien ermitteln, so ergibt sich dieser wie folgt:

(Soll)Endbestand = Anfangsbestand + Zugang - Abgang

Anhand des um die Lagerabgänge ergänzten Beispiels von oben können der Materialverbrauch und der (Soll)Endbestand ermittelt werden. Die Daten sind der nachstehenden Tabelle zu entnehmen. Als Materialverbrauch ergibt sich über die Summe der Lagerabgänge ein Wert von 2.100 g. Der (Soll)Endbestand beträgt 300 g (= 500 g + 1.900 g - 2.100 g). Bei der Inventurmethode wurde ein tatsächlicher Endbestand von 260 g unterstellt. Die Differenz von 40 g ist nun als gesonderte Bestandsminderung (z.B. durch Schwund) feststellbar und ggf. näher zu untersuchen, soweit es sich um ein entsprechend hochwertiges Material handelt.

01.04.2003	Anfangsbestand	500 g
03.04.2003	Zugang	750 g
04.04.2003	Abgang	300 g
07.04.2003	Abgang	350 g
09.04.2003	Abgang	300 g
10.04.2003	Zugang	650 g
12.04.2003	Abgang	400 g
17.04.2003	Zugang	500 g
22.04.2003	Abgang	450 g
27.04.2003	Abgang	300 g

Die **Vorteile** dieser Methode sind unmittelbar ersichtlich. Bestandsminderungen, die nicht auf eine reguläre Entnahme über Materialentnahmescheine zurückzuführen sind, können ermittelt werden, wenn man den buchmäßigen Endbestand mit dem Endbestand laut Inventur (wie im Beispiel) vergleicht. Zwar muss hierzu zusätzlich eine Inventur durchgeführt werden, dies muss allerdings nicht monatlich geschehen, sondern kann beispielsweise in einem halbjährlichen Zeitraum erfolgen. So kann der zusätzliche Aufwand in Grenzen gehalten werden. Auf den Materialentnahmescheinen kann der jeweilige Verwendungsort und -zweck erfasst werden. So wird nicht nur die Kostenartenrechnung unterstützt, es werden auch wichtige Informationen für die Kostenstellen- und Kostenträgerrechnung geliefert.

Der **Nachteil** der Methode ist in dem zweifelsohne höheren Verwaltungsaufwand zu sehen. Dieser sollte aber durch ein entsprechendes EDV-System zu meistern sein. Insgesamt überwiegen also aus kostenrechnerischer Sicht die Vorteile. Dieses Verfahren sollte zumindest bei hochwertigeren Materialien zum Einsatz kommen.

Die **Retrograde Methode** stellt das dritte hier zu erläuternde Verfahren dar. Grundlage dieser Methode bilden Stücklisten bzw. Rezepturen, aus denen dann unter Einbezug der produzierten Stückzahlen retrograd die (Soll)Verbrauchsmengen (unter Berücksichtigung unvermeidbarer Abfälle) hergeleitet werden. Die genaue Berechnung lautet:

(Soll)Verbrauch = Sollverbrauchsmenge pro Stück x Stückzahl

Wird z.B. für ein bestimmtes Produkt eine Materialmenge von 50 g benötigt und ist die Produktion von 1.000 Mengeneinheiten geplant, so ergibt sich der Sollverbrauch i.H.v. 50.000 g durch einfache Multiplikation der beiden Werte.

Der **Vorteil** dieses Verfahrens liegt in seiner einfachen Anwendbarkeit und dem geringen Aufwand. Allerdings weist auch dieses Verfahren **Nachteile** auf. So lassen die ermittelten Sollverbrauchsmengen nur bedingt Rückschlüsse auf den tatsächlichen Verbrauch zu. Zudem sind keine Lagerbestandsdifferenzen ermittelbar. Hierzu bedarf es zusätzlicher Kontrollen über Materialentnahmescheine oder Inventuren. Eine Kombination mit anderen Verfahren erscheint hier durchaus sinnvoll.

Da die Retrograde Methode für die Ermittlung aktueller Istverbrauchsmengen eher ungeeignet ist, lohnt deren Einsatz vor allem im Rahmen der Kostenplanung.

Als **Fazit** kann festgehalten werden, dass zumindest bei hochwertigen Materialien der Einsatz der Fortschreibungsmethode sinnvoll erscheint. Für Kleinteile und Betriebsstoffe wäre der entsprechende Aufwand sicherlich zu groß. Hier wird häufig schon der Verbrauch bei Anlieferung der Materialien unterstellt, oder insbesondere bei konstanten Verbräuchen mit entsprechenden Schätzwerten gearbeitet.

Nachdem nun die Möglichkeiten der Verbrauchsermittlung diskutiert wurden, soll im Folgenden die Frage der **Bewertung der Verbrauchsmengen** im Mittelpunkt der Betrachtung stehen. Grundsätzlich ergeben sich die Werkstoffkosten aus der Multiplikation von Verbrauchsmenge und Inputpreisen. Auch bei der Bewertung der Verbrauchsmengen, d.h. bei der Wahl der Inputpreise, gibt es verschiedene Bewertungsmöglichkeiten. Zu nennen wären:

- **Anschaffungswert**
- **Tageswert**
- **Wiederbeschaffungswert**
- **Verrechnungswert**

Der **Anschaffungswert** ist der bei der Beschaffung zu zahlende Einstandspreis, wobei i.d.R. Rabatte, Boni etc. vorher abgezogen werden. Obwohl die Verwendung von Anschaffungswerten zur Bewertung der Verbrauchsmengen auf den ersten Blick sehr logisch erscheint, ist diese Bewertungsmöglichkeit mit gewissen kostenrechnerischen Nachteilen verbunden. So ist die Verwendung von tatsächlichen Anschaffungswerten mit einem recht hohen Verwaltungsaufwand verbunden. Dies gilt insbesondere dann, wenn der Anschaffungswert Preisschwankungen unterworfen ist. Hier ist dann beispielsweise die Bildung gleitender Durchschnittswerte sinnvoll, die entsprechende Preisschwankungen abfedern sollen.

Bei großen Preisschwankungen kann die Verwendung von durchschnittlichen Anschaffungswerten dazu führen, dass diese sehr stark von den aktuellen **Tageswerten** oder den zukünftigen **Wiederbeschaffungswerten** der Materialien abweichen. Insbesondere bei stark steigenden Preisen kann ein zu geringer Wertansatz bewirken, dass die eigenen Absatzpreise für die aus den Materialien gefertigten Güter zu gering kalkuliert werden. Das Unternehmen ist dann nicht in der Lage die verbrauchten Materialien aus den Erlösen wiederzubeschaffen. Dies widerspräche dem Gedanken der Substanzerhaltung, nach dem ein Unternehmen zumindest die Mittel über den Verkauf eigener Produkte am Markt erlösen muss, die zur Wiederbeschaffung von Materialien, Investitionen etc. notwendig sind. Nur dann ist das Unternehmen nicht schlechter gestellt als vorher und erhält seine Substanz.

Auch die Verwendung von reinen Tages- und Wiederbeschaffungswerten gestaltet sich bisweilen recht aufwändig. So müssen aktuelle Tageswerte beim Lieferanten erfragt oder aus Preislisten entnommen werden. Wiederbeschaffungswerte stellen Preise dar, die zum Zeitpunkt der Wiederbeschaffung zu zahlen sind, d.h. diese Werte basieren auf mehr oder weniger sicheren Prognosen für zukünftige Entwicklungen.

Um den Verwaltungsaufwand möglichst gering zu halten, werden in der Praxis häufig **Verrechnungswerte** verwendet. Hierbei handelt es sich um *Festpreise*, die für einen längeren Zeitraum konstant gehalten werden, und in die z.B. auch Wiederbeschaffungswerte oder andere Bewertungskriterien miteinfließen können. Feste Verrechnungswerte haben insbesondere im Rahmen der Kostenkontrolle große Bedeutung, da durch sie ungewollte und i.d.R. nicht zu vermeidende Preisschwankungen bei Inputgütern eliminiert werden, dafür aber direkte Rückschlüsse auf die vom Unternehmen üblicherweise zu beeinflussenden Mengenverbräuche möglich sind.

3.3.2 Personalkosten

Der Anteil der Personalkosten an den Gesamtkosten ist in der Vergangenheit in der unternehmerischen Praxis stark gestiegen und stellt insbesondere in Dienstleistungsunternehmen häufig den größten Kostenblock dar. **Personalkosten** entstehen für den Einsatz menschlicher Arbeitskraft und beinhalten im Einzelnen:

- **Löhne**
- **Gehälter**
- **gesetzliche Sozialkosten**
- **freiwillige Sozialkosten**
- **sonstige Personalkosten**

Die **Lohnkosten** lassen sich in Fertigungs- und Hilfslöhne unterscheiden. *Fertigungslöhne* werden für diejenigen Tätigkeiten bezahlt, die direkt der Produktion der Erzeugnisse dienen. So erhalten z.B. Arbeiter am Fließband Fertigungslöhne. *Hilfslöhne* werden für Arbeitsleistungen, die nur mittelbar der Produktion dienen, entrichtet. Hierzu zählen z.B. die Personalkosten für die Lagerarbeiter oder den Pförtner.

Löhne fallen in Reinform entweder als Zeit- oder Akkordlöhne an. Beim *Zeitlohn* stellt die Arbeitszeit die kostenrechnerische Mengenkomponente dar, während der Lohnsatz je Arbeitszeiteinheit die Wertkomponente bildet. Der Zeitlohn ergibt sich durch Multiplikation der beiden Größen. Beim *Akkordlohn* (z.T. auch Stücklohn genannt) ergibt sich die Mengenkomponente aus der produzierten Stückzahl, während der Lohnsatz je produzierter Stückzahl die Wertkomponente darstellt. Auch hier ergeben sich die Lohnkosten durch Multiplikation beider Größen.

Häufig treten Fertigungslöhne in Form von Akkordlöhnen und Hilfslöhne in Form von Zeitlöhnen auf. Zeitlöhne können einzelnen Kostenträgern (Produkten) nicht direkt zugerechnet werden. Sie sind in ihrer Höhe auch nicht abhängig vom jeweiligen Beschäftigungsgrad. Sie stellen daher fixe Gemeinkosten für ein Unternehmen dar. Akkordlöhne können über ihre Mengenkomponente i.d.R. einzelnen Kostenträgern direkt zugerechnet werden. Sie verändern sich mit einer Veränderung der Stückzahlen und lassen sich demnach als variable Einzelkosten erfassen.

Als Sonderformen treten zudem zusammengesetzte Lohnformen oder Prämienlöhne auf, die aus einem Grundlohn (Zeitlohn oder Stücklohn) und einer Zuschlagsprämie bestehen. Als Prämien kommen dabei z.B. Leistungs-, Kostenersparnis- oder auch Qualitätsprämien in Frage.

Während Arbeiter Löhne erhalten, werden **Gehälter** als Arbeitsentgelte für kaufmännische und technische Angestellte gezahlt. Es handelt sich hierbei um eine Zeitentlohnung, die vom Grundsatz her dem Zeitlohn entsprechen. Daher werden diese Personalkosten - wie auch i.d.R. die übrigen - als fixe Gemeinkosten erfasst.

Zu den Personalkosten gehören auch die viel diskutierten Lohnnebenkosten, die entweder gesetzlich oder tariflich geregelt sind, oder vom Unternehmen freiwillig geleistet werden. Zu den **gesetzlichen bzw. tariflichen Sozialkosten** gehören die Beiträge zu den Sozialversicherungen (z.B. Renten-, Kranken-, Arbeitslosenversicherung) sowie die Beiträge zur Berufsgenossenschaft.

Freiwillige Sozialkosten beruhen auf gesonderten Betriebsvereinbarungen oder speziellen Vereinbarungen in einzelnen Arbeitsverträgen, können aber auch ohne vertragliche Grundlage geleistet werden. Sie kommen entweder direkt einzelnen Arbeitnehmern zugute (z.B. Beihilfen zu Kuraufenthalten, Jubiläumsgeschenke etc.), oder werden indirekt geleistet (Betriebssporteinrichtungen, Kantine etc.).

Zu den **sonstigen Personalkosten** zählen insbesondere die Kosten, die im Zusammenhang mit Personalwechsel entstehen. Zu nennen wären hier beispielhaft Kosten für das Rekrutieren neuer Mitarbeiter (Inserate, Vorstellungskosten, Umzugskosten etc.), aber auch Kosten für Personalabfindungen bei Ausscheiden von Mitarbeitern.

Kostenrechnerische Probleme bei der Erfassung und Verrechnung von Personalkosten ergeben sich beispielsweise aufgrund des z.T. ungleichmäßigen Anfalls einzelner Kostenarten. So werden beispielsweise Urlaubs- oder auch Weihnachtsgelder nur einmal im Jahr gezahlt. Würden diese Beträge den Monaten, in denen sie gezahlt werden, in voller Höhe angelastet, entstünden erhebliche Kostenverzerrungen im Vergleich zu anderen Monaten. Um die Aussagefähigkeit der Kostenrechnung nicht einzuschränken, erscheint es daher sinnvoll, solche Beträge in gleichmäßigen Raten über das Jahr zu verteilen.

3.3.3 Dienstleistungskosten

Dienstleistungskosten entstehen immer dann, wenn ein Unternehmen Leistungen anderer Unternehmen in Anspruch nimmt. Hierzu zählen beispielsweise:

- **Transportkosten**
- **Reparatur- und Wartungskosten**
- **Rechts- und Steuerberatungskosten**
- **Versicherungskosten**
- **Bewirtungs- und Reisekosten**
- **Telefon- und Portokosten etc.**

Diese Kostenarten sind einzelnen Kostenträgern i.d.R. nicht direkt zurechenbar und stellen daher Gemeinkosten dar. In Einzelfällen lässt sich allerdings eine gewisse Abhängigkeit vom Beschäftigungsgrad herstellen, so dass hier durchaus auch variable Kostenbestandteile (z.B. Telefonkosten) enthalten sind.

Kostenrechnerische Probleme bei der Verrechnung von Dienstleistungskosten treten immer dann auf, wenn die Kosten z.B. für einen längeren Zeitraum (z.B. Versicherungskosten als Jahresprämie) oder nur sehr unregelmäßig anfallen. Auch hier werden die Kosten i.d.R. durch gleichmäßige Ratenverteilung über einen längeren Zeitraum verrechnet (z.B. jährliche Versicherungskosten als Monatsraten).

3.3.4 Kosten aus öffentlichen Abgaben

Unter diesem Gliederungspunkt sollen diejenigen Kostenarten zusammengefasst werden, denen im Gegensatz zu den Dienstleistungskosten keine direkten Leistungen gegenüberstehen. Hierzu zählen **Kostensteuern**, **Gebühren** und **Beiträge**.

Zu den **Kostensteuern**[4] gehören die Steuern, die für das Unternehmen weder einen "durchlaufenden Posten" darstellen noch aus dem Unternehmensergebnis zu tragen sind. Diese Negativabgrenzung führt zunächst zum Ausschluss der Umsatzsteuer, die aufgrund des Vorsteuerabzugs das Unternehmen nicht belastet. Auch die Lohn- und Kirchensteuer sowie der Solidaritätszuschlag der Arbeitnehmer stellen keine Kostenbelastung für das Unternehmen dar, da sie nur einbehalten und an das Finanzamt abgeführt werden. Aus dem Unternehmensergebnis und damit dem Gewinn sind die Einkommen- bzw. Körperschaftsteuer zu decken, so dass auch diese Steuerarten nicht zu den Kostensteuern zu zählen sind. Alle anderen Steuern (z.B. Grundsteuer, Gewerbesteuer, Kraftfahrzeugsteuer, Versicherungsteuer etc.) gehören zu den Kostensteuern.

Gebühren stellen Entgelte an staatliche Einrichtungen und Behörden dar. Sie werden häufig für Leistungen nach der Gebührenordnung entrichtet. Zu nennen wären hier beispielsweise spezielle Genehmigungsverfahren. Zu den **Beiträgen** gehören u.a. Pflichtbeiträge zur IHK aber auch freiwillig geleistete Entgelte an Interessenvertretungen wie Arbeitgeberverbände.

---

[4] Gelegentlich wird in der Literatur diskutiert, ob und inwiefern Steuern überhaupt Kosten darstellen, da der für Kosten notwendige leistungsbezogene Güterverzehr fehlt. Auf diese eher akademische Diskussion soll an dieser Stelle nicht weiter eingegangen werden, da sie von geringer praktischer Relevanz ist.

Kostenrechnerisch handelt es sich hier um fixe Gemeinkosten. Die **zeitlichen Abgrenzungsprobleme**, die insbesondere bei jährlicher Zahlungsweise auftreten, können auch hier durch monatliche Ratenverteilung gelöst werden.

3.3.5 Kalkulatorische Kostenarten

Während die Unterschiede bei der Erfassung und Verrechnung der bisher behandelten Kostenarten im Vergleich zur Vorgehensweise in der Gewinn- und Verlustrechnung relativ gering sind (häufig Grundkosten = Zweckaufwand), sollen im Folgenden Kostenarten behandelt werden, bei denen sich z.T. erhebliche Unterschiede bei der Vorgehensweise zwischen Kostenrechnung sowie Gewinn- und Verlustrechnung ergeben. Es sind dies die sog. kalkulatorischen Kosten.

Kalkulatorische Kosten sind Kosten, denen in der Gewinn- und Verlustrechnung entweder kein Aufwand (Zusatzkosten) oder ein Aufwand in anderer Höhe (Anderskosten) gegenüberstehen.[5] Während die Gewinn- und Verlustrechnung u.a. handels- und steuerrechtlichen Zielsetzungen dient, ist die Kostenrechnung elementarer Bestandteil eines verstärkt nach "innen" gerichteten Planungs- und Kontrollsystems. Aufgabe ist dabei insbesondere die Erfassung des tatsächlichen Werteverzehrs, der von bilanzpolitischen Bewertungswahlmöglichkeiten möglichst unbeeinflusst sein soll. Dieser Aufgabe kommt die Kostenrechnung mit der Berücksichtigung kalkulatorischer Kostenarten nach.

Folgende *kalkulatorische Kostenarten* lassen sich im Wesentlichen unterscheiden:

- **kalkulatorische Abschreibungen**
- **kalkulatorische Zinsen**
- **kalkulatorischer Unternehmerlohn**
- **kalkulatorische Miete**
- **kalkulatorische Wagnisse**

[5] Bei Anwendung internationaler Bilanzierungsvorschriften (wie z.B. den **IFRS**) kommt es zu einer stärkeren Harmonisierung der Erfassungs- und Bewertungsregeln von Gewinn- und Verlustrechnung und Kostenrechnung. Hieraus resultiert eine wertmäßige Angleichung von kalkulatorischen Kosten und Zweckaufwand.

Von besonderer Bedeutung sind neben den kalkulatorischen Abschreibungen die kalkulatorischen Zinsen und Wagnisse, die im Folgenden ausführlicher behandelt werden sollen.

3.3.5.1 Kalkulatorische Abschreibungen

Mit Hilfe von **Abschreibungen** werden die sich aus der Nutzung von Gegenständen des Anlagevermögens ergebenden Werteverzehre (Abnutzungen) als Kosten bzw. Aufwand erfasst. Zu unterscheiden sind folglich die kalkulatorischen Abschreibungen der Kostenrechnung sowie die bilanziellen Abschreibungen der Gewinn- und Verlustrechnung.

Bilanzielle Abschreibungen sind für die Kostenrechnung i.d.R. aus verschiedenen Gründen nicht maßgeblich. Werden sie auf Basis handelsrechtlicher bzw. fiskalischer Ziele ermittelt, bilden bilanzielle Abschreibungen nur bedingt den tatsächlichen Werteverzehr ab.[6] Darüber hinaus sind sie aufgrund des Ansatzes von Anschaffungs- bzw. Herstellungskosten als Abschreibungsbasiswert rein vergangenheitsorientiert. Die Möglichkeiten der Verrechnung außerplanmäßiger Abschreibungen sowie steuerlicher Sonderabschreibungen widersprechen ebenfalls der kostenrechnerischen Denkweise, da die Kostenrechnung zum einen versucht, außergewöhnliche Einflüsse zu "glätten", und zum anderen nur ein betriebsbedingter Werteverzehr überhaupt zu Kosten führt.

Die Verrechnung von **kalkulatorischen Abschreibungen** in der Kostenrechnung dient also primär dem Ziel einer Erfassung des tatsächlichen betriebsbedingten Werteverzehrs beim Gebrauch von Gegenständen des Anlagevermögens. Außerplanmäßige Abschreibungen des Anlagevermögens, aber auch des Umlaufvermögens existieren in der Kostenrechnung nicht. Diese Sachverhalte werden vielmehr über die Verrechnung von kalkulatorischen Wagniskosten berücksichtigt. Hierauf wird in Abschnitt 3.3.5.3 noch näher eingegangen. Kalkulatorische Abschreibungen führen i.d.R. zu **Anderskosten**.

Bei der **Ermittlung kalkulatorischer Abschreibungen** sind mehrere Fragen zu beantworten:

---

6 Bei Ermittlung bilanzieller Abschreibungen auf Basis der **IFRS** findet eine stärkere Orientierung am tatsächlichen Werteverzehr der Abschreibungsgüter statt, so dass - je nach Grad der Übereinstimmung - bilanzielle Abschreibungen ggf. auch als Grundkosten direkt in die Kostenrechnung übernommen werden können.

1. Welche Abschreibungsmethode soll angewendet werden?
2. Von welchem Basiswert soll abgeschrieben werden?
3. Welche Konsequenzen sind aus einer Fehleinschätzung der Nutzungsdauer zu ziehen?

Diese drei Fragestellungen sollen im Folgenden nacheinander beantwortet werden. Zunächst sollen mögliche **Abschreibungsmethoden** vorgestellt und auf ihre Kostenrechnungseignung hin untersucht werden. Folgende Abschreibungsmethoden stehen als Grundformen prinzipiell zur Verfügung, wobei zunächst eine Schätzung der Nutzungsdauer erfolgt:

- **lineare Abschreibung**
- **degressive Abschreibung**
- **progressive Abschreibung**
- **leistungsbezogene Abschreibung**

Die **lineare Abschreibung** ist das einfachste Verfahren und setzt eine mehr oder weniger gleichmäßige Nutzung des Anlagegutes und einen daraus resultierenden *gleichmäßigen Werteverzehr* voraus. Der Abschreibungsbasiswert (z.B. Anschaffungsauszahlung) wird folglich gleichmäßig auf die einzelnen Perioden der Nutzungsdauer verteilt.

$$\text{Abschreibungsbetrag pro Periode} = \frac{\text{Abschreibungsbasiswert - Liquidationserlös}}{\text{Nutzungsdauer}}$$

Der Liquidationserlös entspricht dem Verkaufserlös des Anlagegutes am Ende der Nutzungsdauer. Häufig wird vereinfachend unterstellt, dass kein Liquidationserlös erzielt wird, zumal dessen Schätzung zu Beginn der Nutzungsdauer i.d.R. sehr schwer sein dürfte. Die Ermittlung der Abschreibungsbeträge soll an einem **Beispiel** dargestellt werden. Ein Anlagegut (z.B. Maschine) sei zu Beginn der Nutzungsdauer für 50.000 € angeschafft worden. Die Nutzungsdauer wird auf insgesamt fünf Jahre geschätzt. Der Liquidationserlös am Ende der Nutzungsdauer soll noch 5.000 € betragen. Als jährliche Abschreibungsbeträge ergeben sich:

$$\text{Jährlicher Abschreibungsbetrag} = \frac{50.000\text{ €} - 5.000\text{ €}}{5} = 9.000\text{ €}$$

Es werden über 5 Jahre jeweils 9.000 € abgeschrieben, also insgesamt 45.000 €. Der folgenden Tabelle sind alle Ergebnisse für die gesamte Nutzungsdauer zu entnehmen:

Periode	Abschreibungsbetrag (€)	Restbuchwert (€)
1	9.000	41.000
2	9.000	32.000
3	9.000	23.000
4	9.000	14.000
5	9.000	5.000

Die lineare Abschreibung wird in der kostenrechnerischen Praxis sehr häufig eingesetzt, da sie zum einen sehr einfach in der Handhabung ist, und zum anderen gleichmäßige Abschreibungsbeträge verrechnet und damit dem Grundgedanken der Kostenrechnung als Glättungs- bzw. Durchschnittsrechnung entspricht. Liegt allerdings kein gleichmäßiger Werteverzehr vor, führt dieses Verfahren zu erheblichen Verzerrungen und widerspricht dem Ziel der Erfassung des tatsächlichen Werteverzehrs.

Bei der **degressiven Abschreibung** wird kein gleichmäßiger Werteverzehr unterstellt, sondern es wird von fallenden Abschreibungsbeträgen ausgegangen, d.h. der Werteverzehr nimmt im Laufe der Nutzungsdauer ab. Grundsätzlich lassen sich mit der arithmetisch-degressiven und der geometrisch-degressiven Abschreibung zwei **Arten** unterscheiden.

Bei der **arithmetisch-degressiven Abschreibung**, die auch digitale Abschreibung genannt wird, nehmen die Abschreibungsbeträge im Laufe der Nutzung um den gleichen Degressionsbetrag ab. Der Degressionsbetrag lässt sich dabei wie folgt ermitteln:

$$\text{Degressionsbetrag} = \frac{2\ (\text{Abschreibungsbasiswert - Liquidationserlös})}{\text{Nutzungsdauer (Nutzungsdauer + 1)}}$$

Für obiges **Beispiel** ergibt sich:

$$\text{Degressionsbetrag} = \frac{2\ (50.000\text{ €} - 5.000\text{ €})}{5\ (5+1)} = 3.000\text{ €}$$

Die Abschreibungsbeträge nehmen pro Periode um jeweils 3.000 € ab. Die Abschreibungsbeträge für die einzelnen Perioden ergeben sich nach folgender Formel:

Abschreibungsbetrag in Periode t = Degressionsbetrag (Nutzungsdauer + 1 - t)

Für die Periode 1 ergibt sich folgender Abschreibungsbetrag:

Abschreibungsbetrag in Periode 1 = 3.000 € (5 + 1 - 1) = 15.000 €

Der folgenden Tabelle sind alle Ergebnisse für die gesamte Nutzungsdauer zu entnehmen:

Periode	Abschreibungsbetrag (€)	Restbuchwert (€)
1	15.000	35.000
2	12.000	23.000
3	9.000	14.000
4	6.000	8.000
5	3.000	5.000

Bei der **geometrisch-degressiven** Abschreibung nehmen die Abschreibungsbeträge nicht um einen konstanten Degressionsbetrag - wie oben - ab, sondern mit von Periode zu Periode geringeren Degressionsbeträgen. Die Abschreibungsbeträge werden ermittelt, indem ein konstanter Prozentsatz auf den jeweiligen Restbuchwert (bzw. Abschreibungsbasiswert in der ersten Periode) verrechnet wird. Es handelt sich im Prinzip um eine unendliche Abschreibung, da ein Restwert von Null nie erreicht werden kann. Je höher der Prozentsatz gewählt wird, desto höher sind die Abschreibungsbeträge zu Beginn. Im Gegensatz zur Bilanzrechnung, wo die jeweiligen Prozenthöchstsätze festgelegt sind, kann in der Kostenrechnung der Prozentsatz je nach Verlauf des tatsächlichen Werteverzehrs frei gewählt werden.

Soll wie im obigen Beispiel auf einen Restbuchwert hin abgeschrieben werden, kann der Prozentsatz auch berechnet werden:

$$\text{Prozentsatz} = 100\,[1 - (\text{Liquidationserlös/Abschreibungsbasiswert})^{1/\text{Nutzungsdauer}}]$$

Für das Beispiel ergibt sich:

$$\text{Prozentsatz} = 100\,[1 - (5.000\,€/50.000\,€)^{1/5}] = 36{,}91\%$$

Der Abschreibungsbetrag für Periode 1 ergibt sich wie folgt:

$$\text{Abschreibungsbetrag in Periode 1} = 0{,}3691 \times 50.000\,€ = 18.455\,€$$

Für Periode 2 ergibt sich:

$$\text{Abschreibungsbetrag in Periode 2} = 0{,}3691 \times (50.000\,€ - 18.455\,€) = 11.643\,€$$

Der folgenden Tabelle sind alle Ergebnisse für die gesamte Nutzungsdauer zu entnehmen:

Periode	Abschreibungsbetrag (€)	Restbuchwert (€)
1	18.455	31.545
2	11.643	19.902
3	7.346	12.556
4	4.634	7.922
5	2.924	4.998[7] ≈ 5.000

Grundsätzlich können beide Formen der degressiven Abschreibung in der Kostenrechnung Verwendung finden (im Gegensatz zur Steuerbilanz, wo die Anwendung der arithmetisch-degressiven Abschreibung verboten ist). Fraglich ist nur, ob ein degressiver Abschreibungsverlauf dem tatsächlichen Werteverzehr von Anlagegütern entspricht. Diese Frage kann zwar immer nur in Abhängigkeit des konkret betrachteten Anlagegutes beurteilt werden, dennoch kann konstatiert werden, dass die degressive Abschreibung in der kostenrechnerischen Praxis eine eher untergeordnete Rolle spielt.

Die **progressive Abschreibung** ist im Prinzip das Gegenstück zur degressiven Abschreibung. Hier nehmen die Abschreibungsbeträge im Verlaufe der Nutzungsdauer zu, d.h. es wird von einem steigenden Werteverzehr ausgegangen. Auch hier lassen sich mit der arithmetisch-progressiven und der geometrisch-progressiven Abschreibung grundsätzlich zwei Formen unterscheiden, deren Berechnung im Prinzip ana-

[7] Es ergibt sich ein kleiner Rundungsfehler.

log zu den degressiven Verfahren (nur umgekehrt) erfolgt. Hierauf soll allerdings an dieser Stelle nicht näher eingegangen werden, da diese Form der Abschreibung in der Kostenrechnung faktisch ohne Bedeutung ist.

Grundidee der **leistungsbezogenen** oder auch variablen **Abschreibung** ist es, Abschreibungsbeträge entsprechend der konkreten Inanspruchnahme eines Anlagegutes in den einzelnen Perioden der Nutzung zu verrechnen. Ist die Inanspruchnahme in den einzelnen Perioden sehr unterschiedlich, kommt es bei diesem Verfahren zu schwankenden Abschreibungsbeträgen im Laufe der Nutzungsdauer. Hierdurch soll dem Ziel einer Erfassung des tatsächlichen Werteverzehrs möglichst entsprochen werden.

Die Anwendung dieses Verfahrens setzt zunächst die Schätzung des gesamten Leistungsvermögens (Nutzungspotenzial) des Anlagegutes sowie der periodenbezogenen Nutzung voraus. Der periodenbezogene Abschreibungsbetrag ergibt sich dann wie folgt:

$$\text{Abschreibungsbetrag pro Periode} = \frac{A - L}{NP_g} \times N_t$$

mit:
- A = Abschreibungsbasiswert
- L = Liquidationserlös
- NP_g = gesamtes Nutzungspotenzial
- N_t = Nutzung in Periode t

In *Ergänzung des bisherigen Beispiels* wird nun davon ausgegangen, dass mit dem betrachteten Anlagegut insgesamt 100.000 Mengeneinheiten eines bestimmten Produktes im Verlaufe der Nutzungsdauer hergestellt werden können. An periodenbezogener Nutzung ergibt sich:

Periode	**Mengeneinheiten**
1	25.000
2	30.000
3	20.000
4	15.000
5	10.000
Σ	**100.000**

Berechnet man nun die Abschreibungsbeträge, ergibt sich für die erste Periode:

$$\text{Abschreibungsbetrag Periode 1} = \frac{50.000\ € - 5.000\ €}{100.000\ \text{ME}} \times 25.000\ \text{ME} = 11.250\ €$$

Der folgenden Tabelle sind alle Ergebnisse für die gesamte Nutzungsdauer zu entnehmen:

Periode	Abschreibungsbetrag (€)	Restbuchwert (€)
1	11.250	38.750
2	13.500	25.250
3	9.000	16.250
4	6.750	9.500
5	4.500	5.000

Die leistungsbezogene Abschreibung erscheint auf den ersten Blick sehr gut für die Zwecke der Kostenrechnung geeignet, verrechnet sie doch die Abschreibungsbeträge nach der tatsächlichen Inanspruchnahme der Anlagegüter und den damit verbundenen "richtigen" Werteverzehr. Zu bedenken ist allerdings, dass es in der Praxis nur sehr schwer gelingen dürfte, das Leistungsvermögen sowie die periodenbezogene Nutzung eines Anlagegutes im Voraus abzuschätzen. Gelingt dies doch, so können bei Maschinen neben Mengeneinheiten auch Maschinenstunden als Messkriterium für das Leistungspotenzial dienen. Bei Kraftfahrzeugen wäre die Kilometerleistung als Maßstab denkbar.

Die bisher dargestellten Abschreibungsmethoden können grundsätzlich auch in **Kombination** zum Einsatz kommen. Dies scheint immer dann sinnvoll, wenn z.B. neben einem leistungsabhängigen Werteverzehr auch ein zeitabhängiger Werteverzehr besteht. Denkbar wäre hier eine Kombination aus linearer und leistungsbezogener Abschreibung. Die lineare Abschreibung erfasst dann z.B. den technischen und wirtschaftlichen Werteverzehr, der zeitbedingt ist, während die leistungsbezogene Abschreibung sich auf den Gebrauchsverschleiß bezieht.

Anhand des *bisherigen Beispiels* soll diese Vorgehensweise näher erläutert werden. Es soll angenommen werden, dass der tatsächliche Werteverzehr des Anlagegutes zu 60% leistungsbedingt und zu 40% zeitabhängig ist. Unter Berücksichtigung der bisherigen Ergebnisse ergibt sich für die erste Periode folgender Abschreibungswert:

$$\text{Abschreibungsbetrag in Periode 1} = 0{,}6 \times 11.250\ € + 0{,}4 \times 9000\ € = 10.350\ €$$

Analog ergeben sich die anderen Abschreibungsbeträge und Restbuchwerte, die in der folgenden Tabelle zusammengefasst sind:

Periode	Abschreibungsbetrag (€)	Restbuchwert (€)
1	10.350	39.650
2	11.700	27.950
3	9.000	18.950
4	7.650	11.300
5	6.300	5.000

Zu den Einsatzmöglichkeiten kombinierter Abschreibungsverfahren gilt grundsätzlich das bereits oben Gesagte. So muss bei der leistungsbezogenen Abschreibung eine Schätzung des gesamten sowie periodenbezogenen Nutzungspotenzials möglich sein. Die Kombination der linearen und leistungsbezogenen Abschreibung verbindet mit dem Zeit- und Leistungsaspekt die Haupteinflussgrößen des Werteverzehrs von Anlagegütern und ist daher aus kostenrechnerischer Sicht sehr positiv zu beurteilen.

Abschreibungen werden i.d.R. als fixe Gemeinkosten verrechnet, da sie weder beschäftigungsabhängig noch einem Kostenträger direkt zurechenbar sind. Dieser Grundsatz gilt mit Ausnahme der leistungsbezogenen Abschreibung, wo die Höhe des Abschreibungsbetrages mit der Beschäftigung variiert, so dass variable Kosten vorliegen. Ob sogar eine Verrechnung als Einzelkosten möglich ist, hängt letztlich von dem Messkriterium der leistungsbezogenen Abschreibung ab. Im vorher besprochenen Beispiel wurden die Abschreibungen mengenbezogen ermittelt, so dass in diesem Fall zumindest theoretisch eine direkte Verrechnung der Kosten auf den einzelnen Kostenträger (Mengeneinheit) als Einzelkosten möglich ist. Bei einem Kraftfahrzeug, dass auf Kilometerbasis abgeschrieben wird, ist eine solche direkte Zurechnung auf den Kostenträger nicht möglich, so dass es sich hier um Gemeinkosten handelt.

Nachdem die grundsätzliche Eignung verschiedener Abschreibungsverfahren für die Kostenrechnung diskutiert wurde, soll es im Folgenden um die Frage gehen, welcher **Ausgangswert der Abschreibung als Basiswert** zugrunde liegen soll. In der Finanzbuchhaltung ist dieser Sachverhalt gesetzlich geregelt. Hier ist nur der Ansatz von Anschaffungs- bzw. Herstellungskosten erlaubt. Die Kostenrechnung hingegen unterliegt grundsätzlich keinen gesetzlichen Vorschriften, so dass hier ggf. auch ein Abweichen von der Vorgehensweise in der Finanzbuchhaltung sinnvoll sein kann.

Mit der Verrechnung von kalkulatorischen Abschreibungen in der Kostenrechnung wird nicht zuletzt das Ziel einer **Wiederbeschaffung des Anlagegutes** am Ende der

Nutzungsdauer verfolgt. Argumentiert man aus preispolitischer Sicht, bedeutet dies, dass die eigenen Produktabsatzpreise diejenigen Abschreibungsbeträge enthalten müssen, die es dem Unternehmen erlauben, das Anlagegut am Nutzungsdauerende wiederzubeschaffen. Die Abschreibungen müssen also über den Absatzmarkt verdient werden, damit die Substanz des Unternehmens erhalten werden kann. Der Kostenrechnung liegt daher das Prinzip der Substanzerhaltung zugrunde, während die Bilanzrechnung dem Grundsatz der nominellen Kapitalerhaltung folgt. Man spricht daher in der Kostenrechnung auch von substanzieller und in der Bilanzrechnung von nomineller Abschreibung.

Insbesondere bei steigenden Anschaffungspreisen von Anlagegütern reicht der Ansatz vergangenheitsorientierter Anschaffungskosten bei der Verrechnung kalkulatorischer Abschreibungen nicht mehr aus. Aufgrund des Prinzips der Substanzerhaltung ist vielmehr der **Ansatz von zukünftigen Wiederbeschaffungswerten** geboten. Diese dürften allerdings aufgrund bestehender Prognoseschwierigkeiten und technischer Weiterentwicklungen im Vorhinein i.d.R. nur sehr schwer ermittelbar sein. Daher geht die unternehmerische Praxis häufig von **aktuellen Tagespreisen** als auf die Gegenwart bezogene Wiederbeschaffungswerte aus. Diese lassen sich z.B. über Veröffentlichungen von Verbänden oder des Statistischen Bundesamtes ermitteln.

Die dritte der zu Beginn dieses Gliederungspunktes aufgeworfenen Fragen nach den **Konsequenzen einer Fehleinschätzung der Nutzungsdauer** für die Abschreibungsverrechnung soll nun abschließend beantwortet werden. Grundsätzlich gibt es hierbei zwei Möglichkeiten:

1. **Die tatsächliche Nutzungdauer ist größer als ursprünglich angenommen.**
2. **Die tatsächliche Nutzungdauer ist kleiner als ursprünglich angenommen.**

Zunächst soll die erste Möglichkeit an einem **Beispiel** näher erörtert werden. Es sei angenommen, dass ein Unternehmen ein Anlagegut im Wert von 200.000 € anschafft. Es wird von einer Nutzungsdauer von vier Jahren ausgegangen. Nach zwei Jahren stellt sich bei der Inspektion des Anlagegutes heraus, dass es zumindest fünf Jahre genutzt werden kann. Unterstellt sei eine lineare Abschreibung und keine Preiserhöhung für das Anlagegut bis zum Ende der tatsächlichen Nutzungsdauer (fünf Jahre). Betrachtet man zunächst die Situation in den ersten zwei Jahren, ergibt sich folgender Abschreibungsverlauf:

Jahr	Abschreibungsbetrag (€)	Restbuchwert (€)
1	50.000	150.000
2	50.000	100.000

Nach zwei Jahren ist nun bekannt, dass das Anlagegut fünf Jahre genutzt werden kann. Für die weitere Abschreibungsverrechnung in der Kostenrechnung gibt es nun theoretisch **verschiedene Möglichkeiten**. So wäre es z.B. möglich, den Abschreibungsverlauf wie geplant fortzusetzen, ohne die Verlängerung der effektiven Nutzungsdauer zu beachten. Als Abschreibungsverlauf ergäbe sich:

Jahr	Abschreibungsbetrag (€)	Restbuchwert (€)
3	50.000	50.000
4	50.000	0
5	0	0

Die veränderte Situation hätte somit keinen Einfluss auf den Abschreibungsverlauf. Dies widerspräche jedoch der kostenrechnerischen Vorgehensweise, nach der ein Anlagegut solange abzuschreiben ist, wie es genutzt wird. Bis zur Ausmusterung des Anlagegutes findet ein Werteverzehr statt, der über weitere Abschreibungen - notfalls auch bis über den ursprünglichen Abschreibungsbasiswert hinaus - zu erfassen ist.

Es erfolgt also eine **Fortsetzung der Abschreibungsverrechnung im fünften Jahr**, wobei auch hier grundsätzlich verschiedene Möglichkeiten denkbar wären. Bei Beibehaltung des Abschreibungsbetrages von 50.000 € ergäbe sich folgender Abschreibungsverlauf:

Jahr	Abschreibungsbetrag (€)	Restbuchwert (€)
3	50.000	50.000
4	50.000	0
5	50.000	0

In diesem Fall würden insgesamt 50.000 € zuviel abgeschrieben.

Alternativ könnte auch der Restbuchwert von 100.000 € nach zwei Jahren auf die restliche Nutzungsdauer von drei Jahren verteilt werden, so dass genau der Abschreibungsbasiswert i.H.v. 200.000 € abgeschrieben würde. Als Ergebnis ergäbe sich:

Jahr	Abschreibungsbetrag (€)	Restbuchwert (€)
3	33.333	66.666
4	33.333	33.333
5	33.333	0

Beide zuletzt genannten Möglichkeiten sind aus kostenrechnerischen Erwägungen ungeeignet. In beiden Fällen wird versucht den Fehler einer zu hohen Abschreibung in der Vergangenheit durch einen weiteren Fehler in der Zukunft zu kompensieren, denn der "richtige" Abschreibungswert für den fünfjährigen Zeitraum wäre 40.000 € (= 200.000 €/5) gewesen. Im ersten Fall würden in den Jahren 3-5 jeweils 10.000 € zuviel abgeschrieben. Im zweiten Fall wären es 6.666 € zu wenig. Im Ergebnis wäre in keinem Jahr der "korrekte" Abschreibungswert von 40.000 € verrechnet worden. Die Abschreibung mit dem zu hohen Betrag von 50.000 € in den ersten zwei Jahren ist zwar nicht mehr rückgängig zu machen, dafür kann aber für die Folgejahre noch der "richtige" Werteverzehr i.H.v. 40.000 € in Ansatz gebracht werden.

Aus diesen Überlegungen ergibt sich für das Beispiel der folgende **Abschreibungsverlauf in der Kostenrechnung**:

Jahr	Abschreibungsbetrag (€)	Restbuchwert (€)
3	40.000	80.000
4	40.000	40.000
5	40.000	0

Der Restbuchwert am Ende des zweiten Jahres von 100.000 € ist entsprechend auf 120.000 € zu korrigieren, da in den ersten zwei Jahren nur ein Werteverzehr von 80.000 € (= 2 x 40.000 €) stattgefunden hat. Dadurch ergibt sich am Ende des dritten Jahres ein Restbuchwert i.H.v. 80.000 €.

In dem Fallbeispiel war die tatsächliche Nutzungsdauer größer als die ursprünglich erwartete. Denkbar wäre aber natürlich auch, dass die **Nutzungsdauer zu Beginn zu optimistisch geschätzt** worden ist, und das Anlagegut z.B. durch einen schwerwiegenden Schaden bereits deutlich vor dem Ende der geplanten Nutzungsdauer nicht mehr eingesetzt werden kann und verschrottet werden muss. In diesem Fall endet die kalkulatorische Abschreibung mit dem Tag der Ausmusterung. Es werden keine weiteren Abschreibungen verrechnet. Da es der Kostenrechnung auch um die Ausschaltung außergewöhnlicher Ereignisse geht, um z.B. Betriebsergebnisse nicht zu verzerren, findet auch im Gegensatz zur Bilanzrechnung keine außerordentliche Abschreibung statt. Noch nicht abgeschriebene Beträge können aber im Rahmen des Ansatzes von kalkulatorischen Wagniskosten berücksichtigt werden, worauf zu einem späteren Zeitpunkt noch detaillierter einzugehen ist.

Abschließend sollen die aufgezeigten Unterschiede zwischen bilanzieller und kalkulatorischer Abschreibung nochmals übersichtlich dargestellt werden:

Abb. 10: Unterschiede zwischen bilanzieller und kalkulatorischer Abschreibung

	bilanzielle Abschreibung	**kalkulatorische Abschreibung**
Ziel	bilanzpolitische bzw. fiskalische Ziele	Erfassung des tatsächlichen Werteverzehrs
Gesetzliche/Normative Regelung	ja	nein
Abschreibungsbasis	Anschaffungs- bzw. Herstellungskosten	i.d.R. Wiederbeschaffungs- bzw. Tageswerte
Abschreibungsverfahren	häufig geometrisch-degressiv[8] und linear	idealerweise leistungsbezogen oder Kombination; häufig linear
Überschreiten der Nutzungsdauer	i.d.R. keine weiteren Abschreibungen	weitere Abschreibungsverrechnung bis Ausmusterung
Kapitalerhaltung	nominelle Kapitalerhaltung	Substanzerhaltung

3.3.5.2 Kalkulatorische Zinsen

Die Notwendigkeit der Verrechnung von **kalkulatorischen Zinsen** in der Kostenrechnung ergibt sich aus mehreren Gründen. So muss der betriebliche Leistungserstellungsprozess durch Kapital finanziert werden, das nicht "kostenlos" verfügbar ist. Das Kapital steht dabei i.d.R. nur zeitlich begrenzt zur Verfügung und "verzehrt" sich im Laufe der Nutzung. Zudem kann das im Unternehmen gebundene Kapital nicht anderweitig gewinnbringend verwendet werden, so dass **Opportunitätskosten**[9] entstehen.

Vergleicht man die Verrechnung von Zinsaufwendungen in der Finanzbuchhaltung und kalkulatorischen Zinsen in der Kostenrechnung, so ergeben sich erhebliche Unterschiede. Während in der Finanzbuchhaltung nur der Ansatz von Zinsaufwendungen für Fremdkapital erlaubt ist, spielt die Mittelherkunft (Eigen- oder Fremdkapital) für die Kostenrechnung keine Rolle. Entscheidend ist hier die Frage der Mittel-

[8] Z.T. aber mit steuerrechtlichen Einschränkungen

[9] Unter Opportunitätskosten versteht man die Kosten der "entgangenen Gelegenheit". Knappe Finanzmittel können z.B. nur *einer* Verwendung (z.B. Investition in Anlagegüter) zugeführt werden. Hierdurch entstehen "entgangene Gewinne", da andere gewinnbringende Verwendungsmöglichkeiten (z.B. Geldanlage) nicht realisiert werden können. Diese "entgangenen Gewinne" entsprechen den Opportunitätskosten.

verwendung. Die Berechnung der kalkulatorischen Zinsen in der Kostenrechnung erfolgt daher auf das **durchschnittlich gebundene betriebsnotwendige Kapital**. Dies beinhaltet im Gegensatz zur Finanzbuchhaltung folglich zum einen nur das Kapital, das dem eigentlichen Betriebszweck dient. Zum anderen werden neben den Zinsen auf das betriebsnotwendige Fremdkapital auch Zinsen auf das betriebsnotwendige Eigenkapital (im Sinne von Opportunitätskosten) verrechnet. Hieraus folgt, dass eine Übernahme der Zinsaufwendungen der Finanzbuchhaltung in die Kostenrechnung nicht möglich ist, sondern eine eigenständige Berechnung von kalkulatorischen Zinsen in der Kostenrechnung erfolgen muss.

Zur **Ermittlung der kalkulatorischen Zinskosten** sind zwei *Schritte* notwendig:

1. Erfassung des durchschnittlich gebundenen betriebsnotwendigen Kapitals
2. Bestimmung des Kalkulationszinsfußes

Die kalkulatorischen Zinskosten ergeben sich dann aus dem Produkt von 1. und 2.

Zunächst sollen die einzelnen Arbeitsschritte zur **Erfassung des durchschnittlich gebundenen betriebsnotwendigen Kapitals** näher erörtert werden. Da das betriebsnotwendige Kapital aus der Passivseite der Bilanz nicht ersichtlich ist, erfolgt dessen Erfassung gewissermaßen im Umweg über das betriebsnotwendige Vermögen der Aktivseite der Bilanz. Zwei Schritte sind hierzu erforderlich:

a) Erfassung der betriebsnotwendigen Vermögensteile
b) Bewertung des betriebsnotwendigen Vermögens zu kalkulatorischen Wiederbeschaffungs- bzw. Restbuchwerten

Bei der **Erfassung des betriebsnotwendigen Vermögens** sind zunächst alle Vermögensteile der Aktivseite der Bilanz zu eliminieren, die nicht betriebsnotwendig sind. Beispielhaft wären hier zu nennen:

- **nicht betriebsnotwendige Beteiligungen**
- **ungenutzte bzw. fremdgenutzte Grundstücke**
- **fremdgenutzte Gebäude**
- **fremdgenutzte Anlagen und Anlagen im Bau**
- **stillgelegte Anlagen**
- **unbrauchbare Bestände**
- **Wertpapiere zu Spekulationszwecken etc.**

Hinzuzurechnen sind diejenigen Vermögensgegenstände, die nicht mehr der Bilanz zu entnehmen sind (z.B. bilanziell voll abgeschriebene, aber noch genutzte Vermögensgegenstände).

In einem zweiten Schritt ist nun das so ermittelte betriebsnotwendige Vermögen **kalkulatorisch** zu **bewerten**. Dies ist notwendig, wenn die Bilanzpositionen nach den für die Kostenrechnung nicht maßgeblichen handels- und steuerrechtlichen Vorschriften bewertet sind.[10] Die Bewertungsfrage soll im Folgenden für die einzelnen Hauptgruppen der Bilanz separat diskutiert werden.

Das betriebsnotwendige nicht abnutzbare Anlagevermögen sollte sinnvollerweise zu vollen Wiederbeschaffungs- bzw. Tageswerten angesetzt werden. Beträgt z.B. der Bilanzwert eines betrieblich genutzten Grundstücks 1.000.000 €, der aktuelle Wiederbeschaffungs- bzw. Tageswert aber 1.200.000 €, so ist dieser Wert bei der Berechnung der kalkulatorischen Zinsen anzusetzen. Unterstellt man einen kalkulatorischen Zinssatz von 5%, ergäben sich kalkulatorische Zinskosten i.H.v. 60.000 € (= 0,05 x 1.200.000 €).

Beim betriebsnotwendigen abnutzbaren Anlagevermögen gibt es grundsätzlich zwei Möglichkeiten der Bewertung. Vielfach wird aus Vereinfachungsgründen vorgeschlagen, den halben Wiederbeschaffungs- bzw. Tageswert bei der Berechnung von kalkulatorischen Zinskosten anzusetzen (**Durchschnittsmethode**). Wäre also z.B. der Wiederbeschaffungs- bzw. aktuelle Tageswert eines abnutzbaren Anlagegutes (z.B. Maschine) 110.000 €, würden 55.000 € als während der Nutzungsdauer durchschnittlich gebundenes Kapital zur Zinskostenberechnung angesetzt. Es ergäben sich bei erneuter Unterstellung eines Zinssatzes von 5% kalkulatorische Zinskosten von 2.750 € (= 0,05 x 55.000 €), die jährlich während der Nutzungsdauer verrechnet würden.

Die **Restwertmethode** als zweite Möglichkeit ist etwas aufwändiger, dafür aber auch genauer, was die Erfassung des tatsächlichen Werteverzehrs betrifft. Der kalkulatorische Restwert eines Anlagegutes ergibt sich wie folgt:

kalk. Restwert = Wiederbeschaffungswert - $\sum$ kalk. Abschreibungen der Vorperioden

[10] Sind de Bilanzpositionen nach **IFRS** bewertet, kann aufgrund der stärkeren Bewertungsharmonisierung zwischen Bilanz- und Kostenrechnung ggf. auf eine kalkulatorische (Um)Bewertung des betriebsnotwendigen Vermögens verzichtet werden.

Der während der Periode durchschnittlich gebundene Restwert, der die Grundlage für die Zinskostenberechnung bildet, lässt sich dann wie folgt ermitteln:

$$\text{durchschnittl. gebundener Restwert} = \frac{\text{Restwert}_{\text{Periodenbeginn}} + \text{Restwert}_{\text{Periodenende}}}{2}$$

Auch diese Methode soll an einem **Beispiel** kurz erläutert werden. Betrachtet wird erneut das Anlagegut, das einen Wiederbeschaffungswert von 110.000 € hat. Unterstellt sei eine Nutzungsdauer von zehn Perioden bei linearer Abschreibung. Sollen nun die kalkulatorischen Zinskosten für die erste Periode ermittelt werden, bedarf es zunächst der Berechnung der kalkulatorischen Restwerte zu Periodenbeginn und -ende. Der kalkulatorische Restbuchwert zu Periodenbeginn entspricht dem Wiederbeschaffungswert. Der kalkulatorische Restbuchwert am Periodenende beträgt entsprechend obiger Formel: 110.000 € - 110.000 €/10 = 99.000 €. Der durchschnittlich gebundene kalkulatorische Restwert beträgt dann 104.500 € (= (110.000 € + 99.000 €)/2). Dieser Betrag ist in der ersten Periode durchschnittlich gebunden. Die kalkulatorischen Zinskosten (bei einem Zinssatz von 5%) betragen in dieser Periode 5.225 € (= 0,05 x 104.500 €). Für Periode 2 ergäben sich Restwerte zu Periodenbeginn i.H.v. 99.000 € und zu Periodenende i.H.v. 88.000 € (= 110.000 € - 2 x 11.000 €). Als durchschnittlicher Restwert ergäbe sich 93.500 € (= (99.000 € + 88.000 €)/2) und die kalkulatorischen Zinskosten würden 4.675 € (= 0,05 x 93.500 €) betragen.

Vergleicht man die Ergebnisse beider Methoden, so ist festzustellen, dass die Durchschnittsmethode einen jährlich gleichbleibenden Betrag (hier: 2.750 €) an kalkulatorischen Zinskosten verrechnet, während die Zinskosten der Restwertmethode fallenden Verlauf haben (hier: 5.225 €, 4.675 € ...). Die Durchschnittsmethode vereinfacht die Problemlösung sehr stark. In den ersten Perioden werden zu geringe kalkulatorische Zinskosten verrechnet, während gegen Ende der Nutzungsdauer die Zinskosten zu hoch ausfallen. Die Restwertmethode ermittelt die Zinskosten entsprechend der tatsächlichen Kapitalbindung, die im Zeitverlauf abnimmt, und berücksichtigt damit den "richtigen" Werteverzehr. Trotz des größeren Rechenaufwands sollte daher prinzipiell dieser Methode der Vorzug gegeben werden.

Das betriebsnotwendige Umlaufvermögen sollte sinnvollerweise zu Durchschnittswerten der Periode bewertet werden. Betragen beispielsweise die Bestände zu Beginn einer Periode 50.000 € und zum Ende einer Periode 40.000 €, ergibt sich ein Mittelwert von 45.000 €. Die kalkulatorischen Zinskosten würden bei einem Zinssatz von 5% 2.250 € (= 0,05 x 45.000 €) betragen.

Abbildung 11 fasst die einzelnen Schritte zur **Ermittlung und Bewertung des durchschnittlich gebundenen betriebsnotwendigen Kapitals** nochmals zusammen. Wie aus der Abbildung ersichtlich wird, ist nach der Ermittlung des betriebsnotwendigen Vermögens noch ein weiterer Rechenschritt notwendig, um das betriebsnotwendige Kapital zu ermitteln. Das betriebsnotwendige Vermögen ist um das sog. **Abzugskapital** zu kürzen. Im Ergebnis erhält man dann das betriebsnotwendige Kapital. Die Berücksichtigung des Abzugskapitals bei der Berechnung des betriebsnotwendigen Kapitals ist allerdings in Literatur und Praxis höchst umstritten. Unter Abzugskapital ist das Fremdkapital zu verstehen, das dem Unternehmen "zinsfrei" zur Verfügung steht und deshalb - wie der Name schon sagt - abgezogen wird. Hierzu zählen zinsfreie Kredite, Anzahlungen von Kunden oder auch Lieferantenkredite. Die angebliche Zinsfreiheit dieses Kapitals wird aber vielfach - und das nicht ganz zu Unrecht - angezweifelt. So wird beispielsweise bei der Inanspruchnahme eines Lieferantenkredites auf eine mögliche Skontogewährung verzichtet, die durchaus als verdeckter Zins interpretiert werden kann. Trotz der z.T. berechtigten Einwände soll an dieser Stelle der Mehrheitsmeinung gefolgt werden, die den Ansatz des Abzugskapitals bei der Berechnung des betriebsnotwendigen Kapitals befürwortet.

Abb. 11: Ermittlung des betriebsnotwendigen Kapitals

Bestandteile	Bewertung
Betriebsnotwendiges nicht abnutzbares Anlagevermögen (z.B. Grundstücke)	volle Wiederbeschaffungs- bzw. Tageswerte
+ betriebsnotwendiges abnutzbares Anlagevermögen (z.B. Gebäude, Maschinen, Fahrzeuge etc.)	durchschnittlich gebundener Restwert oder halber Wiederbeschaffungswert
+ betriebsnotwendiges Umlaufvermögen (z.B. Lagerbestände, Kasse etc.)	Mittelwerte
= durchschnittlich gebundenes betriebsnotwendiges Vermögen	
- Abzugskapital (z.B. Kundenanzahlungen, Lieferantenkredite)	Mittelwerte
= durchschnittlich gebundenes betriebsnotwendiges Kapital	

Die Berechnung der kalkulatorischen Zinskosten setzt als letzten Schritt die **Bestimmung eines Kalkulationszinssatzes** voraus (in den vorherigen Beispielen wurde vereinfachend von 5% ausgegangen). Eine pragmatische Vorgehensweise stellt die Orientierung an den Zinssätzen des langfristigen Kapitalmarktes dar (z.B. Zinssätze für Staatsanleihen ggf. zuzüglich eines Risikoaufschlages). Im Zuge der steigenden Bedeutung unternehmenswertorientierter Steuerungskonzepte (Shareholder Value-Ansätze) findet mittlerweile mit dem **Weighted Average Cost of Capital (WACC)** ein kapitalgewichteter Mischzinssatz häufige Verwendung in der Unternehmenspraxis.[11]

Die **kalkulatorischen Zinskosten** können nun anhand folgender Formel ermittelt werden:

kalk. Zinskosten = kalk. Zinssatz x durchschnittl. geb. betriebsnotw. Kapital

Die so ermittelten Zinskosten stellen kostenrechnerisch fixe Gemeinkosten und in der Summe **Anderskosten** dar. Betrachtet man das Fremd- und Eigenkapital getrennt, so handelt es sich bei den kalkulatorischen Zinskosten auf das Fremdkapital um Anderskosten, auf das Eigenkapital aber um echte Zusatzkosten.

3.3.5.3 Kalkulatorische Wagnisse

Unternehmerische Tätigkeit ist stets mit bestimmten Risiken bzw. Wagnissen verbunden. Hierzu zählen zum einen das **allgemeine Unternehmerwagnis** und zum anderen **spezielle betriebsbedingte Einzelwagnisse**.

Das **allgemeine Unternehmerwagnis** beinhaltet die Risiken, die das Unternehmen als Ganzes betreffen und deren Ursache primär im Unternehmensumfeld zu suchen sind. Hierzu zählen Risiken, die sich z.B. aus der gesamtwirtschaftlichen Entwicklung (Rückgang der Nachfrage), aus dem technischen Fortschritt, aus einer allgemeinen Preisniveausteigerung oder auch aus der Zunahme ausländischer Konkurrenz auf den heimischen Märkten ergeben. Diese Risiken sind aus den Gewinnen des Unternehmens zu decken und haben keinen direkten Kostencharakter für das Unternehmen.

---

[11] Die Berechnung des WACC erfolgt auf Basis des Eigenkapitalzinssatzes gewichtet mit der Eigenkapitalquote und des Fremdkapitalzinssatzes gewichtet mit der Fremdkapitalquote nach folgender Formel: WACC = i_{EK} x EK/GK + i_{FK} x FK/GK. Vgl. hierzu ausführlich die Darstellungen bei Freidank, C.-C. (2008), S. 131 ff sowie Schweitzer, M./Küpper, H.-U. (2003), S. 112 ff.

Spezielle betriebsbedingte Einzelwagnisse stehen dagegen direkt mit dem betrieblichen Leistungserstellungsprozess in Verbindung. Sie führen zu einem unvorhersehbaren und ungewollten betriebsbedingten Werteverzehr und weisen daher - obwohl i.d.R. zufallsbedingten Schwankungen unterworfen - eindeutig Kostencharakter auf. In der Finanzbuchhaltung wird diese Art von betrieblich verursachtem Werteverzehr als außerordentlicher Aufwand in seiner effektiven Höhe erfasst. In der Kostenrechnung werden hierfür kalkulatorische Wagniskosten verrechnet. Im Sinne einer Glättung außergewöhnlicher Einflüsse erfolgt der Ansatz "normalisierter" Kostensätze (Durchschnittskostensätze), so dass es sich dabei um **Anderskosten** handelt.

Kalkulatorische Wagniskosten werden u.a. für folgende **Wagnisarten** verrechnet:

• **Beständewagnis:**	Lagerverluste bei Werkstoffen, unfertigen und fertigen Erzeugnissen (z.B. durch Schwund,Veralten etc.)
• **Fertigungswagnis:**	Mehrkosten z.B aufgrund von Arbeits- und Konstruktionsfehlern
• **Entwicklungswagnis:**	Kosten für fehlgeschlagene F&E-Arbeiten
• **Vertriebswagnis:**	Forderungsausfälle und Währungsverluste
• **Anlagewagnis:**	außergewöhnliche Schäden an Anlagegütern
• **Gewährleistungswagnis:**	Kosten für Gewährleistungen (Nacharbeiten, Ersatzlieferungen etc.)

Darüber hinaus werden je nach Branchenzugehörigkeit branchen- bzw. unternehmensspezifische Wagnisse berücksichtigt.

Der Ansatz von kalkulatorischen Wagniskosten erfolgt allerdings nur dann, wenn für die einzelnen Wagnisarten keine entsprechenden Versicherungen abgeschlossen wurden. Für versicherte Wagnisse fallen Versicherungskosten an, die als Dienstleistungskosten zu erfassen sind. Für nicht versicherte Wagnisse werden kalkulatorische Wagniskosten im Sinne einer "Selbstversicherung" verrechnet, wobei langfristig ein Ausgleich zwischen den tatsächlich eingetretenen Verlusten aus Wagnissen und den hierfür verrechneten Kosten angestrebt wird.

Die **Berechnung kalkulatorischer Wagniskosten** soll im Folgenden anhand eines *Beispiels* erläutert werden. Ein Unternehmen möchte kalkulatorische Wagniskosten für **Gewährleistungen** verrechnen. Grundlage der Berechnung der Wagniskosten bildet dabei die tatsächliche Entwicklung der Aufwendungen für Gewährleistungen sowie die Umsatzentwicklung in den vergangenen Perioden. Folgende Datensituation ist gegeben:

Periode	Umsatz (€)	Gewährleistungsaufwand (€)
1	1.200.000	18.000
2	1.400.000	23.500
3	1.500.000	21.500
4	1.400.000	20.500
5	1.600.000	23.000
Σ	**7.100.000**	**106.500**

Die Berechnung der kalkulatorischen Wagniskosten erfolgt nun in zwei Schritten. Zunächst wird ein **Wagniskostensatz** ermittelt, der das Verhältnis der in der Vergangenheit tatsächlich eingetretenen Wagnisverluste (hier: Gewährleistungsaufwand) zu einer Bezugsgröße (hier: Umsatz) darstellt. Die Bezugsgröße soll dabei möglichst verursachungsgerecht mit den Wagnisverlusten in Beziehung stehen. Der Wagniskostensatz wird dann anschließend mit dem aktuellen Wert der Bezugsgröße multipliziert, um die Wagniskosten zu erhalten.

$$\text{Wagniskostensatz} = \frac{\text{Summe der eingetretenen Wagnisverluste}}{\text{Summe der Bezugsgrößeneinheit}} \times 100$$

$$\text{kalk. Wagniskosten} = \text{Wagniskostensatz} \times \text{aktueller Wert der Bezugsgröße}$$

Bezogen auf das vorgenannte Beispiel ergäbe sich ein Wagniskostensatz i.H.v. 1,5% (= (106.500 € / 7.100.000 €) x 100). Rechnet das Unternehmen in der aktuellen Periode 6 nun mit einem Umsatz von 1.700.000 €, würden sich kalkulatorische Wagniskosten für diese Periode i.H.v. 25.500 € (= 0,015 x 1700.000 €) ergeben und in der Kostenrechnung angesetzt werden.

In ähnlicher Weise lassen sich auch für die anderen Wagnisarten kalkulatorische Wagniskosten bestimmen. Zu beachten ist allerdings, dass die jeweiligen Bezugsgrößen je nach Wagnisart variieren können. Die nachstehende Tabelle gibt einige Beispiele für mögliche Bezugsgrößen.

Bei kalkulatorischen Wagniskosten handelt es sich üblicherweise um Gemeinkosten, die sich i.d.R. einzelnen Kostenträgern nicht direkt zurechnen lassen. Eine gewisse Abhängigkeit vom Beschäftigungsgrad dürfte zumindest z.T. (z.B. beim Gewährleistungswagnis) gegeben sein, so dass neben fixen auch variable Kostenbestandteile vorkommen.

Wagnisart	Bezugsgröße
Beständewagnis	Wert des durchschnittlichen Lagerbestandes
Fertigungswagnis	Herstellungskosten der Produkte
Entwicklungswagnis	Entwicklungskosten der Periode
Vertriebswagnis	Umsatz oder Forderungsbestand
Anlagewagnis	durchschnittliche Restbuchwerte oder Summe der Periodenabschreibungen
Gewährleistungswagnis	Umsatz oder Herstellungskosten der Produkte

3.3.5.4 Sonstige kalkulatorische Kosten

Unter die sonstigen kalkulatorischen Kosten fallen die **kalkulatorische Miete** und der **kalkulatorische Unternehmerlohn**.

Der Ansatz eines **kalkulatorischen Unternehmerlohns** dient dem Ausgleich von unentgeltlicher Arbeitsleistung in Unternehmen. In Kapitalgesellschaften erhalten die in der Funktion von Unternehmern tätigen Vorstandsmitglieder und Geschäftsführer Gehälter, die als Personalkosten in Form von Grundkosten in die Kostenrechnung eingehen. Bei anderen Rechtsformen (Einzelunternehmen, Personengesellschaften) werden den mitarbeitenden Inhabern oder Gesellschaftern keine Gehälter gezahlt. Die Arbeitsleistung wird zwar unentgeltlich zur Verfügung gestellt, es findet aber gleichwohl ein entsprechender Werteverzehr an Arbeitsleistung statt, der in der Kostenrechnung grundsätzlich zu erfassen ist. Dies erfolgt in Form von Zusatzkosten, die kostenrechnerisch fixe Gemeinkosten darstellen. Die Höhe des kalkulatorischen Unternehmerlohns sollte sich grundsätzlich an den Gehältern für vergleichbare Positionen in Unternehmen gleicher Branche und mit vergleichbarer Größe orientieren.[12]

---

[12] Gelegentlich wird vorgeschlagen, den kalkulatorischen Unternehmerlohn aus spezifischen mathematischen Formeln abzuleiten, die z.B. für bestimmte Branchen entwickelt wurden. Häufig bilden dabei Größen wie Jahresumsatz oder Jahreswertschöpfung die Grundlage der Berechnung. Die Herleitung der Formeln wirkt allerdings i.d.R. derart willkürlich, dass deren Sinnhaftigkeit stark bezweifelt werden muss.

Kalkulatorische Mietkosten werden in der Kostenrechnung immer dann angesetzt, wenn Einzelunternehmer oder Gesellschafter einer Personengesellschaft eigene Räume für betrieblich genutzte Zwecke zur Verfügung stellen, für die in der Finanzbuchhaltung kein Aufwand verbucht wird (Zusatzkosten). Auch hier liegt ein betriebsbedingter Werteverzehr vor, der grundsätzlich in der Kostenrechnung zu erfassen ist. Voraussetzung hierfür ist allerdings, dass für die betrieblich genutzten Räume keine kalkulatorischen Abschreibungen, Zinsen, Erhaltungsaufwendungen etc. verrechnet werden. Die Höhe der kalkulatorischen Miete, die kostenrechnerisch fixe Gemeinkosten darstellen, sollte sich am ortsüblichen Mietspiegel orientieren. Werden die tatsächlich anfallenden Kosten für betrieblich genutzte Räume, da sie z.B. deutlich unter dem ortsüblichen Mietspiegel liegen, durch die ortsüblichen Raumkosten ersetzt, handelt es sich um Anderskosten. Gelegentlich werden unter dem Begriff kalkulatorische Miete auch alle Mietkosten eines Unternehmens zusammengefasst.

3.4 Zusammenfassung der Kostenarten im Kostenartenplan

Bereits zu Beginn dieses Kapitels wurde darauf hingewiesen, dass die zentrale Aufgabe der Kostenartenrechnung die Erfassung und Gliederung *aller* Kosten einer Abrechnungsperiode ist. Nachdem nun die wesentlichen Kostenarten inhaltlich erörtert wurden, sollen zum Abschluss dieses Kapitels Hinweise für eine Strukturierung dieser Kostenarten gegeben werden.

Die Strukturierung der Kostenarten erfolgt mit Hilfe des **Kostenartenplans**. Hierunter ist die geordnete Aufzählung der in einem Unternehmen erfassten primären Kostenarten zu verstehen. Der Kostenartenplan stellt folglich das Ergebnis der Kostenartengliederung dar und bildet das Pendant zum Kontenplan in der Finanzbuchhaltung.

Die Ausgestaltung des Kostenartenplans wird grundsätzlich unternehmensindividuell erfolgen, allerdings sind dabei einige Gestaltungsprinzipien zu beachten, auf die auch an anderer Stelle bereits eingegangen wurde.[13] Zu nennen wäre hier zunächst das **Prinzip der Vollständigkeit**, nach dem die angefallenen Kosten vollständig zu erfassen sind. Das **Prinzip der Eindeutigkeit** fordert, dass die einzelnen Kostenarten eindeutig definiert und überschneidungsfrei erfasst werden. Dies beinhaltet auch das Verbot einer Doppelverrechnung von Kosten. Neben dem **Prinzip der Objektivität** ist v.a. dem **Aspekt der Wirtschaftlichkeit** Rechnung zu tragen. Eine zu diffe-

[13] Vgl. Abschnitt 2.3.

renzierte Untergliederung geht zu Lasten der Übersichtlichkeit und erhöht den Erfassungs- und Abgrenzungsaufwand erheblich.

Abb. 12: Beispiel eines Kostenartenplans (Auszug)

40 Stoffkosten
- 400 Stoffverbrauch-Sammelkonto
- 403 Rohstoffe
- 404 Hilfsstoffe
- 405 Betriebsstoffe

42 Brennstoffe, Energie
- 420 Brenn- und Treibstoffe
- 429 Energie

43 Personalkosten
- 430 Löhne-Sammelkonto
- 431 Fertigungslöhne
- 433 Hilfslöhne
- 438 Andere Löhne
- 439 Gehälter und Tantiemen

44 Sozial-/andere Personalkosten
- 440 Sozialkosten
- 441 Gesetzliche Sozialkosten
- 447 Freiwillige Sozialkosten
- 448 Andere Personalkosten

45 Instandhaltung Verschiedene Leistungen
- 450 Instandhaltung an Grundstücken und Gebäuden, Maschinen, Fahrzeugen, Werkzeugen, Betriebs- und Geschäftsausstattung
- 455 Allgemeine Dienstleistungen Entwicklungs-, Versuchs- und Konstruktionskosten
- 457 Ausschuss, Gewährleistungen

46 Steuern, Gebühren, Beiträge, Versicherungsprämien
- 460 Grundsteuer
- 461 Gewerbesteuer
- 463 Andere Steuern
- 464 Allgemeine Abgaben und Gebühren
- 465 Gebühren und dgl. für den gewerblichen Rechtsschutz
- 466 Gebühren und dgl. für den allgemeinen Rechtsschutz
- 467 Prüfungsgebühren und dgl.
- 468 Beiträge
- 469 Versicherungsprämien

47 Mieten, Verkehrs-, Büro-, Werbekosten
- 470 Raum-, Maschinen-Mieten
- 472 Allgemeine Transportkosten
- 473 Versandkosten
- 474 Reisekosten
- 475 Postkosten
- 476 Bürokosten
- 477 Werbe- und Vertreterkosten
- 479 Finanzspesen und sonstige Kosten

48 Kalkulatorische Kosten
- 480 Verbrauchsbedingte Abschreibungen
- 481 Betriebsbedingte Zinsen
- 482 Betriebsbedingte Wagnisprämien
- 483 Unternehmerlohn
- 484 Sonstige kalkulatorische Kosten

49 Innerbetriebliche Kosten- und Leistungsverrechnung, Sondereinzelkosten

Als **Rahmenwerke** für die industrielle Praxis dienen häufig der vom Bundesverband der deutschen Industrie entwickelte **Gemeinschaftskontenrahmen (GKR)** sowie als dessen Fortentwicklung der **Industriekontenrahmen (IKR)**. Im GKR werden Finanz- und Betriebsbuchhaltung in einem Rechnungskreis integriert (Einkreissystem), während im IKR beide Rechnungen in getrennten Rechnungskreisen nach unterschiedlichen Prinzipien durchgeführt werden. Für die Kostenrechnung ist dabei der Rechnungskreis II mit der Kontenklasse 9 vorgesehen, für die Finanzbuchhaltung der Rechnungskreis I mit den Kontenklassen 0-8. Im GKR erfolgt die Kostenrechnung in den Kontenklassen 4-7. Abbildung 12 zeigt abschließend einen beispielhaften Auszug aus einem **Kostenartenplan nach GKR** (Kontenklasse 4).

Kontrollfragen und -aufgaben

1) Nennen Sie die wesentlichen Aufgaben der Kostenartenrechnung.

2) Welche Verfahren stehen zur Erfassung von Verbrauchsmengen im Rahmen der Ermittlung von Werkstoffkosten der Kostenrechnung grundsätzlich zur Verfügung? Welche Vor- und Nachteilen weisen diese Verfahren auf?

3) Wie lassen sich die Lohnkosten weiter differenzieren?

4) Nennen Sie einige Beispiele für Dienstleistungskosten.

5) Welchem Ziel dient die Verrechnung von kalkulatorischen Kosten in der Kostenrechnung? Zeigen Sie die Unterschiede zur Vorgehensweise in der Finanzbuchhaltung auf.

6) Erläutern Sie die grundsätzliche Vorgehensweise unterschiedlicher Abschreibungsmethoden. Mit welchen Vor- und Nachteilen sind diese aus Sicht der Kostenrechnung verbunden?

7) Erläutern Sie anhand ausgewählter Kriterien die wesentlichen Unterschiede zwischen bilanziellen und kalkulatorischen Abschreibungen.

8) Erläutern Sie die einzelnen Schritte, die zur Ermittlung kalkulatorischer Zinsen notwendig sind.

9) Begründen Sie, warum das allgemeine Unternehmerwagnis nicht zu den kalkulatorischen Wagniskosten zu zählen ist.

10) Nennen Sie Beispiele für Wagnisarten, für die in der Kostenrechnung kalkulatorische Wagniskosten verrechnet werden.

11) Wieso und wofür werden kalkulatorische Miete und kalkulatorischer Unternehmerlohn in der Kostenrechnung angesetzt?

12) Welche Aufgaben erfüllt ein Kostenartenplan und welche Prinzipien sind bei seiner Ausgestaltung zu berücksichtigen?

4. Die Kostenstellenrechnung

4.1 Vorbemerkungen

Im Rahmen des nun folgenden Kapitels soll mit den **Grundlagen der Kostenstellenrechnung** die *zweite Stufe der Kostenrechnung* näher erläutert werden. Auch die Darstellung dieser Stufe erfolgt zunächst **auf Vollkostenbasis**.

Innerhalb der **Kostenartenrechnung** wurden bisher die Kosten erfasst und nach Arten gegliedert. Die zentrale Frage lautete, welche Kosten sind in einer Abrechnungsperiode angefallen. Die Kostenartenrechnung erfüllte dabei keine eigenständigen Aufgaben, sondern diente der zielgerichteten Vorbereitung der weiteren Stufen der Kostenrechnung und damit auch der Kostenstellenrechnung.

Im Rahmen der **Kostenstellenrechnung** geht es nun um eine Verteilung der Kosten auf die Betriebsbereiche, in denen sie angefallen sind. Die zentrale Frage lautet hier, **wo sind die Kosten angefallen**? Dabei wird auf die Trennung in Einzel- und Gemeinkosten der Kostenartenrechnung zurückgegriffen. Während Einzelkosten den einzelnen Kostenträgern (Produkten) direkt zugerechnet werden können, bedarf es bei den Gemeinkosten einer Weiterverrechnung über die Kostenstellen, bevor eine Zurechnung auf die Kostenträger möglich ist (vgl. hierzu auch Abbildung 4). Die Kostenstellenrechnung bildet damit das Bindeglied zwischen Kostenarten- und Kostenträgerrechnung.

Die Zurechnung der Gemeinkosten auf die Kostenträger setzt also zunächst die Beantwortung der Frage voraus, an welchen Stellen des Unternehmens die Gemeinkosten entstanden sind. Da die verschiedenen Produkte die einzelnen Kostenstellen in unterschiedlichem Maße in Anspruch nehmen, muss die **Verrechnung der Gemeinkosten** von den Kostenstellen auf die Kostenträger entsprechend dieser Inanspruchnahme möglichst verursachungsgerecht erfolgen.

Einproduktunternehmen könnten theoretisch auf eine Kostenstellenrechnung verzichten, da dann alle Kosten einer Periode für dieses eine Produkt anfielen. Durch einfache Division der Periodenkosten durch die Produktanzahl ließen sich alle Kosten ohne weitere Rechenschritte auf die Produkte verteilen, eine Kostenstellenrechnung wäre mithin nicht notwendig. In diesem Fall wäre dann aber keine Wirtschaftlichkeitskontrolle einzelner Verantwortungsbereiche (Kostenstellen) anhand des Vergleichs von entstandenen Periodenkosten mit z.B. Sollkosten realisierbar (Soll-Ist-Vergleich). Außerdem wäre eine Bewertung von insbesondere unfertigen Erzeugnissen mit Hilfe der Kostenstellenrechnung nicht möglich, so dass auch Einproduktunternehmen i.d.R. auf eine Kostenstellenrechnung nicht verzichten werden.

4.2 Aufgaben der Kostenstellenrechnung

Die wesentlichen **Aufgaben der Kostenstellenrechnung** ergeben sich im Prinzip bereits aus den bisherigen Ausführungen und lassen sich in vier Einzelschritten darstellen. In einem **ersten Schritt** werden zunächst die primären Gemeinkosten aus der Kostenartenrechnung auf die Kostenstellen verteilt. Dies kann im Falle der *Kostenstelleneinzelkosten* direkt (z.B. Personalkosten), bei den *Kostenstellengemeinkosten* (z.B. Mietkosten) über Umlageschlüssel indirekt erfolgen.

In einem **zweiten Schritt** wird die sog. innerbetriebliche Leistungsverrechnung durchgeführt. Ziel ist es, diejenigen Kostenstellen, die von anderen Kostenstellen innerhalb des Unternehmens innerbetriebliche Leistungen empfangen (z.B. Leistungen der betriebseigenen Reparaturwerkstatt) je nach Leistungsinanspruchnahme kostenmäßig zu belasten und die leistenden Kostenstellen entsprechend zu entlasten. Dies geschieht über innerbetriebliche Verrechnungssätze, die als eine Art unternehmensinterne Preise für die Inanspruchnahme einer innerbetrieblichen Leistung interpretiert werden können.

Aufbauend auf diesen ersten beiden Schritten werden in einem **dritten Schritt** Kalkulationssätze ermittelt. Diese dienen zur Verrechnung der Gemeinkosten von den Kostenstellen auf die Kostenträger (Produkte). Aufgabe der Kostenstellenrechnung ist dabei nur die Ermittlung der Kalkulationssätze. Die konkrete Zurechnung der Gemeinkosten auf die Kostenträger erfolgt in der Kostenträgerrechnung, die in Kapitel 5 näher erläutert wird.

Während die ersten drei Schritte bzw. Aufgaben insbesondere der Vorbereitung der Kostenträgerrechnung dienen, umfasst der **vierte Schritt** eine von der Kostenträgerrechnung unabhängige eigenständige Aufgabe der Kostenstellenrechnung. Hierbei geht es um die bereits angesprochene Wirtschaftlichkeitskontrolle einzelner Verantwortungsbereiche. Unwirtschaftlichkeiten können nur dort vermieden werden, wo sie entstehen. Insoweit zeigt die Kostenstellenrechnung auf, wo im Unternehmen und aus welchen Gründen Unwirtschaftlichkeiten entstehen und wie diese ggf. zu vermeiden sind.

Die Kostenstellenrechnung dient letztlich der *Analyse des betrieblichen Leistungserstellungprozesses*, der in den einzelnen Kostenstellen erfolgt. Grundlage der Kostenstellenrechnung bildet daher die Einteilung des Unternehmens in einzelne Abrechnungseinheiten (Kostenstellen). Hierauf soll im folgenden Abschnitt näher eingegangen werden.

4.3 Bildung von Kostenstellen

Unter **Kostenstellen** sind betriebliche Abrechnungseinheiten zu verstehen, für die Kosten gesondert geplant, erfasst und kontrolliert werden können. Durch die Bildung von Kostenstellen ist es möglich, den betrieblichen Leistungserstellungsprozess kostenrechnerisch abzubilden.

Art und Tiefe der Gliederung eines Unternehmens in Kostenstellen hängen von verschiedenen *Faktoren* ab. Zu nennen wären hier beispielhaft:

- **Branche**
- **Unternehmensgröße**
- **Produktionsprogramm und -verfahren**
- **Organisationsstruktur des Unternehmens**
- **Planungs- und Kontrollgenauigkeit etc.**

Von besonderer Bedeutung sind dabei v.a. das *Produktionsprogramm* und die *Organisationsstruktur* des Unternehmens (Aufbau- und Ablauforganisation). So ermöglicht z.B. die Ausrichtung der Kostenstellenbildung an der Organisationsstruktur des Unternehmens, die Wirtschaftlichkeitskontrolle als eine der zentralen Aufgaben der Kostenstellenrechnung auf die einzelnen Verantwortungsbereiche im Unternehmen zu beziehen. Die ablauforganisatorische Ausrichtung liefert wichtige Einblicke in den Prozess der Leistungserstellung und generiert Informationen zu seiner Optimierung.

Bei der **Kostenstellenbildung** sind verschiedene Grundprinzipien zu beachten. Das *Prinzip der selbständigen Verantwortungsbereiche* ist für eine wirksame Wirtschaftlichkeits- und Ergebniskontrolle von Bedeutung. Für jede Kostenstelle muss die Verantwortlichkeit eindeutig festgelegt werden, wobei Kompetenzüberschneidungen möglichst vermieden werden sollten.

Nach dem *Prinzip der verursachungsgerechten Kostenverrechnung* müssen sich für jede Kostenstelle eine oder mehrere Bezugsgrößen als Maßstab der Kostenverursachung ermitteln lassen. Diese Bezugsgrößen dienen der möglichst verursachungsgerechten Weiterverrechnung von Kosten entweder auf andere Kostenstellen oder auf die Kostenträger.

Das *Prinzip der Wirtschaftlichkeit* fordert schließlich, dass die Kostenstelleneinteilung nach wirtschaftlichen Gesichtspunkten erfolgen muss. Eine zu detaillierte Einteilung erhöht den jeweiligen Erfassungs- und Verrechnungsaufwand erheblich. Dieser Aufwand muss in einem "vernünftigen" Verhältnis zu dem hierdurch erzielten Nutzen

(Informationsgewinnung) stehen. Die Kostenstellenrechnung liefert also nicht nur Informationen über die Wirtschaftlichkeit von Kostenstellen, sie muss auch selbst wirtschaftlichen Ansprüchen genügen.

Aus den genannten Prinzipien ergibt sich ein **Optimierungsproblem**. Während nämlich das Prinzip der verursachungsgerechten Kostenverrechnung zu einer stärkeren Untergliederung der Kostenstelleneinteilung führt, erscheint aus Gründen der Wirtschaftlichkeit eine stärkere Begrenzung bei der Untergliederung sinnvoll. Dieser Sachverhalt soll an einem kleinen **Beispiel** erläutert werden: Ein Unternehmen überlegt die beiden Kostenstellen "Vorfertigung" und "Hauptfertigung" entweder als eigenständige Kostenstellen zu führen oder sie als eine Kostenstelle zusammenzufassen. Es gilt folgende *Datensituation*:

Kostenstelle	**Vorfertigung**	**Hauptfertigung**	**Zusammenfassung**
Gemeinkosten (€)	50.000	100.000	150.000
Bezugsgröße (Arbeitsstunden)	400	400	800
Verrechnungssatz (€/h)	125	250	187,5

Im Rahmen der später noch genauer zu erläuternden Kostenträgerstückrechnung können nun die Kosten für verschiedene Produkte in der Fertigung kalkuliert werden. Hierzu müssen aber die Anzahl an Arbeitsstunden, die die Produkte in den Kostenstellen zur Fertigung benötigen, bekannt sein. Betrachtet man beispielhaft ein bestimmtes Produkt, dass in der Vorfertigung eine Arbeitsstunde und in der Hauptfertigung eine halbe Arbeitsstunde an Bearbeitungszeit benötigt, ergeben sich folgende rechnerischen Konsequenzen:

1. Bei getrennt geführten Kostenstellen ergeben sich anteilige Fertigungskosten für das Produkt i.H.v. 250 € (= 1 h x 125 €/h + 0,5 h x 250 €/h).
2. Werden beide Kostenstellen zu einer zusammengefasst, ergeben sich anteilige Fertigungskosten für das Produkt i.H.v. 281,25 € (= 1,5 h x 187,5 €/h).

Wie das Beispiel zeigt, hängt die Höhe der produktbezogenen Fertigungskosten und damit die Genauigkeit der Kostenverrechnung letztlich von der Kostenstelleneinteilung ab. Eine Zusammenfassung der Kostenstellen führt zu verrechnungstechnischen Ungenauigkeiten bei i.d.R. allerdings geringerem Erfassungs- und Verrechnungsaufwand. Eine Lösung dieses Optimierungsproblems kann nur unternehmensindividuell erfolgen. Häufig wird dabei dem Aspekt der Wirtschaftlichkeit Vorrang vor einer "übertriebenen" Verrechnungsgenauigkeit eingeräumt.

Trotz einer grundsätzlichen Orientierung der Kostenstellenbildung an der Organisationsstruktur kann es insbesondere bei stark heterogenen Kostenstrukturen innerhalb einer betrieblichen Einheit sinnvoll sein, diese rechnungstechnisch in weitere Kostenstellen aufzugliedern. Denkbar wäre dies z.B. im Fertigungsbereich von Industrieunternehmen, wo innerhalb eines Verantwortungsbereiches Maschinen mit unterschiedlicher Leistungsstärke und Kostenstruktur betrieben werden. Hier würden nur die Maschinen mit ähnlichen Kostenstrukturen zu einer Kostenstelle zusammengefasst werden. Im Extremfall könnten auch einzelne Maschinen oder Arbeitsplätze als eigenständige Abrechnungseinheit geführt werden (**Platzkostenrechnung**). Aber auch der umgekehrte Fall wäre denkbar, dass die Kostenstelleneinteilung gröber als die organisatorische Untergliederung ausfällt. Dies kann z.B. im Verwaltungs- und Vertriebsbereich sinnvoll sein, wo sich verursachungsgerechte Verrechnungsgrößen nur schwer ermitteln und Kalkulation und Kostenkontrolle nicht so detailliert durchführen lassen.

4.4 Kostenstellenarten

Nach der Erörterung allgemeiner Gesichtspunkte, die bei der Kostenstellenbildung zu beachten sind, sollen im Folgenden die verschiedenen **Arten von Kostenstellen** näher erläutert werden. Kostenstellen lassen sich dabei grundsätzlich **nach unterschiedlichen Kriterien systematisieren**. Zu nennen wären z.B. die *funktionsorientierte Gliederung* und die *rechnungsorientierte Gliederung.*

Die **funktionsorientierte Gliederung** führt zu folgenden Kostenstellenhauptgruppen:

- **Materialkostenstellen**
  Kostenstellen, die sich mit der Beschaffung, Annahme, Kontrolle, Lagerung und Ausgabe von Werkstoffen beschäftigen
- **Fertigungskostenstellen**
  Kostenstellen, die der eigentlichen Leistungserstellung dienen
- **Vertriebskostenstellen**
  Kostenstellen, die sich mit der Lagerung, dem Verkauf und dem Versand der Produkte beschäftigen
- **Verwaltungskostenstellen**
  Kostenstellen, die alle administrativen Funktionen, wie z.B. Unternehmensleitung, Buchhaltung, Personalwesen etc. umfassen

- **Allgemeine Kostenstellen**
  Kostenstellen, deren Leistungen von anderen Kostenstellen in Anspruch genommen werden
- **F&E-Kostenstellen**
  Kostenstellen, die Forschungs- und Entwicklungsarbeiten im Unternehmen durchführen

Die geordnete Zusammenfassung aller in einem Unternehmen gebildeten Kostenstellen erfolgt in einem **Kostenstellenplan**. Abbildung 13 zeigt einen nach Funktionen gegliederten Kostenstellenplan in einem Industrieunternehmen. Es muss an dieser Stelle betont werden, dass es sich hierbei nur um eine beispielhafte Aufzählung von Kostenstellen handelt. Auch andere Einteilungen sind natürlich denkbar. Die konkrete Ausgestaltung eines Kostenstellenplans muss dabei stets unter Berücksichtigung der branchen- und unternehmensspezifischen Besonderheiten erfolgen.

In Abbildung 13 wird der Forschungs- und Entwicklungsbereich als eigene Kostenstellenhauptgruppe geführt. Dies erscheint immer dann sinnvoll, wenn Forschung und Entwicklung für das Unternehmen von großer Bedeutung sind (z.B. bei Unternehmen der chemischen und pharmazeutischen Industrie). Andernfalls wird dieser Bereich entweder den Allgemeinen Kostenstellen oder den Fertigungskostenstellen zugeordnet.

Nach der **rechnungsorientierten Gliederung** lassen sich Haupt- und Hilfskostenstellen unterscheiden:

- **Hauptkostenstellen (= Endkostenstellen)**

  Hierzu gehören alle Kostenstellen, deren Kosten nicht auf andere Kostenstellen, sondern direkt auf die Kostenträger (Produkte) verrechnet werden.

- **Hilfskostenstellen (= Vorkostenstellen)**

  Hierzu gehören alle Kostenstellen, die für andere Kostenstellen Leistungen erbringen und deren Kosten daher nicht direkt auf die Kostenträger, sondern erst auf die leistungsempfangenden Hilfs- oder Hauptkostenstellen umgelegt werden.

Wie noch später zu zeigen sein wird, spielen **Hilfskostenstellen** bei der bereits angesprochenen innerbetrieblichen Leistungsverrechnung eine große Rolle. Die Kosten dieser Kostenstellen werden über innerbetriebliche Verrechnungssätze auf die Kostenstellen umgelegt, die Leistungen von den Hilfskostenstellen erhalten.

Abb. 13: Beispiel eines Kostenstellenplans

Materialkostenstellen (Beschaffung) ► *Einkauf* - Angebotsbearbeitung - Bestellwesen/Terminwesen etc. ► *Warenannahme und -prüfung* - Warenannahme - Wareneingangskontrolle - Lagerrevision etc. ► *Materialverwaltung* - Lagerbuchhaltung - Materialdisposition - Materiallagerung/ -ausgabe etc.	**Fertigungskostenstellen** ► *Fertigungshilfsstellen* - Fertigungsvorbereitung/-steuerung - Zwischenlager - Werkzeuglager - Qualitätssicherung etc. ► *Fertigungshauptstellen* - Vorfertigung - Hauptfertigung - Montage etc.
Verwaltungskostenstellen ► *Unternehmensleitung* - Geschäftsleitung - Pressestelle etc. ► *Personalverwaltung* - Lohn- und Gehaltsabrechnung - Vorschlagswesen - Aus- und Fortbildung etc. ► *Finanz- und Rechnungswesen* - Hauptbuchhaltung - Finanzabteilung - Betriebsabrechnung/Kalkulation - Controlling etc. ► *Spezielle Verwaltungsdienste* - Rechtsabteilung - Organisation - Datenverarbeitung etc.	**Vertriebskostenstellen** ► *Verkaufsvorbereitung* - Marktforschung - Produktinformation - Verkaufsplanung - Werbung etc. ► *Auftragsabwicklung* - Auftragsbearbeitung - Fakturierung etc. ► *Fertigwarenlager und Versand* - Packerei - Versand etc. ► *Kundendienst*
Allgemeine Kostenstellen ► *Energieversorgung* ► *Transport* ► *Instandhaltung* ► *Werkschutz und Feuerwehr* ► *Sozialeinrichtungen (z.B. Kantine) etc.*	**F&E-Kostenstellen** ► *Zentrallabor* ► *Konstruktionsabteilung* ► *Musterbau* ► *Erprobung* ► *Patentstelle etc.*

Für **Hauptkostenstellen** werden Kalkulationssätze ermittelt, mit deren Hilfe die Kosten der Hauptkostenstellen auf die Kostenträger (Produkte) verrechnet werden. Die Unterscheidung zwischen Hilfs- und Hauptkostenstellen zielt also ausschließlich auf die Art der Verrechnung von Kosten ab.[1]

Verknüpft man beide Gliederungskriterien der Kostenstellenbildung, lässt sich festhalten, dass die **Allgemeinen Kostenstellen** zu den *Hilfskostenstellen* zu zählen sind, während die *Hauptkostenstellen* die Bereiche **Material, Fertigung, Verwaltung und Vertrieb** umfassen. Es ist allerdings darauf hinzuweisen, dass die Übergänge z.T. fließend sind und dass letztlich auch hier die branchen- bzw. unternehmensspezifischen Besonderheiten darüber entscheiden, welche Kostenstellen als Hilfs- und welche als Hauptkostenstellen zu führen sind.

In der Kostenrechnung hat sich leider bisher noch **keine einheitliche Terminologie** hinsichtlich der Unterscheidung in Haupt- und Hilfskostenstellen herausgebildet. Gelegentlich werden die Begriffe *Vorkostenstelle* und *Sekundärkostenstelle* als Synonyme für den Begriff Hilfskostenstelle verwendet. Hauptkostenstellen werden auch als *Endkostenstellen* oder *Primärkostenstellen* bezeichnet. Im Folgenden werden ausschließlich die Begriffe Hilfs- und Hauptkostenstelle verwendet.

4.5 Ablauf der Kostenstellenrechnung im Betriebsabrechnungsbogen (BAB)

4.5.1 Gestaltung und Konzeption des BAB

Im weiteren Verlauf soll der konkrete **Ablauf der Kostenstellenrechnung** näher erläutert werden. Auf die einzelnen Arbeitsschritte, die hierzu notwendig sind, wurde bereits in Abschnitt 4.2 kurz eingegangen. Die Kostenstellenrechnung wird dabei typischerweise mit dem sog. **Betriebsabrechnungsbogen (BAB)** durchgeführt. Der BAB dient der tabellarischen Darstellung der einzelnen Arbeitsschritte der Kostenstellenrechnung und entspricht in seiner Grundstruktur einer Matrix (vgl. Abbildung 14). In den **Spalten** werden die jeweiligen Kostenstellen und in den **Zeilen** die jeweiligen Kostenarten aufgeführt.

---

[1] Im Fertigungsbereich findet sich häufig die Einteilung in Fertigungshilfs- und Fertigungshauptstellen. Diese Einteilung ist nicht mit der rechnungsorientierten Kostenstellengliederung identisch. Vielmehr geht es hier um die Frage, ob Kostenstellen unmittelbar (Fertigungshauptstellen) oder nur mittelbar (Fertigungshilfsstellen) an der Fertigung der Produkte beteiligt sind (vgl. hierzu die Beispiele in Abbildung 13).

Abb. 14: Grundstruktur eines BAB

Kostenarten		Allgemeine Kosten-stellen				Material-kosten-stellen				Fertigungs-kosten-stellen				Verwaltungs-kosten-stellen				Vertriebs-kosten-stellen			
Bezeich-nung	Betrag																				

Die **Ausgestaltung des BAB** richtet sich v.a. nach der konkreten Kostenstelleneinteilung und erfolgt damit stets unternehmensindividuell. Je detaillierter die Kostenstelleneinteilung ausfällt, um so umfangreicher ist der BAB, da für jede Kostenstelle eine eigene Spalte eingerichtet wird. Beginnend von links nach rechts werden dabei zunächst die allgemeinen Kostenstellen (Hilfskostenstellen) aufgeführt. Es folgen die Hauptkostenstellen in der Reihenfolge der Bereiche Material, Fertigung, Verwaltung und Vertrieb, die entsprechend der jeweiligen Kostenstelleneinteilung weiter untergliedert sind.

Die in den Zeilen aufgeführten Kostenarten werden der Kostenartenrechnung entnommen. Der jeweilige Ausgangsbetrag wird dabei in die linke Betragsspalte eingetragen und im Rahmen der weiteren Verrechnungsschritte auf die einzelnen Kostenstellen (Spalten) verteilt. Im BAB werden dabei grundsätzlich nur Gemeinkosten verrechnet, da diese sich nicht direkt einem Kostenträger zurechnen lassen. Sie werden gewissermaßen erst auf indirektem (Um)Weg über die einzelnen Rechenschritte des BAB - wie noch ausführlich zu zeigen sein wird - den Kostenträgern zugerechnet.

Einzelkosten werden im BAB nicht verrechnet. Sie können einem Kostenträger direkt zugerechnet werden. Gelegentlich werden Einzelkosten aber zusätzlich im BAB aufgeführt (aber nicht verrechnet!!). Der Grund wird später deutlich werden. An dieser Stelle soll nur der Hinweis gegeben werden, dass Einzelkosten die Grundlage für die Ermittlung von Kalkulationssätzen bilden, mit deren Hilfe die Gemeinkosten auf die Kostenträger verrechnet werden. Einzelkosten dienen hier also gewissermaßen als Mittel zum Zweck zur Verrechnung von Gemeinkosten.

Abb. 15: Beispiel einer Kostenartendarstellung im BAB

Kostenarten		**Kostenstellen**
Bezeichnung	Betrag (€)	
Einzelkosten		
Materialkosten	150.000	
Fertigungslöhne	225.000	
Σ	**375.000**	
Gemeinkosten		
Hilfslöhne	32.000	
Gehälter	250.000	
Energie	15.000	
Instandhaltung	5.500	
Miete	12.000	
kalk. Abschreibungen	55.000	
kalk. Zinsen	40.000	
Σ	**409.500**	

Abbildung 15 zeigt beispielhaft die Ausgangssituation vor Beginn des ersten Schrittes der Kostenstellenrechnung. Alle Gemeinkostenarten sind aus der Kostenartenrechnung übernommen und in den BAB übertragen worden. Die Einzelkosten sind zunächst zu Informationszwecken gesondert im BAB aufgeführt, werden aber nicht in ihm verrechnet.

Bevor die einzelnen **Arbeitsschritte des BAB** in den folgenden Gliederungspunkten ausführlich erläutert werden, sollen deren Inhalte an dieser Stelle bereits kurz skizziert werden. Insgesamt lassen sich vier Arbeitsschritte unterscheiden:

1. **Verteilung der primären Gemeinkosten**
   Nach der Übernahme der primären Gemeinkosten aus der Kostenartenrechnung in die linke Spalte des BAB erfolgt deren Verteilung auf die Hilfs- und Hauptkostenstellen, die diese Gemeinkosten verursacht haben. Im Ergebnis erhält man die Summe der primären Gemeinkosten für jede Kostenstelle. Dieser erste Arbeitsschritt wird in Abschnitt 4.5.2 näher erläutert.

2. **Durchführung der innerbetrieblichen Leistungsverrechnung**
   Hilfskostenstellen erbringen i.d.R. Leistungen für andere Hilfs- und Hauptkostenstellen. Die hierdurch entstandenen (Gemein)Kosten sind daher denjenigen Kostenstellen zuzurechnen, die diese Leistungen in Anspruch genommen haben. Ziel der innerbetrieblichen Leistungsverrechnung ist es, diese Umverteilung der

Kosten von den leistungserbringenden Kostenstellen an die leistungsempfangenden Kostenstellen so lange durchzuführen, bis alle Kosten der Hilfskostenstellen auf die Hauptkostenstellen verteilt sind. Man spricht in diesem Zusammenhang auch von sekundären Gemeinkosten bzw. Sekundärkostenverrechnung. Während die Hilfskostenstellen nach diesem Arbeitsschritt keine Kosten mehr enthalten, weisen die Hauptkostenstellen die primären Gemeinkosten des ersten und die sekundären Gemeinkosten des zweiten Arbeitsschrittes auf. In der Summe entsprechen diese Kosten wieder den der Kostenartenrechnung insgesamt entnommenen Gemeinkosten, da nur eine Umverteilung von Kosten zwischen Kostenstellen stattgefunden hat. Dieser Arbeitsschritt ist Gegenstand des Abschnitts 4.5.3.

3. **Bildung von Kalkulationssätzen**
   In einem weiteren Arbeitsschritt werden nun dem eigentlichen Ziel der Kostenrechnung folgend die Gemeinkosten der Hauptkostenstellen auf die Produkte verrechnet. Hierzu werden Kalkulationssätze benötigt, deren Ermittlung noch Aufgabe der Kostenstellenrechnung ist. Die eigentliche Verrechnung der Gemeinkosten erfolgt dann in der Kostenträgerrechnung (vgl. Kapitel 5). Die Bildung von Kalkulationssätzen wird in Abschnitt 4.5.4 näher erläutert.

4. **Wirtschaftlichkeitskontrolle**
   Die Durchführung einer Wirtschaftlichkeitskontrolle setzt voraus, dass neben einer Ermittlung von Istkosten auch Normal- oder Plankosten als wirtschaftliche Kostengrößen einer Periode berechnet werden. Die Differenz zwischen Normal- bzw. Plankosten und Istkosten wird als Kostenunter- bzw. -überdeckung bezeichnet und lässt Rückschlüsse auf den wirtschaftlichen Umgang mit den Ressourcen in den einzelnen Kostenstellen zu. Die Thematik der Wirtschaftlichkeitskontrolle wird insb. bei der Darstellung der Systeme der Plankostenrechnung in den Kapiteln 6 und 7 dieses Lehrbuchs eingehender erläutert.

4.5.2 Verteilung der primären Gemeinkosten

Die Grundlage zur Verteilung bzw. Verrechnung von Kosten bildet in der Kostenrechnung stets das **Verursachungsprinzip**. Danach dürfen einem Bezugsobjekt (Kostenträger, Kostenstelle) nur diejenigen Kosten zugerechnet werden, die von diesem Bezugsobjekt auch verursacht werden. Bezogen auf die Hilfs- und Hauptkostenstellen des BAB bedeutet dies, dass den Kostenstellen nur die primären Gemeinkosten zugerechnet werden dürfen, die diese auch verursacht haben. Ziel dieses ersten Arbeitsschritts im BAB muss es also sein, die primären Gemeinkosten möglichst verursachungsgerecht auf die Hilfs- und Hauptkostenstellen zu verteilen.

Wie bereits in Abschnitt 2.2.1 erläutert, lassen sich die **primären (Kostenträger) Gemeinkosten** weiter unterteilen in:

- **Kostenstelleneinzelkosten**
  Hier ist eine direkte Zurechnung der Kosten - dem Verursachungsprinzip entsprechend - auf einzelne Kostenstellen z.B. aufgrund eindeutiger Kostenartenbelege möglich.
- **Kostenstellengemeinkosten**
  Hier ist nur eine indirekte Zurechnung der Kosten auf die einzelnen Kostenstellen möglich. Die Höhe der von einer Kostenstelle verursachten Kosten ist entweder nicht genau oder nur mit (zu) hohem Aufwand messbar. Die Kostenverteilung erfolgt dann mit Hilfe von (plausiblen) Umlageschlüsseln[2]. Ein Verstoß gegen das Verursachungsprinzip ist i.d.R. nicht zu vermeiden, sollte aber durch die Wahl "möglichst verursachungsgerechter" Verteilungsschlüssel gering gehalten werden.

Abbildung 16 zeigt einige **Beispiele für Kostenstelleneinzel- und Kostenstellengemeinkosten** sowie für mögliche Verteilungsgrundlagen.

Abb. 16: Verteilungsgrundlage der primären Gemeinkosten (Beispiele)

Kostenstelleneinzelkosten (direkte Verteilung)	
• Gehälter und Hilfslöhne:	Gehalts- / Lohnlisten
• Energie (Strom):	Stromzähler (kWh)
• Hilfs- und Betriebsstoffe:	Entnahmescheine / Einzelbelege
• Fremdreparaturen:	Rechnungen
• Kalkulatorische Abschreibungen und Zinsen:	investiertes Vermögen (Werte laut Anlagekonten)
Kostenstellengemeinkosten (indirekte Verteilung)	
• (freiwillige) Sozialkosten:	Lohn- und Gehaltssummen / Zahl der Beschäftigten
• Mieten:	Raumgröße (qm)
• Heizungskosten:	Raumgröße (qm)

---

[2] Die Begriffe Umlageschlüssel, Kostenschlüssel und Verteilungsschlüssel werden synonym verwendet.

Die Übergänge zwischen Kostenstelleneinzel- und Kostenstellengemeinkosten sind dabei z.T. fließend. So lassen sich Gehälter i.d.R. über Gehaltslisten als Kostenstelleneinzelkosten eindeutig zurechnen. Dies gilt allerdings nur dann, wenn die entsprechenden Angestellten auch nur in einer Kostenstelle tätig sind. Besteht eine Abteilung aber aus mehreren Kostenstellen, so lässt sich das Gehalt des Abteilungsleiters nicht mehr einer Kostenstelle allein zurechnen. In diesem Fall liegen Kostenstellengemeinkosten vor. Ähnliches gilt beispielsweise für die Energiekosten. Über Stromzähler lassen sich diese Kosten eindeutig einzelnen Kostenstellen zurechnen (Kostenstelleneinzelkosten). Existieren aber nicht in jeder Kostenstelle Stromzähler (z.B. aufgrund fehlender räumlicher Trennung) ist eine Verteilung der Energiekosten nur auf indirektem Wege möglich (Kostenstellengemeinkosten).

Während die (direkte) Verteilung der Kostenstelleneinzelkosten relativ unproblematisch erfolgen kann, besteht die kostenrechnerische Herausforderung bei der (indirekten) Verteilung der Kostenstellengemeinkosten darin, möglichst verursachungsgerechte Verteilungs- bzw. Umlageschlüssel zu finden. Hiervon hängt letztlich die Genauigkeit der Kostenverrechnung insgesamt ab. Ungenauigkeiten bei der Kostenverteilung in dieser frühen Phase der Kostenstellenrechnung können auch die weiteren Rechenschritte negativ beeinflussen. Selbst die Ermittlung von Produktkosten in der Kostenträgerrechnung ist dann i.d.R. nicht frei von entsprechenden Ungenauigkeiten bzw. Fehlern.

Bei der **Auswahl von Verteilungschlüsseln** ist darauf zu achten, dass eine gewisse Proportionalität zwischen der Schlüsselgröße und dem Kostenverbrauch besteht. Bei der Verteilung von Heizungskosten könnte z.B. die Raumgröße (m^2 oder auch m^3) ein geeigneter Kostenschlüssel sein, da angenommen werden kann, dass mit zunehmender Raumgröße auch die Heizungskosten steigen und umgekehrt. Bei der Verteilung der freiwilligen Sozialkosten fällt die Auswahl eines geeigneten Kostenschlüssels schon schwerer. Zwar lassen sich beispielsweise die Kosten für eine Betriebssporteinrichtung über Gehaltssummen oder über die Anzahl an Beschäftigten auf die einzelnen Kostenstellen verteilen, die geforderte Proportionalität zwischen Schlüsselgröße und Kostenverbrauch ist hier allerdings nicht mehr so eindeutig gegeben.

Die Auswahl geeigneter Kostenschlüssel als Maßgrößen der Kostenverursachung stellt ein zentrales Problem der Kostenrechnung dar und spielt auch bei den weiteren Schritten der Kostenstellenrechnung (innerbetriebliche Leistungsverrechnung, Ermittlung von Kalkulationssätzen) noch eine wichtige Rolle. Nicht immer ist es dabei möglich, einen geeigneten Kostenschlüssel zu ermitteln. Gelegentlich gelingt eine verursachungsgerechte Kostenverteilung nur mit erheblichem Erfassungs- und Rechenaufwand. Die Kostenrechnung muss in solchen Fällen einen pragmatischen

Weg beschreiten. Eine höhere Verrechnungsgenauigkeit durch eine verbesserte Verteilungsgrundlage muss den dafür betriebenen Mehraufwand auch entsprechend rechtfertigen. Im Zweifelsfall müssen Wirtschaftlichkeitserwägungen und Verrechnungsgenauigkeit sehr sorgfältig gegeneinander abgewogen werden.

Abschließend soll die **Verteilung der primären Gemeinkosten anhand eines Beispiels**[3] verdeutlicht werden. Gegeben sei die Datensituation wie in Abbildung 17 dargestellt. Aus Vereinfachungsgründen wird davon ausgegangen, dass das betrachtete Unternehmen über keine Hilfskostenstellen, sondern nur über die vier angegebenen Hauptkostenstellen verfügt. Die Verteilung der primären Gemeinkosten soll anhand der angegebenen Kostenschlüssel erfolgen. Sie kann entweder direkt (wie im Fall der Energiekosten über kWh) oder indirekt (wie im Fall der Sozialkosten über Löhne und Gehälter) erfolgen. Als zusätzliche Information sei bekannt, dass an Fertigungslohnkosten in der Fertigung I 150.000 € und in der Fertigung II 100.000 € anfallen. Diese Kosten werden nicht im BAB verteilt, da es sich um Einzelkosten handelt. Sie dienen vielmehr allein als Verteilungsgrundlage für die Sozialkosten.

Abb. 17: Ausgangsbeispiel zur primären Gemeinkostenverteilung

Kostenart	**Gemeinkosten (€)**	**Kostenschlüssel**	**Materialstelle**	**Fertigung I**	**Fertigung II**	**Verwaltung/ Vertrieb**
Gehälter	75.000	Gehaltslisten	20%			80%
Sozialkosten	260.000	Löhne/ Gehälter				
Hilfsstoffe	120.000	Erfahrungswerte		50%	30%	20%
kalk. Zinsen	45.000	Investiertes Vermögen	100.000	410.000	640.000	50.000
kalk. Abschr.	135.000	Investiertes vermögen	100.000	410.000	640.000	50.000
Miete	90.000	qm	1.000	4.000	3.000	2.000
Energie	225.000	kWh	4.000	50.000	36.000	10.000

Bei den *Gehältern* ergeben die Gehaltslisten eine prozentuale Verteilung der Kosten von 20% auf die Materialstelle und von 80% auf den Bereich Verwaltung/Vertrieb. Von den 75.000 € entfallen somit 15.000 € auf die Materialstelle und 60.000 € auf den Bereich Verwaltung/Vertrieb. Im Fertigungsbereich fallen nur die o.g. Lohnkosten aber keine Gehälter an.

3 Beispiel in leichter Variation entnommen bei Coenenberg, A. G. (2003), S. 32 ff.

Die Lohn- und Gehaltskosten dienen als Verteilungsgrundlage für die *Sozialkosten.* Insgesamt fallen Lohn- und Gehaltskosten i.H.v. 325.000 € an (75.000 € + 150.000 € + 100.000 €). Auf die Materialstelle entfallen nun Sozialkosten i.H.v. 12.000 € (= (260.000 €/325.000 €) x 15.000 €). Für die Fertigung I ergäbe sich ein Wert von 120.000 € (= (260.000 €/325.000 €) x 150.000 €) u.s.w.

Die *kalkulatorischen Zinskosten* werden auf Basis des in den Kostenstellen investierten Vermögens verteilt. Das insgesamt investierte Vermögen beträgt 1.200.000 € (= 100.000 € + 410.000 € + 640.000 € + 50.000 €). Die Zinskosten lassen sich nun wie folgt verteilen: Auf die Materialstelle entfallen 3.750 € (= (45.000 €/1.200.000 €) x 100.000 €), auf Fertigung I entfallen 15.375 € (= (45.000 €/1.200.000 €) x 410.000 €) u.s.w. In ähnlicher Weise werden auch die *kalkulatorischen Abschreibungen* auf die einzelnen Kostenstellen verteilt.

Die *Mietkosten* werden auf Grundlage der Quadratmeterzahlen verteilt. Die 90.000 € Mietkosten entfallen auf insgesamt 10.000 qm. Dies ergibt einen Quadratmeterpreis von 9 €. Auf die Materialstelle entfallen bei 1.000 qm also Mietkosten i.H.v. 9.000 €. Die anderen Ergebnisse ergeben sich analog und sind der Abbildung 18 zu entnehmen.

Abb. 18: Ergebnis der primären Gemeinkostenverteilung

Kostenart	**Materialstelle**	**Fertigung I**	**Fertigung II**	**Verwaltung/ Vertrieb**
Gehälter	15.000			60.000
Sozialkosten	12.000	120.000	80.000	48.000
Hilfsstoffe	-	60.000	36.000	24.000
kalk. Zinsen	3.750	15.375	24.000	1.875
kalk. Abschr.	11.250	46.125	72.000	5.625
Miete	9.000	36.000	27.000	18.000
Energie	9.000	112.500	81.000	22.500
Summe	**60.000**	**390.000**	**320.000**	**180.000**

Damit sind alle primären Gemeinkosten im ersten Schritt der Kostenstellenrechnung verteilt. Da es sich hier im Beispiel um einen sog. **einstufigen BAB** (ohne Hilfskostenstellen) handelt, der insbesondere in Kleinunternehmen Verwendung findet, könnte bereits an dieser Stelle mit dem dritten Schritt der Kostenstellenrechnung (Bildung von Kalkulationssätzen) begonnen werden. Aufgrund der fehlenden Hilfskostenstellen bräuchte eine innerbetriebliche Leistungsverrechnung hier nicht durchgeführt zu werden. Auf dieses Beispiel soll daher bei der Ermittlung von Kalkulationssätzen zurückgegriffen werden. Im folgenden Abschnitt wird mit der innerbetrieblichen Leistungsverrechnung aber zunächst der zweite Arbeitsschritt der Kostenstellenrechnung eingehender erläutert.

4.5.3 Innerbetriebliche Leistungsverrechnung (Sekundärkostenverrechnung)

Unternehmen erstellen im Rahmen des Leistungsprozesses i.d.R. **zwei Arten von Leistungen**. Das eigentliche Ziel der unternehmerischen Tätigkeit besteht in der Herstellung und im Absatz von *marktorientierten Leistungen*. Daneben werden aber auch Leistungen erbracht, die nicht für den Absatzmarkt bestimmt sind, sondern innerhalb des Unternehmens verbraucht werden. Diese Art von Leistungen werden auch *innerbetriebliche Leistungen* oder Eigenleistungen genannt.

Bei den **innerbetrieblichen Leistungen** sind ebenfalls zwei Arten zu unterscheiden: aktivierbare und nichtaktivierbare innerbetriebliche Leistungen. Bei den aktivierbaren innerbetrieblichen Leistungen handelt es sich um Leistungen, die über einen längeren Zeitraum genutzt werden. Dies ist beispielsweise der Fall, wenn ein Maschinenbauunternehmen eine Produktionsmaschine für den eigenen Gebrauch herstellt und nutzt. Die Produktionsmaschine ist dann - wie andere Kostenträger auch - zu Herstellkosten zu kalkulieren und belastet während ihrer Nutzungsdauer das Betriebsergebnis durch die Verrechnung von kalkulatorischen Abschreibungen und Zinsen, die wiederum in die Selbstkosten der mit der Produktionsmaschine erstellten Produkte eingehen.

Bei den nichtaktivierbaren innerbetrieblichen Leistungen erfolgt der Eigenverbrauch i.d.R. sofort in der Periode der Erstellung. Beispiele hierfür sind eigene Reparatur-, Transport- oder Sozialleistungen (Kantine). In diesen Fällen findet eine sofortige Verrechnung der Kosten zwischen den leistenden und empfangenden Kostenstellen statt, und es wird von **innerbetrieblicher Leistungsverrechnung** gesprochen.

Ziel der innerbetrieblichen Leistungsverrechnung ist es, leistungserbringende Kostenstellen kostenmäßig zu entlasten und leistungsempfangende Kostenstellen entsprechend der Leistungsinanspruchnahme (Verursachungsprinzip) mit Kosten zu belasten. Dabei sind die Hilfskostenstellen (allgemeine Kostenstellen) i.d.R. die leistungserbringenden Kostenstellen und die Hauptkostenstellen die leistungsempfangenden. Daneben tauschen aber auch Hilfskostenstellen untereinander Leistungen aus. Insbesondere bei größeren Unternehmen ergeben sich so umfangreiche Leistungsverflechtungen, die im Rahmen der innerbetrieblichen Leistungsverrechnung zu berücksichtigen sind.

Die innerbetriebliche Leistungsverrechnung wird dabei so lange durchgeführt, bis alle Kosten der Hilfskostenstellen auf die Hauptkostenstellen verrechnet sind. Da die Hilfskostenstellen nicht direkt in die Herstellung der Absatzleistungen (Kostenträger) involviert sind, können sie ihre Kosten auch nicht direkt auf die Kostenträger verrechnen. Durch die Umlage der Kosten der Hilfskostenstellen auf die Hauptkostenstellen wird die Grundlage für eine spätere Weiterverrechnung der Kosten auf die Kostenträger als eigentliches Ziel der Kostenrechnung geschaffen. Die Hauptkostenstellen verrechnen ihre Kosten nämlich über Kalkulationssätze (dritter Schritt der Kostenstellenrechnung) direkt auf die Kostenträger.

Die innerbetriebliche Leistungsverrechnung dient neben einer verursachungsgerechten Kostenzurechnung auch der Beurteilung der Wirtschaftlichkeit innerbetrieblicher Leistungen. Wie noch zu zeigen sein wird, werden im Rahmen der innerbetrieblichen Leistungsverrechnung interne Verrechnungssätze ermittelt, die bei Vergleich mit externen Preisen für die jeweiligen Leistungen Anhaltspunkte über die Wirtschaftlichkeit selbst erstellter Leistungen liefern und ggf. zur Vorbereitung von "Make-or-Buy"-Entscheidungen dienen können.

Das **Hauptproblem der innerbetrieblichen Leistungsverrechnung** stellen die Interdependenzen des innerbetrieblichen Leistungsaustausches insbesondere zwischen den Hilfskostenstellen dar. Die Umlage der Kosten einer Hilfskostenstelle kann nämlich erst dann erfolgen, wenn diese Stelle zuvor entsprechend ihrer Leistungsinanspruchnahme mit den Kosten aller anderen Hilfskostenstellen belastet wurde. Existiert ein wechselseitiger Leistungsaustausch zwischen den Hilfskostenstellen, führt im Prinzip nur eine simultane Vorgehensweise zur Lösung dieses Problems. Alle Hilfskostenstellen müssten theoretisch gleichzeitig ihre Kosten verrechnen (Simultanlösung). Nicht alle Verfahren, die in der Praxis zur innerbetrieblichen Leistungsverrechnung genutzt werden, entsprechen dieser Anforderung. Vielfach werden vereinfachende Methoden verwendet, die zwar nicht das mathematisch korrekte Ergebnis, aber bei z.T. erheblich geringerem Aufwand ein ökonomisch akzeptables Ergebnis liefern.

Nach der **Art der Berücksichtigung des Leistungsaustausches** zwischen den Hilfskostenstellen lassen sich im Wesentlichen drei Verfahren der innerbetrieblichen Leistungsverrechnung unterscheiden:

1. Anbauverfahren (Blockumlageverfahren)
2. Stufenleiterverfahren (Treppenverfahren)
3. Simultanverfahren (Gleichungsverfahren, mathematisches Verfahren)

Nur das Simultanverfahren berücksichtigt einen wechselseitigen Leistungsaustausch zwischen den Hilfskostenstellen. Die anderen beiden Verfahren vereinfachen die Problemstellung, indem entweder gar keine (Anbauverfahren) oder nur eine einseitige Leistungsverrechnung (Stufenleiterverfahren) zwischen den Hilfskostenstellen erfolgt. Alle Verfahren werden im Folgenden detailliert erläutert und auf ihre Eignung für die innerbetriebliche Leistungsverrechnung hin untersucht.

Die **innerbetriebliche Leistungsverrechnung** erfolgt dabei - unabhängig vom eingesetzten Verfahren - in zwei Schritten. Zunächst werden für die innerbetrieblichen Leistungen interne Verrechnungssätze ermittelt, die als Verteilungsschlüssel für die Umlage der Gemeinkosten der Hilfskostenstellen dienen. Ein interner Verrechnungssatz entspricht den Kosten für eine einmalige Inanspruchnahme einer bestimmten Leistung. Mit Hilfe dieser Verrechnungssätze erfolgt dann im zweiten Schritt entsprechend der konkreten Inanspruchnahme der Leistungen die Verteilung der Gemeinkosten der Hilfskostenstellen auf die leistungsempfangenden Kostenstellen. Man spricht in diesem Zusammenhang auch von **Sekundärkostenverrechnung**. Aus Sicht der leistenden (Hilfs)Kostenstellen handelt es sich um die Umlage von primären Gemeinkosten, die im ersten Schritt der Kostenstellenrechnung von der Kostenartenrechnung auf die Hilfskostenstellen verteilt wurden. Aus Sicht der leistungsempfangenden Kostenstellen, die mit diesen Kosten belastet werden, handelt es sich aber um (zusätzliche) sekundäre Gemeinkosten, die zu den eigenen primären Gemeinkosten aus der Kostenartenrechnung hinzukommen. **Sekundäre Gemeinkosten** sind also die Kosten, die eine Kostenstelle aufgrund einer Leistungsinanspruchnahme im Wege der Kostenumlage von den leistenden Kostenstellen erhält.

Die folgende Darstellung der Verfahren der innerbetrieblichen Leistungsverrechnung wird auf der Grundlage eines **Ausgangsbeispiels** durchgeführt, das der Abbildung 19 zu entnehmen ist.[4] Das hier betrachtete Unternehmen verfügt neben den vier Hauptkostenstellen *Material*, *Fertigung*, *Verwaltung* und *Vertrieb* über die beiden Hilfskostenstellen *Kantine* und *Fuhrpark*. Die Hilfskostenstellen erbringen ihre Leistungen für die Hauptkostenstellen, tauschen aber auch untereinander Leistungen aus. Ziel der innerbetrieblichen Leistungsverrechnung ist es nun, die Gemeinkosten der Hilfskostenstellen entsprechend den Leistungsverflechtungen auf die Hauptkostenstellen umzulegen, so dass am Ende nur noch die Hauptkostenstellen Gemeinkosten enthalten, die sie dann in einem weiteren Schritt auf die Kostenträger verrechnen.

---

[4] Die folgenden Beispiele sind in leichter Variation entnommen bei Birker, K. (1998), S. 71 ff.

Abb. 19: Ausgangsbeispiel zur innerbetrieblichen Leistungsverrechnung

Kostenstellen / Kostenarten		Allgemeine Kostenstellen: Kantine	Allgemeine Kostenstellen: Fuhrpark	Material	Fertigung	Verwaltung	Vertrieb
Einzelkosten							
Material	32.000			32.000			
Fertigungslöhne	40.000				40.000		
Gemeinkosten (primär)							
Summe	**84.400**	**5.600**	**7.200**	**12.400**	**34.500**	**9.300**	**15.400**
Verteilungsgrundlage							
Mitarbeiter	100	→	15	10	43	20	12
Kilometerleistung	10.000	1.000	←→	3.500	800	700	4.000

Die im BAB aufgeführten Einzelkosten dienen zunächst nur zu Informationszwecken und brauchen bei der innerbetrieblichen Leistungsverrechnung nicht weiter berücksichtigt zu werden. Die Leistungen der Kantine werden über die Anzahl an Mitarbeitern verrechnet. Verteilungsgrundlage für die Gemeinkosten des Fuhrparks sind die in der Abrechnungsperiode gefahrenen Kilometer. Die jeweilige Leistungsinanspruchnahme der beiden Hilfskostenstellen durch die anderen Kostenstellen sind der Zeile *Verteilungsgrundlage* zu entnehmen. Die Darstellung der Verfahren der innerbetrieblichen Leistungsverrechnung beginnt mit dem Anbauverfahren (Blockumlageverfahren).

1. Anbauverfahren (Blockumlageverfahren)

Beim Anbauverfahren, das auch Blockumlageverfahren genannt wird, erfolgt die Umlage der Gemeinkosten der Hilfskostenstellen in einem Schritt ("en bloc"). Dabei werden die Leistungsbeziehungen, die zwischen den Hilfskostenstellen bestehen, nicht berücksichtigt, d.h. es findet keine Verteilung von sekundären Gemeinkosten auf Hilfskostenstellen statt. Die Verteilung der Gemeinkosten erfolgt ausschließlich - gewissermaßen ohne Umweg - auf die Hauptkostenstellen entsprechend der jeweiligen Leistungsinanspruchnahme.

Der **innerbetriebliche Verrechnungssatz** je Hilfskostenstelle j (V_j) ergibt sich wie folgt:

$$V_j = \frac{\text{Primäre Gemeinkosten der Hilfskostenstelle j}}{\text{Summe der Leistungsabgabe der Hilfskostenstelle j an alle Hauptkostenstellen}}$$

Bezogen auf das hier zugrunde liegende **Beispiel** ergeben sich für die beiden Hilfskostenstellen *Kantine* und *Fuhrpark* als *innerbetriebliche Verrechnungssätze*:

$V_{Kantine}$ = 5.600 € / 85 Mitarbeiter ≈ 65,88 €/Mitarbeiter

$V_{Fuhrpark}$ = 7.200 € / 9.000 km = 0,8 €/km

Mit Hilfe dieser Verrechnungssätze lassen sich nun die *sekundären Gemeinkosten* der vier Hauptkostenstellen bestimmen. Für die **Materialkostenstelle** würden sich z.B. folgende Werte ergeben:

Sekundäre $\text{Gemeinkosten}_{Kantine}$ = 65,88 €/Mitarbeiter x 10 Mitarbeiter = 658,80 €

Sekundäre $\text{Gemeinkosten}_{Fuhrpark}$ = 0,8 € /km x 3.500 km = 2.800 €

In gleicher Weise lassen sich die sekundären Gemeinkosten der anderen Hauptkostenstellen ermitteln. Alle Ergebnisse (z.T. gerundet) sind im BAB der Abbildung 20 zusammengefasst. Alle Gemeinkosten der Hilfskostenstellen sind auf die Hauptkostenstellen verteilt, die innerbetriebliche Leistungsverrechnung ist damit abgeschlossen.

Das Anbauverfahren weist gewisse Vor- und Nachteile auf, die bei seinem Einsatz gegeneinander abzuwägen sind. Als **Vorteil** ist sicherlich anzusehen, dass dieses einfache Verfahren mit relativ geringem Aufwand anzuwenden ist. Das gilt insbesondere für die Datenerhebung. So brauchen die Leistungsverflechtungen zwischen den Hilfskostenstellen im Prinzip überhaupt nicht erhoben zu werden, da sie in die Berechnung der Verrechnungssätze nicht eingehen. Der **Nachteil** des Verfahrens liegt gerade in dieser Vernachlässigung der Leistungsbeziehungen zwischen den Hilfskostenstellen, die zu erheblichen Ungenauigkeiten und Kostenverzerrungen bei der Verrechnung der Gemeinkosten der Hilfskostenstellen führen kann.

Das Anbauverfahren sollte aufgrund der genannten Vor- und Nachteile nur unter ganz bestimmten **Bedingungen** zum Einsatz kommen. Akzeptable Ergebnisse lassen sich mit diesem Verfahren immer dann erzielen, wenn entweder keine Leistungsverflechtungen zwischen den Hilfskostenstellen bestehen, oder diese vernachlässigbar gering sind. In diesen Fällen käme es zu keinen oder nur zu geringen Kostenverzerrungen. Anwendbar ist dieses Verfahren aber auch, wenn sich die Leistungsbeziehungen zwischen den Hilfskostenstellen kostenmäßig in etwa ausgleichen. Hierauf soll am Ende dieses Gliederungspunktes anhand des Beispiels noch einmal genauer eingegangen werden.

Abb. 20: Anbauverfahren (Blockumlageverfahren) im BAB

Kostenstellen / **Kostenarten**		**Allgemeine Kostenstellen** – **Kantine**	**Fuhrpark**	**Material**	**Fertigung**	**Verwaltung**	**Vertrieb**
Einzelkosten Material Fertigungslöhne	 32.000 40.000			 32.000	 40.000		
Gemeinkosten (primär) **Summe**	**84.400**	**5.600**	**7.200**	**12.400**	**34.500**	**9.300**	**15.400**
Umlage Kantine Fuhrpark		 (5.600)	 (7.200)	 659 2.800	 2.833 640	 1.318 560	 790 3.200
Gemeinkosten (primär + sekundär)	**84.400**			**15.859**	**37.973**	**11.178**	**19.390**

2. Stufenleiterverfahren (Treppenverfahren)

Das Stufenleiterverfahren, das auch Treppenverfahren genannt wird, ist ein Verfahren, welches Leistungsbeziehungen zwischen Hilfskostenstellen bei der Sekundärkostenverrechnung zumindest „einseitig" berücksichtigt. Im Gegensatz zum Anbauverfahren findet hier eine gewisse Verrechnung von Gemeinkosten zwischen den Hilfskostenstellen statt. Die Gemeinkosten einer Hilfskostenstelle werden dabei schrittweise entsprechend der Leistungsinanspruchnahme auf nachgelagerte Hilfs- und Hauptkostenstellen verrechnet. Eine Verrechnung von Gemeinkosten auf vorgelagerte Hilfskostenstellen erfolgt aber nicht.

Das Grundprinzip des Stufenleiterverfahrens ist der Abbildung 21 zu entnehmen. Der Grund für die Namensgebung ist deutlich zu erkennen. Die Gemeinkosten werden nur von links nach rechts im BAB verteilt. Nachgelagerten Hilfskostenstellen werden Gemeinkosten zugewiesen, vorgelagerte Hilfskostenstellen erhalten keine Gemeinkosten aus der innerbetrieblichen Leistungsverrechnung. Die Hilfskostenstellen werden von links nach rechts abgerechnet und verteilen neben ihren primären Gemeinkosten auch die von vorgelagerten Hilfskostenstellen erhaltenen sekundären Gemeinkosten auf die nachgelagerten Hilfs- und Hauptkostenstellen.

Abb. 21: Grundprinzip des Stufenleiterverfahrens im BAB

Kostenstellen / Kostenarten	Hilfskostenstellen				Hauptkostenstellen			
Primäre Gemeinkosten ➔	X	X	X	X	X	X	X	X
Innerbetriebliche Leistungsverrechnung (Sekundärkostenverrechnung)	➔	X	X	X	X	X	X	X
		➔	X	X	X	X	X	X
			➔	X	X	X	X	X
				➔	X	X	X	X
Gemeinkosten (primär und sekundär)					**X**	**X**	**X**	**X**

Die **Anwendung des Stufenleiterverfahrens** setzt voraus, dass es gelingt, die Hilfskostenstellen in eine **sinnvolle Reihenfolge** im BAB zu bringen, da Leistungsverflechtungen mit nachgelagerten Hilfskostenstellen bei der Verrechnung berücksichtigt werden, mit vorgelagerten aber nicht. Dies bedeutet, dass Hilfskostenstellen, die keine oder nur geringe Leistungen von anderen Kostenstellen erhalten, zuerst abzurechnen und damit möglichst weit links im BAB zu positionieren sind. Hilfskostenstellen, die zwar viele Leistungen von anderen empfangen, aber nur geringe Leistungen an andere Hilfskostenstellen abgeben, werden am Ende abgerechnet und sind folglich möglichst weit rechts im BAB aufzuführen.

Der **innerbetriebliche Verrechnungssatz** je Hilfskostenstelle j (V_j) ergibt sich bei diesem Verfahren wie folgt:

$$Vj = \frac{\text{Primäre Gemeinkosten der Hilfskostenstelle j} + \text{Sekundäre Gemeinkosten aller } \textit{vorgelagerten} \text{ Kostenstellen}}{\text{Summe der Leistungsabgabe der Hilfskostenstelle j an alle } \textit{nachgelagerten} \text{ Hilfs- und Hauptkostenstellen}}$$

Bezogen auf das hier zugrunde liegende **Beispiel** ergeben sich nun zwei Möglichkeiten, die Hilfskostenstellen nacheinander abzurechnen. Die Verrechnung kann in der Reihenfolge Kantine/Fuhrpark oder umgekehrt erfolgen. Für beide Reihenfolgen sollen im Folgenden die Berechnungen durchgeführt werden. Begonnen wird mit der **Reihenfolge Kantine/Fuhrpark**. Es ergeben sich für die beiden Hilfskostenstellen *Kantine* und *Fuhrpark* als *innerbetriebliche Verrechnungssätze*:

$V_{Kantine}$ = 5.600 € / 100 Mitarbeiter = 56 €/Mitarbeiter

$V_{Fuhrpark}$ = (7.200 € + 56 x 15) / 9.000 km ≈ 0,89333 €/km

Mit Hilfe dieser Verrechnungssätze lassen sich nun die *sekundären Gemeinkosten* der vier Hauptkostenstellen bestimmen. Für die **Materialkostenstelle** würden sich z.B. folgende Werte ergeben:

Sekundäre $\text{Gemeinkosten}_{Kantine}$ = 56 €/Mitarbeiter x 10 Mitarbeiter = 560 €

Sekundäre $\text{Gemeinkosten}_{Fuhrpark}$ = 0,89333 € /km x 3.500 km = 3.126,65 €

In gleicher Weise lassen sich die sekundären Gemeinkosten der anderen Hauptkostenstellen ermitteln. Alle Ergebnisse (z.T. gerundet) sind im BAB der Abbildung 22 zusammengefasst. Auch hier wären damit alle Gemeinkosten der Hilfskostenstellen auf die Hauptkostenstellen verteilt. Die innerbetriebliche Leistungsverrechnung wäre abgeschlossen.

Bei der **Reihenfolge Fuhrpark/Kantine** würden sich für die beiden Hilfskostenstellen als *innerbetriebliche Verrechnungssätze* ergeben:

$V_{Fuhrpark}$ = 7.200 € / 10.000 km = 0,72 €/km

$V_{Kantine}$ = (5.600 € + 0,72 x 1.000) / 85 Mitarbeiter ≈ 74,35 €/Mitarbeiter

Für die **Materialkostenstelle** würden sich folgende sekundäre Gemeinkosten ergeben:

Sekundäre $\text{Gemeinkosten}_{Fuhrpark}$ = 0,72 € /km x 3.500 km = 2.520 €

Sekundäre $\text{Gemeinkosten}_{Kantine}$ = 74,35 €/Mitarbeiter x 10 Mitarbeiter = 743,50 €

Abb. 22: Stufenleiterverfahren im BAB (Reihenfolge: Kantine/Fuhrpark)

Kostenstellen / Kostenarten		Allgemeine Kostenstellen: Kantine	Allgemeine Kostenstellen: Fuhrpark	Material	Fertigung	Verwaltung	Vertrieb
Einzelkosten							
Material	32.000			32.000			
Fertigungslöhne	40.000				40.000		
Gemeinkosten (primär) **Summe**	**84.400**	**5.600**	**7.200**	**12.400**	**34.500**	**9.300**	**15.400**
Umlage Kantine		➔	840 (8.040)	560	2.408	1.120	672
Fuhrpark			➔	3.127	715	625	3.573
Gemeinkosten (primär + sekundär)	**84.400**			**16.087**	**37.623**	**11.045**	**19.645**

Auch hier lassen sich die sekundären Gemeinkosten der anderen Hauptkostenstellen in analoger Weise ermitteln. Alle Ergebnisse (z.T. gerundet) sind im BAB der Abbildung 23 zusammengefasst. Die Frage, welche der beiden Reihenfolgen bei diesem Beispiel das bessere Ergebnis liefert, soll erst, nachdem das Simultanverfahren vorgestellt wurde, abschließend beantwortet werden.

Auch das Stufenleiterverfahren soll an dieser Stelle kurz hinsichtlich seiner Eignung beurteilt werden. Der **Vorteil** dieses Verfahrens liegt darin, dass hier im Gegensatz zum Anbauverfahren zumindest einseitig die Leistungsverflechtungen zwischen den Hilfskostenstellen bei der Kostenverrechnung berücksichtigt werden. Tendenziell führt dieses Verfahren dadurch zu besseren Ergebnissen als das Anbauverfahren. Dies ist auch der Grund dafür, warum sich das Stufenleiterverfahren in der Praxis recht großer Beliebtheit erfreut. **Nachteilig** ist, dass hier eben nur ein Teil der Leistungsbeziehungen zwischen den Hilfskostenstellen Berücksichtigung findet. Zudem ist das Stufenleiterverfahren etwas aufwändiger als das Anbauverfahren.

Wichtig für eine **Anwendung in der Praxis** ist, dass es gelingt, die Hilfskostenstellen in eine sinnvolle Abrechnungsreihenfolge zu bringen. Dies wird immer dann der Fall sein, wenn die Leistungsbeziehungen vorwiegend in eine Richtung verlaufen und die durch die gewählte Abrechnungsreihenfolge der Hilfskostenstellen nicht erfassten Leistungsströme möglichst gering sind.

Abb. 23: Stufenleiterverfahren im BAB (Reihenfolge: Fuhrpark/Kantine)

Kostenstellen / **Kostenarten**		**Allgemeine Kostenstellen**		**Material**	**Ferti-gung**	**Verwal-tung**	**Vertrieb**
		Fuhrpark	**Kantine**				
Einzel-kosten							
Material	32.000			32.000			
Fertigungs-löhne	40.000				40.000		
Gemeinkos-ten (primär) **Summe**	**84.400**	**7.200**	**5.600**	**12.400**	**34.500**	**9.300**	**15.400**
Umlage Fuhrpark		➔	720 (6.320)	2.520	576	504	2.880
Kantine			➔	744	3.197	1.487	892
Gemeinkos-ten (primär + sekundär)	**84.400**			**15.664**	**38.273**	**11.291**	**19.172**

3. Simultanverfahren (Gleichungsverfahren)

Das Simultanverfahren, das auch Gleichungsverfahren bzw. mathematisches Verfahren genannt wird, unterscheidet sich von beiden anderen Verfahren dadurch, dass bei der innerbetrieblichen Leistungsverrechnung der wechselseitige Leistungsaustausch zwischen den Hilfskostenstellen vollständig berücksichtigt wird. Während beim Anbauverfahren keine Verteilung von Gemeinkosten zwischen den Hilfskostenstellen stattfindet und beim Stufenleiterverfahren nur eine Kostenverrechnung auf nachgelagerte Kostenstellen erfolgt, wird beim Simultanverfahren eine vollständige Sekundärkostenverrechnung zwischen vor- und nachgelagerten Hilfskostenstellen durchgeführt. Das Simultanverfahren ist somit das genaueste, aber auch aufwändigste der drei Verfahren.

Die Ermittlung der innerbetrieblichen Verrechnungssätze erfolgt hier mit Hilfe eines Systems linearer Gleichungen, wobei die **Variablen** den gesuchten Verrechnungssätzen entsprechen. Für jede Hilfskostenstelle wird eine Gleichung formuliert, so dass die **Gleichungsanzahl** der Anzahl an Hilfskostenstellen entspricht.

Die **allgemeine Gleichung** für die *Hilfskostenstelle j* (mit Vj = Verrechnungssatz) lautet:

	gesamte		primäre		sekundäre		bewerteter
Vj x	Leistungs-	=	Gemeinkosten	+	Gemeinkosten	+	Eigenverbrauch[5]
	erstellung j		der Stelle j		anderer Stellen		der Stelle j

Bezogen auf das hier zugrunde liegende **Beispiel** lassen sich für die beiden Hilfskostenstellen *Kantine* und *Fuhrpark* folgende *Gleichungen* formulieren:

$$100\ V_{Kantine} = 5.600\ € + 1.000\ V_{Fuhrpark}$$

$$10.000\ V_{Fuhrpark} = 7.200\ € + 15\ V_{Kantine}$$

Die Lösung dieses Gleichungssystems mit zwei Gleichungen und zwei Unbekannten ist nun vergleichsweise einfach und nach wenigen Rechenschritten ergibt sich:

$$V_{Kantine} \approx 64{,}162\ €/\text{Mitarbeiter}$$

$$V_{Fuhrpark} \approx 0{,}8162\ €/\text{km}$$

Mit Hilfe dieser Verrechnungssätze lassen sich nun wieder die *sekundären Gemeinkosten* der vier Hauptkostenstellen bestimmen. Für die **Materialkostenstelle** würden sich z.B. folgende Werte ergeben:

$$\text{Sekundäre Gemeinkosten}_{Kantine} = 64{,}162\ €/\text{Mitarbeiter x } 10\ \text{Mitarbeiter} = 641{,}62\ €$$

$$\text{Sekundäre Gemeinkosten}_{Fuhrpark} = 0{,}8162\ €/\text{km x } 3.500\ \text{km} = 2.856{,}70\ €$$

In gleicher Weise lassen sich die sekundären Gemeinkosten der anderen Hauptkostenstellen ermitteln. Alle Ergebnisse (z.T. gerundet) sind im BAB der Abbildung 24 zusammengefasst.

---

[5] Es handelt sich um Leistungen der Stelle j, die diese Stelle selbst erzeugt und auch selbst verbraucht (z.B. Reparaturleistungen, die von der Reparaturwerkstatt in den eigenen Räumen durchgeführt werden).

Abb. 24: Simultanlösung im BAB

Kostenstellen Kostenarten		Allgemeine Kostenstellen Kantine	 Fuhrpark	Material	Fertigung	Verwaltung	Vertrieb
Einzelkosten							
Material	32.000			32.000			
Fertigungslöhne	40.000				40.000		
Gemeinkosten (primär) **Summe**	**84.400**	**5.600**	**7.200**	**12.400**	**34.500**	**9.300**	**15.400**
Umlage							
Kantine		(5.454)		642	2.759	1.283	770
Fuhrpark			(7.346)	2.857	653	571	3.265
Gemeinkosten (primär + sekundär)	**84.400**			**15.899**	**37.912**	**11.154**	**19.435**

Der **Vorteil** des Simultanverfahrens liegt in seiner mathematischen Exaktheit, denn nur dieses Verfahren liefert die korrekten Verrechnungssätze. Die bei den anderen Verfahren möglichen Kostenverzerrungen treten hier nicht auf. **Nachteilig** wirkt sich der insbesondere bei einer großen Anzahl an Hilfskostenstellen auftretende Erfassungs- und Rechenaufwand aus. Der Rechenaufwand kann dabei durch EDV-technische Unterstützung vergleichsweise problemlos bewältigt werden. Der Erfassungsaufwand, der sich insbesondere auf die Erhebung der möglicherweise umfangreichen Leistungsverflechtungen bezieht, kann den konkreten Einsatz des Simultanverfahrens dagegen durchaus in Frage stellen (Wirtschaftlichkeit).

Zum Abschluss dieses Gliederungspunktes soll die **Frage der Verfahrenseignung** durch den Vergleich der ermittelten Ergebnisse des zugrunde liegenden Beispiels nochmals im Blickpunkt stehen. Die folgende Tabelle fasst die ermittelten Verrechnungssätze übersichtlich zusammen:

	Anbauverfahren	**Treppenverfahren** (Kantine/Fuhrpark)	**Treppenverfahren** (Fuhrpark/Kantine)	**Simultanverfahren**
$V_{Kantine}$	65,88 €/Mit.	56 €/Mit.	74,35 €/Mit.	64,162 €/Mit.
$V_{Fuhrpark}$	0,8 €/km	0,8933 €/km	0,72 €/km	0,8162 €/km

Nimmt man die Ergebnisse des Simultanverfahrens als Maßstab, liefert das Anbauverfahren die besten Näherungswerte. Die Verrechnungssätze des Treppenverfahren weichen unabhängig von der Abrechnungsreihenfolge erheblich von den mathematisch korrekten Ergebnissen ab. Dies zeigt auch ein Vergleich der Verteilungsergebnisse im BAB. Aufgrund der Verrechnungssätze liefert auch hier das Anbauverfahren die beste Näherungslösung. Der Grund hierfür ist, dass die Einsatzbedingungen des Treppenverfahrens in diesem Beispiel nicht gegeben sind. Es lässt sich hier keine sinnvolle Abrechnungsreihenfolge der Hilfskostenstellen bestimmen. Die jeweils nicht berücksichtigten Leistungsverflechtungen zwischen den beiden Hilfskostenstellen verzerren die Ergebnisse erheblich. Die Einsatzbedingungen des Anbauverfahrens sind dagegen gegeben. Der wertmäßige Leistungsaustausch zwischen den beiden Hilfskostenstellen gleicht sich hier nämlich in etwa aus, wie auch bereits aus Abbildung 24 ersichtlich ist. Deutlich wird dies an den Ergebnissen der **Sekundärkostenverrechnung** zwischen den beiden Hilfskostenstellen:

	Kantine	**Fuhrpark**
Primäre Gemeinkosten	5.600 €	7.200 €
Leistungsabgabe	- 962,43 € (=15 x 64,162)	- 816,20 € (=1.000 x 0,8162)
Leistungsbezug	+ 816,20 € (=1.000 x 0,8162)	+ 962,43 € (=15 x 64,162)
Summe	**5.453,77 €**	**7.346,23 €**

In der praktischen Anwendung sind daher die konkreten Einsatzbedingungen der Verfahren zu überprüfen. Wird das Simultanverfahren als zu aufwändig empfunden, können je nach Einsatzbedingungen sowohl das Anbau- als auch das Treppenverfahren gute Näherungslösungen bei z.T. erheblich geringerem Aufwand liefern. In der unternehmerischen Praxis finden auch häufig **Festpreise** zur Verrechnung innerbetrieblicher Leistungen Anwendung. Diese werden über einen längeren Zeitraum konstant gehalten, so dass der Abrechnungsaufwand vermindert und die Abrechnung insgesamt beschleunigt werden kann. Ungewollte Verrechnungspreisschwankungen im Rahmen der Wirtschaftlichkeitsanalyse lassen sich zudem so verhindern. Die Ermittlung von Festpreisen kann dabei auf Basis der hier diskutierten Verfahren der innerbetrieblichen Leistungsverrechnung erfolgen.

Nach Durchführung der innerbetrieblichen Leistungsverrechnung sind alle Gemeinkosten auf die Hauptkostenstellen verteilt. Im nächsten Schritt der Kostenstellenrechnung werden nun Kalkulationssätze ermittelt, damit eine Verrechnung der Gemeinkosten auf die Kostenträger erfolgen kann.

4.5.4 Bildung von Kalkulationssätzen

In Abschnitt 4.5.1 wurden die vier Arbeitsschritte der Kostenstellenrechnung inhaltlich skizziert. Von diesen vier Arbeitsschritten wurden mit der Verteilung der primären Gemeinkosten und der innerbetrieblichen Leistungsverrechnung die ersten beiden Arbeitsschritte ausführlich erläutert. Im BAB sind im Folgenden noch zwei Aufgaben durchzuführen:

- **Bildung von Kalkulationssätzen zur Gemeinkostenverrechnung auf die Kostenträger**
- **Wirtschaftlichkeitskontrolle und Abweichungsanalyse**

Im Rahmen dieses Gliederungspunktes soll die **Bildung von Kalkulationssätzen** näher erläutert werden, die das Bindeglied zwischen der Kostenstellen- und Kostenträgerrechnung darstellt. Die Bildung von Kalkulationssätzen ist dabei noch Aufgabe der Kostenstellenrechnung, deren Anwendung im Rahmen der Kalkulation von Produktkosten jedoch bereits Teil der Kostenträgerrechnung. Darüber hinaus dienen die Kalkulationssätze auch der Wirtschaftlichkeitsanalyse, wie in Kapitel 6 noch zu zeigen sein wird.

Einen **Kalkulationssatz** *für eine Hauptkostenstelle j* erhält man allgemein wie folgt:

$$\text{Kalkulationssatz der Hauptkostenstelle j} = \frac{\text{Gemeinkosten der Stelle j}}{\text{Bezugsgröße der Stelle j}}$$

Die (primären und sekundären) **Gemeinkosten** je Hauptkostenstelle liegen nach der innerbetrieblichen Leistungsverrechnung bereits vor. Bei der **Auswahl der Bezugsgröße(n)** steht man vor vergleichbaren Problemen wie bei der Auswahl der Verteilungsschlüssel im Rahmen der Primär- und Sekundärkostenverrechnung. Auch hier sollte eine gewisse Proportionalität zwischen der Bezugsgröße und der Kostenentstehung bestehen, die aber nicht immer so einfach herzuleiten ist. Gelegentlich werden die (Gemein)Kosten einer Kostenstelle auch von mehreren Kosteneinflussgrößen bestimmt, so dass hier ggf. auch mehrere Bezugsgrößen je Kostenstelle auszuwählen sind.

Grundsätzlich können die Bezugsgrößen dabei Mengen- oder Wertgrößen sein. Bei Mengengrößen haben die Kalkulationssätze die Dimension €/Mengeneinheit, bei Wertgrößen erhält man die Dimension €/€ (= %). Als **Mengengrößen** kommen u.a. Stückzahlen, Gewichte, Arbeits- oder auch Maschinenstunden in Frage. Sie werden insbesondere als Bezugsgrößen des Fertigungsbereichs herangezogen, können aber auch im Materialbereich Anwendung finden. Für die Bereiche Verwaltung und Vertrieb lassen sich i.d.R. keine sinnvollen Mengengrößen als Bezugsgrößen finden, so dass hier mit **Wertgrößen** (z.B. Herstellkosten) gearbeitet wird.

Im Folgenden sollen die für die einzelnen Hauptkostenstellen üblicherweise verwendeten **Kalkulationssätze** allgemein und anhand von Beispielen gebildet werden.

Für den *Materialbereich* wird häufig eine Abhängigkeit der Materialgemeinkosten von der Bezugsgröße *Materialeinzelkosten* unterstellt. Der Kalkulationssatz lautet in allgemeiner Form:

$$\text{Kalkulationssatz der Materialkostenstelle} = \frac{\text{Materialgemeinkosten}}{\text{Materialeinzelkosten}} \times 100$$

Bezogen auf den BAB der Abbildung 24 würde sich dann z.B. folgender Kalkulationssatz ergeben:

$$\text{Kalkulationssatz der Materialkostenstelle} = \frac{15.899\ €}{32.000\ €} \times 100 \approx 49{,}68\%$$

Mit Hilfe dieses Kalkulationssatzes könnten nun die Materialkosten eines Produktes kalkuliert werden. Hierzu müsste man die Materialeinzelkosten pro Stück dieses Produktes kennen (aus der Kostenartenrechnung bekannt), auf die dann ein Zuschlag von 49,68% an Materialgemeinkosten verrechnet würde. Verursacht ein Produkt z.B. Materialeinzelkosten von 5 €/Stück, würden hierauf Materialgemeinkosten i.H.v. 2,48 €/Stück (= 0,4968 x 5 €) verrechnet werden. Die gesamten Materialkosten pro Stück würden dann 7,48 € betragen.

Im *Fertigungsbereich* werden neben Mengengrößen (z.B. Arbeitsstunden, Maschinenstunden) auch Wertgrößen (Fertigungseinzelkosten) als Bezugsgrößen der Kostenverursachung verwendet. Bezogen auf die Wertgröße *Fertigungseinzelkosten* lautet der Kalkulationssatz allgemein:

$$\text{Kalkulationssatz der Fertigungskostenstelle} = \frac{\text{Fertigungsgemeinkosten}}{\text{Fertigungseinzelkosten}} \times 100$$

Bezogen auf den BAB der Abbildung 24 würde sich folgender Kalkulationssatz ergeben:

$$\text{Kalkulationssatz der Fertigungskostenstelle} = \frac{37.912\text{ €}}{40.000\text{ €}} \times 100 = 94{,}78\%$$

Auch in diesem Fall ließen sich bei Kenntnis der Fertigungseinzelkosten für ein Produkt (aus Kostenartenrechnung bekannt) die gesamten Fertigungskosten kalkulieren. Lägen die Fertigungseinzelkosten für ein bestimmtes Produkt z.B. bei 5 €/Stück, würden sich Fertigungsgemeinkosten i.H.v. 4,74 €/Stück (= 0,9478 x 5 €) ergeben. Die gesamten Fertigungskosten pro Stück würden also 9,74 €/Stück betragen.

Die Summe aus Material- und Fertigungskosten ergibt die **Herstellkosten** eines Produktes. Werden zusätzlich anteilige Verwaltungs- und Vertriebskosten verrechnet, ergeben sich die **Selbstkosten** (siehe nachstehendes Kalkulationsschema). Es ist darauf hinzuweisen, dass die Herstellkosten der Kostenrechnung nicht den Herstellungskosten der Finanzbuchhaltung entsprechen, da in beiden Bereichen u.a. mit unterschiedlichen Wertansätzen gearbeitet wird. Im vorliegenden Beispiel würden sich Herstellkosten i.H.v. 17,22 €/Stück (= 7,48 € + 9,74 €) ergeben.

Ermittlung der Herstellkosten und Selbstkosten

	Materialeinzelkosten
+	Materialgemeinkosten
+	Fertigungseinzelkosten
+	Fertigungsgemeinkosten
+	Sondereinzelkosten der Fertigung
=	**Herstellkosten**
+	Verwaltungsgemeinkosten
+	Vertriebsgemeinkosten
+	Sondereinzelkosten des Vertriebs
=	**Selbstkosten**

Auch zur Verrechnung anteiliger Verwaltungs- und Vertriebsgemeinkosten werden Kalkulationssätze benötigt. Im *Verwaltungs- und Vertriebsbereich* werden dabei i.d.R. einheitliche Bezugsgrößen verwendet. Als Bezugsgrößen dienen die *Herstellkosten der produzierten oder der abgesetzten Produkte*. Die Kalkulationssätze lauten allgemein:

$$\text{Kalkulationssatz der Verwaltungskostenstelle} = \frac{\text{Verwaltungsgemeinkosten}}{\text{Herstellkosten}} \times 100$$

$$\text{Kalkulationssatz der Vertriebskostenstelle} = \frac{\text{Vertriebsgemeinkosten}}{\text{Herstellkosten}} \times 100$$

Zur Ermittlung dieser Kalkulationssätze anhand des zugrunde liegenden Beispiels der Abbildung 24 bedarf es zunächst einer Berechnung der Herstellkosten der Periode. Diese ergeben sich gemäß Kalkulationsschema aus der Addition der Materialeinzel- und -gemeinkosten, der Fertigungseinzel- und -gemeinkosten sowie ggf. der Sondereinzelkosten der Fertigung. Bezogen auf das Beispiel betragen die Herstellkosten der Periode 125.811 € (= 32.000 € + 15.899 € + 40.000 € + 37.912 €).

Die Kalkulationssätze lauten folglich:

$$\text{Kalkulationssatz der Verwaltungskostenstelle} = \frac{11.154\text{ €}}{125.811\text{ €}} \times 100 \approx 8{,}87\%$$

$$\text{Kalkulationssatz der Vertriebskostenstelle} = \frac{19.435\text{ €}}{125.811\text{ €}} \times 100 \approx 15{,}45\%$$

Die Kalkulation der Selbstkosten des Beispielprodukts ist nun mit Hilfe dieser Kalkulationssätze möglich. Hierzu werden auf die Herstellkosten pro Stück mit Hilfe der Kalkulationssätze anteilige Verwaltungs- und Vertriebsgemeinkosten verrechnet. Die Herstellkosten des Beispielprodukts betragen - wie vorher ermittelt - 17,22 €/Stück. Die anteiligen Verwaltungsgemeinkosten betragen folglich 1,53 €/Stück (= 0,0887 x 17,22 €), die anteiligen Vertriebsgemeinkosten 2,66 €/Stück (= 0,1545 x 17,22 €). Als **Selbstkosten** ergeben sich 21,41 €/Stück (= 17,22 € + 1,53 € + 2,66 €). Die folgende Tabelle fasst die *produktbezogenen Ergebnisse* zusammen:

Materialeinzelkosten	5,00 €
Materialgemeinkosten (49,68%)	2,48 €
= Materialkosten	**7,48 €**
Fertigungseinzelkosten	5,00 €
Fertigungsgemeinkosten (94,78%)	4,74 €
= Fertigungskosten	**9,74 €**
= Herstellkosten	**17,22 €**
Verwaltungsgemeinkosten (8,87 %)	1,53 €
Vertriebsgemeinkosten (15,45%)	2,66 €
= Selbstkosten	**21,41 €**

Die Ermittlung der Kalkulationssätze ist noch Teil der Kostenstellenrechnung, die hier zusätzlich durchgeführte Kalkulation der Produktselbstkosten gehört aber schon inhaltlich zur Kostenträgerrechnung. Insofern handelt es sich bereits um einen kleinen Vorgriff auf das Kapitel 5. Aus didaktischen Gründen erschien dies sinnvoll, da sich Bedeutung und Funktion der Kalkulationssätze andernfalls nur schwer erschließen.

Berechnet man die **Kalkulationssätze für das Beispiel aus Abschnitt 4.5.2** (vgl. Abbildung 18) würden sich folgende Werte ergeben:

Kosten	**Materialstelle**	**Fertigung I**	**Fertigung II**	**Verwaltung/ Vertrieb**
Einzelkosten	200.000	150.000	100.000	-
Gemeinkosten	60.000	390.000	320.000	180.000
Kalkulationssatz	**30%**	**260%**	**320%**	**14,75%**

Auch hier würde sich bei Kenntnis der produktbezogenen Einzelkosten mit Hilfe der Kalkulationssätze die Kalkulation der produktbezogenen Herstell- und Selbstkosten anschließen.

Zum Abschluss sei die **Bildung der Kalkulationssätze**, die auch als *Zuschlagssätze* bezeichnet werden, für die einzelnen Hauptkostenstellen noch einmal übersichtlich zusammengefasst:

Ermittlung der Gemeinkostenzuschlagssätze in Prozent

Materialgemeinkostenzuschlagssatz: $\frac{\text{Materialgemeinkosten} \times 100}{\text{Materialeinzelkosten}}$

Fertigungsgemeinkostenzuschlagssatz: $\frac{\text{Fertigungsgemeinkosten} \times 100}{\text{Fertigungseinzelkosten}}$

Verwaltungsgemeinkostenzuschlagssatz: $\frac{\text{Verwaltungsgemeinkosten} \times 100}{\text{Herstellkosten}}$

Vetriebsgemeinkostenzuschlagssatz: $\frac{\text{Vertriebsgemeinkosten} \times 100}{\text{Herstellkosten}}$

Diese Kalkulationssätze sind dabei nur als **typische Beispiele** aufzufassen. Als Bezugsgrößen wurden hier ausschließlich Wertgrößen verwendet. Der Einsatz von Mengengrößen wäre aber insbesondere im *Fertigungsbereich* durchaus denkbar. V.a. bei hochautomatisierter Fertigung ist die Verwendung von Maschinenstunden als Bezugsgröße der Kostenverrechnung sinnvoll. Auch im *Materialbereich* kann es notwendig werden, von den Materialeinzelkosten als Bezugsgröße abzuweichen.

Hängen die Materialgemeinkosten eher von Größe oder Gewicht der Materialien ab, wären ggf. solche Bezugsgrößen zu wählen.

Während im Material- und insbesondere im Fertigungsbereich die kausalen Kostenbeziehungen zwischen Gemeinkosten und Bezugsgrößen noch relativ gut herzustellen sind, gelingt dies im *Verwaltungs- und Vertriebsbereich* nicht mehr so eindeutig. Zu den als Bezugsgröße verwendeten Herstellkosten gibt es häufig keine wirkliche Alternative. Dabei wird unterstellt, dass die Höhe der Herstellkosten auch die Höhe der Verwaltungs- und Vertriebsgemeinkosten bestimmt. Oder anders formuliert: je kostenintensiver ein Produkt in der Herstellung ist, um so höher ist auch sein Verwaltungs- und Vertriebsaufwand und damit die von diesem Produkt zu tragenden Verwaltungs- und Vertriebsgemeinkosten. Diese hier unterstellte Kostenabhängigkeit beruht dabei auf mehr oder weniger plausiblen Überlegungen, die in der Realität allerdings nicht immer so eindeutig gegeben sein müssen. Die Kostenrechnung stößt hier bereits an die Grenzen einer verursachungsgerechten Kostenverrechnung. Das Verursachungsprinzip ist in seiner strengen Auslegung häufig nicht mehr einzuhalten.

4.5.5 Wirtschaftlichkeitskontrolle und Abweichungsanalyse

Eine der wesentlichen Aufgaben der Kosten(stellen)rechnung ist die Überprüfung der Wirtschaftlichkeit der Leistungsprozesse im Unternehmen. Diese Wirtschaftlichkeitskontrolle erfolgt dabei i.d.R. kostenstellenorientiert, denn die Kostenstellen sind die Orte im Unternehmen, wo die Kosten verursacht werden und Unwirtschaftlichkeiten entstehen. Durch differenzierte Abweichungsanalysen lassen sich die Gründe von Kostenabweichungen relativ genau ermitteln. Liegen Unwirtschaftlichkeiten vor (z.B. durch einen erhöhten Ausschuss in der Produktion), sind diese von den Kostenstellenleitern zu begründen und zu verantworten. Die Abweichungsanalyse soll dabei auch Hinweise für eine zukünftige Verbesserung der Wirtschaftlichkeit liefern.

Das sehr komplexe Thema der Wirtschaftlichkeitskontrolle und Abweichungsanalyse steht im Fokus der Ausführungen zur Plankostenrechnung in Kapitel 6 und 7 und soll daher an dieser Stelle nicht weiter vertieft werden. Das folgende Kapitel 5 befasst sich mit der Kostenträgerrechnung, der dritten und letzten Stufe der Kostenrechnung.

Kontrollfragen und -aufgaben

1) Erläutern Sie die wesentlichen Aufgaben der Kostenstellenrechnung.
2) Nennen Sie die wesentlichen Einflussfaktoren, von denen die Gliederung eines Unternehmens in Kostenstellen abhängt.
3) Welche Kostenstellenhauptgruppen lassen sich bei funktionsorientierter Kostenstellengliederung unterscheiden?
4) Wodurch unterscheiden sich Haupt- und Hilfskostenstellen?
5) Wodurch unterscheiden sich Kostenstelleneinzel- und Kostenstellengemeinkosten? Nennen Sie jeweils einige Beispiele.
6) Erläutern Sie mögliche Probleme bei der Auswahl von Kostenschlüsseln im Rahmen der Verteilung von primären Gemeinkosten.
7) Welche Arten innerbetrieblicher Leistungen lassen sich grundsätzlich unterscheiden?
8) Erläutern Sie die Ziele und Probleme der innerbetrieblichen Leistungsverrechnung.
9) Erläutern Sie die Vorgehensweise des Anbau-, Stufenleiter- und Simultanverfahrens im Rahmen der innerbetrieblichen Leistungsverrechnung. Welche Vor- und Nachteile weisen die einzelnen Verfahren auf?
10) Welche Arten von Bezugsgrößen lassen sich bei der Bildung von Kalkulationssätzen unterscheiden? Nennen Sie jeweils Beispiele!
11) Wodurch unterscheiden sich Herstell-, Herstellungs- und Selbstkosten?
12) Erläutern Sie beispielhaft die Bildung von Kalkulationssätzen für die vier Hauptkostenstellen *Material*, *Fertigung*, *Verwaltung* und *Vertrieb*.
13) Nennen Sie Aufgaben und Ziele von Abweichungsanalysen.

5. Die Kostenträgerrechnung

5.1 Vorbemerkungen

Im folgenden Kapitel soll mit den **Grundlagen der Kostenträgerrechnung** die *dritte und letzte Stufe der Kostenrechnung* näher erläutert werden (vgl. Abbildung 4).

Innerhalb der **Kostenartenrechnung** wurden bisher die Kosten erfasst und nach Arten gegliedert. Die zentrale Frage lautete, **welche Kosten sind in einer Abrechnungsperiode angefallen**? Die Einzelkosten können dabei den Kostenträgern ohne weitere Verrechnungsschritte zugerechnet werden. Sie werden daher direkt in die Kostenträgerrechnung übernommen. Bei den Gemeinkosten ist eine direkte Verrechnung auf die Kostenträger nicht möglich. Sie werden zunächst in die Kostenstellenrechnung übernommen.

Im Rahmen der **Kostenstellenrechnung** ging es um eine Verteilung der (Gemein)Kosten auf die Betriebsbereiche, in denen sie angefallen sind. Die zentrale Frage lautete hier, **wo sind die Kosten der Abrechnungsperiode angefallen**? Die Kostenstellenrechnung bildet dabei das Bindeglied zwischen Kostenarten- und Kostenträgerrechnung. Durch die Ermittlung von Kalkulations- bzw. Zuschlagssätzen soll eine Verrechnung der Gemeinkosten auf die Kostenträger in der Kostenträgerrechnung ermöglicht werden.

Gegenstand der **Kostenträgerrechnung** ist nun die Verrechnung der Einzel- und Gemeinkosten auf die Kostenträger. Die zentrale Frage lautet, **wofür sind die Kosten der Abrechnungsperiode angefallen**? Darüber hinaus soll der stück- und periodenbezogene Erfolg (Gewinn/Verlust) der Abrechnungsperiode ermittelt werden. Hierzu wird die bisherige Kostenbetrachtung um die Leistungskomponente (Absatzpreise/Umsätze) erweitert. Die Kostenträgerrechnung erfolgt - wie alle vorherigen Stufen - im Rahmen dieser Abhandlung auf **Vollkostenbasis**, d.h. alle in einer Abrechnungsperiode anfallenden Kosten werden auf die einzelnen Kostenträger verrechnet.

Unter einem **Kostenträger** ist dabei ganz allgemein jede Leistungs- bzw. Produkteinheit zu verstehen, die zu einem innerbetrieblichen Güterverzehr geführt und damit Kosten verursacht hat. Kostenträger lassen sich nach verschiedenen **Kriterien** systematisieren. Zu nennen wären hier die *Bestimmung der Leistungen*, die *Art der Leistungen*, die *Produktionsstufe der Leistungen* und die *Verbundenheit der Leistungen*.

Nach der **Bestimmung der Leistungen** lassen sich Absatzleistungen und innerbetriebliche Leistungen unterscheiden. *Absatzleistungen* treten in Form von Kundenaufträgen oder Lageraufträgen auf. Bei Kundenaufträgen erfolgt die Fertigung eines Produktes nach Bestellung durch einen Kunden. Dies ist insbesondere bei Einzelfertigung (z.B. Flugzeug-, Schiffs-, Maschinenbau) der Fall. Bei Lageraufträgen liegt i.d.R. keine konkrete Bestellung durch einen Kunden vor, sondern die Produktion dient zum "Auffüllen des Lagers". Dies ist bei der Großserien- bzw. Massenfertigung von beispielsweise Markenartikeln für den anonymen Markt der Fall. Bei den *innerbetrieblichen Leistungen* können insbesondere die aktivierbaren innerbetrieblichen Leistungen (z.B. selbst erstellte und genutzte Maschinen) als Kostenträger fungieren.

Die **Art der Leistungen** führt zur Unterscheidung in materielle und immaterielle Leistungen. *Materielle Leistungen* werden von Industrieunternehmen gefertigt und z.B. von Handelsunternehmen vertrieben. Zu den *immateriellen Leistungen* gehören insbesondere die Leistungen, die von Dienstleistungsunternehmen erbracht werden (z.B. Unternehmens-, Rechts-, Steuerberatung).

Nach der **Produktionsstufe der Leistung** kann zwischen Fertigerzeugnissen und (noch) unfertigen Erzeugnissen unterschieden werden. *Fertigerzeugnisse* sind absatzreif und können veräußert werden. Bei *unfertigen Erzeugnissen* wurden noch nicht alle Fertigungsstufen durchlaufen. Es liegt folglich noch keine Absatzreife vor.

Die **Verbundenheit der Leistungen** führt schließlich zur Unterscheidung in unverbundene Produkte und Kuppelprodukte. Während *unverbundene Produkte* fertigungstechnisch völlig unabhängig voneinander hergestellt werden können (Normalfall), existieren bei *Kuppelprodukten* fertigungstechnische Abhängigkeiten, die dazu führen, dass zwangsläufig mehrere verschiedene Produkte im Rahmen eines Fertigungsprozesses entstehen (z.B. in der Kokerei die Produkte Koks, Teer, Benzol etc.).

Bevor die einzelnen Verfahren der Kostenträgerrechnung erläutert werden, sollen im Folgenden zunächst die Arten und Aufgaben der Kostenträgerrechnung diskutiert werden.

5.2 Arten und Aufgaben der Kostenträgerrechnung

Bei der Kostenträgerrechnung lassen sich mit der *Kostenträgerstückrechnung* und der *Kostenträgerzeitrechnung* grundsätzlich **zwei Arten** unterscheiden. Die **Kostenträgerstückrechnung**, die auch Kalkulation, Selbstkosten- oder Stückkostenrechnung genannt wird, ist eine einzelleistungsbezogene Rechnung, die die Stückkosten je Leistungs- bzw. Produkteinheit ermittelt. Die **Kostenträgerzeitrechnung** stellt hingegen nicht auf die Kosten je Leistungseinheit ab, sondern ermittelt als Periodenrechnung die Kosten einer Abrechnungsperiode (z.B. monatlich). I.d.R. werden den Periodenkosten zur Ermittlung des (kurzfristigen) Erfolges die entsprechenden Leistungen gegenübergestellt. Die Kostenträgerzeitrechnung wird in diesem Fall um eine Erlösträgerzeitrechnung ergänzt. Beides wird mit dem Begriff **kurzfristige Erfolgsrechnung** umschrieben.[1]

Als **Aufgaben der Kostenträgerstückrechnung** lassen sich im Einzelnen nennen:

- Ermittlung der Herstell- und Selbstkosten je Kostenträger
- Ermittlung des kostenträgerbezogenen Erfolges durch Gegenüberstellung von Erlösen und Kosten
- Bereitstellung von Informationen für die Preis- und Sortimentspolitik
- Bereitstellung von Informationen für die Bestandsbewertung zu Bilanzierungszwecken

Die **Ermittlung der Herstell- und Selbstkosten je Kostenträger** ist die zentrale Aufgabe der Kostenträgerstückrechnung. Die *Herstellkosten* beinhalten dabei die gesamten Material- und Fertigungskosten, die zur Herstellung einer Leistungs- bzw. Produkteinheit anfallen. Sie dienen z.B. im Rahmen der kurzfristigen Erfolgsrechnung als Bewertungsgrundlage für Fertigwarenlagerbestände. Die Ermittlung der *Selbstkosten* baut auf den Herstellkosten auf. Werden auf die Herstellkosten je Leistungseinheit anteilige Verwaltungs- und Vertriebskosten verrechnet, ergeben sich die Selbstkosten je Leistungseinheit. Produkte, die veräußert werden, werden in der kurzfristigen Erfolgsrechnung zu Selbstkosten bewertet.

Die **Ermittlung des kostenträgerbezogenen Erfolges** dient der Beurteilung des Erfolgsbeitrages einzelner Produkte innerhalb des Produktions- und Absatzprogramms. Sortimentspolitische Entscheidungen (wie z.B. Produktbereinigungen) können dann durch Informationen über den Stückerfolg von Produkten unterstützt werden. Zur besseren Beurteilung der Erfolgsbeiträge sowie zur Vermeidung sortimentspolitischer Fehlentscheidungen sollte in solchen Fällen allerdings auch ein Teilkostenrechnungssystem zur Anwendung kommen. Bei Verwendung von Vollkostenrechnungssystemen kann es immer dann zu sortimentspolitischen Fehlentscheidungen kommen, wenn anteilige fixe Gemeinkosten auf Kostenträger verrechnet werden, die nicht von diesen verursacht wurden und die kurzfristig auch nicht abbaubar sind.

---

[1] Im Folgenden werden die Begriffe *Kostenträgerzeitrechnung* und *kurzfristige Erfolgsrechnung* synonym verwendet.

Produkteliminierungen, deren eigentliches Ziel eine Verbesserung des Betriebsergebnisses ist, können in diesen Fällen sogar kontraproduktiv wirken und zu einer Verschlechterung des Betriebsergebnisses führen. Die auf die Produkte verrechneten anteiligen Fixkosten werden nämlich zumindest kurzfristig auch weiterhin anfallen und das Betriebsergebnis negativ belasten.

Neben der Unterstützung sortimentspolitischer Entscheidungen liefert die Kostenträgerstückrechnung auch wichtige **Informationen für die Preispolitik**. Die Selbstkosten eines Produktes lassen sich als dessen langfristige Preisuntergrenze interpretieren. Liegt der Preis über den Selbstkosten, wird ein Stückerfolg erzielt. Allerdings ist auch hier die bereits oben erläuterte Vollkostenproblematik zu berücksichtigen. Die auf Teilkostenbasis ermittelten variablen Selbstkosten liefern die kurzfristige Preisuntergrenze. Unterhalb dieser Preisgrenze lohnt sich z.B. die Annahme eines Zusatzauftrages bei freien Kapazitäten nicht mehr.

Die Kostenträgerstückrechnung dient der Bereitstellung von Informationen für die Bestandsbewertung innerhalb der Kostenrechnung. Darüber hinaus kann sie zusätzlich **Informationen für die Bestandsbewertung zu Bilanzierungszwecken** liefern. Voraussetzung hierfür ist allerdings, dass die für die Bilanzierung einschlägigen Bewertungsvorschriften auch in der Kostenrechnung Berücksichtigung finden. Eine Verrechnung von kalkulatorischen Zusatzkosten wäre dann z.B. nicht zulässig.

Die **Aufgaben der Kostenträgerzeitrechnung** bzw. kurzfristigen Erfolgsrechnung lassen sich wie folgt zusammenfassen:

- Ermittlung der Gesamtkosten der Periode
- Ermittlung der Gesamtleistung der Periode
- Ermittlung des Erfolges der Periode als Saldo aus Gesamtleistung und -kosten

Die **Ermittlung der Gesamtkosten der Periode** kann nach Kostenarten oder nach Kostenträgern unterteilt erfolgen. Im ersten Fall können die Gesamtkosten relativ einfach direkt aus der Kostenartenrechnung übernommen werden. Die Kosten sind dort nach Kostenarten gegliedert. Zusätzliche Verrechnungsschritte sind im Prinzip nicht notwendig. Erfolgt die Ermittlung der Gesamtkosten nach Kostenträgern, baut die Kostenträgerzeitrechnung auf der Kostenträgerstückrechnung auf. Durch Multiplikation der Stückkosten mit den jeweiligen Produktstückzahlen ergeben sich die Gesamtkosten der Periode.

Die **Ermittlung der Gesamtleistung der Periode** erfolgt i.d.R. kostenträgerorientiert. Hierzu werden die jeweiligen Produktstückzahlen mit den Absatzpreisen multipliziert. Je nach Verfahren werden ggf. Bestandsveränderungen und aktivierte Eigenleistungen bei der Ermittlung berücksichtigt.

Die **Ermittlung des Erfolges** (Gewinn oder Verlust) erfolgt durch Saldierung der o.g. Größen. Durch die genaue Analyse der Kosten- und Leistungsstrukturen sollen die Erfolgsquellen des Unternehmens bzw. einzelner Betriebsteile offengelegt werden. Die (monatliche) Erfolgsermittlung und -analyse gibt Hinweise auf die Profitabilität und Wirtschaftlichkeit des Unternehmens.

Im Folgenden sollen die beiden Arten der Kostenträgerrechnung und ihre Verfahren näher erläutert werden.

5.3 Die Kostenträgerstückrechnung (Kalkulation)

5.3.1 Arten der Kostenträgerstückrechnung

Die Ermittlung der Stückkosten (Herstell- und Selbstkosten) als zentrale Aufgabe der Kostenträgerstückrechnung kann hinsichtlich des konkreten *Zeitbezugs* auf **drei Arten** durchgeführt werden: als Vorkalkulation, Zwischenkalkulation und Nachkalkulation.

Bei der **Vorkalkulation** erfolgt die Ermittlung der Herstell- und Selbstkosten vor der eigentlichen Leistungserstellung. Sie dient z.B. der Abgabe von Angeboten bei Kundenanfragen oder Ausschreibungen. Darüber hinaus kann sie als Entscheidungsgrundlage zur Beantwortung der Frage herangezogen werden, ob ein bestimmter Auftrag zu einem vorgegebenen Preis ausgeführt werden soll. Die Vorkalkulation kann auf der Basis von durchschnittlichen Vergangenheitswerten (Normalkosten) oder auf der Basis von zukünftigen Planwerten (Plankosten) erfolgen. Insbesondere bei größeren und kostenintensiveren Projekten kommen dabei bereits anspruchsvollere Planungsrechnungen zum Einsatz.

Die **Zwischenkalkulation** wird während der Leistungserstellung durchgeführt. Anwendung findet sie insbesondere bei längeren Produktionszeiten wie z.B. im Flugzeug-, Schiffs- oder Schwermaschinenbau. Die Zwischenkalkulation kann zu Kontroll- aber auch zu Planungszwecken durchgeführt werden. Als Kontrollrechnung stellt sie im Prinzip eine Nachkalkulation für bisher durchgeführte Produktionsschritte dar. Werden diese Kosten mit den Sollkosten der Vorkalkulation verglichen, ist eine Beurteilung der bisherigen Kostenentwicklung und eine Aufdeckung von Unwirtschaftlichkeiten möglich. Als Planungsrechnung dient die Zwischenkalkulation der aktualisierten Kostenermittlung der noch durchzuführenden Produktionsschritte und fungiert damit als Vorkalkulation.

Die **Nachkalkulation** wird nach der Leistungserstellung durchgeführt und basiert stets auf (tatsächlichen) Istkosten. Sie dient insbesondere der Kosten- und Erfolgskontrolle. Abweichungen zwischen den Plan- und Istwerten lassen sich so feststellen und analysieren. Ziel ist es dabei, zukünftige Fehleinschätzungen und Unwirtschaftlichkeiten zu vermeiden. Außerdem dienen die Daten der Nachkalkulation häufig als Grundlage zukünftiger Vorkalkulationen.

Zur Durchführung der verschiedenen Kalkulationsarten werden unterschiedliche Verfahren der Kostenträgerstückrechnung verwendet. Diese sollen im folgenden Abschnitt näher erläutert werden.

5.3.2 Verfahren der Kostenträgerstückrechnung

5.3.2.1 Überblick

Einsatz und Ausgestaltung von **Verfahren der Kostenträgerstückrechnung** hängen in der betrieblichen Praxis von verschiedenen *Einflussfaktoren* ab. Zu nennen wären hier:

- Art der erstellten Leistung (Einzel-, Sorten-, Serien-, Massenfertigung)
- Art des Fertigungsprozesses (Werkstatt-, Gruppen-, Fließfertigung)
- Ausgestaltung der Kostenstellenrechnung etc.

Grundsätzlich lassen sich die Verfahren der Kostenträgerstückrechnung (im Folgenden auch Kalkulationsverfahren genannt) in **drei Hauptgruppen** unterteilen, wie aus Abbildung 25 ersichtlich ist.

Divisionskalkulationen finden bei homogener Kostenverursachung Anwendung. Die Kostenträger beanspruchen die Produktionsprozesse und Inputfaktoren in gleicher Art und Weise (z.B. bei Einproduktunternehmen und Massenfertigung). In diesem Fall ist eine Trennung in Einzel- und Gemeinkosten nicht notwendig. Die Gesamtkosten der Abrechnungsperiode können durch einfache Division auf die Kostenträger verrechnet werden. Als Divisor werden dabei i.d.R. die hergestellten oder abgesetzten Produktstückzahlen verwendet. Divisionskalkulationen stellen dabei relativ geringe Anforderungen an die Ausgestaltung der Kostenstellenrechnung.

Zuschlagskalkulationen werden hingegen bei heterogener Kostenverursachung eingesetzt. Produktionsprogramm und Fertigungsprozesse sind stark differenziert (z.B. bei Mehrproduktunternehmen und Einzelfertigung) und die verschiedenen Produkte nehmen die einzelnen Betriebsbereiche und Inputfaktoren in sehr unterschiedlichem Ausmaß in Anspruch. Zuschlagskalkulationen setzen dabei eine Trennung der Periodenkosten in Einzel- und Gemeinkosten voraus. Einzelkosten werden direkt den Kostenträgern zugerechnet. Gemeinkosten werden je nach Kostenverursachung über Kalkulations- bzw. Zuschlagssätze auf die Kostenträger verrechnet. Hierzu ist eine möglichst differenzierte Ausgestaltung der Kostenstellenrechnung notwendig.

Kuppelkalkulationen werden bei Kuppelproduktionsprozessen eingesetzt, bei denen aufgrund fertigungstechnischer Abhängigkeiten zwangsläufig mehrere Produkte gleichzeitig entstehen (z.B. im Rahmen von chemischen Produktionsprozessen). Die Gruppe der Kuppelkalkulation gehört im Prinzip zu den Divisionskalkulationen, da auch hier die Kostenträgerstückrechnung im Wege der Kostendivision erfolgt. Aufgrund des sehr speziellen Anwendungsgebietes werden diese Verfahren hier allerdings gesondert behandelt.

Im Folgenden werden die einzelnen Verfahren der drei Hauptgruppen nacheinander - auch unter Verwendung von Beispielen - ausführlich erläutert.

Abb. 25: Verfahren der Kostenträgerstückrechnung

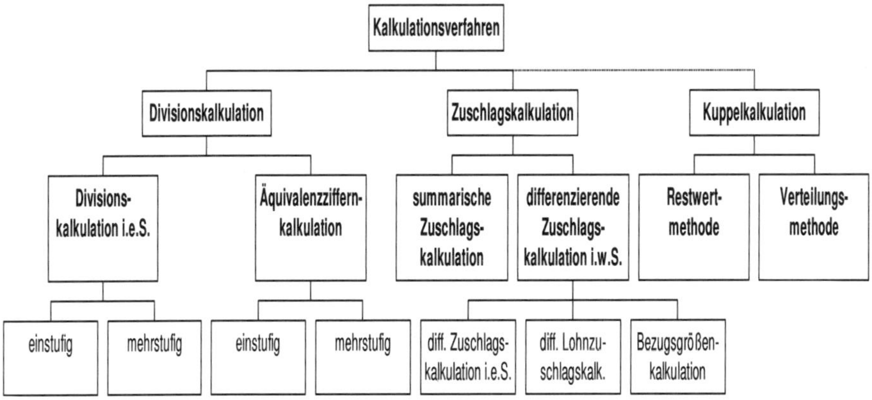

Quelle: in Anlehnung an Haberstock, L . (2005), S. 148

5.3.2.2 Die Divisionskalkulation

Die **Divisionskalkulation** (i.e.S.) ist im Prinzip das einfachste Verfahren der Kostenträgerstückrechnung, bei dem die Stückkosten im Wege der Division der Periodenkosten durch die produzierte bzw. abgesetzte Stückzahl erfolgt. Die Divisionskalkulation kann dabei einstufig oder mehrstufig durchgeführt werden.

Die **einstufige Divisionskalkulation** kann nur unter sehr eingeschränkten Bedingungen eingesetzt werden, die in der Praxis gleichzeitig nur äußerst selten anzutreffen sind:

1. Einproduktunternehmen bzw. -betriebsbereich
2. keine Lagerbestandsveränderungen bei Halbfabrikaten
3. keine Lagerbestandsveränderungen bei Fertigfabrikaten
(Produktionsmenge = Absatzmenge)

Die **Stückkosten k** (= Selbstkosten) ergeben sich dabei wie folgt:

$$\mathbf{k} = \frac{\text{Gesamtkosten der Periode}}{\text{Produktions- bzw. Absatzmenge}}$$

Da die Gesamtkosten der Periode in einer Summe durch die Produktions- bzw. Absatzmenge dividiert wird, bezeichnet man diese Form der Divisionskalkulation auch als *summarische Divisionskalkulation*. Bei der *differenzierenden Divisionskalkulation* werden die Stückkosten nach Kostenarten differenziert ermittelt. Hierzu wird der Betrag der jeweiligen Kostenart durch die Produktions-/Absatzmenge dividiert. Man erhält so z.B. die Material- oder Personalkosten pro Stück. Für beide Formen kann aus kalkulatorischen Gründen auf eine Kostenstellenrechnung verzichtet werden.

Eine Divisionskalkulation wird in der betrieblichen Praxis überwiegend mehrstufig durchgeführt, da i.d.R. nicht alle drei o.g. Bedingungen gleichzeitig erfüllt sind. Für die Anwendung einer **zweistufigen Divisionskalkulation** gelten dabei noch folgende *Bedingungen*:

1. Einproduktunternehmen bzw. -betriebsbereich
2. keine Lagerbestandsveränderungen bei Halbfabrikaten

In diesem Fall sind Lagerbestandsveränderungen bei Fertigfabrikaten möglich, d.h. die Produktionsmenge ist nicht - wie oben - identisch mit der Absatzmenge. Dies macht eine Aufspaltung der Gesamtkosten der Periode in Herstellkosten, Verwaltungskosten und Vertriebskosten notwendig. Die Herstellkosten fallen dabei für die Produktionsmenge an, Verwaltungs- und Vertriebskosten - so wird i.d.R. vereinfachend unterstellt - nur für die Absatzmenge. Es werden nun Herstell- und Selbstkosten pro Stück gesondert ermittelt. Die Herstellkosten pro Stück dienen der Bewertung von Fertigwarenlagerbeständen, die Selbstkosten pro Stück z.B. zur Preiskalkulation. Die **Herstellkosten pro Stück k_H** ergeben sich wie folgt:

$$k_H = \frac{\text{Herstellkosten der Periode}}{\text{Produktionsmenge}}$$

Die **Selbstkosten pro Stück k_s** berechnen sich wie folgt:

$$k_s = \frac{\text{Herstellkosten der Periode}}{\text{Produktionsmenge}} + \frac{\text{Verwaltungs- und Vertriebskosten}}{\text{Absatzmenge}}$$

Die Vorgehensweise soll an einem **Beispiel** veranschaulicht werden. In einem *Einproduktunternehmen* entstehen Gesamtkosten pro Periode i.H.v. 920.000 €. Es werden zwei Perioden betrachtet. In beiden Perioden beträgt die Produktionsmenge des Produktes 20.000 Mengeneinheiten. In der ersten Periode beträgt die Absatzmenge 15.000 Mengeneinheiten, in der zweiten Periode 25.000 Mengeneinheiten. Außerdem sei bekannt, dass von den 920.000 € an Gesamtkosten 120.000 € auf Verwaltungs- und Vertriebskosten entfallen.

Für die erste Periode ergeben sich folgende Ergebnisse:

k_H = 800.000 €/20.000 Mengeneinheiten = **40 €/Mengeneinheit**

k_s = 40 €/Mengeneinheit + 120.000 €/15.000 Mengeneinheiten

= 40 €/Mengeneinheit + 8 €/Mengeneinheit = **48 €/Mengeneinheit**

An Fertigwarenlagerbestandsveränderungen ergeben sich folglich 200.000 € (= 5.000 Mengeneinheiten x 40 €/Mengeneinheit).

Für die zweite Periode ergeben sich folgende Ergebnisse:

k_H = 800.000 €/20.000 Mengeneinheiten = **40 €/Mengeneinheit**

k_s = 40 €/Mengeneinheit + 120.000 €/25.000 Mengeneinheiten

= 40 €/Mengeneinheit + 4,80 €/Mengeneinheit = **44,80 €/Mengeneinheit**

Die Herstellkosten pro Stück bleiben gleich, da die Kostensituation unverändert ist. Die Selbstkosten pro Stück sind geringer als in der ersten Periode, da sich die Verwaltungs- und Vertriebskosten nun auf eine höhere Absatzmenge verteilen. Das Fertigwarenlager nimmt wertmäßig um den gleichen Betrag (= 200.000 €) ab, um den es in der Vorperiode zugenommen hat.

Im vorliegenden Beispiel wird ein einstufiger Produktionsprozess unterstellt, bei dem keine unfertigen Erzeugnisse entstehen. In der betrieblichen Praxis können aber auch bei Einproduktunternehmen mehrstufige Produktionsprozesse mit Lagerbestandsveränderungen bei unfertigen Erzeugnissen bzw. Halbfabrikaten auftreten. Hieraus resultieren erhöhte Anforderungen an die Kostenstellenrechnung und die Kostenträgerstückrechnung, die dann als **mehrstufige Divisionskalkulation** durchgeführt wird. Von den oben genannten Bedingungen muss bei diesem Kalkulationsverfahren nur noch gelten, dass es sich um ein *Einproduktunternehmen* bzw. um einen *Einproduktbetriebsbereich* handelt.

Die Anwendung einer mehrstufigen Divisionskalkulation macht nun eine differenzierte Kostenstellenrechnung im Fertigungsbereich notwendig. Der Fertigungsprozess wird dazu in einzelne Fertigungsstufen (Fertigungskostenstellen) aufgeteilt. Nach jeder Fertigungsstufe können sich Bestandsveränderungen an Halbfabrikaten ergeben. Die Halbfabrikate werden entsprechend ihres Produktionsfortschritts mit den Stückkosten belastet, die bis zur letzten durchlaufenen Fertigungsstufe angefallen sind. Es sind also folglich für jede Fertigungsstufe anteilige Herstellkosten zu ermitteln. Hierzu werden die gesamten einer Fertigungsstufe zurechenbaren Kosten durch die auf dieser Stufe bearbeiteten Mengeneinheiten dividiert. Die Herstellkosten einer bestimmten Fertigungsstufe erhält man durch Addition aller bis zu dieser Stufe anteilig angefallenen Stückkosten.

Die **Herstellkosten pro Stück für die Fertigungsstufe i (k_{Hi})** ergeben sich wie folgt:

$$k_{Hi} = \frac{\text{Gesamtkosten der Stufe 1}}{\text{Produktionsmenge der Stufe 1}} + \frac{\text{Gesamtkosten der Stufe 2}}{\text{Produktionsmenge der Stufe 2}} + \frac{\text{Gesamtkosten der Stufe 3}}{\text{Produktionsmenge der Stufe 3}} + \ldots\ldots + \frac{\text{Gesamtkosten der Stufe i}}{\text{Produktionsmenge der Stufe i}}$$

Die **Selbstkosten pro Stück k_s** berechnen sich wie folgt:

$$k_S = \frac{\text{Gesamtkosten der Stufe 1}}{\text{Produktionsmenge der Stufe 1}} + \frac{\text{Gesamtkosten der Stufe 2}}{\text{Produktionsmenge der Stufe 2}} + \ldots + \frac{\text{Gesamtkosten der Stufe i}}{\text{Produktionsmenge der Stufe i}} + \frac{\text{Verwaltungs-/Vertriebskosten}}{\text{Absatzmenge}}$$

Auch die Anwendung der mehrstufigen Divisionskalkulation soll an einem **Beispiel** erläutert werden. Unterstellt sei ein Einproduktunternehmen, das in drei Fertigungsstufen produziert. Folgende *Datensituation* ist gegeben:

Fertigungsstufe	Kosten (€)	Lagerbestandsveränderungen (ME)	Produktionsmenge (ME)
1	14.000	-100	700
2	12.000	+ 50	800
3	21.000	+ 50	750
Summe	47.000		

Darüber hinaus ist bekannt, dass an Verwaltungs- und Vertriebskosten in der Periode 13.300 € bei einer Absatzmenge von 700 Mengeneinheiten angefallen sind.

Es lassen sich nun die *Herstellkosten pro Stück* für die drei Stufen sowie die *Selbstkosten* ermitteln.

k_{H1} = 14.000 €/700 Mengeneinheiten = **20 €/Mengeneinheit**

k_{H2} = 20 €/ME + 12.000 €/800 Mengeneinheiten = **35 €/Mengeneinheit**

k_{H3} = 35 €/ME + 21.000 €/750 Mengeneinheiten = **63 €/Mengeneinheit**

k_S = 63 €/ME + 13.300 €/700 Mengeneinheiten = **82 €/Mengeneinheit**

Die Herstellkosten der jeweiligen Fertigungsstufen werden zur *Bewertung der Lagerbestandsveränderungen* benötigt. Es ergeben sich folgende Werte:

Fertigungsstufe	Lagerbestandsveränderungen (ME)	wertmäßige Lagerbestandsveränderung (€)
1	-100	- 100 x 20 = - 2.000[2]
2	+ 50	+ 50 x 35 = + 1.750
3	+ 50	+ 50 x 63 = + 3.150

[2] Die Bewertung des Lagerabgangs i.H.v. 100 Mengeneinheiten zu 20 €/ME setzt voraus, dass in der Vorperiode die gleiche Kostensituation vorlag, was hier vereinfachend unterstellt wird.

Abschließend sei nochmals darauf hingewiesen, dass alle hier dargestellten Formen der Divisionskalkulation eine **homogene Kostenverursachung** durch die Produkte unterstellen. Dies ist i.d.R. nur bei Massenfertigung gleicher Produkte der Fall. Als Beispiele seien hier Wasser- und Elektrizitätswerke oder Zement- und Kalkfabriken genannt. Darüber hinaus kann die Divisionskalkulation auch in einzelnen Betriebsbereichen, die nur eine Leistung erstellen, eingesetzt werden.

5.3.2.3 Die Äquivalenzziffernkalkulation

Die **Äquivalenzziffernkalkulation** kann relativ einfach aus der Divisionskalkulation abgeleitet werden. Sie gehört daher zur erweiterten Gruppe der Divisionskalkulationen (vgl. Abbildung 25) und wird auch als *Divisionskalkulation mit Äquivalenzziffern* bezeichnet. Während die Divisionskalkulation i.e.S. eine homogene Kostenverursachung unterstellt, wie sie bei enger Auslegung nur im Einproduktfall gegeben ist, genügt bei Anwendung einer Äquivalenzziffernkalkulation die *fertigungstechnische Ähnlichkeit* der erstellten Produkte. Als "äquivalent" in diesem Sinne können Produkte bezeichnet werden, die zwar mit vergleichbaren oder sogar identischen Verfahren, aber zu unterschiedlichen Kosten hergestellt werden (**Sortenfertigung**).

Aufgrund der fertigungstechnischen Ähnlichkeit lassen sich die Unterschiede bei der Kostenverursachung durch Gewichtungsziffern (= Äquivalenzziffern) zum Ausdruck bringen. Eine **Äquivalenzziffer** gibt dabei das Verhältnis der Kosten eines Produktes zu den Kosten eines Einheitsproduktes (= Einheitssorte) an.

Die Anwendung einer Äquivalenzziffernkalkulation setzt zunächst die **Bestimmung von Äquivalenzziffern** für die einzelnen Produkte voraus. Ausgangspunkt ist die Festlegung der sog. Einheitssorte, die die Äquivalenzziffer 1 erhält. Die Auswahl der Einheitssorte kann dabei nach verschiedenen Kriterien erfolgen. Neben dem umsatzstärksten Produkt könnte z.B. auch das kostengünstigste Produkt oder ein "Durchschnittsprodukt" ausgewählt werden. Mit Hilfe fertigungstechnischer (empirischer) Analysen erfolgt anschließend die Ermittlung der Äquivalenzziffern für die anderen Produkte. Wird das kostengünstigste Produkt als Einheitssorte gewählt, erhalten alle anderen Produkte Äquivalenzziffern > 1. Handelt es sich bei der Einheitssorte um ein "Durchschnittsprodukt", erhalten kostengünstigere Varianten eine Äquivalenzziffer <1, kostenintensivere eine Äquivalenzziffer > 1.

Die **Äquivalenzziffernkalkulation** erfolgt nun in *drei Schritten*:

1. **Multiplikation der Produktionsmengen der Produkte mit den jeweiligen Äquivalenzziffern**
   Ziel dieses ersten Rechenschrittes ist es, die tatsächlichen Produktionsmengen aller Produkte in fiktive Produktionsmengen der Einheitssorte (= Recheneinheiten) umzurechnen. Dies ermöglicht im zweiten Schritt die Anwendung einer Divisionskalkulation.
2. **Division der Gesamtkosten durch die Anzahl der Recheneinheiten**
   Mit Hilfe dieses Rechenschrittes werden die Stückkosten der Einheitssorte ermittelt.
3. **Multiplikation der Stückkosten der Einheitssorte mit den jeweiligen Äquivalenzziffern**
   Als Ergebnis dieses Rechenschrittes erhält man die Stückkosten aller anderen Produkte.

Diese drei Rechenschritte sollen im Folgenden anhand eines **Beispiels** erläutert werden. Unterstellt sei eine Brauerei, die insgesamt vier verschiedene Biersorten herstellt, wobei folgende Datensituation gegeben ist:

Biersorte	**Äquivalenzziffer**	**Produktionsmenge** (Liter)
Export	0,5	300.000
Pils	0,7	500.000
Weizenbier	1,0	200.000
Bockbier	1,2	150.000
Summe		**1.150.000**

Weiterhin sei bekannt, dass die Gesamtkosten der Periode 616.000 € betragen. Die Stückkosten (Kosten je Liter) der vier Sorten lassen sich nun wie folgt ermitteln:

1. **Ermittlung der fiktiven Produktionsmenge der Einheitssorte**
   = 0,5 x 300.000 + 0,7 x 500.000 + 1,0 x 200.000 + 1,2 x 150.000 = 880.000
2. **Ermittlung der Stückkosten der Einheitssorte**
   = 616.000 €/880.000 Liter = 0,7 €/Liter
3. **Ermittlung der Stückkosten aller anderen Sorten**
   Export: 0,5 x 0,7 €/Liter = 0,35 €/Liter
   Pils: 0,7 x 0,7 €/Liter = 0,49 €/Liter
   Bockbier: 1,2 x 0,7 €/Liter = 0,84 €/Liter

Zusätzlich können noch die **Gesamtkosten je Sorte** ermittelt werden. Diese ergeben sich durch Multiplikation der Stückkosten mit den jeweiligen Produktionsmengen. Die Ergebnisse sind der folgenden Tabelle zu entnehmen:

Biersorte	**Stückkosten (€/Liter)**	**Produktionsmenge (Liter)**	**Gesamtkosten (€)**
Export	0,35	300.000	105.000
Pils	0,49	500.000	245.000
Weizenbier	0,70	200.000	140.000
Bockbier	0,84	150.000	126.000
Summe		**1.150.000**	**616.000**

Die **Ermittlung der Stückkosten je Sorte (k_j)** kann auch über eine Formel erfolgen, die wie folgt lautet:

$$k_j = \frac{\text{Gesamtkosten der Periode}}{\text{Summe der Recheneinheiten}} \times \text{Äquivalenzziffer der Sorte } j$$

Die Formel verdeutlicht, warum die Äquivalenzziffernkalkulation auch als Divisionskalkulation mit Äquivalenzziffern bezeichnet wird.

Das hier dargestellte Verfahren entspricht der **einstufigen Äquivalenzziffernkalkulation**, die ähnlich der einstufigen Divisionskalkulation nur unter ganz bestimmten Voraussetzungen eingesetzt werden kann. Als *Einsatzbedingungen* gelten:

1. **artverwandte Produktion (Sortenfertigung)**
2. **keine Lagerbestandsveränderungen bei Halbfabrikaten**
3. **keine Lagerbestandsveränderungen bei Fertigfabrikaten** (Produktionsmenge = Absatzmenge)

Bei mehrstufigen Produktionsprozessen sind die Bedingungen 2 und 3 nicht einzuhalten, da es hier üblicherweise zu Lagerbestandsveränderungen bei Halb- und Fertigfabrikaten kommt. Die Äquivalenzziffernkalkulation ist dann ebenfalls mehrstufig durchzuführen. Die Kostenunterschiede der Sorten auf den jeweiligen Fertigungsstufen sind dabei i.d.R. mit nur einer Äquivalenzziffernreihe nicht abzubilden, so dass für jede Fertigungsstufe gesondert eine Äquivalenzziffernreihe ermittelt wird.

Die **mehrstufige Äquivalenzziffernkalkulation** erfolgt ebenfalls in den oben beschriebenen drei Schritten, wobei diese nun für jede Fertigungsstufe gesondert anzuwenden sind. Die **Stückkosten der Sorte j auf der Fertigungsstufe i (k_{ji})** ergeben sich wie folgt:

$$k_{ji} = \frac{\text{Gesamtkosten der Stufe i}}{\text{Summe der Recheneinheiten der Stufe i}} \times \text{Äquivalenzziffer der Sorte j auf der Stufe i}$$

Die anteiligen **Herstell- und Selbstkosten je Sorte** ergeben sich dann durch Addition der stufenbezogenen Stückkosten.

Im Folgenden soll dies anhand eines **Beispiels** verdeutlicht werden. Unterstellt sei ein Unternehmen, das artverwandte Produkte (Sorten) in einem zweistufigen Produktionsprozess herstellt. Es gelten folgende *Daten*:

Stufe	Kosten (€)	Sorte A	Sorte B	Sorte C
Fertigung I	128.000	0,8	1,0	1,2
Fertigung II	99.000	0,7	1,0	1,3
Verwaltung	60.000	1,0	1,0	1,0

Weiterhin sei bekannt, dass die Produktionsmengen der Sorten A, B, C 10.000, 20.000 und 30.000 Mengeneinheiten betragen.

Unter Verwendung der o.g. Formel lassen sich folgende *Ergebnisse* ermitteln:

Sorte	Herstellkosten nach Fertigung I (€/ME)	Herstellkosten nach Fertigung II (€/ME)	Selbstkosten (€/ME)
A	1,60	2,65 (= 1,60 + 1,05)	3,65 (= 2,65 + 1,00)
B	2,00	3,50 (= 2,00 + 1,50)	4,50 (= 3,50 + 1,00)
C	2,40	4,35 (= 2,40 + 1,95)	5,35 (= 4,35 + 1,00)

Im vorliegenden Beispiel wurden vereinfachend keine unterschiedlichen Produktionsmengen der Sorten auf den einzelnen Fertigungsstufen und damit keine Lagerbestandsveränderungen unterstellt. Würden hier Lagerbestandsveränderungen an Halb- und Fertigfabrikaten auftreten, ließen sich diese mit den oben ermittelten Herstellkosten bewerten.

Die Äquivalenzziffernkalkulation kann immer dann zur **Anwendung** kommen, wenn es gelingt, die Kostenunterschiede zwischen Produkten durch Äquivalenzziffern auszudrücken. Die Äquivalenzziffern sollten dabei gemäß dem Verursachungsprinzip der tatsächlichen Kostenverursachung entsprechen bzw. diese abbilden. Dies wird häufig nur bei artverwandten Produkten mit fertigungstechnischer Ähnlichkeit möglich sein. Beispiel für eine solche Sortenfertigung finden sich in der Textil- und Papierindustrie, in Brauereien, Zigarettenfabriken oder auch Walzwerken.

5.3.2.4 Die Zuschlagskalkulation

Bei der Anwendung der bisher erläuterten Verfahren der Kostenträgerstückrechnung wurde entweder die Herstellung gleicher Produkte (Divisionskalkulation) oder fertigungstechnisch ähnlicher Produkte (Äquivalenzziffernkalkulation) unterstellt. Diese Einsatzbedingungen sind in der betrieblichen Realität aber häufig nicht gegeben. Insbesondere bei **Serien- und auftragsbezogener Einzelfertigung** liegt die Voraussetzung einer homogenen Kostenverursachung aufgrund der großen Produktvielfalt nicht mehr vor. Die z.T. sehr heterogenen Produkte durchlaufen unterschiedliche Fertigungsprozesse und nehmen die jeweiligen Produktionsfaktoren in unterschiedlichem Ausmaß in Anspruch. Hieraus resultieren erhöhte Anforderungen an die Kostenverrechnung, so dass in solchen Fällen mit der **Zuschlagskalkulation** ein anspruchsvolleres Kalkulationsverfahren zum Einsatz kommen muss.

Alle Formen der Zuschlagskalkulationen basieren auf einer **Trennung in Einzel- und Gemeinkosten**. Im Gegensatz zu den Formen der Divisionskalkulation ist diese Unterscheidung hier notwendig, da die Produkte aufgrund ihrer Verschiedenartigkeit Einzel- und Gemeinkosten in unterschiedlicher Höhe verursachen. Nur so ist eine annähernd verursachungsgerechte Zurechnung der Kosten auf die Kostenträger möglich. Während die Einzelkosten dabei einem Kostenträger direkt zugerechnet werden können, erfolgt die Verrechnung der Gemeinkosten auf indirektem Wege über Kalkulations- bzw. Zuschlagssätze. Die Bildung solcher Zuschlagssätze wurde bereits in Abschnitt 4.5.4 ausführlich erörtert. Die folgenden Ausführungen bauen darauf auf.

Die **Formen der Zuschlagskalkulation** lassen sich in *zwei Hauptgruppen* unterteilen:

1. summarische Zuschlagskalkulation
2. differenzierende Zuschlagskalkulation

Die **summarische Zuschlagskalkulation** ist ein sehr vereinfachtes Verfahren, bei dem auf eine Kostenstellenrechnung im Prinzip ganz verzichtet werden kann. Die Gemeinkosten werden hier ohne weitere Differenzierung nach Kostenstellen über nur einen Zuschlagssatz *summarisch* verrechnet. Die Ermittlung dieses Zuschlagssatzes kann dabei unter Verwendung verschiedener *Bezugsgrößen* erfolgen. Mögliche Bezugsgrößen können sein:

- Materialeinzelkosten
- Fertigungseinzelkosten (Fertigungslöhne)
- Summe der Einzelkosten

Der entsprechende **Zuschlagssatz** lässt sich dann wie folgt ermitteln:

$$\text{summarischer Zuschlagssatz} = \frac{\text{Summe der Gemeinkosten}}{\text{Bezugsgröße}} \times 100$$

Die Anwendung der summarischen Zuschlagskalkulation soll an einem einfachen **Beispiel** verdeutlicht werden. Eine Kraftfahrzeug-Reparaturwerkstatt will die Kosten eines Reparaturauftrages kalkulieren. Die Gemeinkosten sollen dabei über die Summe der Periodeneinzelkosten als Bezugsgröße verrechnet werden. Die Summe der Gemeinkosten beträgt 20.000 €, die Summe der Einzelkosten in der betrachteten Periode 50.000 €. Für den zu kalkulierenden Reparaturauftrag liegen folgende Informationen vor: Reparaturdauer = 5 Stunden, Kosten der Arbeitsstunde = 30 €; Materialeinzelkosten = 250 €.

Die Berechnung des Gemeinkostenzuschlagssatzes ergibt (20.000€/50.000€) x 100 = 40%. Die Auftragskalkulation ist folgender *Tabelle* zu entnehmen.

Kostenart	**Kostenbetrag (€)**
Materialeinzelkosten	250
Fertigungseinzelkosten	150
Summe der Einzelkosten	**400**
Gemeinkosten (40%)	160
Gesamtkosten/Auftrag	**560**

Die bei diesem Verfahren unterstellte Abhängigkeit der gesamten Gemeinkosten einer Periode von nur einer Bezugsgröße entspricht i.d.R. einer verursachungsgerechten Kostenverrechnung nicht. Ein solches Verfahren sollte daher allenfalls aus Gründen der abrechnungstechnischen Vereinfachung in Kleinunternehmen (z.B. Handwerksbetrieben) Anwendung finden.

Während bei der summarischen Zuschlagskalkulation auf eine Kostenstellenrechnung zu Kalkulationszwecken verzichtet werden kann, setzt die Anwendung einer **differenzierenden Zuschlagskalkulation** eine mehr oder weniger detaillierte Kostenstellenrechnung voraus. Die Verrechnung der Gemeinkosten erfolgt hier über verschiedene Zuschlagssätze, die nach Kostenstellen differenziert und unter Verwendung unterschiedlicher Bezugsgrößen ermittelt werden. Nach dem Grad der

Differenziertheit der Gemeinkostenverrechnung lassen sich dabei unterschiedliche *Formen der differenzierenden Zuschlagskalkulation* unterscheiden (vgl. auch Abbildung 25):

- **differenzierende Zuschlagskalkulation i.e.S.**
- **differenzierende Lohnzuschlagskalkulation**
- **Bezugsgrößenkalkulation** (z.B. Maschinenstundensatzkalkulation)

Die **differenzierende Zuschlagskalkulation i.e.S.** geht von einer einfachen Gliederung der Kostenstellen in die Bereiche Material, Fertigung, Verwaltung und Vertrieb aus. Die Gemeinkosten dieser vier Hauptkostenstellen werden über jeweils einen Zuschlagssatz verrechnet. Die Bezugsgrößen zur Ermittlung der Zuschlagssätze sind dabei ausschließlich Wertgrößen.

Abb. 26: Kalkulationsschema der differenzierenden Zuschlagskalkulation i.e.S.

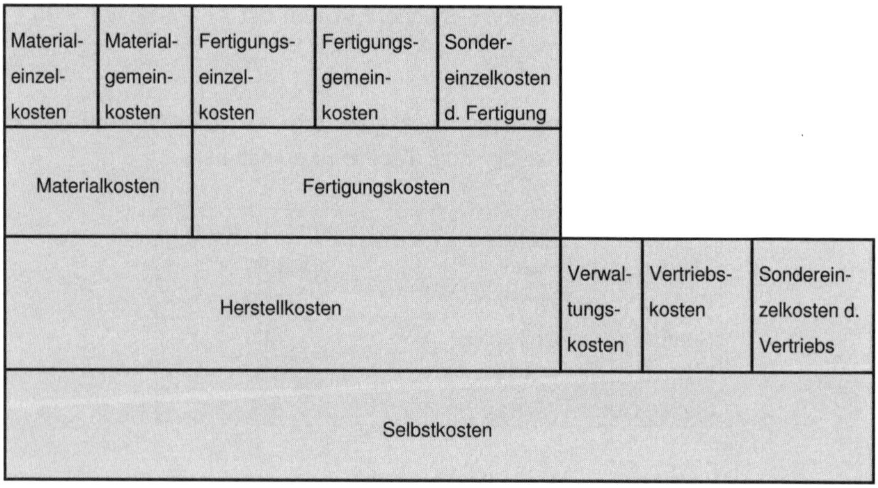

Quelle: Haberstock, L. (2005), S. 160.

In Abschnitt 4.5.4 wurde die Bildung der Zuschlagssätze bereits ausführlich erläutert. Das allgemeine Kalkulationsschema ist der Abbildung 26 zu entnehmen. Die Anwendung dieser einfachsten Form der differenzierenden Zuschlagskalkulation wurde ebenfalls bereits in Abschnitt 4.5.4 aufgezeigt und soll an dieser Stelle daher nicht weiter vertieft werden.

Eine verursachungsgerechte (Gemein)Kostenverrechnung macht i.d.R. eine weitere Differenzierung der Zuschlagskalkulation erforderlich. In Industrieunternehmen betrifft dies insbesondere den **Fertigungsbereich**, wo die Fertigungsprozesse von den einzelnen Produkten in sehr unterschiedlichem Ausmaß in Anspruch genommen werden. Die Kostenverrechnung hat diesem Umstand insbesondere durch eine verfeinerte Kostenstellengliederung des Fertigungsbereichs in verschiedene Hauptkostenstellen Rechnung zu tragen. Durch die Bildung zusätzlicher Kalkulations- bzw. Zuschlagssätze für die verschiedenen Hauptkostenstellen der Fertigung sollen die Fertigungsgemeinkosten verursachungsgerechter auf die Kostenträger verrechnet werden.

Dieser Sachverhalt soll an einem **Beispiel** verdeutlicht werden.[3] Gegeben sei die Ausgangssituation des folgenden BAB-Ausschnitts:

	HAUPTKOSTENSTELLEN DER FERTIGUNG			
	Werkstatt 1	**Werkstatt 2**	**Werkstatt 3**	**Summe**
Fertigungslöhne	500	300	700	1.500
Gemeinkosten	4.500	240	2.100	6.840
Gemeinkosten-zuschlagssatz	900%	80%	300%	456%

Wird der Fertigungsbereich nur als eine Hauptkostenstelle geführt, ergibt sich ein Gemeinkostenzuschlagssatz i.H.v. 456%. Als Bezugsgröße dienen dabei die Fertigungseinzelkosten (Fertigungslöhne). Bei einer verfeinerten Kostenstellengliederung bilden die einzelnen Werkstätten nun Hauptkostenstellen, die ihre Gemeinkosten separat über eigene Gemeinkostenzuschlagssätze verrechnen. Auch hier dienen die Fertigungslöhne als wertmäßige Bezugsgröße.

Die Auswirkungen dieser differenzierteren Kostenverrechnung soll am Beispiel zweier Produkte (A, B) erläutert werden. Beide Produkte verursachen an Fertigungseinzelkosten (Fertigungslöhne) je 750 €. Bei Verrechnung der Fertigungsgemeinkosten über nur eine Hauptkostenstelle ergibt sich das folgende Bild:

Produkt / **Kosten**	**A**	**B**
Fertigungslöhne (€)	750	750
Zuschlag = 456%	3.420	3.420
Fertigungskosten (€)	**4.170**	**4.170**

[3] Vgl. hierzu Birker, K. (1998), S. 96 ff.

Auf beide Produkte werden aufgrund der identischen Fertigungseinzelkosten die gleichen Fertigungsgemeinkosten verrechnet. Beide Produkte verursachen danach die gleichen Fertigungskosten.

	Produkt A		Produkt B	
	Fertigungslohn (€)	Zuschlag	Fertigungslohn (€)	Zuschlag
Werkstatt 1 Zuschlag = 900%	400	3.600	100	900
Werkstatt 2 Zuschlag = 80%	50	40	250	200
Werkstatt 3 Zuschlag = 300%	300	900	400	1.200
	750	4.540	750	2.300
Fertigungskosten (€)	**5.290**		**3.050**	

Bei differenzierterer Betrachtung ist allerdings festzustellen, dass sich für die beiden Produkte trotz identischer Fertigungseinzelkosten i.H.v. 750 € eine sehr unterschiedliche Verteilung dieser Kosten auf die einzelnen Werkstätten ergibt (vgl. die vorstehende Tabelle). Während das Produkt A schwerpunktmäßig in den Werkstätten 1 und 3 gefertigt wird, erfolgt die Herstellung von Produkt B v.a. in den Werkstätten 2 und 3. Die Werkstätten werden also durch die beiden Produkte in unterschiedlichem Ausmaß in Anspruch genommen. Aufgrund der differenzierteren Kostenstellengliederung können die Gemeinkosten nun verursachungsgerechter auf die Produkte A und B verrechnet werden. Die Ergebnisse zeigen deutliche Unterschiede bei der Höhe der verrechneten Fertigungsgemeinkosten. Das Produkt A wird mit fast doppelt so hohen Gemeinkosten belastet wie das Produkt B und ist nach dieser Rechnung wesentlich kostenintensiver in der Herstellung. Diese Erkenntnisse können für die weitere Kalkulation und für die Preisgestaltung sehr wichtig sein.

Das hier zuletzt dargestellte Verfahren wird auch als **differenzierende Lohnzuschlagskalkulation** bezeichnet. Die Verrechnung der Gemeinkosten erfolgt dabei - wie soeben gezeigt - nach Fertigungskostenstellen getrennt. Die Zuschlagssätze werden auf Basis der (Fertigungs)Lohnkosten gebildet, woraus der Name des Verfahrens resultiert. Eine heterogene Kostenverursachung durch die Produkte kann damit besser abgebildet werden als bei einer differenzierenden Zuschlagskalkulation i.e.S.

Zur **Vervollständigung des Beispiels** soll an dieser Stelle auch die Gesamtkalkulation für die beiden Produkte auf der Grundlage einer differenzierenden Lohnzuschlagskalkulation durchgeführt werden. Es gelten dabei die folgenden ergänzenden Informationen: die *Materialeinzelkosten* für Produkt A belaufen sich auf 2.200 €, für Produkt B auf 1.900 €. Der Zuschlagssatz für die Materialgemeinkosten beträgt 30% auf die Materialeinzelkosten. Für Verwaltung und Vertrieb wird ein gemeinsamer Gemeinkostenzuschlagssatz von 20% auf die Herstellkosten verrechnet.

Die **Kalkulationsergebnisse** sind folgender *Tabelle* zu entnehmen:

Kostenarten	**Produkt A**	**Produkt B**
Materialeinzelkosten	2.200	1.900
Materialgemeinkosten (30%)	660	570
Materialkosten	**2.860**	**2.470**
Fertigungseinzelkosten 1	400	100
Fertigungsgemeinkosten 1 (900%)	3.600	900
Fertigungseinzelkosten 2	50	250
Fertigungsgemeinkosten 2 (80%)	40	200
Fertigungseinzelkosten 3	300	400
Fertigungsgemeinkosten 3 (300%)	900	1.200
Fertigungskosten	**5.290**	**3.050**
Herstellkosten	**8.150**	**5.520**
Verwaltung/Vertrieb (20%)	1.630	1.104
Selbstkosten (€/ME)	**9.780**	**6.624**

Die bisher diskutierten Verfahren der differenzierenden Zuschlagskalkulation verwenden als Bezugsgrößen für die Zuschlagssatzermittlung ausschließlich Wertgrößen (Materialeinzel-, Fertigungseinzel-, Herstellkosten). Die Kostenverrechnung gestaltet sich hierdurch vergleichsweise einfach. Allerdings ist zu bezweifeln, ob Wertgrößen immer in der Lage sind, den Zusammenhang zwischen Gemeinkostenentstehung und verursachungsgerechter Gemeinkostenverrechnung abzubilden. Im *Fertigungsbereich* wird durch die Verwendung der Fertigungslöhne als Bezugsgröße z.B. unterstellt, dass die Höhe der Fertigungsgemeinkosten (kalk. Abschreibungen, kalk. Zinsen) durch die Höhe der Fertigungseinzelkosten bestimmt wird. Dieser enge kostenkausale Zusammenhang muss insbesondere in Zeiten steigender Automation bezweifelt werden. Zudem verschiebt sich bei steigender Automation das Verhältnis von Fertigungsgemein- und Fertigungseinzelkosten. Steigende Fertigungsgemein- und sinkende Fertigungseinzelkosten können zu extrem hohen Zuschlagssätzen führen, die wiederum erhebliche Kostenverzerrungen bei der Gemeinkostenverrechnung verursachen können.

Auch in anderen Unternehmensbereichen ist die ausschließliche Verwendung von Wertgrößen als Bezugsgrößen nicht unproblematisch. So hängt im *Materialbereich* die Höhe der Materialgemeinkosten (Bestell-, Prüf-, Lagerkosten) keinesfalls ausschließlich - wie i.d.R. unterstellt - vom Materialwert (Materialeinzelkosten) ab. Auch die Verrechnung der *Verwaltungsgemeinkosten* in Abhängigkeit von den Herstellkosten eines Produktes ist eher pragmatisch als verursachungsgerecht.

Die genannten Probleme bei der ausschließlichen Verwendung von Wertgrößen sollen mit Hilfe der sog. **Bezugsgrößenkalkulation** zumindest in Unternehmensteilbereichen behoben werden. Dabei werden im Sinne einer verursachungsgerechteren Kostenverrechnung auch Mengengrößen (Maschinenstunden, Arbeitsstunden, Rüstzeiten, Gewichte etc.) als Bezugsgrößen verwendet. Für den *Fertigungsbereich* soll dies am Beispiel der **Maschinenstundensatzkalkulation** (als spezielle Ausprägung der Bezugsgrößenkalkulation) dargestellt werden. Ausgangspunkt der Maschinenstundensatzkalkulation ist die Überlegung, dass bei automatisierter Fertigung wesentliche Teile der Fertigungsgemeinkosten "maschinenabhängig" sind. Zu den maschinenabhängigen Gemeinkosten zählen dabei insb. kalkulatorische Abschreibungen und Zinsen, Instandhaltungs- und Wartungskosten, Energiekosten, Raumkosten etc. Eine Verrechnung dieser Kosten über die Bezugsgröße *Fertigungslöhne* erscheint aus den o.g. Gründen wenig sinnvoll. Ziel ist es nun, diese Kosten über die Maschinenlaufzeiten (Maschinenstunden) auf die Kostenträger zu verteilen. Entsprechend der jeweiligen Maschinenintensität der einzelnen Produkte erfolgt dann die "verursachungsgerechte" Verrechnung dieser Gemeinkosten. Da nicht alle Fertigungsgemeinkosten direkt "maschinenabhängig" sind (z.B. Hilfslöhne, Gehälter, Sozialkosten etc.), werden diese Kosten als sog. *Restgemeinkosten* auch weiterhin über die Bezugsgröße *Fertigungslöhne* verrechnet. Eine Maschinenstundensatzkalkulation stellt damit im Prinzip eine Kombination aus einer herkömmlichen Lohnzuschlagskalkulation und einer an Maschinenstunden orientierten Bezugsgrößenkalkulation dar.

Die **Maschinenstundensatzkalkulation** erfolgt nun in *vier Schritten*:

1. **Ermittlung der maschinenabhängigen Gemeinkosten sowie der Restgemeinkosten**
2. **Ermittlung der Maschinenlaufzeiten**
3. **Ermittlung des Maschinenstundensatzes**
4. **Ermittlung der kostenträgerbezogenen Fertigungskosten**

Die einzelnen Schritte sollen im Folgenden anhand eines **Beispiels** näher erläutert werden.[4] Betrachtet wird die Fertigungskostenstelle *Dreherei*, in der sich zwei Ma-

[4] Vgl. hierzu auch Birker, K. (1998), S. 98 ff.

schinengruppen (A, B) befinden. Der folgende Ausschnitt eines BAB zeigt das Ergebnis des *ersten Arbeitsschrittes*, die Ermittlung der maschinenabhängigen Gemeinkosten für die Maschinengruppen A und B sowie die Ermittlung der Restgemeinkosten (maschinenunabhängige Kosten).

	Kostenstelle Dreherei			**Summe (€)**
	Maschinenabhängige Kosten		*Maschinenunabhängige Kosten*	
Kostenarten	**Gruppe A**	**Gruppe B**		
Hilfslöhne			40.000	40.000
Gehälter			62.000	62.000
Sozialkosten			10.400	10.400
Hilfsstoffe			7.800	7.800
Werkzeugkosten	4.000	3.000		7.000
Instandhaltung	7.400	8.400		15.800
Energie	3.400	4.800		8.200
Raumkosten	21.000	18.800		39.800
Heizung			8.000	8.000
kalk. Abschr.	39.000	74.000		113.000
kalk. Zinsen	16.800	33.000		49.800
Summe (€)	**91.600**	**142.000**	**128.200**	**361.800**

Im *zweiten Arbeitsschritt* ist anschließend die Maschinenlaufzeit zu bestimmen. Ausgangspunkt bildet die (theoretisch) maximal zur Verfügung stehende Jahresarbeitszeit. Hiervon werden die durch Feiertage, Urlaub, Wartungszeit und sonstige Ausfallzeiten ausgelösten Maschinenstillstandszeiten abgezogen. Im Ergebnis erhält man die Maschinenlaufzeit als Sollvorgabe. Der Maschinenstundensatz je Maschinengruppe ergibt sich nun im *dritten Schritt* durch einfache Division der maschinenabhängigen Kosten durch die Maschinenlaufzeit. Die nachstehende Tabelle zeigt die Ergebnisse der Schritte 2 und 3 des hier unterstellten Beispiels.

Im *vierten und letzten Arbeitsschritt* erfolgt nun die Ermittlung der kostenträgerbezogenen Fertigungskosten. Allgemein ergibt sich folgendes *Kalkulationsschema*:

	Fertigungseinzelkosten (Fertigungslöhne)
+	maschinenabhängige Fertigungsgemeinkosten (= Maschinenstundensatz x benötigte Maschinenstunden/Mengeneinheit)
+	Restgemeinkosten (prozentualer Zuschlag auf die Fertigungslöhne)
=	**Fertigungskosten je Kostenträger**

	Maschinengruppe	
	A	B
1. Ermittlung der Maschinenlaufzeit		
Arbeitsstunden 52 Wochen à 40 Std.	2.080	2.080
Abzüglich:		
10 Feiertage à 8 Std.	- 80	- 80
durchschnittliche Urlaubszeit	- 120	- 120
durchschnittliche Wartungszeit	- 52	- 176
durchschnittliche Ausfallzeiten	- 178	- 184
= Soll-Maschinenlaufzeit	**1.650**	**1.520**
2. Maschinenabhängige Kosten	**91.600 €**	**142.000 €**
3. Maschinenstundensatz = maschinenabhängige Kosten / Soll-Maschinenlaufzeit	**55,52 €**	**93,42 €**

Auch dieser letzte Schritt soll anhand des bisherigen **Beispiels** verdeutlicht werden. Ergänzend wird ein Produkt unterstellt, dass 150 € an Fertigungseinzelkosten in der Dreherei verursacht. Auf Maschinengruppe A benötigt das Produkt 2 Stunden Bearbeitungszeit, auf Maschinengruppe B 1,5 Stunden. Die Fertigungseinzelkosten der Periode in der Dreherei betragen 85.467 €.

Die Ermittlung der Fertigungskosten des Produktes in der Dreherei macht zunächst die Berechnung des Zuschlagssatzes für die Restgemeinkosten erforderlich. Die Restgemeinkosten werden über die Bezugsgröße Fertigungseinzelkosten auf die Kostenträger verteilt. Aus den Daten des Beispiels ergibt sich ein Zuschlagssatz von 150% (= (128.200€/85.467€) x 100). Das **Kalkulationsergebnis** lautet:

Fertigungseinzelkosten	150,00
Fertigungsgemeinkosten (Gruppe A)	111,04 (= 2 x 55,52)
Fertigungsgemeinkosten (Gruppe B)	140,13 (= 1,5 x 93,42)
Restgemeinkosten (150%)	225,00
Fertigungskosten Dreherei (€/ME)	**626,17**

Die Maschinenstundensatzkalkulation würde im vorliegenden Fall produktbezogene Fertigungskosten in der Dreherei i.H.v. 626,17 € ergeben. Zum Abschluss soll der Frage nachgegangen werden, zu welchem Ergebnis eine "reine" Lohnzuschlagskalkulation gekommen wäre. Auf Basis der im BAB ausgewiesenen Beträge würde sich ein Gemeinkostenzuschlagssatz i.H.v. 423,32% (= (361.800/85.467) x 100) ergeben.

Das **Kalkulationsergebnis** lautet hier:

Fertigungseinzelkosten	150,00
Fertigungsgemeinkosten (423,32%)	634,98
Fertigungskosten Dreherei (€/ME)	**784,98**

Die Differenz zwischen beiden Ergebnissen beträgt über 150 €. Geht man davon aus, dass die Maschinenstundensatzkalkulation zu einer verursachungsgerechteren Verrechnung der Gemeinkosten führt, lässt sich diese Kostendifferenz als Kalkulationsfehler bei Anwendung eines vereinfachten Kalkulationsverfahrens (Lohnzuschlagskalkulation) interpretieren.

Es ist abschließend noch darauf hinzuweisen, dass es sich bei den hier ermittelten produktbezogenen Fertigungskosten der Dreherei natürlich nur um ein Teilergebnis im Rahmen einer Gesamtkalkulation handelt. Zu ergänzen wären die produktbezogenen Stückkosten der anderen Fertigungskostenstellen, des Materialbereichs sowie der Verwaltung und des Vertriebs. Im Ergebnis würden sich dann unter Anwendung der dargestellten Kalkulationsverfahren die Herstell- und Selbstkosten des Produktes ergeben.

Die hier am Beispiel der Maschinenstundensatzkalkulation erläuterte **Bezugsgrößenkalkulation** lässt sich grundsätzlich auch auf andere Unternehmensbereiche anwenden. So könnten die Gemeinkosten des Materialbereiches z.B. über Mengengrößen wie Bestell-, Prüf- oder Lagervorgänge verrechnet werden. Der Übergang zu einer prozessorientierten Kostenkalkulation (Prozesskostenrechnung) ist dabei bereits fließend.

5.3.2.5 Die Kuppelkalkulation

Die **Kuppelkalkulation** bildet den Abschluss der hier darzustellenden Kalkulationsverfahren. Aufgrund der Besonderheiten des Fertigungsprozesses, bei dem dieses Kalkulationsverfahren zum Einsatz kommt, nimmt die Kuppelkalkulation eine gewisse Sonderstellung unter den Verfahren der Kostenträgerstückrechnung ein. Die bisher diskutierten Verfahren werden bei sog. unverbundener Produktion eingesetzt. Die unterschiedlichen Produkte werden dabei unabhängig voneinander hergestellt. Die Kuppelkalkulation wird hingegen bei **verbundener Produktion** angewendet. In diesem Fall entstehen im Rahmen eines Fertigungsprozesses zwangsläufig (z.B. aufgrund chemischer Prozesse) mehrere Produkte gleichzeitig (Kuppelprodukte). Diese fallen entweder in starren oder begrenzt variablen Mengenverhältnissen an.

Typische Beispiele für Kuppelproduktionsprozesse sind in *Raffinerien* die Herstellung von Benzin, Ölen und Gase, in *Kokereien* die Produktion von Koks, Gas Teer und Benzol oder die Fertigung von Roheisen, Gichtgasen und Schlacke im *Hochofen.*

Aus kostenrechnerischer Sicht verursachen Kuppelproduktionsprozesse erhebliche Probleme. Eine verursachungsgerechte Verteilung der Gesamtkosten des Produktionsprozesses auf die einzelnen Kuppelprodukte ist nämlich nicht möglich. Da diese Produkte im Rahmen eines Fertigungsprozesses entstehen, können einzelne Kostenanteile für die Kuppelprodukte nicht ermittelt werden. Verfahren der Kuppelkalkulation verstoßen daher zwangsläufig gegen das Verursachungsprinzip. Allenfalls Folgekosten z.B. für die Nachbearbeitung oder den Produktvertrieb lassen sich ggf. einzelnen Produkten oder Produktgruppen zurechnen. Die im Folgenden zu diskutierenden Verfahren der Kuppelkalkulation orientieren sich daher an "Ersatzprinzipien" (Durchschnittsprinzip, Tragfähigkeitsprinzip), die eine mehr oder weniger plausible Kostenverrechnung ermöglichen.

Zwei Verfahren der Kuppelkalkulation, die beide im Wesentlichen auf der Divisionskalkulation aufbauen, werden hier erläutert:

- **Restwertrechnung** (Subtraktionsmethode, Restkostenrechnung)
- **Verteilungsrechnung** (z.B. Marktpreis- bzw. Marktwertmethode)

Die **Restwertrechnung** wird auch Subtraktionsmethode oder Restkostenrechnung genannt. Sie kann immer dann eingesetzt werden, wenn die Kuppelprodukte aus *einem Haupt- und einem oder mehreren Nebenprodukten* bestehen. Die Kostenverrechnung erfolgt dabei in *zwei Schritten*:

1. **Subtraktion der Erlöse der Nebenprodukte von den Gesamtkosten des Kuppelproduktionsprozesses**
   ► als Ergebnis erhält man die Restkosten
2. **Division der Restkosten durch die Produktionsmenge des Hauptproduktes**
   ► als Ergebnis erhält man die Herstellkosten pro Stück des Hauptproduktes

Fallen für die Nebenprodukte Weiterverarbeitungskosten an, werden diese im Rahmen des ersten Rechenschrittes zunächst von den Erlösen der Nebenprodukte subtrahiert, ehe diese dann von den Gesamtkosten des Produktionsprozesses abgezogen werden. Eine Kostenrechnung bzw. Kalkulation für die Nebenprodukte erfolgt de facto nicht. Die Erlöse der Nebenprodukte werden vielmehr als Kostenminderung des Hauptproduktes behandelt. Nur für das Hauptprodukt wird bei diesem Verfahren eine Kalkulation durchgeführt. Die Selbstkosten des Hauptproduktes erhält man durch anteilige Berücksichtigung von Verwaltungs- und Vertriebskosten, die z.B. mit Hilfe einer Zuschlagskalkulation verrechnet werden können.

Die Restwertrechnung soll an einem **Beispiel** verdeutlicht werden. Ein Unternehmen der chemischen Industrie stellt fünf Produkte (A - E) im Rahmen eines Kuppelproduktionsprozesses her. Während Produkt A das Hauptprodukt ist, sind die anderen Erzeugnisse nur Nebenprodukte. Die gesamten Herstellkosten des Kuppelproduktionsprozesses betragen 467.000 € in der betrachteten Periode. Ansonsten sei folgende *Datensituation* gegeben:

Produkt	Produktionsmenge in Tonnen	Preis pro Tonne in €
A	1.500	500
B	300	150
C	200	120
D	50	100
E	150	120

Die **Kalkulation** erfolgt nun in den oben beschriebenen *zwei Schritten*:

1. **Restkosten** = 467.000 € - (300 x 150 € + 200 x 120 € + 50 x 100 € + 150 x 120 €)
   = 467.000 € - 92.000 € = **375.000 €**
2. **Herstellkosten des Hauptproduktes** = 375.000 € / 1.500 Tonnen = **250 €/Tonne**

Die **Verteilungsrechnung** kommt dann zum Einsatz, wenn eine Unterscheidung in Haupt- und Nebenprodukte nicht möglich ist. Die Verteilung bzw. Verrechnung der Gesamtkosten des Produktionsprozesses auf die einzelnen Kuppelprodukte erfolgt hier über bestimmte Merkmale. Solche Merkmale können zum einen ökonomische Größen, wie z.B. die Marktpreise der Produkte, oder auch technisch-physikalische Größen, wie z.B. Heizwerte, sein.

Im Folgenden soll mit der sog. **Marktpreis- bzw. Marktwertmethode** ein Verfahren vorgestellt werden, das eine Verteilung der Gesamtkosten nach Marktpreisen vornimmt. Dieses Verfahrens basiert dabei auf dem Grundgedanken des *Tragfähigkeitsprinzips*, wonach der Produktpreis den Anteil der Kosten bestimmt, den ein Produkt tragen muss. Je höher der Preis, desto höher sind auch die Kosten, die auf ein Produkt verrechnet werden. Die Verrechnung der Gesamtkosten erfolgt im Prinzip analog zur Äquivalenzziffernkalkulation. Dabei werden die Marktpreise bzw. Erlöse der Kuppelprodukte als Äquivalenzziffern aufgefasst. Das folgende **Beispiel** veranschaulicht die Vorgehensweise.

Ein Unternehmen der chemischen Industrie stellt vier Produkte im Rahmen eines Kuppelproduktionsprozesses her. Die Herstellkosten belaufen sich auf 400.000 €. Die Produktionsmengen und Marktpreise sind der folgenden *Tabelle* zu entnehmen:

Produkt	Produktionsmenge in Tonnen	Preis pro Tonne in €
A	10.000	60
B	8.000	50
C	5.000	80
D	5.000	40

In einem *ersten Schritt* lassen sich nun die Umsatzerlöse (Marktwerte) durch Multiplikation der Produktpreise mit den Produktionsmengen ermitteln:

1. Σ **Marktwerte** = 10.000 x 60 € + 8.000 x 50 € + 5.000 x 80 € + 5.000 x 40 €)
= **1.600.000 €**

Im *zweiten Schritt* wird der Quotient aus den Kosten des Kuppelprozesses und der Summe der Marktwerte gebildet, so dass sich die Herstellkosten pro Marktwert ergeben.

2. **Herstellkosten pro Marktwert** = 400.000 € / 1.600.000 € = **0,25**

Im *dritten Schritt* lassen sich nun für jedes Kuppelprodukt die Anteile an den Gesamtkosten ermitteln, in dem die Herstellkosten pro Marktwert mit den jeweiligen Marktwerten multipliziert werden. Werden die so ermittelten Kostenanteile durch die jeweiligen Produktionsmengen dividiert, erhält man im *vierten Schritt* schließlich die Herstellkosten je Mengeneinheit (Tonne) der einzelnen Kuppelprodukte. Die Ergebnisse sind der folgenden *Tabelle* zu entnehmen:

Produkt	Marktwerte (€)	Herstellkosten pro Marktwert	Kostenanteil je Produkt (€)	Herstellkosten je Tonne in €
A	600.000	0,25	150.000	15,00
B	400.000	0,25	100.000	12,50
C	400.000	0,25	100.000	20,00
D	200.000	0,25	50.000	10,00
Σ	**1.600.000**	-	**400.000**	-

Sowohl mit der Restwert- als auch mit der Verteilungsrechnung ist die Kalkulation von Kuppelprodukten grundsätzlich möglich. Die Grenzen einer verursachungsgerechten Kostenverrechnung sind hier allerdings erreicht. Die Beispiele zeigen, dass beiden Verfahren ein gewisses Maß an Willkür bei der Kostenverrechnung anhaftet. Der kostenrechnerische Erkenntniswert ist daher bei beiden Verfahren eher gering. Sie dienen letztlich nur der Bestandsbewertung im Rahmen der kurzfristigen Erfolgsrechnung (Kostenträgerzeitrechnung) oder der Bilanzrechnung. Für dispositive Zwecke (preis- und absatzpolitische Entscheidungen) sind diese Kalkulationsverfahren grundsätzlich nicht geeignet.

Zum **Abschluss der Kostenträgerstückrechnung** sei nochmals darauf hingewiesen, dass der Einsatz der Kalkulationsverfahren und der Grad der Differenzierungen immer in Abhängigkeit von konkreten **Einflussfaktoren** erfolgt. Neben der Branche und der Unternehmensgröße spielen auch das Fertigungsverfahren und das Produktionsprogramm eine wichtige Rolle. Der Zusammenhang zwischen Fertigungsverfahren und Kalkulationsverfahren ist der Abbildung 27 zu entnehmen.

Abb. 27: Zusammenhang zwischen Fertigungs- und Kalkulationsverfahren

Fertigungsverfahren	Kalkulationsverfahren
Massenfertigung	ein- und mehrstufige Divisionskalkulation
Sortenfertigung	ein- und mehrstufige Äquivalenzziffernkalkulation
Einzel- und Serienfertigung	Zuschlagskalkulation
Kuppelfertigung	Kuppelkalkulation

Bei **kostenorientierter Preiskalkulation** kann nach der Berechnung der Selbstkosten mit Hilfe der v.g. Verfahren (mit Abstrichen bei der Kuppelkalkulation) hierauf aufbauend eine Kalkulation des Verkaufspreises erfolgen. Die Selbstkosten zuzüglich eines Gewinnaufschlags ergeben den Nettoverkaufspreis. Werden Zuschläge für ggf. gewährte Skonti und Rabatte sowie die Umsatzsteuer hinzugerechnet, ergibt sich der Bruttoverkaufspreis.

5.4 Die kurzfristige Erfolgsrechnung (Kostenträgerzeitrechnung)

5.4.1 Überblick

Die bisherigen Ausführungen zur Kostenträgerrechnung konzentrierten sich auf die Darstellung der Ermittlung von Herstell- und Selbstkosten (Stückkosten) je produzierter bzw. abgesetzter Einheit eines Kostenträgers (Kostenträgerstückrechnung). Dieser Teil der Kostenträgerrechnung dient der Generierung von Informationen für eine einzelleistungsbezogene Analyse. Im Mittelpunkt stehen dabei z.B. die Bereitstellung von Informationen für die Preis- und Sortimentspolitik sowie die Ermittlung des kostenträgerbezogenen Erfolges (Stückerfolg).

Die im Folgenden darzustellende **Kostenträgerzeitrechnung** stellt nicht mehr allein auf die Stückkosten der Produkte ab, sondern ermittelt als zeitbezogene Rechnung die Gesamtkosten einer Rechnungsperiode. I.d.R. werden neben den Gesamtkosten auch die jeweiligen Leistungen der Periode betrachtet. Dies ermöglicht die Ermittlung des (Betriebs)Erfolges der Periode. Die Kostenträgerzeitrechnung geht in diesem Fall in die sog. **kurzfristige Erfolgsrechnung** über, die üblicherweise auf Monatsbasis durchgeführt wird. Ziel ist dabei die kurzfristige Kontrolle der Wirtschaftlichkeit des Unternehmens bzw. einzelner Unternehmensbereiche sowie deren Gewinnsteuerung.

Die kurzfristige Erfolgsrechnung stellt im Prinzip das Pendant zur Gewinn- und Verlustrechnung (GUV) in der Finanzbuchhaltung dar. Sie weist gegenüber der GUV im Hinblick auf die Erreichung der o.g. Ziele allerdings einige **Vorteile** auf:

- **kürzerer Abrechnungszeitraum**
  Die i.d.R. monatlich durchgeführte kurzfristige Erfolgsrechnung ermöglicht eine kurzfristige und schnelle Reaktion auf Abweichungen gegenüber den Planungen. Unwirtschaftlichkeiten, Gewinneinbrüche oder andere ungewollte Entwicklungen lassen sich so frühzeitiger erkennen und können durch entsprechende Maßnahmen ggf. ganz verhindert oder zumindest in ihren negativen Auswirkungen begrenzt werden.
- **Bewertungsunterschiede**
  Die Kostenrechnung (und damit auch die kurzfristige Erfolgsrechnung) orientiert sich nicht primär an pagatorischen Zahlungsvorgängen. Die Bewertung erfolgt hier zweckorientiert z.B. auf Grundlage des wertmäßigen Kostenbegriffs.[5]
- **betrieblicher Erfolg**
  Während die GUV den Erfolg (Gewinn oder Verlust) des Gesamtunternehmens ermittelt, konzentriert sich die kurzfristige Erfolgsrechnung auf den mit der eigentlichen betrieblichen Tätigkeit erwirtschafteten Erfolg des Unternehmens. Außergewöhnliche Einflüsse, die das Betriebsergebnis verzerren könnten, bleiben hier unberücksichtigt.

---

[5] Vgl. Abschnitt 2.1.

- **detailliertere Erfolgsanalyse**
  Die Erfolgsanalyse der kurzfristigen Erfolgsrechnung kann nach verschiedenen Kriterien erfolgen. Zu nennen wären hier beispielhaft: Produkt, Produktgruppen, Kundengruppen, Absatzgebiete etc.

Generelles Problem der kurzfristigen Erfolgsrechnung ist die **periodengerechte Abgrenzung**. Die kurzfristige Erfolgsrechnung muss aufgrund des unterjährigen Abrechnungszeitraums mit z.T. normalisierten bzw. standardisierten Größen arbeiten. Dabei werden z.B. saisonal anfallende Kosten geglättet und unregelmäßig bzw. nur einmal im Jahr anfallende Kosten (z.B. Urlaubs- oder Weihnachtsgeld) gleichmäßig über die einzelnen Monate des Jahres verteilt.

Zusätzliche Abgrenzungsprobleme ergeben sich, wenn aufgrund von **Lagerbestandsveränderungen** an Halb- und Fertigfabrikaten die Periodenkosten nicht den Kosten der in einer Periode abgesetzten Produkte entsprechen. Um den (Betriebs)Erfolg zu ermitteln, können in diesem Fall die Periodenkosten nicht so ohne Weiteres den Periodenerlösen gegenübergestellt werden. Während sich die Periodenkosten auf die in einer bestimmten Periode hergestellten Produkte beziehen, umfassen die Periodenerlöse den Umsatz der verkauften Produkte. Beide Erfolgskomponenten beziehen sich also auf unterschiedliche Mengeneinheiten und sind daher nicht direkt miteinander vergleichbar. Bei *Lagerbestandserhöhungen* entstehen z.B. Kosten für Produkte, die auf Lager gefertigt werden und denen in der Periode der Herstellung keine Erlöse gegenüber stehen. Bei *Lagerbestandsminderungen* werden hingegen Produkte vom Lager verkauft, denen aufgrund früherer Produktion in der Periode des Verkaufs keine Herstellkosten gegenüberstehen. Die kurzfristige Erfolgsrechnung hat nun für eine Vergleichbarkeit von Kosten und Erlösen einer Abrechnungsperiode zu sorgen, damit der Betriebserfolg (= Betriebsergebnis) ermittelt werden kann. Hierzu stehen grundsätzlich zwei **Verfahren** zur Verfügung, die in den nächsten Abschnitten ausführlicher erläutert werden sollen:

- **Gesamtkostenverfahren**
  Den gesamten Kosten einer Periode werden die Periodenleistungen korrigiert um entsprechende Lagerbestandsveränderungen gegenüber gestellt.

- **Umsatzkostenverfahren**
  Den Umsätzen einer Periode werden lediglich die auf den Umsatz entfallenden Kosten gegenüber gestellt.

5.4.2 Das Gesamtkostenverfahren

Ausgangspunkt zur Ermittlung des Betriebserfolges bzw. -ergebnisses bilden beim **Gesamtkostenverfahren** - wie der Name bereits vermuten lässt - die gesamten Kosten einer Abrechnungsperiode. Diese Kosten werden aus der Kostenartenrechnung übernommen. Treten keine Lagerbestandsveränderungen auf, ist zur Anwendung des Gesamtkostenverfahrens weder eine Kostenstellen- noch eine Kostenträgerrechnung erforderlich.

Das Gesamtkostenverfahren vollzieht sich in mehreren *Arbeitsschritten*:

1. **Ermittlung der Gesamtkosten der Periode**
   Die Gesamtkosten der Periode sind bereits im Rahmen der Kostenartenrechnung erfasst und nach Kostenarten gegliedert worden, so dass hier eine direkte Übernahme dieser Kosten erfolgen kann.
2. **Ermittlung der Umsätze der Periode**
   Die Umsätze der Periode ergeben sich aus der Multiplikation von Absatzpreisen und Absatzmengen. Erlösschmälerungen sind entsprechend abzuziehen. Treten keine Lagerbestandsveränderungen auf, stimmen Produktions- und Absatzmenge überein. Kosten und Umsatzerlöse beziehen sich auf die gleichen Mengeneinheiten und sind daher direkt miteinander vergleichbar. Als Saldo von 1. und 2. ergibt sich folglich das Betriebsergebnis (Betriebsgewinn oder -verlust).
3. **Berücksichtigung von Bestandsveränderungen**
   Treten Lagerbestandsveränderungen auf, beziehen sich die unter 1. und 2. ermittelten Kosten und Umsatzerlöse auf unterschiedliche Mengeneinheiten und sind nicht miteinander vergleichbar. Zwei Fälle sind denkbar:

   a) **Produktionsmenge > Absatzmenge (Bestandserhöhung)**
   Ist die Produktionsmenge größer als die Absatzmenge, werden Produkte auf Lager gefertigt, für die zwar keine Umsatzerlöse aber bereits Herstellkosten anfallen. Diese sind in den Gesamtkosten der Periode enthalten. Um eine Vergleichbarkeit von Kosten und Erlösen herzustellen, sind die Bestandserhöhungen zu den jeweiligen Herstellkosten zu bewerten und zu den Umsatzerlösen hinzuzurechnen. Die Umsatzerlöse und die zu Herstellkosten bewerteten Bestandserhöhungen ergeben so die Gesamtleistung der Periode, die ggf. auch noch um aktivierte Eigenleistungen zu erhöhen ist. Gesamtkosten und Gesamtleistung der Periode sind nun vergleichbar.

   b) **Produktionsmenge < Absatzmenge (Bestandsminderung)**
   Ist die Produktionsmenge kleiner als die Absatzmenge, werden Produkte vom Lager verkauft, für die in früheren Perioden Herstellkosten angefallen sind.

Diese sind nicht in den Gesamtkosten der Periode enthalten. Um eine Vergleichbarkeit von Kosten und Erlösen herzustellen, sind die in den Vorperioden zu Herstellkosten bewerteten Bestandsminderungen nun den Gesamtkosten der Periode hinzuzurechnen (oder von den Umsatzerlösen abzuziehen). Die Umsatzerlöse (ggf. um aktivierte Eigenleistungen erhöht) und die um die Herstellkosten der Bestandsminderungen ergänzten Gesamtkosten der Periode sind nun vergleichbar.

4. Ermittlung des Betriebsergebnisses

Das Betriebsergebnis ergibt sich als Saldo der vorher berechneten Größen:

a) Gesamtleistung der Periode (= Umsatz + Bestandserhöhungen + aktivierte Eigenleistungen) - Gesamtkosten der Periode

b) Gesamtleistung der Periode (= Umsatz + aktivierte Eigenleistungen) - (Gesamtkosten der Periode + Bestandsminderungen)

Die kurzfristige Erfolgsrechnung kann grundsätzlich in Konten- oder in Staffelform durchgeführt werden. In **Kontenform** ergibt sich folgende Darstellung:

Betriebsergebniskonto (GKV)	
Gesamtkosten (*nach Kostenarten*) Bestandsminderungen (*nach Produktarten*)	Umsatz (*nach Produktarten*) Bestandserhöhungen (*nach Produktarten*) aktivierte Eigenleistungen
Betriebsgewinn	Betriebsverlust

In **Staffelform** ergibt sich folgende Darstellung:

Umsatz (*nach Produktarten*)
+/- Bestandserhöhungen/-minderungen (*nach Produktarten*)
+ aktivierte Eigenleistungen
= Gesamtleistung
- Gesamtkosten der Periode (nach Kostenarten)
= Bertriebsgewinn/-verlust

Die Vorgehensweise des Gesamtkostenverfahrens soll nun im Folgenden anhand eines **Beispiels** verdeutlicht werden. Ein Unternehmen, das zwei Produkte (A, B) herstellt, möchte das Betriebsergebnis für eine bestimmte Abrechnungsperiode ermitteln. Es liegen folgende *produktbezogene Daten* vor, wobei sich die Gesamtkosten der Periode auf 795.000 € belaufen:

	Produkt A	Produkt B
Absatzpreis (€/Stück)	300	350
Herstellkosten (€/Stück)	200	250
Produktionsmenge (ME)	1.100	1.500
Absatzmenge (ME)	1.000	1.550

Das Gesamtkostenverfahren wird hier in **Kontenform** durchgeführt. Es ergibt sich folgendes Bild:

Betriebsergebniskonto (GKV)			
Gesamtkosten	795.000 €	Umsatz	
Bestandsminderungen = 50 x 250 € =	12.500 €	= 300 € x 1.000 + 350 € x 1.550 =	842.500 €
		Bestandserhöhungen	
Betriebsgewinn	**55.000 €**	= 100 x 200 € =	20.000 €
	862.500 €		862.500 €

Die Anwendung des Gesamtkostenverfahrens ist mit Vor- und Nachteilen verbunden. **Vorteilhaft** ist der relativ einfache Aufbau des Verfahrens. Die Gesamtkosten lassen sich leicht aus der Kostenartenrechnung übernehmen. Das Verfahren lässt sich zudem problemlos in das System doppelter Buchführung einfügen.

Nachteilig wirkt sich u.a. aus, dass das Verfahren im Prinzip die Durchführung einer Inventur zur Ermittlung von Bestandsveränderungen an Halb- und Fertigfabrikaten voraussetzt. Dies kann bei mehrstufigen Produktionsprozessen und umfangreichem Produktionsprogramm zu erheblichem Aufwand führen. Darüber hinaus erlaubt das Verfahren keine detaillierte Erfolgsanalyse einzelner Produkte oder Produktgruppen, da die Gesamtkosten nach Kostenarten und nicht nach Kostenträgern gegliedert sind. Dies schränkt die kostenrechnerische Eignung des Verfahrens erheblich ein.

5.4.3 Das Umsatzkostenverfahren

Ausgangspunkt zur Ermittlung des Betriebserfolges bzw. -ergebnisses bilden beim **Umsatzkostenverfahren** nicht die Gesamtkosten, sondern die Umsatzerlöse der Periode. Auch dieses Verfahren vollzieht sich dabei in mehreren *Arbeitsschritten*:

1. **Ermittlung der Umsätze der Periode**
   Die Umsätze der Periode ergeben sich aus der Multiplikation von Absatzpreisen und Absatzmengen. Auch hier sind mögliche Erlösschmälerungen abzuziehen.

2. **Ermittlung der umsatzbezogenen Kosten**
   Den Umsatzerlösen werden nur die Herstellkosten der *abgesetzten* Produkte sowie die nicht zu den Herstellkosten zählenden Gemeinkosten (insb. für Verwaltung und Vertrieb) gegenübergestellt. Die Herstellkosten werden dabei nicht nach Kostenarten, sondern nach Kostenträgern gegliedert. Dies macht den Einsatz einer Kostenträgerstückrechnung erforderlich. Treten Lagerbestandsveränderungen auf, werden diese wie folgt berücksichtigt:

   a) **Produktionsmenge > Absatzmenge (Bestandserhöhung)**
      Ist die Produktionsmenge größer als die Absatzmenge, gehen die Herstellkosten der bestandserhöhenden Produkte nicht in die Betriebsergebnisrechnung der Periode ein. Die Bestandserhöhung spielt für die Ermittlung des Betriebsergebnisses damit keine Rolle. Die hierfür anfallenden Kosten sind in der betrachteten Periode nicht erfolgswirksam. Nur die auf die Absatzmenge entfallenen (umsatzbezogenen) Kosten werden den Umsatzerlösen gegenübergestellt.

   b) **Produktionsmenge < Absatzmenge (Bestandsminderung)**
      Ist die Produktionsmenge kleiner als die Absatzmenge, gehen die Herstellkosten der bestandsmindernden Produkte aus Vorperioden in voller Höhe in die Betriebsergebnisrechnung ein. Sie erhöhen die Gesamtkosten der Periode und ergeben mit diesen insgesamt die umsatzbezogenen Kosten. Herstellkosten für Produkte werden also immer in der Periode ihres Verkaufs erfolgswirksam.

3. **Ermittlung des Betriebsergebnisses**
   Das Betriebsergebnis ergibt sich als Saldo der Umsatzerlöse und der umsatzbezogenen Kosten der Periode. Beide Größen beziehen sich auf die insgesamt abgesetzten Produkte und können daher direkt miteinander verglichen bzw. saldiert werden.

Die kurzfristige Erfolgsrechnung kann auch hier grundsätzlich in Konten- oder in Staffelform durchgeführt werden. In **Kontenform** ergibt sich folgende Darstellung:

Betriebsergebniskonto (UKV)	
Herstellkosten der abgesetzten Produkte (*nach Produktarten*)	Umsatz (*nach Produktarten*)
Verwaltungskosten	
Vertriebskosten	
Betriebsgewinn	Betriebsverlust

In **Staffelform** ergibt sich folgende Darstellung:

Umsatz (*nach Produktarten*)
- Herstellkosten der abgesetzten Produkte (nach Produktarten)
= Bruttoergebnis
- Verwaltungskosten
- Vertriebskosten
= Betriebsgewinn/-verlust

Auch die Vorgehensweise des Umsatzkostenverfahrens soll im Folgenden anhand des vorherigen **Beispiels** verdeutlicht werden. Zusätzlich zu den bisherigen Angaben sei bekannt, dass in den Gesamtkosten der Periode i.H.v. 795.000 € 200.000 € an Verwaltungs- und Vertriebsgemeinkosten enthalten sind. Die Betriebsergebnisrechnung nach Umsatzkostenverfahren ergibt in **Kontenform** folgendes Bild:

Betriebsergebniskonto (UKV)			
Herstellkosten		Umsatz	
= 200 € x 1.000 =	200.000 €	= 300 € x 1.000 =	300.000 €
= 250 € x 1.550 =	387.500 €	= 350 € x 1.550 =	542.500 €
Verwaltung/Vertrieb	200.000 €		
Betriebsgewinn	**55.000 €**		
	842.500 €		842.500 €

Auch das Umsatzkostenverfahren ist mit Vor- und Nachteilen verbunden. Der große **Vorteil** des Verfahrens liegt in der detaillierten Erfolgsanalyse, die hier u.a. nach Produkten und Produktgruppen durchgeführt werden kann, da Umsätze und Kosten jeweils nach Kostenträgern gegliedert sind. Bestandsveränderungen werden nur indirekt über die Absatzmengen berücksichtigt, so dass auf die Durchführung von Inventuren verzichtet werden kann. Als **nachteilig** ist der relativ große Aufwand zu werten, der aus der Notwendigkeit einer differenzierten Kostenstellen- und Kostenträgerrechnung für dieses Verfahren resultiert.

Vergleicht man das Umsatz- mit dem Gesamtkostenverfahren, so ist zunächst festzustellen, dass beide Verfahren stets das gleiche Betriebsergebnis ausweisen (vgl. hierzu die Ergebnisse des Beispiels). Dabei beschreiten beide Verfahren allerdings unterschiedliche Wege. Die Unterschiede liegen zum einen im formalen Ausweis der Bestandsveränderungen, der beim Gesamtkostenverfahren explizit erfolgt, und zum anderen in der unterschiedlichen Darstellung der Kosten, die beim Gesamtkostenverfahren nach Kostenarten und beim Umsatzkostenverfahren nach Kostenträgern vorgenommen wird. Hieraus resultieren unterschiedliche Einblicke in die Kostenanalyse nach Kostenarten und Kostenträgern. Da das Umsatzkostenverfahren insgesamt bessere Informationen über die Erfolgsbeiträge einzelner Produkte und Produktgruppen liefert, ergeben sich aus kostenrechnerischer Sicht gewisse Anwendungsvorteile gegenüber dem Gesamtkostenverfahren.

Mit der Kostenträgerzeitrechnung wurde nun das letzte Teilgebiet der dreistufigen Kostenrechnung (Kostenarten-, Kostenstellen-, Kostenträgerrechnung) abschließend behandelt. Die Darstellung beschränkte sich dabei weitgehend auf die traditionelle Istkostenrechnung auf Vollkostenbasis. Die Behandlung weiterführender Systeme auf Normal- und Plankostenbasis erfolgt im anschließenden Kapitel 6.

Kontrollfragen und -aufgaben

1) Erläutern Sie die Kriterien, nach denen sich Kostenträger systematisieren lassen.

2) Wodurch unterscheiden sich Kostenträgerstück- und Kostenträgerzeitrechnung?

3) Erläutern Sie die Aufgaben der Kostenträgerstück- und Kostenträgerzeitrechnung.

4) Erläutern Sie die Arten der Kostenträgerstückrechnung, die sich hinsichtlich des Zeitbezugs der Durchführung unterscheiden lassen.

5) Von welchen Einflussfaktoren hängt generell der Einsatz der Verfahren der Kostenträgerstückrechnung ab?

6) Wodurch unterscheiden sich die drei Hauptgruppen der Kostenträgerstückrechnung?

7) Nennen Sie die Einsatzvoraussetzungen einer ein-, zwei- und mehrstufigen Divisionskalkulation.

8) Wie lassen sich die Herstellkosten pro Stück bei einer mehrstufigen Divisionskalkulation ermitteln?

9) Erläutern Sie die einzelnen Arbeitsschritte, die zur Ermittlung der Selbstkosten eines Produktes im Rahmen einer mehrstufigen Äquivalenzziffernkalkulation notwendig sind.

10) Wodurch unterscheiden sich summarische und differenzierende Zuschlagskalkulation?

11) Erläutern Sie möglichst genau die Arten der differenzierenden Zuschlagskalkulation.

12) Welche Arbeitsschritte sind zur Durchführung einer Maschinenstundensatzkalkulation erforderlich?

13) Beurteilen Sie die Verfahren der Kuppelkalkulation hinsichtlich ihrer kostenrechnerischen Aussagekraft.

14) Welche grundsätzlichen Vorteile weist eine kurzfristige Erfolgsrechnung gegenüber einer Gewinn- und Verlustrechnung auf?

15) Skizzieren Sie die inhaltlichen Unterschiede der beiden Verfahren der Kostenträgerzeitrechnung und nennen Sie die jeweiligen Vor- und Nachteile!

6. Kostenrechnungssysteme auf Vollkostenbasis

6.1 Überblick

In Abschnitt 2.3 wurde bereits darauf hingewiesen, dass die konkrete Ausgestaltung von Kostenrechnungssystemen in der Praxis von verschiedenen Einflussfaktoren (Unternehmensgröße, Organisationsstruktur, Art der erstellten Leistungen etc.) abhängt. Grundsätzlich lassen sich Kostenrechnungssysteme nach dem **Umfang der Kostenzurechnung** (Voll-, Teilkostenrechnung) und nach dem **Zeitbezug der verwendeten Kostendaten** (Ist-, Normal-, Plankostenrechnung) systematisieren (vgl. Abbildung 9).

Im Rahmen dieses Kapitels sollen zunächst **Kostenrechnungssysteme auf Vollkostenbasis**, bei denen grundsätzlich alle anfallenden Kosten auf die einzelnen Kostenträger verrechnet werden, im Mittelpunkt der Betrachtung stehen. Werden von der Kostenartenrechnung bis zur Kostenträgerrechnung die tatsächlich angefallenen Kosten der Periode verrechnet, handelt es sich um ein **Istkostenrechnungssystem**, das in Abschnitt 6.2 in seinen Grundzügen dargestellt werden soll.

Normal- und Plankostenrechnungssysteme bauen auf Istkostenrechnungssystemen auf und versuchen deren Nachteile zu verringern. Während **Systeme der Normalkostenrechnung** in ihrer einfachsten Form Durchschnittskosten der Vergangenheit ansetzen und verrechnen, basieren **Systeme der Plankostenrechnung** auf zukunftsbezogenen Werten (Plankosten). Der Fokus liegt dabei auf der Durchführung aussagefähiger Wirtschaftlichkeitskontrollen durch den Vergleich von Plan- bzw. Normal- und Istkosten. Die Normalkostenrechnung wird in Abschnitt 6.3 behandelt. Systeme der Plankostenrechnung werden aufgrund ihrer großen praktischen Bedeutung zunächst auf Vollkostenbasis im Abschnitt 6.4 und auf Teilkostenbasis in Abschnitt 7.2.3 ausführlich dargestellt.

6.2 Die Istkostenrechnung

Die Istkostenrechnung ist in ihrer grundsätzlichen Ausrichtung vergangenheitsbezogen und stellt die traditionelle Art der Kostenrechnung dar. In ihrer Grundform werden ausschließlich die tatsächlich angefallenen (Ist)Kosten einer Abrechnungsperiode verrechnet. Die Istkosten ergeben sich durch Multiplikation der Istpreise mit den Istverbrauchsmengen bei der realisierten Istbeschäftigung (z.B. insgesamt produzierte Produktmengeneinheiten). Die Istkosten werden dabei in der Kostenartenrechnung erfasst und bei Anwendung einer Vollkostenrechnung vollständig - ggf. über den Weg der Kostenstellenrechnung - auf die Kostenträger verteilt. Ziel ist die

Ermittlung der tatsächlichen Selbst- und Herstellkosten pro Kostenträger sowie des insgesamt erwirtschafteten Betriebserfolges einer zeitlich bereits abgeschlossenen Abrechnungsperiode.

Die Istkostenrechnung erfüllt zum einen Dokumentationsaufgaben, indem z.B. im Wege der Nachkalkulation die tatsächlich angefallenen Kosten für einzelne Kostenträger oder Kostenstellen ermittelt werden. Zum anderen bildet sie die Grundlage für eine wirksame Kosten- und Wirtschaftlichkeitskontrolle, indem sie z.B. die Ist-Vergleichswerte für den sog. Soll-/Ist-Vergleich liefert.

Eine Istkostenrechnung in Reinform existiert allerdings nicht, da in einem gewissen Umfang immer auch Normal- oder Planwerte in einer Istkostenrechnung verrechnet werden. Dies ist zum einen aus Gründen der zeitlichen Abgrenzung der Kosten notwendig. So macht z.B. die jährliche Einmalzahlung von Urlaubs- und Weihnachtsgeld sowie von Versicherungsprämien deren durchschnittliche Verteilung auf die einzelnen Abrechnungsmonate und damit deren Verrechnung als Normal- bzw. Durchschnittskosten notwendig. Zum anderen stellen kalkulatorische Kosten z.T. auszahlungslose Kosten dar, für die sich ein Istpreis gar nicht ermitteln lässt. So werden z.B. kalkulatorische Zinsen auf Basis eines Durchschnittszinssatzes verrechnet. Beim kalkulatorischen Unternehmerlohn orientiert man sich häufig an Durchschnittsgehältern der Branche etc.

Die Verwendung einer Istkostenrechnung ist grundsätzlich mit *Vor- und Nachteilen* verbunden. Als **Vorteil** der Istkostenrechnung wird gemeinhin angesehen, dass mit ihrer Hilfe eine exakte Nachkalkulation der Selbst- und Herstellkosten der Kostenträger sowie die Ermittlung des tatsächlichen Betriebsergebnisses möglich ist. Diesem Vorteil stehen allerdings eine Reihe von **Nachteilen** gegenüber. So erweist sich die Istkostenrechnung insgesamt als rechentechnisch relativ schwerfällig. Die Bewertung der Istverbrauchsmengen mit den tatsächlichen Istpreisen führt zu einem recht hohen Erfassungs- und Rechenaufwand. Dies gilt insbesondere dann, wenn Lagerbestände an Roh-, Hilfs- und Betriebsstoffen zu unterschiedlichen Istpreisen beschafft wurden. Auch die Ermittlung von innerbetrieblichen Verrechnungssätzen im Rahmen der innerbetrieblichen Leistungsverrechnung sowie von Ist-Kalkulationssätzen bzw. -Zuschlagssätzen in der Kostenträgerstückrechnung gestaltet sich bisweilen sehr (zeit)aufwändig. Zufallsbedingte Preis- und Mengenschwankungen führen zudem zu ständig veränderten Verrechnungs- und Kalkulationssätzen und damit zu unterschiedlichen Kalkulationsergebnissen.

Die Durchführung wirksamer Kosten- und Wirtschaftlichkeitskontrollen ist darüber hinaus allein auf Grundlage einer Istkostenrechnung nicht möglich. Zwar erlaubt die

Anwendung einer Istkostenrechnung die Durchführung von inner- oder auch zwischenbetrieblichen Zeitvergleichen, es fehlen aber entsprechende Sollgrößen als kostenwirtschaftlicher Vergleichsmaßstab, so dass die Aussagekraft solcher Kostenkontrollen eher gering ist.

Insgesamt kann festgehalten werden, dass insbesondere für die zukunftsbezogenen Planungsaufgaben der Kostenrechnung (Erfolgsplanung, Preisplanung, zukunftsbezogene Wirtschaftlichkeitsrechnungen) die Anwendung einer Istkostenrechnung allein nicht ausreicht bzw. überhaupt gar nicht möglich ist. Die genannten Nachteile machen vielmehr eine Anpassung bzw. Ergänzung der Istkostenrechnung erforderlich. So kann z.B. durch die Verwendung von Normal- oder auch Planwerten der rechentechnischen Schwerfälligkeit der Istkostenrechnung entgegengewirkt werden. Der Erfassungs- und Rechenaufwand bei der Bewertung von Materialien ließe sich so reduzieren und die innerbetriebliche Leistungsverrechnung sowie die Kostenkalkulation erheblich beschleunigen. Auch die Kostenkontrolle macht eine Verwendung von Normal- oder Planwerten als wirtschaftliche Vergleichsgrößen erforderlich. Der Übergang zu einer auf Normal- oder Durchschnittswerten basierenden Normalkostenrechnung ist damit bereits fließend.

6.3 Die Normalkostenrechnung

Die Normalkostenrechnung baut auf der Istkostenrechnung auf und versucht deren Nachteile zu vermindern. **Normalkosten** ergeben sich dabei als Durchschnitt der Istkosten aus vergangenen Perioden. Die Normalkostenrechnung setzt folglich die Existenz einer Istkostenrechnung zwingend voraus.

Die Normalkostenrechnung verfolgt im Wesentlichen folgende **Ziele**:

- Durch die "Normalisierung" der Kosten sollen "ungewollte" und v.a. rein preis- bzw. beschäftigungsbedingte Kostenschwankungen abgemildert werden.
- Die einzelnen Abrechnungsschritte und -prozesse der Kostenrechnung sollen insgesamt vereinfacht und beschleunigt und damit wirtschaftlicher gestaltet werden.
- Die Ermittlung von Normalkosten als Richt- bzw. Vergleichsgrößen soll der Kosten- bzw. Wirtschaftlichkeitskontrolle dienen.

Die Normalisierung bzw. Durchschnittsbildung der Kosten kann sich auf Preise und/oder Mengen beziehen und z.B. auch auf bestimmte Kostenarten beschränkt bleiben. Werden zukünftige Kostenentwicklungen (wie z.B. zu erwartende Lohnerhöhungen) bei Berechnung der Normalkosten berücksichtigt, ist der Übergang zur Plankostenrechnung bereits fließend.

Unter Berücksichtigung der o.g. Ziele ist der Einsatz der Normalkostenrechnung insbesondere in der Kostenstellen- und Kostenträgerrechnung von Bedeutung. In der Kostenstellenrechnung können v.a. die innerbetrieblichen Verrechnungssätze für die Hilfskostenstellen auf Normalkostenbasis ermittelt werden. Die innerbetriebliche Leistungsverrechnung kann hierdurch vereinfacht und beschleunigt werden. Die Verwendung "normalisierter" Gemeinkostenzuschlagssätze ermöglicht zudem eine erste Kostenkontrolle in den Kostenstellen. In der Kostenträgerrechnung kann auf Grundlage der "normalisierten" Gemeinkostenzuschlagssätze eine Vorkalkulation der Selbst- und Herstellkosten der Kostenträger sowie eine zeitnahe Berechnung des Betriebsergebnisses erfolgen.

Im Folgenden sollen einige der genannten Anwendungsgebiete der Normalkostenrechnung anhand eines **Beispiels**[1] erörtert werden. Unterstellt sei im Folgenden ein Unternehmen, das über die vier Hauptkostenstellen *Material*, *Fertigung*, *Verwaltung* und *Vertrieb* verfügt. Das Unternehmen möchte zur Vereinfachung und Beschleunigung der Kostenrechnung "normalisierte" Gemeinkostenzuschlagssätze zur (Vor) Kalkulation der Selbst- und Herstellkosten der Produkte sowie zur Kostenkontrolle einsetzen.

In einem ersten Schritt müssen zunächst "normalisierte" Gemeinkostenzuschlagssätze für die vier Hauptkostenstellen ermittelt werden. Hierzu müssen die einzelnen Arbeitsschritte der Kostenstellenrechnung (Primär- und Sekundärkostenverrechnung) auf Normalkostenbasis durchgeführt werden. Ausgangspunkt bildet eine auf Basis von Durchschnittswerten ermittelte Normalbeschäftigung, für die die primären Normal-Gemeinkosten für die einzelnen Kostenstellen zu ermitteln sind. Im Anschluss erfolgt die innerbetriebliche Leistungsverrechnung mit "normalisierten" Verrechnungssätzen (Sekundärkostenverrechnung). Im Ergebnis sind alle primären und sekundären (Normal)Gemeinkosten auf die Hauptkostenstellen verteilt. Die "normalisierten" Zuschlagssätze ergeben sich dann durch Division der Normal-Gemeinkosten durch die jeweiligen Bezugsgrößen. Abbildung 28 zeigt das Ergebnis der Bildung "normalisierter" Gemeinkostenzuschlagssätze anhand des hier zugrunde liegenden Beispiels. Die so gebildeten "normalisierten" Gemeinkostenzuschlagssätze werden nun über einen längeren Zeitraum konstant gehalten und zum einen für die Kostenkalkulation in der Kostenträgerrechnung und zum anderen zur Kostenkontrolle in der Kostenstellenrechnung verwendet.

---

[1] Vgl. hierzu Freidank, C.-C. (2008), S. 199 ff .

Abb. 28: Ermittlung von Normal-Gemeinkostenzuschlagssätzen

Kostenstellen	Material	Fertigung	Verwaltung	Vertrieb
Normalgemein-kosten	10.000	18.000	3.600	5.400
Normalisierte Bezugsgrund-lagen	*Fertigungs-material* 50.000	*Fertigungs-löhne* 12.000	*Herstellkosten* 90.000	*Herstellkosten* 90.000
Normalisierte Zuschlagssätze	20%	150%	4%	6%

In der **Kostenträgerrechnung** kann nun auf Basis der "normalisierten" Zuschlagssätze eine Kalkulation der Selbst- und Herstellkosten je Kostenträger erfolgen. Bei Anwendung einer differenzierenden Zuschlagskalkulation seien beispielsweise für einen *Zweiproduktfall* folgende Daten gegeben:

Produkt	**A**	**B**
Ist-Materialeinzelkosten (€/ME)	50	75
Ist-Fertigungseinzelkosten (€/ME)	30	40

Die Ist-Einzelkosten sind dabei aus der Kostenartenrechnung bekannt. Auf die Durchführung einer Kostenstellenrechnung auf Istkostenbasis kann nun verzichtet werden, da die "normalisierten" Zuschlagssätze für die Kostenkalkulation herangezogen werden können. Für die beiden Produkte ergeben sich folgende *produktbezogenen Kalkulationen*:

Produkt	**A**	**B**
Ist-Materialeinzelkosten (€/ME)	50,00	75,00
Normal-Materialgemeinkosten **(20%)**	10,00	15,00
Ist-Fertigungseinzelkosten (€/ME)	30,00	40,00
Normal-Fertigungsgemeinkosten **(150%)**	45,00	60,00
= Normal-Herstellkosten (€/ME)	**135,00**	**190,00**
Normal-Verwaltungsgemeinkosten **(4%)**	5,40	7,60
Normal-Vertriebsgemeinkosten **(6%)**	8,10	11,40
= Normal-Selbstkosten (€/ME)	**148,50**	**209,00**

Die Vorteile der Anwendung "normalisierter" Zuschlagssätze in der Kostenträgerrechnung sind nun unmittelbar ersichtlich. Die Kostenkalkulation kann erfolgen, ohne dass eine zeitaufwändige Kostenstellenrechnung auf Istkostenbasis durchgeführt werden muss, die im Ergebnis die Ist-Gemeinkostenzuschlagssätze liefern würde.

Der Rechenaufwand kann damit erheblich reduziert und die Kostenkalkulation beschleunigt werden. Auch eine Vorkalkulation von Selbst- und Herstellkosten je Kostenträger wird damit möglich.

In der **Kostenstellenrechnung** ist auf Grundlage der "normalisierten" Gemeinkostenzuschlagssätze die Durchführung einer Kostenkontrolle möglich. Hierzu bedarf es allerdings auch der Ermittlung von Ist-Gemeinkosten als Vergleichsgrößen. Eine Kostenkontrolle erfordert also zwangsläufig die Durchführung einer Istkosten(stellen)- rechnung und kann daher immer erst nach Ablauf einer Rechnungsperiode erfolgen.

Ziel der Kostenkontrolle ist die Ermittlung von **Kostenunter- und -überdeckungen**. Die im Rahmen einer Normalkostenrechnung auf Basis "normalisierter" Gemeinkostenzuschlagssätze verrechneten Normal-Gemeinkosten werden i.d.R. von den tatsächlichen Ist-Gemeinkosten abweichen. Dies bedeutet, dass entweder zu viel (Normal)Gemeinkosten auf die Kostenträger verrechnet werden (Kostenüberdeckung) oder zu wenig (Kostenunterdeckung). Dieser Sachverhalt soll beispielhaft dargestellt werden. Abbildung 29 zeigt die Ermittlung von Kostenunter- und -überdeckungen beim hier unterstellten Beispielunternehmen.

Abb. 29: Ermittlung von Kostenunter- und -überdeckungen in der Normalkostenrechnung

Kostenstellen	Material	Fertigung	Verwaltung	Vertrieb	Summe
Ist-Gemeinkosten	6.000	23.000	3.000	5.200	37.200
Ist-Bezugs-grundlagen[2]	*Fertigungs-material* 40.000	*Fertigungs-löhne* 15.000	*Herstell-kosten* 85.500	*Herstell-kosten* 85.500	
Normal-Gemeinkosten	8.000	22.500	3.420	5.130	39.050
Unterdeckung (+) Überdeckung (-)	- 2.000	+ 500	- 420	+ 70	+ 570 - 2.420

Die Ermittlung der Kostenunter- und -überdeckungen erfolgt durch Subtraktion der Normal-Gemeinkosten von den Ist-Gemeinkosten. Die Ist-Gemeinkosten liegen nach

[2] Die Herstellkosten als Bezugsgrundlage für die Ermittlung von Normal-Gemeinkosten der Verwaltung und des Vertriebes setzen sich aus den Ist-Materialeinzelkosten und den Ist-Fertigungseinzelkosten sowie aus den Normal-Materialgemeinkosten und den Normal-Fertigungsgemeinkosten zusammen.

Ablauf der Rechnungsperiode als Ergebnis der Istkosten(stellen)rechnung vor. Die Normal-Gemeinkosten wurden auf Basis der "normalisierten" Gemeinkostenzuschlagssätze ermittelt und auf die Kostenträger verrechnet. Sie ergeben sich durch Multiplikation der "normalisierten" Gemeinkostenzuschlagssätze mit der jeweiligen Ist-Bezugsbasis (z.B. Ist-Einzelkosten).

Für die *Material- und Fertigungskostenstelle* ergeben sich die **Normal-Gemeinkosten** z.B. wie folgt:

Normal- Materialgemeinkosten = 0,2 x 40.000 € = 8.000 €

Normal- Fertigungsgemeinkosten = 1,5 x 15.000 € = 22.500 €

Hierauf aufbauend können durch den Vergleich der Normal-Gemeinkosten mit den Ist-Gemeinkosten die jeweiligen **Kostenunter- und -überdeckungen** ermittelt werden. *Allgemein* ergibt sich:

Kostenunter-/-überdeckung = Ist-Gemeinkosten - verrechnete Normal-Gemeinkosten

Für die *Material- und Fertigungskostenstelle* ergeben sich z.B.:

Materialkostenstelle:	6.000 € - 8.000 € = - 2.000 €
Fertigungskostenstelle:	23.000 € - 22.500 € = + 500 €

Im Fall der Materialkostenstelle liegt eine Kostenüberdeckung (-) vor. Auf Basis der "normalisierten" Gemeinkostenzuschlagssätze und der Ist-Einzelkosten sind daher zu viel Gemeinkosten in der Kostenträgerrechnung verrechnet worden. Bei den Fertigungsgemeinkosten ist es umgekehrt. Hier liegt eine Kostenunterdeckung (+) vor, d.h. es wurden weniger Fertigungsgemeinkosten auf die Kostenträger verrechnet als tatsächlich angefallen sind. Insgesamt liegt eine Kostenüberdeckung i.H.v. - 1.850 € vor. Die tatsächlichen Ist-Gemeinkosten liegen unter den verrechneten Normal-Gemeinkosten. Es wurden mithin insgesamt zu viel Gemeinkosten auf die Kostenträger verrechnet.

Führt man auf Basis der Ist-Gemeinkosten eine **Nachkalkulation** der Selbst- und Herstellkosten für die beiden Produkte (A, B) durch, ergeben sich zunächst folgende *Ist-Gemeinkostenzuschlagssätze*:

Kostenstelle	**Material**	**Fertigung**	**Verwaltung**	**Vertrieb**
Ist-Zuschlagssatz	15% =6.000/40.000	153,33% =23.000/15.000	3,57% =3.000/84.000	6,19% =5.200/84.000

Daraus ergeben sich folgende *Kostenkalkulationen*:

Produkt	**A**	**B**
Ist-Materialeinzelkosten (€/ME)	50,00	75,00
Ist-Materialgemeinkosten **(15%)**	7,50	11,25
Ist-Fertigungseinzelkosten (€/ME)	30,00	40,00
Ist-Fertigungsgemeinkosten **(153,33%)**	46,00	61,33
= Ist-Herstellkosten (€/ME)	**133,50**	**187,58**
Ist-Verwaltungsgemeinkosten **(3,57%)**	4,77	6,70
Ist-Vertriebsgemeinkosten **(6,19%)**	8,26	11,61
= Ist-Selbstkosten (€/ME)	**146,53**	**205,89**

Vergleicht man die Ist-Selbstkosten mit den bereits vorher berechneten Normal-Selbstkosten, so ist feststellbar, dass für beide Produkte die Ist-Selbstkosten unter den Normal-Selbstkosten liegen. Aufgrund der Verwendung "normalisierter" Zuschlagssätze werden - wie bereits bei der Kostenkontrolle gezeigt - insgesamt zu viel Gemeinkosten auf die Kostenträger verrechnet (Kostenüberdeckung). Diese Kostenabweichungen sind gewissermaßen der "Preis" für die vereinfachte und beschleunigte Kostenkalkulation im Rahmen einer Normalkostenrechnung, die i.d.R. immer von den Ergebnissen einer Istkostenrechnung abweichen wird.

Die **Gründe für mögliche Kostenabweichungen** sind i.d.R. vielschichtig und müssen nicht zwangsläufig mit Unwirtschaftlichkeiten zu tun haben. So führen beispielsweise *Beschäftigungsabweichungen* (Veränderung der Kapazitätsauslastung) zu Kostenänderungen, die i.d.R. dem Kostenstellenleiter nicht anzulasten sind. Gleiches gilt für *Abweichungen der Beschaffungspreise*, die häufig externen Einflüssen unterliegen. Auch *Verbrauchsabweichungen*, die beim Einsatz von Inputfaktoren (Materialien, Arbeitsstunden) auftreten können, müssen im Falle von Mehrverbräuchen nicht zwangsläufig auf Unwirtschaftlichkeiten innerhalb der Kostenstellen zurückzuführen sein, sondern können auch marktbedingte Ursachen (z.B. Kundensonderwünsche) haben.

Die anhand dieses Beispiels durchgeführte Ermittlung von Kostenunter- und -überdeckungen gibt zwar erste Hinweise auf Verrechnungsabweichungen, reicht für eine detaillierte Abweichungsanalyse allerdings noch nicht aus. Hauptmanko dieses hier dargestellten Kostenrechnungssystems, das auch als "starre Normalkostenrechnung" bezeichnet wird, ist die fehlende Anpassung der Normalkosten an Beschäftigungsänderungen. Hierzu bedarf es insbesondere der Trennung in fixe und variable Kosten, die dieses System aus Vereinfachungsgründen aber nicht vornimmt. Auf diesen Sachverhalt wird noch im weiteren Verlauf bei der Behandlung der "flexiblen Plankostenrechnung" auf Voll- und Teilkostenbasis detaillierter eingegangen.

Vergleicht man Normal- und Istkostenrechnung miteinander, so ist feststellbar, dass die Normalkostenrechnung die Vor- und Nachteile der Istkostenrechnung verringert. **Nachteilig** wirkt sich bei diesem System aus, dass eine genaue Nachkalkulation der Kosten nicht mehr möglich ist. Hierzu bedarf es des Einsatzes einer Istkostenrechnung. Dafür lassen sich die einzelnen Abrechnungsprozesse der Kostenrechnung aufgrund der Verwendung von "normalisierten" Verrechnungs- und Zuschlagssätzen, die bereits während und nicht erst nach Ablauf der Abrechnungsperiode vorliegen, aber auch deutlich vereinfachen und beschleunigen. Ein weiterer **Vorteil** liegt in der Glättung von Zufallsschwankungen bei den Kosten, was insbesondere in Bereichen mit langfristiger Fertigung (z.B. Schiffs- und Flugzeugbau) zu einer gewissen Kontinuität der Kalkulationsergebnisse führt. Die Normalkostenrechnung erlaubt zudem eine erste - wenn auch aus den bereits genannten Gründen - noch sehr eingeschränkt aussagefähige Kostenkontrolle. Insbesondere dieser letzte Aspekt wird im Rahmen der im Folgenden zu behandelnden Systeme der Plankostenrechnung verstärkt im Blickpunkt stehen.

6.4 Die Plankostenrechnung

6.4.1 Plankostenrechnung als Teil der Unternehmensplanung und -kontrolle

Die Plankostenrechnung ist im Gegensatz zu den bisher behandelten Kostenrechnungssystemen zukunftsbezogen. Kostenarten-, Kostenstellen- und Kostenträgerrechnung werden hier für eine oder mehrere künftige Rechnungsperioden im Voraus durchgeführt. Die dabei ermittelten Plankosten ergeben sich aus der Multiplikation der Planpreise mit den geplanten Verbrauchsmengen an Inputfaktoren bei der jeweiligen Planbeschäftigung (z.B. geplante Produktionsmengen der kommenden Rechnungsperioden). Die Plankostenrechnung ist eingebunden in ein umfassendes unternehmensbezogenes Planungs- und Kontrollsystem.

Die **Unternehmensplanung** bildet die Grundlage einer auf Dauer erfolgreichen Unternehmensführung. An die Stelle intuitiver und improvisierender Entscheidungen tritt eine systematische gedankliche Vorwegnahme zukünftiger Entscheidungen und der hieraus resultierenden Konsequenzen. Rationale Entscheidungen setzen dabei das Vorhandensein zukunftsbezogener Informationen voraus. Vergangenheitsbezogene Daten, wie sie beispielsweise eine Istkostenrechnung liefert, sind für zukünftige Entscheidungen nicht geeignet, da sie zukünftige Entwicklungen nicht abbilden. Die

Plankostenrechnung liefert in diesem Sinne wichtige Informationen für eine zukunftsbezogene interne Erfolgs- und Kostensteuerung des Unternehmens.

Die Unternehmensplanung muss alle wesentlichen Bereiche des Unternehmens umfassen und deren Beziehungen zueinander abbilden und koordinieren. Alle relevanten Entwicklungen und Risiken sollen dabei sichtbar gemacht und die Konsequenzen möglicher Entscheidungen aufgezeigt werden. Die Unternehmensplanung bietet zwar keine Garantie für eine erfolgreiche Unternehmenspolitik, hilft aber, das unternehmerische Risiko vor wirtschaftlichem Mißerfolg zu minimieren.

Die **Arten der Unternehmensplanung** lassen sich nach unterschiedlichen *Kriterien* systematisieren, die in Abbildung 30 im Einzelnen dargestellt sind.

Abb. 30: Kriterien zur Systematisierung der Unternehmensplanung

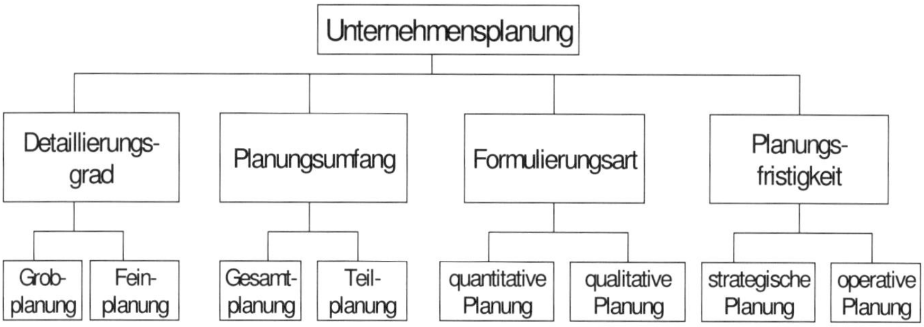

Nach dem **Detaillierungsgrad der Planung** lassen sich *Grob- und Feinplanung* unterscheiden. Die Plankostenrechnung lässt sich dabei der Feinplanung zurechnen. So werden z.B. die Gemeinkosten der Kostenstellen und die Einzelkosten der Kostenträger nach Kostenarten differenziert mit vergleichsweise hohem Detaillierungsgrad für zukünftige Rechnungsperioden geplant.

Nach dem **Planungsumfang** werden *Gesamt- und Teilplanung* unterschieden. Das im Allgemeinen recht komplexe Planungsproblem innerhalb einer Unternehmung wird inhaltlich in einzelne überschaubare Teilprobleme (Teilplanungen) aufgespaltet. So lassen sich beispielsweise kostenstellenbezogen die Plankosten für zukünftige Rechnungsperioden ermitteln. Die Teilplanungen sind anschließend zu koordinieren und ggf. in eine Gesamtplanung zu integrieren. Die Gesamtplanung weist dabei aufgrund der Komplexität tendenziell eher den Charakter einer Grobplanung auf, während die Teilplanungen meist sehr detailliert in Form von Feinplanungen erfolgen.

Die **Formulierungsart der Planung** führt zur Einteilung in *quantitative und qualitative Planungen*. Der Einsatz einer Plankostenrechnung führt zur Erstellung quantitativer Unternehmenspläne, in denen z.B. für einzelne Kostenträger und Kostenstellen die Plankosten zukünftiger Rechnungsperioden ermittelt werden. In qualitativen Planungen werden hingegen zukünftige Unternehmensziele in verbaler Form umschrieben. So könnte z.B. die geplante Auslagerung eines speziellen Gemeinkostenbereichs im Unternehmen Bestandteil eines qualitativen Unternehmensplans für das kommende Geschäftsjahr sein.

Nach der **Planungsfristigkeit** lassen sich schließlich *strategische und operative Planung* unterscheiden.[3] Die *strategische Planung* ist dabei eher langfristig orientiert, wobei die grundsätzliche Entwicklung des gesamten Unternehmens bzw. wichtiger Teilbereiche für einen längeren Zeitraum geplant wird. Im Mittelpunkt stehen dabei die Formulierung von Unternehmensstrategien für die verschiedenen relevanten Märkte (Absatz-, Beschaffungs-, Arbeits- und Kapitalmärkte) sowie für die hierdurch betroffenen Teil- bzw. Funktionsbereiche eines Unternehmens. Die Strategien dienen dem Erhalt sowie dem Auf- und Ausbau von Erfolgspotenzialen und damit der Wahrnehmung von Chancen bzw. zur Abwehr von Risiken für das gesamte Unternehmen. Die strategische Planung ist dabei tendenziell eine Grobplanung und i.d.R. qualitativ/verbal formuliert (vgl. Abbildung 31).

Abb. 31: Abgrenzung zwischen strategischer und operativer Planung

Merkmale	Strategische Planung	Operative Planung
Fristigkeit	langfristig	kurzfristig
Zielinhalt	Aufbau von Erfolgspotenzialen	Ausnutzung von Erfolgspotenzialen
Zielbezug	Sachziele (neue Produkte, neue Märkte etc.)	Formalziele (Gewinn, Umsatz, Kosten)
Planungsebene	Top-Management	Lower-Management
Ableitungsrichtung	Top-down-Prinzip	Bottom-up-Prinzip
Aggregationsgrad	hoch	niedrig
Detaillierungsgrad	Rahmenplan	Detailplan
Formalisierungsrad	qualitativ/verbal	quantitativ
Planungsphilosophie	Umweltadaption	Optimierung

3 Neben strategischer und operativer Planung wird in der Literatur i.d.R. zusätzlich die taktische Planung unterschieden. Deren genaue inhaltliche Abgrenzung von der strategischen und operativen Planung fällt allerdings z.T. schwer. Darüber hinaus ist die taktische Planung als eigenständige Planungseinheit in der Unternehmenspraxis vielfach nicht institutionalisiert, so dass im Folgenden nur zwischen strategischer und operativer Planung unterschieden werden soll.

Die *operative Planung* ist eher kurzfristig orientiert und dient primär der Ausschöpfung bestehender Erfolgspotenziale. Zielgrößen sind dabei insbesondere Gewinn, Umsatz und Kosten. Die operative Planung baut dabei auf gegebenen Strukturen, Kapazitäten und Programmen auf und zeichnet sich durch einen hohen Detaillierungsgrad aus. Operative Pläne werden vornehmlich als Teilpläne z.B. für einzelne Funktionsbereiche oder Kostenstellen formuliert und beinhalten konkrete Wertgrößen, wie z.B. die geplanten Gemeinkosten für eine Kostenstelle. Der Einsatz der Plankostenrechnung dient v.a. der Formulierung operativer Teilpläne. Abbildung 31 fasst die Unterschiede zwischen strategischer und operativer Planung nochmals zusammen.

Die Unternehmensplanung liefert wichtige Informationen für die Steuerung des Unternehmens. Die Planungsergebnisse beschreiben dabei angestrebte Sollzustände, die i.d.R. von den Istzuständen abweichen werden. Ziel der Planung ist es zwar, sich ein möglichst realistisches Bild von der Zukunft zu machen. Da aber die verwendeten Planungsdaten immer mit Unsicherheiten behaftet sind, sind Abweichungen zwischen Plan und Ist i.d.R. nicht zu vermeiden.

Die Unternehmensplanung ist daher um eine **aussagefähige Kontrolle** zu ergänzen. Diese soll insbesondere negative Abweichungen von den Unternehmensplänen rechtzeitig aufzeigen, damit durch geeignete Gegensteuerungsmaßnahmen versucht werden kann, die Planvorgaben noch zu realisieren bzw. Strategien und Planziele an die neuen Gegebenheiten anzupassen. Die Analyse möglicher Abweichungsursachen soll das Unternehmen zudem in die Lage versetzen, zukünftige negative Abweichungen zu vermeiden. Die Plankostenrechnung liefert hierbei v.a. im Rahmen der operativen kostenstellenbezogenen Kostenkontrolle wichtige Informationen zur Optimierung des Betriebsablaufes unter Kostengesichtspunkten. Die konkreten Aufgaben der Plankostenrechnung sollen im folgenden Gliederungspunkt näher erörtert werden.

6.4.2 Aufgaben der Plankostenrechnung

Die wesentlichen **Aufgaben der Plankostenrechnung** lassen sich im Prinzip bereits aus den Ausführungen des vorherigen Abschnitts ableiten. Zu nennen wären hier:

- **Kontrolle der Wirtschaftlichkeit**
- **Informationsversorgung für dispositive Zwecke**
  - Plankalkulation der betrieblichen Leistungen
  - Ermittlung des geplanten kurzfristigen (Betriebs)Erfolges

Die **Kontrolle der Wirtschaftlichkeit** gehört zu den wichtigsten Aufgaben der Plankostenrechnung. Gelegentlich werden die Aufgaben der Plankostenrechnung sogar ausschließlich auf diesen Aspekt reduziert. Grundsätzlich lassen sich verschiedene *Kontrollarten* durchführen. Zu nennen wären hier beispielsweise:

- **Zeitvergleich** (Ist-/Ist-Vergleich)
- **Zwischenbetrieblicher Vergleich**
- **Soll-/Ist-Vergleich**

Zeitvergleiche beruhen auf Werten der Istkostenrechnung verschiedener Perioden. Es werden z.B. die tatsächlichen (Ist)Kosten von zwei bereits abgeschlossenen Perioden miteinander verglichen. Die Aussagekraft eines solchen sog. Ist-/Ist-Vergleiches ist allerdings sehr gering, da hierbei zwar Kostenabweichungen zwischen verschiedenen Perioden festgestellt werden können, Aussagen über den Grad der realisierten Wirtschaftlichkeit in den einzelnen Perioden allerdings nicht möglich sind. Hierzu bedarf es der Ermittlung von wirtschaftlichen Vorgabekosten (Plankosten), die im Rahmen einer Istkostenrechnung aber nicht erfolgen kann.

Auch auf der Grundlage **zwischenbetrieblicher Vergleiche** sind Aussagen über die Wirtschaftlichkeit i.d.R. nicht oder nur in sehr eingeschränktem Umfang möglich. Maßstäbe zur konkreten Messung von Wirtschaftlichkeit in Form geplanter Vorgabegrößen fehlen hier ebenso wie bei den Zeitvergleichen. Zudem können Faktoren wie unterschiedliche Betriebsgrößen, Fertigungsverfahren und Organisationsstrukturen den zwischenbetrieblichen Vergleich erheblich erschweren. Eine Vergleichbarkeit der Ergebnisse ist so nicht immer gegeben.

Aussagen über die Wirtschaftlichkeit bzw. Unwirtschaftlichkeit einzelner Kostenstellen lassen sich i.d.R. nur auf Basis von **Soll-/Ist-Vergleichen** gewinnen. Dabei werden mit den sog. Sollkosten diejenigen Kosten ermittelt, die sich bei wirtschaftlichem Umgang mit den Inputfaktoren in einer Rechnungsperiode planmäßig ergeben müssten. Ein Vergleich dieser (wirtschaftlichen) Sollkosten mit den tatsächlichen Istkosten lässt Rückschlüsse auf das wirtschaftliche Verhalten in einzelnen Kostenstellen bzw. Unternehmensteilbereichen zu. Grundlage eines solchen Soll-/Ist-Vergleiches ist dabei der Einsatz eines Plankostenrechnungssystems.

Neben der Kontrolle der Wirtschaftlichkeit wird der Plankostenrechnung insbesondere eine Lenkungsaufgabe im Rahmen der **Informationsversorgung für dispositive Zwecke** zugewiesen. Die Unternehmensführung benötigt dabei vielfältige zukunftsbezogene Informationen zur Entscheidungsfindung, die u.a. die Plankostenrechnung bereitstellt. Hierbei geht es z.B. um Fragen der Preispolitik, die für die Absatz- bzw. Umsatzplanung von Bedeutung ist. Die Plankalkulation der betrieblichen Leistungen liefert im Wege einer Vorkalkulation Informationen darüber, welche Absatzpreise am Markt mindestens erzielt werden müssen, um z.B. kostendeckend zu arbeiten. Die Ermittlung kurz- und langfristiger Preisuntergrenzen sollte dabei nicht auf Basis vergangenheitsbezogener Daten, wie sie beispielsweise eine Istkostenrechnung im Rahmen von Nachkalkulationen liefert, erfolgen. Solche Daten sind i.d.R. bereits bei ihrer Ermittlung zeitlich überholt und können daher Auslöser (zukünftiger) unternehmerischer Fehlentscheidungen sein.

Neben der Preispolitik liefert die Plankostenrechnung auch Informationen über den (zukünftigen) geplanten Erfolgsbeitrag einzelner Produkte sowie über die (gewinnmaximale) Zusammensetzung des Produktions- und Absatzprogramms. Letztlich geht es dabei um die Steuerung des geplanten kurzfristigen (Betriebs)Erfolges. Auch hierbei liefern vergangenheitsbezogene Daten einer Istkostenrechnung zwar wichtige Kontrollinformationen zur Überprüfung der (Erfolgs)Zielerreichung. Für eine zukunftsorientierte Gewinnsteuerung reichen solche Daten allerdings nicht aus.

6.4.3 Aufbau und Ablauf der Plankostenrechnung

Im folgenden Abschnitt sollen der Aufbau und der Ablauf der Plankostenrechnung kurz inhaltlich skizziert werden, ehe in den anschließenden Gliederungspunkten eine ausführliche Darstellung der einzelnen Schritte der Plankostenrechnung erfolgt.

Eine Plankostenrechnung ist dabei grundsätzlich - unabhängig vom konkret eingesetzten System - in den folgenden Teilschritten aufgebaut:

1. **Planung der Kosten für die festgelegte Planperiode**
2. **Durchführung von Plankalkulationen und kurzfristiger Erfolgsrechnung**
3. **Kosten- und Erfolgskontrolle**

Die **Planung der Kosten** beginnt mit der Festlegung der Planperiode, die i.d.R. ein Jahr beträgt. Ausgangspunkt der Kostenplanung bildet die Ermittlung der geplanten Produktions- und Absatzmengen. Diese stellen sowohl den Planungsinput für die Einzel- als auch für die Gemeinkosten dar. Die Einzelkosten werden dabei kostenträgerorientiert geplant, da sie einzelnen Kostenträgern direkt zurechenbar sind. Neben den Material- und Fertigungseinzelkosten sind dabei auch die Sondereinzelkosten der Fertigung und des Vertriebs zu planen. Die Kosten ergeben sich aus der Multiplikation der jeweiligen Planverbrauchsmengen mit den Planpreisen der Einsatzgüter. Die Planung der Gemeinkosten erfolgt kostenstellenorientiert, da eine direkte Zurechnung dieser Kosten auf die Kostenträger nicht möglich ist. Hierzu ist für jede Kostenstelle zunächst die Planbeschäftigung (Stückzahlen, Maschinenstunden etc.) festzulegen. Die Gemeinkostenpläne werden anschließend nach Kostenarten differenziert für jede Kostenstelle auf der Grundlage von Planpreisen und Planverbrauchsmengen ermittelt. Die Bildung von Plankalkulationssätzen dient dann bereits der Vorbereitung der Plankalkulation in der Kostenträgerstückrechnung. Die *Planung der Kosten* wird in Abschnitt 6.4.4 näher erläutert.

Im Rahmen der Kostenträgerrechnung werden die **Plankalkulationen** für die einzelnen Kostenträger sowie die **Planerfolgsrechnung** durchgeführt. Hierzu finden grundsätzlich dieselben Verfahren Anwendung wie in einer Istkostenrechnung. Als Ergebnis liegen dann die geplanten Stückkosten je Kostenträger z.B. für die Preispolitik sowie der geplante Betriebserfolg für die Planperiode vor. *Plankalkulation und Planerfolgsrechnung* sind Gegenstand des Abschnitts 6.4.5.

Im letzten Schritt der Plankostenrechnung erfolgt schließlich die Durchführung der **Kosten- und Erfolgskontrolle**, die i.d.R. monatlich erfolgt. Die Kostenkontrolle wird dabei überwiegend kostenstellenorientiert durchgeführt, damit Verantwortlichkeiten für mögliche Kostenabweichungen klar zugewiesen und Abweichungen aufgrund von Unwirtschaftlichkeiten in der Zukunft möglichst verhindert werden können. Auf Grundlage der tatsächlichen Ist- sowie der im Voraus ermittelten Plankosten lassen sich im Rahmen von entsprechenden Abweichungsanalysen die jeweiligen Gründe für Kostenunter- und -überschreitungen (z.B. Preis-, Verbrauchs-, Beschäftigungsabweichungen etc.) ermitteln und mögliche Verbesserungsmaßnahmen zur Kosten- und Erfolgsoptimierung erarbeiten. *Kostenkontrolle und Abweichungsanalyse* werden in Abschnitt 6.4.6 näher erörtert.

6.4.4 Planung der Kosten

6.4.4.1 Planung der Einzelkosten

Die **Planung der Einzelkosten** erfolgt in der Plankostenrechnung im Rahmen der Kostenartenrechnung. Während die Gemeinkostenplanung – wie noch später zu zeigen sein wird – kostenstellenbezogen erfolgt, wird die Einzelkostenplanung kostenträgerorientiert durchgeführt, da eine direkte Zurechenbarkeit der Einzelkosten auf die Kostenträger möglich ist. Im Gegensatz zur Planung erfolgt die Kontrolle der Einzelkosten aber kostenstellenbezogen, da der Verbrauch an Inputfaktoren in den Kostenstellen erfolgt und nur dort beeinfluss- und steuerbar ist.

Ausgangspunkt der Einzelkostenplanung ist i.d.R. das geplante Produktions- und Absatzprogramm, das letztlich auch den Verbrauch an Inputfaktoren determiniert. Die Einzelkosten ergeben sich dabei über die Multiplikation von Planverbrauchsmengen und Planpreisen. Als **Einzelkosten** lassen sich unterscheiden:

- **Materialeinzelkosten**
- **Fertigungseinzelkosten**
- **Sondereinzelkosten der Fertigung**
- **Sondereinzelkosten des Vertriebs**

Zu den **Materialeinzelkosten** zählen insbesondere die Rohstoffe sowie die fremdbezogenen Fertigteile und Baugruppen. Die jeweiligen Planverbrauchsmengen setzen sich aus den Netto-Materialmengen sowie den erwarteten Abfallmengen zusammen. Die *Ermittlung der Planverbrauchsmengen* kann dabei grundsätzlich auf verschiedene Arten erfolgen. Zu nennen wären hier u.a.:

- **Technische Studien/Fertigungsunterlagen**
  Bei dieser Methode werden die Planverbrauchsmengen der Inputfaktoren aus Konstruktionszeichnungen, Stücklisten, Rezepturen, Produktionsablaufplänen etc. rechnerisch ermittelt.
- **Probeläufe/Musterfertigungen**
  Diese Methode erlaubt eine recht exakte Messung der Verbrauchsmengen unter kontrollierten Bedingungen, ist aber bereits relativ aufwändig.
- **Schätzungen der Kostenplaner**
  Diese Methode kommt insbesondere aus Wirtschaftlichkeitsgründen zur Anwendung, wenn eine exakte Erfassung der Planverbrauchsmengen z.B. durch technische Studien zu aufwändig wäre.
- **Statistische Vergangenheitswerte**
  Bei dieser Methode werden die Planverbrauchsmengen aus den Istwerten vergangener Perioden ermittelt. Die Übernahme früherer Unwirtschaftlichkeiten in die Planung ist dabei möglich. Eine Anwendung dieser Methode erscheint insbesondere dann sinnvoll, wenn andere Verfahren zu aufwändig sind.

Neben den geplanten *Netto-Materialmengen* sind zusätzlich Abfallmengen z.B. für Verschnitt oder Ausschuss zu planen. In der Summe ergeben sich dann die *Brutto-Materialmengen*, die mit den Planpreisen zu multiplizieren sind, um die geplanten Materialeinzelkosten zu erhalten. Die Planpreise lassen sich z.B. durch Fortschreibung von Erfahrungswerten der Vergangenheit oder durch Auskunft der Lieferanten ermitteln. Die geplanten Materialeinzelkosten bilden dann eine wichtige Grundlage für die Durchführung von Plankalkulationen in der Kostenträgerstückrechnung (vgl. Abschnitt 6.4.5).

Fertigungseinzelkosten bestehen aus Personalkosten, die einem Kostenträger direkt zugerechnet werden können. Für die Mehrzahl der Personalkosten gilt allerdings, dass eine direkte Zurechnung zu den Kostenträgern nicht möglich ist. Hierzu zählen die Hilfslöhne, Gehälter, Sozialkosten und die sonstigen Personalkosten, die i.d.R. als Gemeinkosten geplant und verrechnet werden (vgl. Abschnitt 6.4.4.2). *Fertigungslöhne* (z.B. in Form von Akkordlöhnen) lassen sich hingegen üblicherweise einzelnen Kostenträgern direkt zurechnen. Ihre Planung erfolgt daher wie bei den Materialeinzelkosten kostenträgerorientiert. Hierzu muss zunächst für jede Kostenträgereinheit auf der Basis von Zeitstudien und Arbeitsablaufplänen der erforderliche Zeitbedarf (Vorgabezeit) - ggf. nach einzelnen Arbeitsgängen differenziert - ermittelt werden. Durch Multiplikation der Vorgabezeiten für die einzelnen Arbeitsgänge mit den zugehörigen geplanten Lohnsätzen erhält man dann die Lohneinzelkosten für die einzelnen Arbeitsgänge, die in der Summe über alle Arbeitsgänge die geplanten Lohneinzelkosten einer Kostenträgereinheit ergeben. Dieser Sachverhalt wird beispielhaft in Abbildung 32 dargestellt. Unterstellt sei ein Unternehmen, das Spielzeug herstellt und die Planung der Fertigungseinzelkosten auf Grundlage eines Zeitakkordsystems durchführt.

Abb. 32: Beispiel zur Planung von Fertigungseinzelkosten[4]

[1 Karton à 200 Spiele (Schachteln)]

Arbeitsgänge	**Vorgabezeit (Min.)**	**Planmäßiger Akkordrichtsatz (€/Std.)**	**Planmäßiger Geldfaktor (€/Min.)**	**Plan-Einzellohnkosten (€/Karton)**
Füllen der Schachteln und Einlegen der Spielanleitungen	600	12	0,20	120,00
Schließen der Schachteln und Etikettieren	50	9	0,15	7,50
Abpacken der Kartons	6	12	0,20	1,20
Summe				128,70

Neben den Material- und Fertigungseinzelkosten müssen zusätzlich die sog. **Sondereinzelkosten** geplant werden. Im Gegensatz zu den bisher behandelten Einzel-

[4] Beispiel entnommen bei Freidank, C.-C. (2008), S. 250

kosten lassen sich die Sondereinzelkosten im Prinzip nicht direkt einer einzelnen Kostenträgereinheit zurechnen, sondern fallen i.d.R. für eine Produktart, einen Auftrag oder eine Serie insgesamt an. Um möglichst viele Kostenarten als Einzelkosten zu verrechnen, werden diese Kosten aufgrund ihrer Produktnähe gleichwohl als Einzelkosten behandelt.

Zu den Sondereinzelkosten zählen die Sondereinzelkosten der Fertigung und des Vertriebs. Beispiele sind der folgenden *Tabelle* zu entnehmen.

Sondereinzelkosten der Fertigung	**Sondereinzelkosten des Vertriebs**
Spezialwerkzeuge Patente/Lizenzen Forschungs-/Entwicklungskosten Energiekosten etc.	Verpackungsmaterial Frachtkosten Provisionen Zölle etc.

Die Planung der Sondereinzelkosten erfolgt im Grundsatz in ähnlicher Weise wie die Planung der Materialeinzelkosten. Da allerdings die Sondereinzelkosten i.d.R. nicht pro Kostenträgereinheit anfallen, müssen diese Kosten im Wege der Division den einzelnen Kostenträgereinheiten zugerechnet werden. Bei den **Sondereinzelkosten der Fertigung** werden z.B. die geplanten Gesamtkosten für *Spezialwerkzeuge* einer bestimmten Produktart durch die geplanten Produktionsmengen dieser Produktart dividiert. Ähnliches gilt bei *Pauschallizenzgebühren*, die ebenfalls durch Division der geplanten Kosten durch die geplanten Produktionsmengen stückbezogen verrechnet werden können. Dagegen entstehen bei *Stücklizenzen* die geplanten Kosten bereits direkt für jede einzelne Produktmengeneinheit. Besondere Probleme können bei der Planung und Verrechnung von *Forschungs- und Entwicklungskosten* auftreten, da einerseits die Realisierung bestimmter Forschungsergebnisse ungewiss, andererseits die Zurechnung dieser Kosten auf bestimmte Produkte im Voraus nicht immer genau möglich ist. Gelegentlich werden auch *Energiekosten* als Sondereinzelkosten geplant und verrechnet. Dies erscheint insbesondere dann sinnvoll, wenn die Produkte einen sehr unterschiedlichen Energieeinsatz erfordern und eine direkte Zurechnung dieser Kosten zu den Kostenträgern möglich ist.

Planung und Verrechnung der **Sondereinzelkosten des Vertriebs** gestalten sich i.d.R. einfacher als bei den Sondereinzelkosten der Fertigung. So lassen sich z.B. die Kosten für *Verpackungsmaterial* über Plankostenverrechnungssätze den einzelnen Kostenträgereinheiten in der Plankalkulation im Prinzip direkt zurechnen. Auch die Planung von *Vertreterprovisionen* kann beispielsweise prozentual bezogen auf den Planumsatz relativ einfach erfolgen. *Frachtkosten* hängen hingegen vom gewählten Transportmittel und den jeweiligen Entfernungen ab und lassen sich i.d.R. nur auf Basis von Durchschnittsgrößen planen und in der Plankalkulation produktbezogen verrechnen.

Nachdem nun die wesentlichen Aspekte der Einzelkostenplanung erörtert wurden, sollen im nächsten Abschnitt wichtige Grundlagen der Gemeinkostenplanung vermittelt werden.

6.4.4.2 Planung der Gemeinkosten

Die **Planung der Gemeinkosten** erfolgt in der Plankostenrechnung im Rahmen der Kostenstellenrechnung. Die Gemeinkosten sind im Gegensatz zu den Einzelkosten den Kostenträgern nicht direkt zurechenbar. Die Planung der Gemeinkosten kann daher auch nicht kostenträgerorientiert erfolgen, sondern wird jeweils für die einzelnen Kostenstellen, als die Orte der Kostenentstehung, separat nach (Gemein)Kostenarten differenziert durchgeführt.

Die Planung der Gemeinkosten je Kostenstelle erfolgt grundsätzlich in den folgenden *Teilschritten*, wobei unterstellt wird, dass die Kostenstelleneinteilung bereits erfolgt ist:

1. **Auswahl von Bezugsgrößen**
2. **Bestimmung der Planbeschäftigung (Planbezugsgrößen)**
3. **Planung der Gemeinkosten(arten)**
4. **Bildung von Plankalkulationssätzen**

Bei der **Auswahl der Bezugsgrößen** geht es um die Bestimmung derjenigen Faktoren, die die Höhe der Gemeinkosten in den jeweiligen Kostenstellen beeinflussen. Je nach Kostenstelle kann es sich dabei um einen oder mehrere Kostenbestimmungsfaktoren (Bezugsgrößen) handeln. Die Bezugsgrößen stellen *Maßgrößen der Kostenverursachung* dar. Dabei wird eine gewisse Proportionalität zwischen den Bezugsgrößen und der Kostenentstehung in den jeweiligen Kostenstellen unterstellt. Die Bezugsgrößen dienen der Ermittlung der Plankosten in den Kostenstellen, die die Grundlage für spätere Kostenkontrollen darstellen. Sie dienen somit Planungs- und Kontrollzwecken.

Daneben haben Bezugsgrößen aber auch eine *Kalkulationsfunktion*. Sie bilden die Basis zur Weiterverrechnung der (Plan)Gemeinkosten von den Kostenstellen auf die Kostenträger im Rahmen der Zuschlagskalkulation. Hierzu müssen die Bezugsgrößen in einer möglichst direkten Beziehung zu den Kostenträgern stehen. Darüber hinaus sollten sie im Sinne der Wirtschaftlichkeit leicht und ohne zu großen Aufwand bestimmbar sowie einfach anwendbar sein.

Die Auswahl von Bezugsgrößen stellt die Kostenrechnung vor relativ hohe Herausforderungen, da die genannten Anforderungen an die Bezugsgrößen häufig nicht gleichzeitig zu erfüllen sind. Für den **Fertigungsbereich** eines Industrieunternehmens lassen sich adäquate Bezugsgrößen noch verhältnismäßig leicht finden, da hier die geforderte Proportionalität zwischen (variablen) Gemeinkosten und möglichen Kostenbestimmungsfaktoren herstellbar ist. Als Bezugsgrößen wären dabei insbesondere bei differenzierter Produktion (heterogener Kostenverursachung) z.B. *Fertigungszeiten*, wie Arbeits- oder auch Maschinenstunden, denkbar. Liegt homogene Kostenverursachung in den Kostenstellen vor, bei der die einzelnen Produkte die Leistungen der Kostenstellen in annähernd gleichem Umfang beanspruchen, könnten auch die jeweiligen *Ausbringungsmengen* sinnvolle Bezugsgrößen darstellen. Eine Verwendung von Wertgrößen in Form von *Fertigungslöhnen* kann dann in Frage kommen, wenn eine geringe Fertigungsautomation vorliegt und die Fertigungslöhne in der Lage sind, die Kostenverursachung abzubilden.

Für die **Material-, Verwaltungs- und Vertriebskostenstellen** fällt die Auswahl geeigneter Bezugsgrößen als Maßgrößen der Kostenverursachung und Verrechnung i.d.R. ungleich schwerer. Da sich hier direkte Bezugsgrößen kaum oder nur mit verhältnismäßig großem Aufwand ermitteln lassen, werden häufig indirekte Bezugsgrößen vorwiegend in Form von Wertgrößen, wie z.B. *Materialeinzelkosten* für den Materialbereich oder *Herstellkosten* für den Verwaltungs- und Vertriebsbereich verwendet. Dass es aber auch in diesen Bereichen gelingen kann, geeignete Bezugsgrößen zu finden, zeigt beispielhaft die folgende Tabelle.[5]

Kostenstelle	**Bezugsgröße**
Labor	Anzahl der Proben und Analysen
Einkauf	Anzahl der Angebote, Bestellungen und Rechnungen
Finanzbuchhaltung	Anzahl der Buchungen
Kalkulation	Anzahl der Vor- und Nachkalkulationen
Verkauf	Anzahl der Kundenaufträge
Fakturierung	Anzahl der Rechnungen
Versand	Anzahl der Versandaufträge

[5] Beispiele in Anlehnung an Kilger, W. (1993), S. 327

Dabei ist allerdings zu beachten, dass in diesen Fällen nicht immer eine Identität zwischen Kostenverursachungsmaßstab und Kalkulationsbezugsgröße besteht. Die hier beispielhaft genannten Bezugsgrößen stellen z.B. zwar mehr oder weniger geeignete Maßgrößen der Kostenverursachung in den Kostenstellen dar, für eine Weiterverrechnung der Kosten auf die Kostenträger (Kalkulationsfunktion) sind sie aber nicht immer geeignet. So dürften sich beispielsweise weder die Kosten des Labors über die Anzahl der Analysen noch die Kosten der Finanzbuchhaltung über die Anzahl der Buchungen einzelnen Kostenträgern zurechnen lassen.

Nach der Auswahl der Bezugsgröße(n) für die einzelnen Kostenstellen erfolgt im zweiten Schritt der Gemeinkostenplanung die **Bestimmung der Planbeschäftigung (Planbezugsgrößen)**. Unter einer Planbezugsgröße ist dabei der geplante numerische Wert der Bezugsgröße zu verstehen, der die Grundlage für die Kostenplanung der Kostenstelle bildet. Es handelt sich um einen Durchschnittswert, der die Dimension „Bezugsgrößeneinheiten pro Monat" hat. Für eine Fertigungskostenstelle könnten dies beispielsweise die geplanten Fertigungszeiten pro Monat (z.B. 5.000 Arbeitsstunden) sein. Die Planbezugsgrößen werden auch als Planbeschäftigung bezeichnet, da durch sie ausgedrückt wird, in welchem Umfang eine Kostenstelle „beschäftigt" ist.

Die Bestimmung der Planbeschäftigung (Planbezugsgrößen) kann grundsätzlich im Wege der Kapazitäts- oder der Engpassplanung erfolgen. Bei der **Kapazitätsplanung** wird die Höhe der Planbezugsgröße(n) auf Basis der kostenstellenindividuellen Maximal-, Optimal- oder Normalkapazität festgelegt. Die *Maximalkapazität* ist dabei eher eine theoretische Größe, die durchschnittlich 30 Arbeitstage und einen Dreischichtbetrieb zugrundelegt. Diese Bedingungen werden aufgrund der gesetzlichen und tariflichen Arbeitszeitregelungen aber nur in wenigen Fällen erfüllt sein. Während die *Optimalkapazität* die kostenoptimale Kapazität einer Kostenstelle bezeichnet, die sich z.B. bei Zweischichtbetrieb und (kosten)optimaler Intensität einstellt, wird bei der *Normalkapazität* von einer durchschnittlichen Kapazitätsauslastung der Vergangenheit ausgegangen. Die Kapazitätsplanung ist dabei generell mit Problemen behaftet, die deren sinnvolle Anwendbarkeit zumindest einschränken. So bleiben v.a. Planungsinterdependenzen mit anderen betrieblichen Teilplanungen, wie z.B. der Absatzplanung, weitgehend unberücksichtigt. Dies schränkt aber die Realitätsnähe der Kapazitätsplanung erheblich ein.

Diesen Nachteil der Kapazitätsplanung versucht die **Engpassplanung** zu beheben. Dabei wird die Plankostenrechnung in das Gesamtsystem der betrieblichen Planung integriert. Die Koordination der Teilpläne, die insbesondere die vielfältigen Planungsinterdependenzen berücksichtigen muss, erfolgt dann nach dem von Gutenberg geprägten „Ausgleichsgesetz der Planung“[6], wonach sich die gesamte betriebliche Planung stets am Minimumsektor (= Engpass) zu orientieren hat. Grundsätzlich können alle betrieblichen Teilpläne zum Minimumsektor bzw. Engpassbereich werden. Die Ermittlung der Planbeschäftigung (Planbezugsgrößen) kann somit nur unter Berücksichtigung aller im Unternehmen möglichen Engpässe erfolgen. Insbesondere für die Fertigungskostenstellen lässt sich die Planbeschäftigung i.d.R. nur unter Berücksichtigung der Planungsinterdependenzen mit dem Fertigungsprogramm- bzw. dem Absatzplan bestimmen, da v.a. Absatzengpässe die betriebliche Produktion und damit die Planbeschäftigung der Fertigungskostenstellen beschränken. Aus der Absatzplanung sind dann z.B. konkrete Produktionsmengen der einzelnen Produkte abzuleiten, die wiederum die Planbeschäftigung (z.B. Anzahl der benötigten Fertigungsstunden) der einzelnen Fertigungskostenstellen determinieren.

Nachdem für jede Kostenstelle die Planbeschäftigung (Planbezugsgrößen) bestimmt wurde(n), erfolgt die konkrete **Planung der Gemeinkosten(arten)** je Kostenstelle. Hierzu werden zunächst die bei der Planbeschäftigung zu erwartenden Planverbräuche an Produktionsfaktoren mit Gemeinkostencharakter ermittelt. Diese werden mit den Planpreisen bewertet, so dass sich im Ergebnis die Plangemeinkosten nach Kostenarten differenziert für jede Kostenstelle ergeben. Folgende **Gemeinkostenarten** sind u.a. in die Planung einzubeziehen:

- **Gehälter und Hilfslöhne**
- **Hilfs- und Betriebsstoffe**
- **Energiekosten**
- **Instandhaltungen und Reparaturen**
- **kalkulatorische Abschreibungen**
- **kalkulatorische Zinsen**
- **kalkulatorische Wagnisse etc.**

Die Höhe der geplanten **Gehälter** hängt von der Anzahl der Angestellten ab, die in den Kostenstellen in der Planperiode beschäftigt werden sollen. Neben der Planbeschäftigung sind hierbei wichtige Planungsinterdependenzen mit der Personalbedarfs- und Personaleinsatzplanung zu berücksichtigen. Sind Angestellte während der Planungsperiode in mehreren Kostenstellen tätig, so ist deren Gehalt entsprechend den Planarbeitszeiten auf die einzelnen Kostenstellen zu verteilen. **Hilfslöhne** werden für Tätigkeiten gezahlt, die nur mittelbar der Leistungserstellung dienen. Darunter fallen z.B. Transport-, Kontroll-, Reinigungs- und Reparaturarbeiten. Bei der Planung der Hilfslöhne ist konkret festzulegen, in welchem Umfang diese Arbeitsleistungen bei der jeweiligen Planbeschäftigung anfallen werden. Neben der Ermittlung

[6] Vgl. Gutenberg, E. (1983), S. 163 ff.

der geplanten Stundenzahl geht es dabei auch um die Einordnung der Tätigkeiten in einzelne Tarifgruppen sowie um Fragen der Einsatzplanung in z.B. mehreren Kostenstellen.

Die Planung der Kosten für **Hilfsstoffe** (z.B. Schrauben, Nägel, Lack etc.) könnte im Prinzip kostenträgerorientiert erfolgen, da Hilfsstoffe direkt in die Endprodukte eingehen. Sie sind aber im Vergleich zu Rohstoffen von wert- und mengenmäßig geringer Bedeutung, so dass sie aus Wirtschaftlichkeitsgründen i.d.R. als sog. unechte Gemeinkosten behandelt und kostenstellenbezogen geplant werden. Hierzu können insbesondere einfache Verfahren der verbrauchsgebundenen Materialbedarfsermittlung zum Einsatz kommen, die die Planverbrauchsmengen z.B. im Rahmen von Durchschnitts- oder Trendberechnungen aus den tatsächlichen Verbrauchsmengen vergangener Planungsperioden ableiten. Der Verbrauch von **Betriebsstoffen** (z.B. Schmierstoffe, Öle, Kraftstoffe etc.) hängt i.d.R. von den technischen Eigenschaften der eingesetzten Anlagen ab und kann daher unter Zugrundelegung der jeweiligen Planbeschäftigung über entsprechende Verbrauchsfunktionen und -analysen ermittelt werden. Ähnliches gilt für den **Energieverbrauch** (z.B. Strom und Heizung), wobei Teile der Energiekosten auch unabhängig von der Planbeschäftigung sind (Fixkosten).

Die Höhe der geplanten Kosten für **Instandhaltungen und Reparaturen** hängt von verschiedenen Faktoren ab und ist z.T. nur schwer zu prognostizieren. Neben dem technischen Zustand beeinflussen insbesondere die geplanten Laufzeiten der Anlagen die zu erwartenden Instandhaltungs- und Reparaturkosten. Während die Instandhaltungskosten bei Vorliegen genauer Wartungspläne noch vergleichsweise gut zu planen sind, ist die Prognose der Reparaturkosten aufgrund von nur schwer vorhersehbaren Anlageschäden ungleich komplizierter. Ein Rückgriff auf Erfahrungswerte der Vergangenheit kann in solchen Fällen sinnvoll sein. Die Höhe der Instandhaltungs- und Reparaturkosten wird schließlich auch dadurch beeinflusst, ob für diese Aufgaben externe Dienstleister herangezogen oder unternehmensinterne Kräfte eingesetzt werden.

Bei der Ermittlung der geplanten **kalkulatorischen Abschreibungen** sind sowohl der Zeit- als auch der Gebrauchsverschleiß als Haupteinflussfaktoren der Wertminderung von Anlagegütern zu berücksichtigen. Der Zeitverschleiß ist von der konkreten Planbeschäftigung unabhängig und führt daher z.B. bei Anwendung einer linearen Abschreibung zu fixen Plankosten. Der Gebrauchsverschleiß ist hingegen in Abhängigkeit der Planbeschäftigung zu ermitteln und verursacht bei Einsatz einer leistungsbezogenen Abschreibung variable Plankosten. Die Planung kalkulatorischer Abschreibung erfolgt auf der Grundlage zukünftiger Wiederbeschaffungswerte als Abschreibungsbasiswerte. Neben dem aktuellen Bestand an Anlagegütern wird die

Höhe der geplanten Abschreibungen auch durch die zu erwartenden Investitionen in der Planungsperiode beeinflusst, so dass auch die Implikationen der Investitionsplanung im Rahmen der Gemeinkostenplanung berücksichtigt werden müssen.

Die Ermittlung der geplanten **kalkulatorischen Zinskosten** erfolgt grundsätzlich wie in einer Istkostenrechnung, allerdings auf Basis von Planwerten. Hierzu ist neben dem geplanten betriebsnotwendigen Vermögen bzw. Kapital auch ein Planzinssatz festzulegen. Die Höhe des geplanten betriebsnotwendigen Kapitals ergibt sich aus den geplanten kalkulatorischen Rest- bzw. Wiederbeschaffungswerten der Anlagegüter sowie dem in der Planungsperiode gebundenen Umlaufvermögen. Letzteres basiert auf einer Prognose der Bestände an Roh-, Hilfs- und Betriebsstoffen, an Halb- und Fertigfabrikaten sowie an Debitorenbeständen. Die Planung dieser Bestände setzt i.d.R. eine enge Abstimmung mit der Beschaffungs-, Produktions- und Absatzplanung voraus, die aus Vereinfachungsgründen oft unterbleibt. Man beschränkt sich daher häufig auf eine grobe Prognose des im Umlaufvermögen gebundenen Kapitals.

Die geplanten **kalkulatorischen Wagniskosten** setzten sich aus einer Reihe betriebsbedingter Einzelwagnisse zusammen. Zu nennen wären hier beispielsweise Bestände-, Anlage-, Entwicklungs- und Vertriebswagnisse. Die jeweiligen geplanten Wagniskosten ergeben sich aus der Multiplikation eines auf Basis von Vergangenheitswerten ermittelten Wagnissatzes mit der zugehörigen Planbezugsgröße für die entsprechende Planungsperiode.

Abbildung 33 zeigt beispielhaft das Ergebnis einer **kostenstellenbezogenen Gemeinkostenplanung**. Dabei wurden neben den gesamten Plankosten je Kostenart auch der Anteil an fixen und variablen Plankosten ausgewiesen. Auf die Darstellung der innerbetrieblichen Leistungsverrechnung, die sich beim Vorhandensein von Hilfskostenstellen anschließen würde, soll an dieser Stelle verzichtet werden, da sich deren grundsätzliche Vorgehensweise bei einer Plankostenrechnung nicht von der einer Istkostenrechnung unterscheidet.

Als letzter Schritt der Gemeinkostenplanung verbleibt die **Bildung von Plankalkulationssätzen**, mit deren Hilfe in der Plankalkulation die Plangemeinkosten auf die Kostenträger verrechnet werden. Hierzu wird die Summe der Plangemeinkosten der Kostenstelle durch die jeweilige Planbeschäftigung (Planbezugsgröße) dividiert. Im obigen Beispiel ergibt sich dabei ein Plankalkulations- bzw. Plankostenverrechnungssatz von 9,314 € /Fertigungsstunde (= 139.710€/15.000 Fertigungsstunde).

Abb. 33: Beispiel einer kostenstellenbezogenen Gemeinkostenplanung

KOSTENSTELLENPLAN FRÄSEREI						
Planjahr: 2004		**Kostenstellenleiter: Mustermann**				
Kostenart	**Einheit**	**Plan-menge**	**Planpreis (€/Einheit)**	**Gesamte Plankosten**	**Variable Plankosten**	**Fixe Plankosten**
Gehälter	Monat	12	2.350	28.200	-	28.200
Hilfslöhne	Std.	4.000	5,05	20.200	12.120	8.080
Hilfs- und Betriebsstoffe	kg	3.000	0,52	1.560	1.248	312
Energie	kWh	25.000	0,12	3.000	2.400	600
Abschreibungen	geb. Kapital	350.000	20%	70.000	28.000	42.000
Zinsen	geb. Kapital	350.000	4,5%	15.750	-	15.750
Raumkosten	qm	100	10	1.000	-	1.000
Summe				**139.710**	**43.768**	**95.942**
Planbeschäftigung: 15.000 Fertigungsstunden				**Plankostenverrechnungssatz:** 9,314 €/Fertigungsstunde		

Die Darstellung der Kostenplanung ist damit abgeschlossen. Im nächsten Abschnitt wird die Kostenträgerrechnung im System der Plankostenrechnung näher erläutert.

6.4.5 Plankalkulation und Planerfolgsrechnung

Die Kostenträgerrechnung wird auch im System der Plankostenrechnung grundsätzlich in Form der Kostenträgerstück- und Kostenträgerzeitrechnung durchgeführt. Unterschiede zwischen Plan- und Istkostenrechnung betreffen dabei weniger den formalen Aufbau von Stück- und Zeitrechnung als vielmehr den konkreten Zeitbezug der verwendeten Daten, die im System der Plankostenrechnung auf Planwerten beruhen. Werden Kostenträgerstück- und Kostenträgerzeitrechnung sowohl auf Plan- als auch auf Istkostenbasis durchgeführt, wird sowohl eine kostenträger- als auch eine periodenbezogene Erfolgskontrolle möglich.

Die Kostenträgerstückrechnung dient im System der Plankostenrechnung der **Plankalkulation** von (zukünftigen) Herstell- und Selbstkosten je Kostenträger. Sie bedient sich dabei grundsätzlich der gleichen Kalkulationsverfahren wie eine Istkostenrechnung. Zur Anwendung gelangen z.B. in Abhängigkeit der Art der erstellten Leistungen (Massen-, Sorten-, Serien-, Einzelfertigung) die Divisions-, die Äquivalenzziffern- oder auch die Zuschlagskalkulation (vgl. Abschnitt 5.3.2).

Die **Vorgehensweise der Plankalkulation** soll am Beispiel der *Zuschlagskalkulation* kurz skizziert werden. Ausgangspunkt der Plankalkulation bildet die Planung der Einzelkosten (Material-, Fertigungs- und Sondereinzelkosten der Fertigung und des Vertriebs), die einer Kostenträgereinheit direkt zugerechnet werden können (vgl. Abschnitt 6.4.4.1). Die Plangemeinkosten werden auf Basis von Plankalkulations- bzw. Plankostenverrechnungssätzen verrechnet. Diese ergeben sich aus den Gemeinkostenplänen der Kostenstellenrechnung (vgl. Abschnitt 6.4.4.2). Das *allgemeine Kalkulationsschema* lautet:

	Plan-Materialeinzelkosten
+	Plan-Materialgemeinkosten
+	Plan-Fertigungseinzelkosten
+	Plan-Fertigungsgemeinkosten (ggf. unterteilt nach Fertigungskostenstellen)
+	Plan-Sondereinzelkosten der Fertigung
=	**Plan-Herstellkosten**
+	Plan-Verwaltungsgemeinkosten
+	Plan-Vertriebsgemeinkosten
+	Plan-Sondereinzelkosten des Vertriebs
=	**Plan-Selbstkosten**

Die Durchführung der Plankalkulation soll an einem **Beispiel** verdeutlicht werden. Ein Unternehmen, das zwei Produkte (A, B) herstellt, möchte für die beiden Produkte eine Plankalkulation durchführen. Aus der *Einzelkostenplanung* sind folgende Daten bekannt:

Plan-Einzelkosten	**Produkt A** (€/Stück)	**Produkt B** (€/Stück)
Materialeinzelkosten	20,00	10,00
Fertigungseinzelkosten I	8,00	6,00
Fertigungseinzelkosten II	12,00	10,00
Fertigungseinzelkosten III	10,00	9,00
Sondereinzelkosten der Fertigung	3,00	1,50
Sondereinzelkosten des Vertriebs	2,00	2,00

Aus der *Gemeinkostenplanung* sind folgende Daten bekannt:

Kostenstelle	**Bezugsgröße**	**Plankalkulationssatz**
Materialkostenstelle	Materialeinzelkosten	12%
Fertigungskostenstelle I	Fertigungseinzelkosten	150%
Fertigungskostenstelle II	Arbeitsstunden	22,50 €/Arbeitsstunde
Fertigungskostenstelle III	Maschinenstunden	33,50 €/Maschinenstunde
Verwaltungskostenstelle	Herstellkosten	10%
Vertriebskostenstelle	Herstellkosten	5%

Weiterhin sind folgende *produktbezogene Daten* aus der Umsatz- und Fertigungsplanung gegeben:

	Produkt A	**Produkt B**
Geplante Produktionsmenge	10.000 Stück	5.000 Stück
Benötigte Arbeitsstunden in Fertigungskostenstelle II	0,2 h/Stück	0,3 h/Stück
Benötigte Maschinenstunden in Fertigungskostenstelle III	0,3 h/Stück	0,4 h/Stück

Für die beiden Produkte A und B lässt sich nun die *Plankalkulation* durchführen. Die Plan-Selbstkosten ergeben bei Produkt A 96,25 €/Stück. Bezogen auf die gesamte Planungsperiode ergeben sich für das Produkt A bei einer geplanten Produktionsmenge von 10.000 Stück geplante Gesamtkosten i.H.v. 962.500 €. Für das Produkt B erhält man Plan-Selbstkosten von 78,88 €/Stück und Gesamtkosten von 394.400 € bei einer geplanten Produktionsmenge von 5.000 Stück. Die Ergebnisse sind der nachstehenden Tabelle zu entnehmen.

Plankalkulationen dienen v.a. preispolitischen Zwecken. Auf Vollkostenbasis ermittelte Plan-Selbstkosten stellen bei Realisierung der Planbeschäftigung die langfristige Preisuntergrenze dar. Liegen die Absatzpreise für alle Produkte oberhalb der Plan-Selbstkosten und ist nicht mit größeren Kosten- und Beschäftigungsabweichungen zu rechnen, kann ein Verlust in der Planungsperiode vermutlich vermieden werden. Die Ergebnisse von Plankalkulationen dienen auch als Grundlage zur Beurteilung zukünftiger Erfolgsbeiträge einzelner Produkte innerhalb der Absatz- und Produktionsprogrammplanung sowie z.B. bei Break-Even-Analysen. Auch bei der Kostenplanung und -steuerung in der Konstruktion sowie bei der Ermittlung von Kostenzielen im Rahmen des Target Costing (vgl. Abschnitt 9.3) spielen Plankalkulationen eine wichtige Rolle.

Plankosten	**Produkt A**		**Produkt B**	
	Stück (€)	*Gesamt (€)*	*Stück (€)*	*Gesamt (€)*
Materialeinzelkosten	20,00	200.000	10,00	50.000
Materialgemeinkosten (12%)	2,40	24.000	1,20	6.000
Plan-Materialkosten	**22,40**	**224.000**	**11,20**	**56.000**
Fertigungseinzelkosten I	8,00	80.000	6,00	30.000
Fertigungsgemeinkosten I (150%)	12,00	120.000	9,00	45.000
Fertigungseinzelkosten II	12,00	120.000	10,00	50.000
Fertigungsgemeinkosten II (22,50 €/Arbeitsstunde)	4,50	45.000	6,75	33.750
Fertigungseinzelkosten III	10,00	100.000	9,00	45.000
Fertigungsgemeinkosten III (33,50 €/Maschinenstunde)	10,05	100.500	13,40	67.000
Sondereinzelkosten der Fertigung	3,00	30.000	1,50	7.500
Plan-Fertigungskosten	**59,55**	**595.500**	**55,65**	**278.250**
Plan-Herstellkosten	**81,95**	**819.500**	**66,85**	**334.250**
Verwaltungsgemeinkosten (10%)	8,20	82.000	6,69	33.450
Vertriebsgemeinkosten (5%)	4,10	41.000	3,34	16.700
Sondereinzelkosten des Vertriebs	2,00	20.000	2,00	10.000
Plan-Selbstkosten	**96,25**	**962.500**	**78,88**	**394.400**

Die Kostenträgerzeitrechnung wird im System der Plankostenrechnung als **Planerfolgsrechnung** durchgeführt, wenn die Plankosten der Rechnungsperiode den Planerlösen gegenübergestellt werden. Die Planerfolgsrechnung ist dabei eingebunden in das Gesamtplanungssystem der Unternehmung. Sie baut insbesondere auf den Ergebnissen der Umsatz- bzw. Absatzplanung sowie der Plankalkulation auf. Die Umsatzplanung liefert als Planungsinput die geplanten Absatzmengen und -preise, die Plankalkulation die Plan-Selbstkosten der Produkte. Zur Durchführung der Planerfolgsrechnung können wie in einer Istkostenrechnung auch grundsätzlich das Umsatz- oder Gesamtkostenverfahren zur Anwendung kommen (vgl. Abschnitt 5.4).

Das Umsatzkostenverfahren führt z.B. zu folgender Darstellungsweise im *Betriebsergebniskonto*:

Betriebsergebniskonto (UKV)	
Plan-Selbstkosten der abgesetzten Produkte (*nach Produktarten*)	Plan-Umsatz (*nach Produktarten*)
Plan-Betriebsgewinn	Plan-Betriebsverlust

Die **Vorgehensweise der Planerfolgsrechnung** soll an dem oben verwendeten *Beispiel* des Unternehmens, das die beiden Produkte A und B herstellt, kurz aufgezeigt werden. Zusätzlich zu den bereits bekannten Angaben seien folgende *produktbezogene Daten* aus der Umsatzplanung gegeben:

	Produkt A	**Produkt B**
Geplante Absatzmenge	10.000 Stück	5.000 Stück
Plan-Absatzpreise (€/Stück)	110,00	95,00

Hieraus ergibt sich folgende *Planerfolgsrechnung*:

Betriebsergebniskonto (UKV)			
Plan-Selbstkosten		Plan-Umsatz	
= 96,25 € x 10.000 =	962.500 €	= 110 € x 10.000 =	1.100.000 €
= 78,88 € x 5.000 =	394.400 €	= 95 € x 5.000 =	475.000 €
Plan-Betriebsgewinn	**218.100 €**		
	1.575.000 €		1.575.000 €

Das Unternehmen kann folglich unter Zugrundelegung der Planungsannahmen für die entsprechende Planungsperiode mit einem Plan-Betriebsgewinn i.H.v. 218.100 € rechnen. Dieses Ergebnis bildet die Grundlage für spätere Erfolgskontrollen, die auf der Basis eines Vergleichs mit den tatsächlich realisierten Istwerten durchzuführen ist.

Die Darstellung der Kostenträgerrechnung im System der Plankostenrechnung ist damit abgeschlossen. Im folgenden Abschnitt stehen mit der Kostenkontrolle und Abweichungsanalyse zwei der zentralen Aufgaben von Plankostenrechnungssystemen im Mittelpunkt der Betrachtung.

6.4.6 Kostenkontrolle und Abweichungsanalyse

6.4.6.1 Bedeutung und Phasen der Kostenkontrolle

Unter **Kostenkontrolle** ist ein geordneter, laufender, informationsverarbeitender Prozess zur Ermittlung von Abweichungen zwischen vorgegebenen und zu vergleichenden Kosten sowie zur Analyse von Ursachen der ermittelten Abweichungen zu verstehen.[7]

[7] Schweitzer, M./Küpper, H.-U. (2003), S. 301

Kostenkontrolle setzt somit zunächst die Ermittlung von Kostenabweichungen voraus. Hierzu werden die geplanten Kosten mit den tatsächlich realisierten Kosten verglichen. In einem zweiten Schritt werden dann die festgestellten Abweichungen auf ihre Ursachen hin analysiert. Ziel einer wirksamen Kostenkontrolle und Abweichungsanalyse ist dabei primär die Aufdeckung von Unwirtschaftlichkeiten innerhalb des betrieblichen Leistungserstellungsprozesses. Diese dienen als Ausgangspunkt innerbetrieblicher Lernprozesse, durch die zukünftige Unwirtschaftlichkeiten möglichst vermieden werden sollen. Der **(Kosten)Kontrollprozess** lässt sich generell in einzelne *Teilphasen* unterteilen:

1. Festlegung der Kontrollobjekte
2. Festlegung des Kontrollumfangs
3. Ermittlung von Abweichungen
4. Auswahl der zu analysierenden Abweichungen
5. Analyse der Abweichungsursachen
6. Entwicklung und Durchführung von Anpassungsmaßnahmen

Eine **Festlegung der Kontrollobjekte** ist aus Gründen der Wirtschaftlichkeit der Kostenrechnung notwendig, da aufgrund begrenzter Kontrollkapazitäten nicht alle Objekte, die in einem Unternehmen Kosten verursachen, in den Kostenkontrollprozess einbezogen werden können. Kontrollobjekte können dabei z.B. Kostenstellen, Abteilungen, Produkte, Produktgruppen, aber auch einzelne Kostenarten sein. Ihre Auswahl sollte sich auf diejenigen „sensiblen" Kostenobjekte beschränken, bei denen potenzielle Kostenabweichungen zu einer ernsthaften Gefährdung der angestrebten (Kosten)Ziele führen können.

Die **Festlegung des Kontrollumfangs** erfolgt jeweils separat für die einzelnen Kontrollobjekte und sollte ebenfalls nach Wirtschaftlichkeitserwägungen durchgeführt werden. Denkbar sind sowohl Voll- als auch Teilkontrollen, die z.B. auf der Grundlage von ABC-Analysen in Form entsprechender Gewichtungen festgelegt werden können. Dies beinhaltet auch die Bestimmung der Kontrollhäufigkeiten bzw. der zeitlichen Kontrollzyklen.

Die **Ermittlung von Abweichungen** erfolgt durch den Vergleich von Plan- und Istwerten und wird ebenfalls objektbezogen durchgeführt. Da die Unternehmensplanung generell auf prognostizierten Annahmen und Werten beruht, sind Abweichungen i.d.R. nicht zu vermeiden. Ziel der Unternehmensführung muss es aber sein, auftretende Abweichungen ggf. durch entsprechende, frühzeitige Anpassungsmaßnahmen möglichst gering zu halten und die Planvorgaben so weit wie möglich zu erfüllen.

Die **Auswahl der zu analysierenden Abweichungen** sollte ebenfalls dem Wirtschaftlichkeitsgedanken Rechnung tragen und insbesondere diejenigen Abweichungen umfassen, die von größerer Bedeutung für die Realisierung der (Kosten)Ziele sind und entsprechende Anpassungsmaßnahmen erfordern. In der Praxis hat sich dabei der Einsatz von Toleranzschwellen als sinnvoll erwiesen, bei deren Unter- oder Überschreitung die Durchführung von Abweichungsanalysen notwendig wird. Die Toleranzschwellen können dabei prozentual (z.B. 5%) oder als absolute Größe (z.B. 1.000 €) angegeben werden.

Bei der **Analyse der Abweichungen** können die jeweiligen Abweichungsursachen vielschichtig sein und müssen nicht zwangsläufig auf Unwirtschaftlichkeiten beruhen. Zu nennen wären hier beispielhaft:

- **Planungsfehler**
- **Kontrollfehler**
- **Ausführungsfehler etc.**

Planungsfehler können auftreten, wenn die Planung auf falschen Prämissen aufbaut. Dies ist beispielsweise dann der Fall, wenn eine geplante Kostenreduktion bei den Personalkosten aufgrund nicht realisierter Personaleinsparungen nicht erreicht werden konnte. Planungsfehler können ihren Ursprung auch in der Verwendung ungeeigneter Planungsmethoden haben. So kann eine Kostenprognose bei einer bestimmten Datensituation den Einsatz von Verfahren der mathematischen Regressionsanalyse erfordern. Die Verwendung einfacherer Methoden auf Basis von Durchschnittswertbildungen kann dann zu fehlerhaften Kostenprognosen führen.

Kontrollfehler können ihre Ursache in einer fehlerhaften Ermittlung der Istwerte haben, die dann zu einem Ausweis von (vermeintlichen) Abweichungen führen können. Daneben sind auch Ungenauigkeiten im Rahmen des eigentlichen Kostenvergleichs zwischen Plan- und Istwerten für mögliche Kontrollfehler verantwortlich.

Ausführungsfehler können zu Unwirtschaftlichkeiten innerhalb des betrieblichen Leistungserstellungsprozesses führen und sind daher genauer zu analysieren. Dabei kann es zu Fehlern im Rahmen des Produktionsvollzugs kommen, die beispielsweise eine erhöhte Ausschussquote verursachen. Solche Fehler können durch handelnde Personen, aber auch durch fehlerhafte Arbeitsmittel bedingt sein. Mögliche Ursachen sind hier detailliert aufzudecken und Verantwortlichkeiten entsprechend zuzuweisen. Nur so lassen sich Lernprozesse anstoßen und Unwirtschaftlichkeiten in der Zukunft vermeiden.

Die Aufdeckung der Abweichungsursachen ist die Voraussetzung für die **Entwicklung und Durchführung von Anpassungsmaßnahmen**. Hierdurch sollen insbesondere die negativen Auswirkungen auf die (Kosten)Zielerreichung für die nächsten Planungsperioden vermindert bzw. im Idealfall ganz vermieden werden. Planungs- und Kontrollfehler lassen sich dabei aufgrund von Verbesserungen innerhalb des Planungs- und Kontrollprozesses (z.B. durch den Einsatz verbesserter Planungs- und Kontrollverfahren) verringern. Ausführungsfehler können zukünftig ggf. durch technische oder organisatorische Maßnahmen reduziert werden. Anpassungsmaßnahmen können aber auch den Zielbildungsprozess als Voraussetzung einer realistischen Kostenplanung betreffen. Die Aufdeckung von Abweichungen kann in diesem Sinne wichtige Planungsinformationen insbesondere hinsichtlich der Realisierbarkeit von Kostenzielen liefern.

Möglichkeiten und Qualität der Ermittlung und Analyse von Kostenabweichungen sind in erster Linie abhängig von dem konkret zum Einsatz kommenden System der Plankostenrechnung. Daher soll im nächsten Abschnitt zunächst ein kurzer Überblick über mögliche Systeme der Plankostenrechnung gegeben werden. Im weiteren Verlauf dieses Kapitels werden die einzelnen Systeme dann noch detaillierter dargestellt.

6.4.6.2 Überblick über die Systeme der Plankostenrechnung

Die **Systeme der Plankostenrechnung** waren in der Vergangenheit einem gewissen Entwicklungsprozess unterworfen und haben sich von der starren Plankostenrechnung als älteste Form der Plankostenrechnung hin zur Grenzplankostenrechnung als modernste Form weiterentwickelt. Insgesamt lassen sich die in Abbildung 34 dargestellten drei Hauptformen der Plankostenrechnung unterscheiden:

Während es sich bei der starren und flexiblen Plankostenrechnung auf Vollkostenbasis stets um Systeme der Vollkostenrechnung handelt, gehört die sog. Grenzplankostenrechnung zu den Systemen der Teilkostenrechnung. Die wesentlichen *Merkmale der drei Systeme* sollen im Folgenden im Überblick dargestellt werden.

Bei der **starren Plankostenrechnung** werden die Plankosten jeder Kostenstelle zu Beginn der Planungsperiode für die jeweilige Planbeschäftigung bestimmt. Weicht die tatsächliche Istbeschäftigung in der betrachteten Periode von dieser Planbeschäftigung ab, sind die Istkosten nicht mit den Plankosten vergleichbar, da sich beide Kostengrößen auf unterschiedliche Beschäftigungsgrade beziehen. Aus diesem Grund wäre zum Zwecke der Kostenkontrolle eigentlich eine Anpassung der

Plankosten an die Istbeschäftigung notwendig. Es müssten dabei diejenigen Kosten ermittelt werden, die sich bei wirtschaftlichem Umgang mit den Einsatzfaktoren bei der tatsächlichen Istbeschäftigung planmäßig hätten ergeben sollen (Sollkosten). Diese notwendige Kostenanpassung erfolgt jedoch in einer starren Plankostenrechnung aus Vereinfachungsgründen nicht. Die Plankosten werden vielmehr unabhängig von Beschäftigungsschwankungen starr gehalten. Die in diesem Plankostenrechnungssystem ermittelbaren Kostenabweichungen sind daher nur von begrenzter Aussagekraft.

Abb. 34: Systeme der Plankostenrechnung

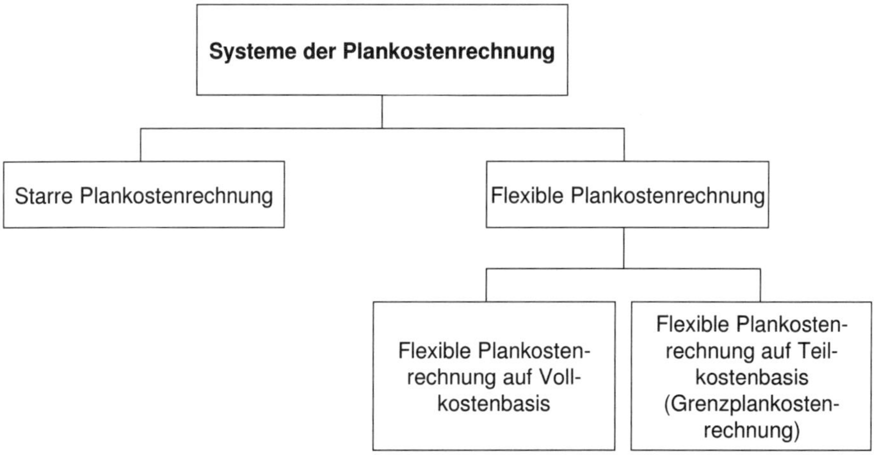

Da es sich bei der starren Plankostenrechnung um ein System der Vollkostenrechnung handelt, werden grundsätzlich alle Plankosten auf die Kostenträger verrechnet. Eine Trennung in fixe und variable Kosten wird dabei nicht vorgenommen. In der Kostenträgerstückrechnung wird zu Kalkulationszwecken mit Plankostenverrechnungssätzen auf Vollkostenbasis gearbeitet. Diese werden zu Beginn der Planungsperiode durch die Division der Plankosten je Kostenstelle durch die jeweilige Planbeschäftigung ermittelt (vgl. Abschnitt 6.4.4.2) und in der Kalkulation zur Kostenverrechnung verwendet. Die *starre Plankostenrechnung* wird in Abschnitt 6.4.6.3 näher erörtert.

Die **flexible Plankostenrechnung auf Vollkostenbasis** stellt im Prinzip eine verbesserte Weiterentwicklung der starren Plankostenrechnung dar. Die Unterschiede zwischen beiden Systemen beziehen sich insbesondere auf die Möglichkeiten der Kostenkontrolle in den Kostenstellen, die bei der flexiblen Plankostenrechnung deutlich umfangreicher ausfallen. Hauptmerkmal dieses Systems ist die konsequente Trennung in fixe und variable Kosten zum Zwecke der Kostenkontrolle in den Kostenstellen. Diese Kostenauflösung macht nun eine Anpassung der Plankosten an die tatsächliche Istbeschäftigung möglich. Während nämlich die fixen Kosten in ihrer Höhe von Beschäftigungsänderungen unabhängig sind, verändern sich die variablen Kosten in Abhängigkeit vom Beschäftigungsgrad (planmäßig). Es lassen sich somit die Plankosten (flexibel) an die Istbeschäftigung anpassen. Dabei ergeben sich mit den sog. *Sollkosten* diejenigen Kosten, die sich bei wirtschaftlichem Umgang mit den Einsatzfaktoren bei der Istbeschäftigung planmäßig hätten ergeben sollen bzw. müssen. Diese Sollkosten bilden die Grundlage für eine aussagefähige Kostenkontrolle im Rahmen des sog. *Soll-/Ist-Vergleiches.* Soll- und Istkosten beziehen sich jeweils auf die tatsächliche Istbeschäftigung und sind damit vergleichbar. Abweichungen zwischen beiden Größen geben erste Hinweise auf mögliche Unwirtschaftlichkeiten in den Kostenstellen.

Bei der Vorgehensweise in der Kostenträgerrechnung unterscheidet sich die flexible Plankostenrechnung auf Vollkostenbasis von der starren Plankostenrechnung grundsätzlich nicht. Da beide Systeme zur Vollkostenrechnung zählen, werden auch bei einer flexiblen Plankostenrechnung auf Vollkostenbasis zum Zwecke der Kalkulation Plankostenverrechnungssätze auf Vollkostenbasis verwendet. Die später noch näher zu erläuternden Nachteile von Vollkostenrechnungssystemen treffen mithin auf beide Formen der Plankostenrechnung zu. Die *flexible Plankostenrechnung auf Vollkostenbasis* ist Gegenstand der Ausführungen des Abschnitts 6.4.6.4.

Systeme der Teilkostenrechnung werden im Rahmen des Kapitels 7 näher erläutert. Daher sollen die Besonderheiten der **flexiblen Plankostenrechnung auf Teilkostenbasis**, die auch Grenzplankostenrechnung genannt wird, an dieser Stelle nur kurz angesprochen werden. Die Möglichkeiten der Kostenkontrolle sind bei diesem System grundsätzlich vergleichbar mit der flexiblen Plankostenrechnung auf Vollkostenbasis, da auch hier eine Trennung von fixen und variablen Kosten in den Kostenstellen und damit eine Anpassung der (variablen) Plankosten an die tatsächliche Istbeschäftigung (Sollkosten) erfolgt. Im Gegensatz zur flexiblen Plankostenrechnung auf Vollkostenbasis werden allerdings in diesem System im Rahmen der Kostenträgerrechnung *Plankostenverrechnungssätze auf Teilkostenbasis* verwendet, die nur die variablen Plankosten pro Einheit der Planbeschäftigung (= Grenzkosten) umfassen. Sowohl in der Kostenstellenrechnung als auch in der Kostenträgerrechnung findet somit eine konsequente Trennung in fixe und variable Kosten statt. Fixe Kosten werden grundsätzlich nicht mehr auf die Kostenträger verrechnet, sondern gehen als Block in das Plan-Betriebsergebnis ein. Die *Grenzplankostenrechnung* wird im Abschnitt 7.2.3 noch detaillierter dargestellt.

Nachdem die wesentlichen Merkmale der einzelnen Systeme der Plankostenrechnung inhaltlich skizziert wurden, beschäftigen sich die folgenden Abschnitte mit der

Darstellung der Kostenkontrolle im System der starren Plankostenrechnung (Abschnitt 6.4.6.3) und der flexiblen Plankostenrechnung auf Vollkostenbasis (Abschnitt 6.4.6.4).

6.4.6.3 Kostenkontrolle im System der starren Plankostenrechnung

Die **Planung der Kosten** erfolgt bei einer starren Plankostenrechnung im Wesentlichen in der in Abschnitt 6.4.4 beschriebenen Art und Weise. Dabei werden die Plankosten je Kostenstelle in Abhängigkeit der jeweiligen Planbeschäftigung für eine bestimmte Planungsperiode ermittelt. Die Verrechnung der Plan(gemein)kosten der Kostenstellen auf die Kostenträger erfolgt über sog. Plankostenverrechnungssätze (Plankalkulationssätze), die durch Division der Plan(gemein)kosten durch die Planbeschäftigung gebildet werden. Da die starre Plankostenrechnung grundsätzlich als Vollkostenrechnung konzipiert ist, erfolgt keine Trennung in fixe und variable Kosten, so dass der Plankostenverrechnungssatz einen Vollkostensatz darstellt.

Die **Kostenkontrolle** wird wie bei den anderen Systemen der Plankostenrechnung auch insbesondere *kostenstellenbezogen* durchgeführt, da die Kosten letztlich in den Kostenstellen verursacht werden und v.a. dort zu verantworten und zu beeinflussen sind. Die Durchführung der Kostenkontrolle im System der starren Plankostenrechnung soll im Folgenden anhand eines **Beispiels**[8] diskutiert werden. Betrachtet wird eine *Fertigungskostenstelle* eines Unternehmens, für die die folgenden Plan- und Ist-Gemeinkosten ermittelt wurden:

Kostenarten	Plan-Werte	Ist-Werte
Hilfs- / Betriebsstoffe	9.000 €	7.500 €
Energie	7.000 €	5.000 €
Hilfslöhne	4.000 €	3.000 €
Gehälter	5.000 €	5.000 €
Sozialkosten	1.400 €	1.400 €
Kalk. Zinsen	2.600 €	2.600 €
Kalk. Miete	3.500 €	3.500 €
Kalk. Abschr.	7.500 €	7.000 €
Summe der Gemeinkosten	**40.000 €**	**35.000 €**
Beschäftigung	**5.000 Std.**	**3.000 Std.**
Plankosten-verrechnungssatz	**8 €/Std.**	**11,67 €/Std.**

[8] Beispiel in enger Anlehnung an Freidank, C.-C. (2008), S 205 ff

Der Plankostenverrechnungssatz dient der Verrechnung der Plankosten auf die Kostenträger. Beträgt die planmäßige Bearbeitungszeit eines Produktes in der betrachteten Fertigungskostenstelle z.B. 5 Arbeitsstunden, so wird dieses Produkt mit 40 € (= 8 €/Std. x 5 Std.) an Fertigungsgemeinkosten belastet.

Am Ende dieser Planungsperiode stellt sich heraus, dass die tatsächlichen Ist-Werte von den zu Beginn ermittelten Plan-Werten abweichen. Die Ist-Gemeinkosten fallen insgesamt um 5.000 € geringer aus als die Plan-Gemeinkosten. Allerdings wurde dabei die Planbeschäftigung auch um 2.000 Arbeitsstunden unterschritten.

Im Rahmen der Kostenkontrolle lassen sich nun - wie Abbildung 35 zeigt - mit der Budget- und Gesamtabweichung grundsätzlich zwei Kostenabweichungen ermitteln:[9]

Abb. 35: Kostenkontrolle im System der starren Plankostenrechnung

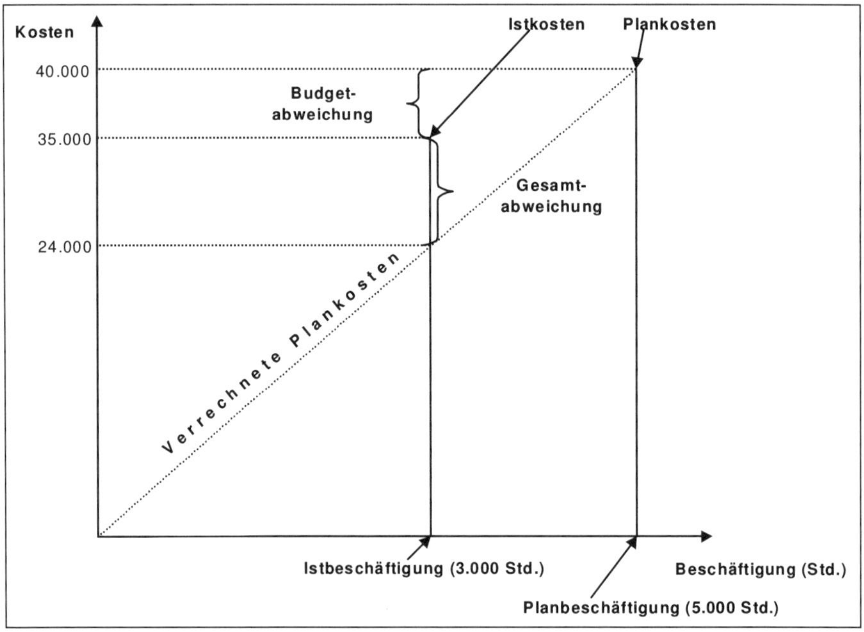

Die **Budgetabweichung** ergibt sich rechnerisch wie folgt:

Budgetabweichung	=	Ist(gemein)kosten bei Istbeschäftigung - Plan(gemein)kosten bei Planbeschäftigung

[9] Es ist an dieser Stelle darauf hinzuweisen, dass die Benennung der Kostenabweichungen in Literatur und Praxis nicht einheitlich erfolgt. Auf das bestehende Begriffswirrwarr soll im Rahmen dieser Abhandlung aber nicht weiter eingegangen werden.

Für das obige Beispiel ergibt sich:

Budgetabweichung = 35.000 € - 40.000 € = - 5.000 €

Die geplanten Kosten werden im hier unterstellten Beispiel um 5.000 € unterschritten. Diese „Kostenunterschreitung" lässt aber keine Rückschlüsse auf die genauen Ursachen der Kostenabweichung zu. Zwar sind die tatsächlichen Kosten gegenüber den geplanten Kosten um 5.000 € gesunken. Dieser Kostensenkung steht aber auch eine um 2.000 Arbeitsstunden im Vergleich zur Planbeschäftigung geringere Istbeschäftigung gegenüber. Zumindest die variablen Kosten müssen sich gewissermaßen planmäßig bei einem Rückgang der Beschäftigung ebenfalls verringern. Da im System der starren Plankostenrechnung aber keine Trennung in variable und fixe Kosten erfolgt, lässt sich das Ausmaß dieses zwangsläufigen Kostenrückgangs nicht ermitteln. Es lässt sich mithin keine Aussage darüber treffen, welche Kostenhöhe für die realisierte Istbeschäftigung tatsächlich angemessen bzw. wirtschaftlich gewesen wäre (Sollkosten), denn hierzu wäre eine Kostenauflösung zwingend erforderlich. Neben der geringeren Auslastung der Fertigungskapazität (Beschäftigungsabweichung) kann die ermittelte Kostenabweichung z.B. auch auf einen unplanmäßigen Verbrauch an Einsatzfaktoren (Verbrauchsabweichung) zurückzuführen sein. Die genauen Gründe lassen sich aber ohne Kenntnis der Sollkosten im System der starren Plankostenrechnung nicht ermitteln.

Als zweite Abweichung lässt sich die sog. Gesamtabweichung ermitteln. Die **Gesamtabweichung** ergibt sich dabei rechnerisch wie folgt:

Gesamtabweichung	=	Ist(gemein)kosten bei Istbeschäftigung
		- verrechnete Plan(gemein)kosten bei Istbeschäftigung

Die *verrechneten Plan(gemein)kosten bei Istbeschäftigung* ergeben sich durch die Multiplikation des Plankostenverrechnungssatzes mit der jeweiligen Istbeschäftigung und geben diejenigen Kosten an, die während der Planungsperiode aufgrund der Verwendung des Plankostenverrechnungssatzes auf die Kostenträger verrechnet wurden. Im vorliegenden Beispiel ergeben sich:

Verrechnete Plan(gemein)- **Kosten bei Istbeschäftigung** = 8 €/Std. x 3.000 Std. = 24.000 €

Daraus ergibt sich folgende Gesamtabweichung:

Gesamtabweichung = 35.000 € - 24.000 € = 11.000 €

Alternativ lässt sich die Gesamtabweichung auch über die Differenz aus Ist- und Plankostenverrechnungssatz multipliziert mit der Istbeschäftigung ermitteln:

Gesamtabweichung = (11,67 €/Std. - 8 €/Std.) x 3.000 Std. ≈ 11.000 €[10]

Formal entspricht die Gesamtabweichung der in einer (starren) Normalkostenrechnung ermittelten Kostenunterdeckung (vgl. Abschnitt 6.3). Aufgrund der Verwendung des Plankostenverrechnungssatzes von 8 €/Stunde als Grundlage der Kostenkalkulation in der Kostenträgerstückrechnung werden in der Planungsperiode bei einer Istbeschäftigung von 3.000 Arbeitsstunden insgesamt 11.000 € zu wenig an Kosten auf die Kostenträger verrechnet. Die verrechneten Plan(gemein)- kosten decken die tatsächlich aufgetretenen Ist(gemein)kosten somit nicht.

Die **Gründe für** diese **Gesamtabweichung** können nun beschäftigungs-, aber auch verbrauchs- bzw. preisbedingter Natur sein. Dabei führt die Proportionalisierung von Fixkosten in einer Vollkostenrechnung zur sog. Beschäftigungsabweichung. Ein Teil der Kostenabweichung ist nämlich darauf zurückzuführen, dass der in den verrechneten Plan(gemein)kosten enthaltene Fixkostenanteil nicht den gesamten tatsächlichen Fixkosten entspricht. Bei der Ermittlung des Plankostenverrechnungssatzes von 8 €/Stunde, der neben variablen auch fixe Kostenbestandteile enthält, wurde von einer Planbeschäftigung von 5.000 Arbeitsstunden ausgegangen. Beträgt die Istbeschäftigung aber - wie im hier unterstellten Beispiel - nur 3.000 Arbeitsstunden, sind die in dem Plankostenverrechnungssatz enthaltene fixen Kosten pro Arbeitsstunde zu gering angesetzt. Die fixen Kosten werden nicht, wie ursprünglich geplant, auf 5.000 Arbeitsstunden verteilt, sondern sind in Wirklichkeit auf nur 3.000 Arbeitsstunden zu verrechnen, was eigentlich einen höheren Kalkulationssatz zur Folge hätte. Bei einer Istbeschäftigung von 3.000 Arbeitsstunden und der Verwendung eines (zu geringen) Plankostenverrechnungssatzes von 8 €/Arbeitsstunde werden mithin zu wenig Fixkosten verrechnet.

Es handelt sich hierbei im Prinzip um einen „Systemfehler", der bei einer Vollkostenrechnung immer dann auftritt, wenn Plan- und Istbeschäftigung nicht übereinstimmen. Liegt die Istbeschäftigung unter (über) der Planbeschäftigung, werden aufgrund der (falschen) Proportionalisierung von Fixkosten stets zu wenig (viele) Fixkosten auf die Kostenträger verrechnet. Die Beschäftigungsabweichung ist damit eine Verrechnungsabweichung, die bei Beschäftigungsschwankungen in Systemen der Vollkostenrechnung nicht zu verhindern ist.

[10] Es ergibt sich ein Rundungsfehler i.H.v. 10 €.

Da der Anteil der Beschäftigungsabweichung an der Gesamtabweichung aufgrund der fehlenden Trennung von fixen und variablen Kosten im System der starren Plankostenrechnung nicht ermittelbar ist, kann auch der Anteil der verbrauchs- und preisbedingten Abweichungen an der Gesamtabweichung nicht bestimmt werden. Im System der starren Plankostenrechnung lässt folglich auch die Gesamtabweichung keine genaue Analyse der Abweichungsursachen zu. Obwohl sich beide zur Ermittlung der Gesamtabweichung miteinander verglichenen Kostenbeträge auf die gleiche Beschäftigung (3.000 Arbeitsstunden) beziehen, ist auch hier eine Aufspaltung der Abweichung in die auf Beschäftigungsschwankungen einerseits und mögliche Unwirtschaftlichkeiten andererseits zurückzuführenden Komponenten nicht möglich. Hierzu bedarf es vielmehr einer Trennung der Plankosten in variable und fixe Bestandteile, die aber erst im Rahmen flexibler Plankostenrechnungssysteme erfolgt.

Eine aussagefähige Kostenkontrolle ist im System der starren Plankostenrechnung im Prinzip nur dann möglich, wenn Plan- und Istbeschäftigung korrespondieren. Da in diesem Fall keine Beschäftigungsabweichung auftritt, muss eine mögliche Gesamtabweichung stets verbrauchs- und/oder preisbedingt sein. Liegen auch keine Preisänderungen (und keine Planungs- und Kontrollfehler) vor, kann eine negative Kostenabweichung allein auf verbrauchsbedingte Ursachen wie z.B. Unwirtschaftlichkeiten zurückgeführt werden.

Da Plan- und Istbeschäftigung aber i.d.R. nicht übereinstimmen, ermöglicht die starre Plankostenrechnung nur eine sehr eingeschränkte Kostenkontrolle. Es lassen sich zwar Budget- und Gesamtabweichungen ermitteln, eine sinnvolle Interpretation der Abweichungen bzw. eine detaillierte Analyse der Abweichungsursachen sind so aber nicht möglich. Die starre Plankostenrechnung kommt daher häufig in den Kostenstellen zum Einsatz, in denen die Plankosten primär Vorgabecharakter besitzen und eine Kostenkontrolle aufgrund geringer Kosten- und Beschäftigungsschwankungen von untergeordneter Bedeutung ist (z.B. Verwaltungskostenstellen).

Wegen der Proportionalisierung von Fixkosten ist die starre Plankostenrechnung wie alle Systeme der Vollkostenrechnung zudem für zahlreiche dispositive Aufgaben nicht geeignet. Die Verrechnung der Fixkosten auf die einzelnen Kostenträgereinheiten verhindert dabei z.B. die Ermittlung von kurzfristigen Preisuntergrenzen und Deckungsbeiträgen und kann zu dem (falschen) Eindruck verleiten, dass Fixkosten wie variable Kosten pro Kostenträgereinheit anfallen. Dies könnte beispielsweise im Rahmen der Produktprogrammplanung - wie noch zu zeigen sein wird - zu möglichen unternehmerischen Fehlentscheidungen führen.

Der einfachen Handhabung des Systems der starren Plankostenrechnung stehen also eine Reihe von Nachteilen gegenüber, die zur Entwicklung von flexiblen Plankostenrechnungssystemen auf Voll- und Teilkostenbasis geführt haben.

6.4.6.4 Kostenkontrolle im System der flexiblen Plankostenrechnung auf Vollkostenbasis

Während die starre Plankostenrechnung aufgrund der fehlenden Trennung von variablen und fixen Kosten immer als Vollkostenrechnung konzipiert ist, bei der die gesamten Kosten auf die Kostenträger verrechnet werden, kann eine flexible Plankostenrechnung sowohl auf Voll- als auch auf Teilkostenbasis durchgeführt werden (vgl. Abbildung 34). In beiden Fällen erfolgt dabei in der Kostenstellenrechnung zum Zweck der Kostenkontrolle eine Trennung in variable und fixe Kosten. Unterschiede zwischen beiden Systemen ergeben sich v.a. in der Kostenträgerrechnung. Während die flexible Plankostenrechnung auf Vollkostenbasis - wie die starre Plankostenrechnung auch - alle anfallenden Kosten auf die Kostenträger verrechnet, werden in einer flexiblen Plankostenrechnung auf Teilkostenbasis (Grenzplankostenrechnung) i.d.R. nur die variablen Kosten den Produkten zugerechnet (vgl. Abschnitt 7.2.3).

Systeme der flexiblen Plankostenrechnung weisen im Vergleich zur starren Plankostenrechnung den großen Vorteil auf, dass durch die Trennung der variablen und fixen Kosten in den *Kostenstellen* eine differenzierte Abweichungsanalyse möglich wird. Die Kostenvorgabe in Form der Plankosten erfolgt dabei nicht nur für die vorab festgelegte Planbeschäftigung, sondern es wird im Gegensatz zu Systemen der starren Plankostenrechnung auch eine Anpassung dieser Plankosten an die tatsächlich realisierte Istbeschäftigung durchgeführt. Hierdurch erhält man die **Sollkosten** als wichtigen Maßstab für eine aussagefähige Kostenkontrolle und Abweichungsanalyse. Die Sollkosten stellen dabei diejenigen Kosten dar, die bei wirtschaftlichem Umgang mit den Einsatzfaktoren bei der jeweiligen Istbeschäftigung anfallen müssten bzw. sollten. Während die Istkosten die bei der Istbeschäftigung tatsächlich angefallenen Kosten angeben, handelt es sich bei den Sollkosten um die wirtschaftliche Vergleichsgröße bei Istbeschäftigung. Da sich beide Kostengrößen auf den gleichen (Ist)Beschäftigungsgrad beziehen, sind diese direkt miteinander vergleichbar. Im Rahmen sog. Soll-/Ist-Vergleiche können dann Hinweise auf mögliche Unwirtschaftlichkeiten in den jeweiligen Kostenstellen gewonnen werden.

Bei der Verrechnung der Plankosten auf die Kostenträger innerhalb der *Kostenträgerstückrechnung* ergeben sich zwischen Systemen der flexiblen Plankostenrechnung auf Vollkostenbasis und der starren Plankostenrechnung keine substanziellen

Unterschiede. Beide Systemarten arbeiten zum Zweck der Kalkulation mit Plankostenverrechnungssätzen auf Vollkostenbasis, die neben variablen auch fixe Kostenbestandteile enthalten. Die auf die Kostenträger verrechneten Plan(gemein)kosten ergeben sich für beide Systemarten durch Multiplikation des jeweiligen Plankostenverrechnungsatzes (auf Vollkostenbasis) mit der tatsächlichen Istbeschäftigung (vgl. Abschnitt 6.4.6.3).

Systeme der flexiblen Plankostenrechnung lassen sich auch danach unterscheiden, ob bei der Ermittlung der Sollkosten neben der Beschäftigung noch weitere Kosteneinflussfaktoren (wie z.B. Seriengröße, Produktmix etc.) Berücksichtigung finden. Ist dies der Fall, spricht man auch von einer **mehrfach-flexiblen** oder **voll-flexiblen Plankostenrechnung**. Diese Systeme haben sich aber weder in der Literatur noch in der Praxis durchgesetzt. Die Betrachtung weiterer Kostenbestimmungsfaktoren würde zudem zu Lasten der Anschaulichkeit der weiteren Ausführungen gehen. Im Rahmen dieser Abhandlung soll daher nur die *Beschäftigung* als einziger Kosteneinflussfaktor berücksichtigt werden. Im Folgenden werden also ausschließlich **einfach-flexible Plankostenrechnungssysteme** behandelt.

Die grundsätzliche **Vorgehensweise** einer (einfach-)flexiblen Plankostenrechnung auf Vollkostenbasis vollzieht sich in folgenden *Teilschritten*:

1. Festlegung der Planbeschäftigung und Planung der Einzelkosten
2. Kostenspaltung und Planung der Gemeinkosten
3. Ermittlung der Sollkosten(funktionen)
4. Durchführung der Kostenkontrolle und Abweichungsanalyse

Die wesentlichen Aspekte der Schritte 1) und 2) wurden bereits im Rahmen des Abschnitts 6.4.4 näher erläutert und unterscheiden sich nicht grundsätzlich von der Vorgehensweise einer starren Plankostenrechnung. Bei Systemen der flexiblen Plankostenrechnung ergibt sich allerdings die Notwendigkeit einer Trennung der Plankosten in variable und fixe Kostenbestandteile. Diese **Kostenspaltung bzw. -auflösung** wird i.d.R. kostenstellenbezogen nach einzelnen Kostenarten differenziert durchgeführt. Eine Vielzahl von Kostenarten weisen dabei Mischcharakter auf (z.B. Energiekosten, Betriebsstoffe, Hilfslöhne etc.). Dies bedeutet, dass sich ein Teil der Kosten dieser Kostenarten beschäftigungsproportional (variabel) verhält, ein anderer Teil aber beschäftigungsunabhängig (fix) ist. Die Kostenspaltung dient der Feststellung des Ausmaßes der Beschäftigungsabhängigkeit dieser Kostenarten. Sie bildet damit die Voraussetzung für die Ermittlung von Sollkosten(funktionen), die wiederum zur Feststellung von Beschäftigungs- und Verbrauchsabweichungen im Rahmen der Kostenkontrolle zwingend erforderlich ist.

Die Kostenspaltung bzw. -auflösung kann grundsätzlich auf verschiedene Arten durchgeführt werden. Folgende **Methoden** sollen dabei kurz diskutiert werden, wobei stets ein linearer Kostenverlauf unterstellt wird:

- **mathematische Methode**
- **grafische Methode (Streupunktdiagramm)**
- **Methode der kleinsten Quadrate**

Die **mathematische Methode** der Kostenauflösung wird auch als „Differenzen-Quotienten-Verfahren", „High-Low-Points-Method" oder „Zweipunkt-Methode" bezeichnet. Sie kann dann zum Einsatz kommen, wenn für zwei (möglichst weit auseinander liegende) Beschäftigungsgrade die jeweiligen (repräsentativen) Kostengrößen vorliegen. Bei dieser Methode werden zum Zweck der Trennung von fixen und variablen Kosten die Kosten- und die Beschäftigungsdifferenzen zueinander ins Verhältnis gesetzt, um die variablen Kosten pro Beschäftigungseinheit zu ermitteln. Rechnerisch ergeben sich die variablen Kosten je Beschäftigungseinheit $\mathbf{k_v}$ wie folgt:

$$\mathbf{k_v} = \frac{\text{Kostendifferenz}}{\text{Beschäftigungsdifferenz}} = \frac{K_2 - K_1}{B_2 - B_1}$$

Die fixen Kosten $\mathbf{K_f}$ lassen sich dann folgendermaßen ermitteln:

$$\mathbf{K_f} = K_1 - k_v \times B_1$$

oder

$$\mathbf{K_f} = K_2 - k_v \times B_2$$

Die Vorgehensweise dieser Methode soll an einem kleinen **Beispiel** verdeutlicht werden: In der Kostenstelle Dreherei eines Unternehmens fallen u.a. Hilfslöhne als Gemeinkostenart an. Für die beiden Monate Januar und Februar sei folgende Datensituation bekannt:

Monat	**Hilfslöhne (€/Monat)**	**Fertigungsstunden (h/Monat)**
Januar	15.000	300
Februar	18.000	500

Die *Kostenspaltung* führt zu folgenden variablen Kosten pro Fertigungsstunde:

$$\mathbf{k_v} = \frac{K_2 - K_1}{B_2 - B_1} = \frac{18.000\,€ - 15.000\,€}{500\text{ h} - 300\text{ h}} = \mathbf{15\ €/h}$$

Als *Fixkosten* ergeben sich:

$$K_f = K_1 - k_v \times B_1 = 15.000\text{ €} - 15\text{ €/h} \times 300\text{ h} = \mathbf{10.500\text{ €}}$$

oder

$$K_f = K_2 - k_v \times B_2 = 18.000\text{ €} - 15\text{ €/h} \times 500\text{ h} = \mathbf{10.500\text{ €}}$$

Bei Unterstellung eines linearen Kostenverlaufs ließe sich folgende **(Soll)kostenfunktion** ermitteln:

$$\mathbf{K(B) = K_f + k_v \times B = 10.500 + 15 \times B}$$

Bei Anwendung der **grafischen Methode** erfolgt die Kostenauflösung mit Hilfe sog. Streupunktdiagramme. Die Kostenplanung baut dabei auf historischen Istwerten auf, die z.B. für ein bestimmtes Jahr aufgezeichnet werden. Die Entwicklung der Kosten einer Gemeinkostenart ist beispielhaft der nachstehenden Tabelle zu entnehmen.[11]

Monat	Fertigungsstunden (h)	Gemeinkostenart (€)
Januar	3.710	3.300
Februar	3.125	2.000
März	2.900	1.850
April	3.000	2.250
Mai	3.200	3.000
Juni	3.530	3.000
Juli	2.500	2.300
August	2.600	2.300
September	2.335	2.200
Oktober	2.800	2.200
November	3.300	2.500
Dezember	3.000	3.100
Gesamt	**36.000**	**30.000**
Monatsdurchschnitt	**3.000**	**2.500**

Diese Daten werden nun in ein *Koordinatensystem* eingetragen. Auf der Abszisse werden die Beschäftigungsgrade (Fertigungsstunden) und auf der Ordinate die dazugehörigen Kosten der Gemeinkostenart abgetragen. Durch die Einzelwerte wird nun eine Gerade gelegt, die sich dem Streupunktverlauf annähert, d.h. möglichst geringe Abstände zu den Einzelwerten hat. Der Schnittpunkt der Geraden mit der

[11] Beispiel entnommen bei Freidank, C.-C. (2008), S 256 ff

Ordinate ergibt die Höhe der Fixkosten. Für das obige Beispiel ergibt sich die Darstellung der Abbildung 36.

Abb. 36: Streupunktdiagramm und Sollkostenfunktion

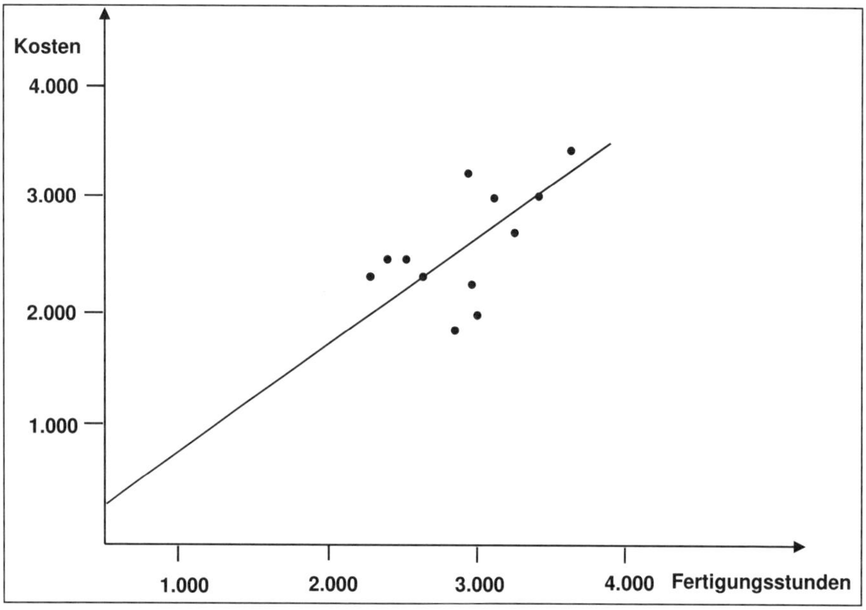

Die Gerade schneidet in diesem Beispiel die Ordinate bei etwa 350 €. Dieser Wert entspricht den monatlich durchschnittlichen Fixkosten. Zur Ermittlung der durchschnittlichen variablen Kosten pro Fertigungsstunde werden von den durchschnittlichen Gesamtkosten der Gemeinkostenart zunächst die Fixkosten subtrahiert. Der Differenzbetrag wird dann durch die durchschnittliche Beschäftigung dividiert, und man erhält so die variablen Kosten pro Fertigungsstunde. Für das Beispiel ergibt sich:

$$k_v = \frac{2.500\,€ - 350\,€}{3.000\,h} \approx \mathbf{0{,}717\ €/h}$$

Auch hier ist nun die Ermittlung der **(Soll)Kostenfunktion** möglich. Es ergibt sich:

$$K(B) = K_f + k_v \times B = 350 + 0{,}717 \times B$$

Die grafische Methode stellt ein sehr einfaches aber auch relativ ungenaues Verfahren der Kostenauflösung dar. Die Ermittlung der (Soll)Kostenfunktion ist dabei nicht frei von subjektiven Einflüssen, die sich v.a. durch die grafische Bestimmung der Kostengerade ergeben. Dieser Nachteil kann durch Anwendung mathematisch exakter Verfahren, wie z.B. der Methode der kleinsten Quadrate, verhindert werden.

Die **Methode der kleinsten Quadrate** baut wie die grafische Methode i.d.R. auf historischen Istwerten auf, die z.B. für ein bestimmtes Jahr ermittelt werden. Für die Beschäftigungsgrade der einzelnen Monate werden dabei die jeweiligen Kosten der Gemeinkostenarten bzw. Kostenstellen bestimmt. Im Gegensatz zur grafischen Methode erfolgt die Ermittlung der (Soll)Kostenfunktion hier allerdings mathematisch exakt mit Hilfe einer Trendberechnung, die frei von subjektiven Einflüssen ist. Für die (Soll)kostenfunktion gilt dabei zunächst allgemein:

$$\mathbf{K(B) = K_f + k_v \times B}$$

Für die variablen Kosten pro Beschäftigungseinheit $\mathbf{k_v}$ gilt folgender Zusammenhang:

$$\mathbf{k_v} = \frac{\sum \text{(Beschäftigungsabweichung x Kostenabweichung)}}{\sum \text{Beschäftigungsabweichung}^2}$$

Zur Ermittlung der variablen Kosten pro Beschäftigungseinheit sind also zunächst die durchschnittliche monatliche Beschäftigung sowie die durchschnittlichen monatlichen Kosten je Gemeinkostenart bzw. Kostenstelle zu ermitteln. Anschließend werden die Abweichungen von beiden Mittelwerten pro Monat berechnet, miteinander multipliziert und über alle Monate addiert. Das Ergebnis wird dann durch die Summe der quadrierten Beschäftigungsabweichungen dividiert, um die variablen Kosten pro Beschäftigungseinheit zu erhalten. Abbildung 37 gibt die Ergebnisse der einzelnen Rechenschritte für das obige Beispiel wieder.

An variablen Kosten pro Beschäftigungseinheit ergeben sich folglich:

$$\mathbf{k_v} = \frac{1.375.000\ €}{1.832.850\ \text{Stunden}} \approx \mathbf{0{,}75\ €/Stunde}$$

Die fixen Kosten ergeben sich durch Umstellung der allgemeinen (Soll)Kostenfunktion wie folgt:

$$\mathbf{K_f = K - k_v \times B}$$

Bezogen auf das Beispiel ergibt sich auf Basis der Durchschnittswerte:

$$K_f = 2.500\ € - 0{,}75\ €/h \times 3.000\ h = 250\ €$$

Die **(Soll)Kostenfunktion** hat damit folgendes Aussehen:

$$K(B) = K_f + k_v \times B = 250 + 0{,}75 \times B$$

Abb. 37: Anwendungsbeispiel zur Methode der kleinsten Quadrate

Monat	Fertigungs-stunden	∅ Fertigungs-stunden	Beschäftigungs-abweichung (BA)
Januar	3.710	3.000	+ 710
Februar	3.125	3.000	+ 125
März	2.900	3.000	- 100
April	3.000	3.000	0
Mai	3.200	3.000	+ 200
Juni	3.530	3.000	+ 530
Juli	2.500	3.000	- 500
August	2.600	3.000	- 400
September	2.335	3.000	- 665
Oktober	2.800	3.000	- 200
November	3.300	3.000	+ 300
Dezember	3.000	3.000	0
Gesamt	**36.000**	**-**	**-**

Monat	Gemein-kosten	∅ Gemein-kosten	Kostenabwei-chung (KA)	BA x KA	BA^2
Januar	3.300	2.500	+ 800	+ 568.000	504.100
Februar	2.000	2.500	- 500	- 62.500	15.625
März	1.850	2.500	- 650	+ 65.000	10.000
April	2.250	2.500	- 250	0	0
Mai	3.000	2.500	+ 500	+ 100.000	40.000
Juni	3.000	2.500	+ 500	+ 265.000	280.900
Juli	2.300	2.500	- 200	+ 100.000	250.000
August	2.300	2.500	- 200	+ 80.000	160.000
September	2.200	2.500	- 300	+ 199.500	442.225
Oktober	2.200	2.500	- 300	+ 60.000	40.000
November	2.500	2.500	0	0	90.000
Dezember	3.100	2.500	+ 600	0	0
Gesamt	**30.000**	**-**	**-**	**1.375.000**	**1.832.850**

Die Methode der kleinsten Quadrate liefert das mathematisch exakte Ergebnis. Dieses Verfahren ist aber auch mit einem größeren Rechen- und Zeitaufwand verbunden als die grafische Methode, die allerdings die (Soll)Kostenfunktion (K = 350 + 0,717 x B) nur als Näherungslösung ermittelt.

Das Ergebnis der Kostenspaltung bzw. -auflösung wird in der Praxis häufig in Form sog. **Variatoren (V)** ausgedrückt. Der Variator stellt dabei eine Maßgröße dar, die das Verhältnis der variablen Plankosten zu den gesamten Plankosten bei Planbeschäftigung angibt. Variatoren werden für einzelne Kostenarten oder seltener auch für ganze Kostenstellen gebildet. Mit ihrer Hilfe lassen sich Aussagen über die Variabilität der Plankosten bei Beschäftigungsänderungen treffen. *Allgemein* ergibt sich ein Variator wie folgt:

$$\textbf{Variator (V)} = \frac{\text{variable Plankosten (bei Planbeschäftigung)}}{\text{gesamte Plankosten (bei Planbeschäftigung)}} \times 10$$

I.d.R. werden Variatoren in Zehner-Form angegeben, wobei gilt: $0 \leq V \leq 10$. Gelegentlich wird auch auf die Multiplikation mit 10 verzichtet, so dass gilt: $0 \leq V \leq 1$. Grafisch ergeben sich dabei folgende *Kostenverläufe*:

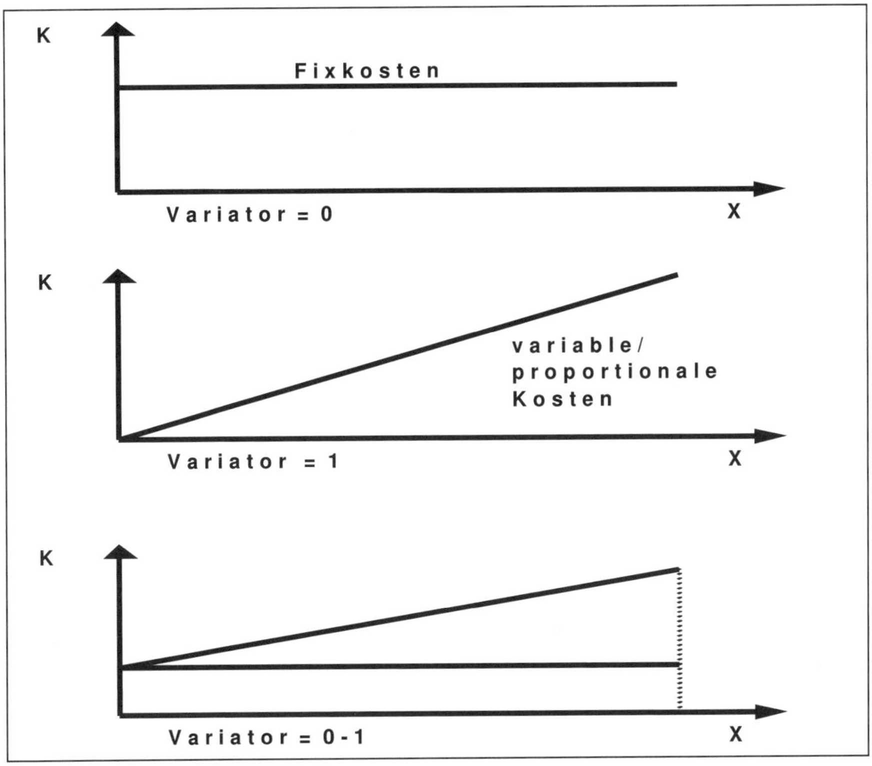

Die Zusammenhänge zwischen Variator und Plankosten werden beispielhaft in der nachstehenden Tabelle dargestellt:

Variator	variable Plankosten	fixe Plankosten
10 (1,0)	100%	0%
8 (0,8)	80%	20%
5 (0,5)	50%	50%
3 (0,3)	30%	70%
0	0%	100%

Als Ergebnis der Kostenspaltung wird der Variator, wie das folgende Beispiel zeigt, i.d.R. kostenstellenbezogen für jede Kostenart separat ausgewiesen:

Kostenstelle DREHEREI (Planbeschäftigung = 20.000 Fertigungsstunden)				
Kostenart	**Plankosten (€)**	**Variator**	**variable Plankosten (€)**	**fixe Plankosten (€)**
Fertigungslöhne	35.500	10	35.500	0
Hilfslöhne	15.500	6	9.300	6.200
Gehälter	12.000	0	0	12.000
Energie	10.500	8	8.400	2.100
Abschreibungen	16.000	2,5	4.000	12.000
Zinsen	8.000	3	2.400	5.600
Raumkosten	2.500	1,6	400	2.100
Gesamt	**100.000**	**6**	**60.000**	**40.000**

Bei Beschäftigungsänderungen lassen sich mit Hilfe des Variators für jede Kostenart getrennt oder für die Kostenstelle insgesamt die jeweiligen Kostenänderungen direkt bestimmen. Der Variator gibt nämlich an, um wie viel Prozent sich die geplanten Gesamtkosten verändern, wenn die Beschäftigung um 10% variiert. Beträgt der Variator wie im vorstehenden Beispiel für die Kostenstelle Dreherei insgesamt 6 (0,6), so müssen sich die geplanten Gesamtkosten bei zehnprozentiger Beschäftigungsänderung (planmäßig) um 6% verändern. Mit Hilfe des Variators lassen sich folglich die Sollkosten für jeden Beschäftigungsgrad und damit auch die Sollkostenfunktion ermitteln.

Dieser Sachverhalt soll im Folgenden am obigen **Beispiel der Kostenstelle Dreherei**, für die bei einer Planbeschäftigung von 20.000 Fertigungsstunden Plankosten von insgesamt 100.000 € ermittelt wurden, näher erläutert werden. Dabei sei angenommen, dass am Ende der Planungsperiode tatsächlich nur 12.000 Fertigungsstunden in der Dreherei geleistet wurden, die Istbeschäftigung mithin 40% unter der Planbeschäftigung von 20.000 Fertigungsstunden lag. Da sich bei einem Variator von 6 (0,6) bei einer zehnprozentigen Beschäftigungsänderung eine Kostenänderung von 6% planmäßig einstellt, verändern sich die gesamten Plankosten bei einer vierzigprozentigen Beschäftigungsänderung aufgrund des Rückgangs der variablen Plankosten folglich planmäßig um 24% (= 4 x 6%). Dies entspricht einem Kostenrückgang von 24.000 € (= 0,24 x 100.000 €). Die Sollkosten der Kostenstelle Dreherei müssten folglich bei einer Istbeschäftigung von 12.000 Fertigungsstunden 76.000 € (= 100.000 € - 24.000 €) betragen.

Da bei einer Planbeschäftigung von 20.000 Fertigungsstunden variable Plankosten von 60.000 € (= 0,6 x 100.000 €) und fixe Plankosten von 40.000 € entstehen, hat die *Sollkostenfunktion für die Kostenstelle Dreherei* demnach folgendes Aussehen:

$$K_s(B_i) = K_{fp} + k_{vp} \times B_i = 40.000 + (60.000/20.000) \times B_i = 40.000 + 3 \times B_i$$

<u>mit:</u> K_s = Sollkosten
K_{fp} = fixe Plankosten
k_{vp} = variable Plankosten pro Beschäftigungseinheit
B_i = Istbeschäftigung

Bei einer Istbeschäftigung von 12.000 Fertigungsstunden ergeben sich durch Einsetzen in die Funktion die bereits oben über den Variator berechneten Sollkosten der Kostenstelle Dreherei:

$$K_s(12.000) = 40.000 + 3 \times 12.000 = 76.000\ €$$

Mit Hilfe der Sollkostenfunktion lassen sich nun für jeden Beschäftigungsgrad die jeweiligen Sollkosten ermitteln, die die Grundlage des Soll-/Ist-Vergleiches bilden. Mit der Kostenspaltung und der Ermittlung der Sollkostenfunktion(en) sind damit die notwendigen Voraussetzungen für eine wirksame Kostenkontrolle und Abweichungsanalyse geschaffen. Dieser letzte Arbeitsschritt im System der flexiblen Plankostenrechnung auf Vollkostenbasis soll im Folgenden eingehender erläutert werden.

Im Rahmen der **Kostenkontrolle und Abweichungsanalyse** lassen sich im System der flexiblen Plankostenrechnung auf Vollkostenbasis grundsätzlich verschiedene Abweichungen ermitteln und analysieren. Abbildung 38 gibt einen Überblick über die wichtigsten Abweichungsarten.[12]

[12] Es sei an dieser Stelle nochmals darauf hingewiesen, dass die Benennung der unterschiedlichen Abweichungen in Literatur und Praxis leider nicht einheitlich erfolgt.

Abb. 38: Abweichungsarten im System der flexiblen Plankostenrechnung auf Vollkostenbasis

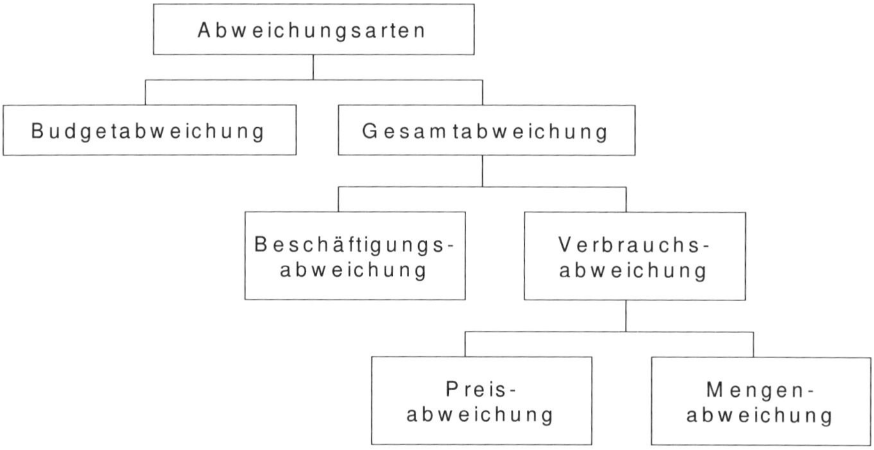

Die Ermittlung und Analyse der Abweichungen erfolgt i.d.R. *kostenstellenbezogen* für einzelne Kostenarten getrennt oder für die jeweilige Kostenstelle insgesamt. Im Folgenden sollen die o.g. Abweichungen anhand von Beispielen ermittelt und auf ihre Aussagekraft hin untersucht werden. Dabei wird die Kostenkontrolle zunächst für eine Kostenstelle insgesamt durchgeführt, ehe im weiteren Verlauf eine nach Kostenarten differenzierte Analyse erfolgt. Ausgangsbeispiel bildet die o.g. *Kostenstelle Dreherei*, für die bereits die Plankosten und die Sollkostenfunktion ermittelt wurden. Nach Durchführung der Istkostenrechnung liegen für diese Kostenstelle am Ende der Planungsperiode folgende *Daten* vor:

Kostenstelle DREHEREI		
	Plan-Werte	**Ist-Werte**
Kosten (€)	100.000	90.000
Fertigungsstunden (Beschäftigung)	20.000	12.000
Verrechnungssatz (€/Fertigungsstunde)	5	7,50
Variator	6 (0,6)	-
Sollkostenfunktion:	$K_s(B_i) = 40.000 + 3 \times B_i$	

Im System der flexiblen Plankostenrechnung auf Vollkostenbasis lassen sich mit der Budget- und Gesamtabweichung zunächst die gleichen Abweichungen ermitteln wie bei starrer Plankostenrechnung (vgl. Abschnitt 6.4.6.3).

Die **Budgetabweichung** stellt dabei die Differenz zwischen den Istkosten bei Istbeschäftigung und den Plankosten bei Planbeschäftigung dar.[13]

Budgetabweichung	=	Istkosten bei Istbeschäftigung - Plankosten bei Planbeschäftigung

Für das obige Beispiel ergibt sich:

Budgetabweichung = 90.000 € - 100.000 € = **- 10.000 €**

Die Plankosten werden also um insgesamt 10.000 € unterschritten. Beide Kostenwerte beziehen sich allerdings auf unterschiedliche Beschäftigungsgrade, was deren Vergleichbarkeit erschwert. Da die Istbeschäftigung mit 12.000 Fertigungsstunden deutlich unter der Planbeschäftigung von 20.000 Fertigungsstunden liegt, müssen die Plankosten bei Istbeschäftigung (= Sollkosten) aufgrund des Rückgangs der variablen Plankosten unter den Plankosten bei Planbeschäftigung (= 100.000 €) liegen. Ob der Kostenrückgang auf die tatsächlich in der Kostenstelle Dreherei angefallenen 90.000 € aber dem „wirtschaftlich" notwendigen Umfang entspricht, kann mit Hilfe der Budgetabweichung nicht beurteilt werden. Hierzu bedarf es vielmehr des Vergleichs der Istkosten mit den Sollkosten, der im Rahmen der Budgetabweichung aber nicht erfolgt. Die Budgetabweichung lässt daher keine eindeutigen Rückschlüsse auf Abweichungsursachen und mögliche Unwirtschaftlichkeiten zu.

Die **Gesamtabweichung** konnte ebenfalls bereits im System der starren Plankostenrechnung ermittelt werden. Sie stellt die Differenz zwischen den Istkosten bei Istbeschäftigung und den verrechneten Plankosten bei Istbeschäftigung dar.

Gesamtabweichung	=	Istkosten bei Istbeschäftigung - verrechnete Plankosten bei Istbeschäftigung

Für das Beispiel ergibt sich:

Gesamtabweichung	=	90.000 € - 5 €/h x 12.000 h
	=	90.000 € - 60.000 €
	=	**30.000 €**
		oder
	=	(7,50 €/h - 5 €/h) x 12.000 h
	=	**30.000 €**

[13] Die Berechnung ist natürlich auch in umgekehrter Reihenfolge (Plankosten - Istkosten) möglich, wobei dann Kostenunterschreitungen mit (+) und Kostenüberschreitungen mit (-) auszuweisen sind. Die Interpretation der Abweichung bleibt hiervon unberührt.

Die Gesamtabweichung weist die insgesamt zu wenig (Kostenunterdeckung) oder zu viel (Kostenüberdeckung) in der Kostenträgerrechnung verrechneten Kosten aus. Diese Abweichung tritt immer dann auf, wenn die in der Kostenträgerrechnung verwendeten Plankostenverrechnungssätze nicht mit den tatsächlichen Istkostenverrechnungssätzen übereinstimmen. Im vorliegenden Beispiel beträgt der Plankostenverrechnungssatz 5 €/Fertigungsstunde. Der Istkostenverrechnungssatz, der erst am Ende der Planungsperiode bekannt ist, beträgt aber 7,50 €/ Fertigungsstunde (= 90.000 €/12.000 h). Es werden also 2,50 €/Fertigungsstunde und bei Unterstellung einer Istbeschäftigung von 12.000 Fertigungsstunden insgesamt 30.000 € (= 7,50 €/h x 12.000 h) zu wenig Kosten in der Kostenträgerrechnung verrechnet (= Gesamtabweichung).

Auch die Gesamtabweichung vermag generell noch keine eindeutigen Hinweise auf mögliche Unwirtschaftlichkeiten in den Kostenstellen zu geben. Die Abweichungsursachen können sowohl beschäftigungs- als auch verbrauchs- bzw. preisbedingter Natur sein. Die Gesamtabweichung muss daher zum Zweck einer differenzierteren Ursachenanalyse in weitere Teilabweichungen aufgespaltet werden.

Die **Aufspaltung der Gesamtabweichung** in aussagefähige Teilabweichungen wird im System der flexiblen Plankostenrechnung auf Vollkostenbasis durch die Ermittlung der Sollkosten(funktionen) möglich. Zu unterscheiden ist zwischen der *Beschäftigungsabweichung* einerseits und der *Verbrauchsabweichung* andererseits, die wiederum mengen- oder preisbedingt sein kann. Beide Abweichungen sind additiv verknüpft und ergeben in der Summe die Gesamtabweichung.

Diesen Sachverhalt stellt Abbildung 39 grafisch dar. Die Sollkostenfunktion, die zwischen fixen und variablen Kosten trennt, erlaubt nun die Ermittlung der „wirtschaftlichen" Kosten, die sich bei der jeweiligen Istbeschäftigung bei wirtschaftlichem Umgang mit den Einsatzfaktoren (Materialien, Arbeitskräfte, Betriebsmittel) einstellen müssten bzw. sollten. Eine Umrechnung der Plankosten auf die tatsächliche Istbeschäftigung (= Sollkosten) als notwendige Voraussetzung einer aussagefähigen Kostenkontrolle wird damit möglich.

Abb. 39: Abweichungsanalyse im System der flexiblen Plankostenrechnung auf Vollkostenbasis

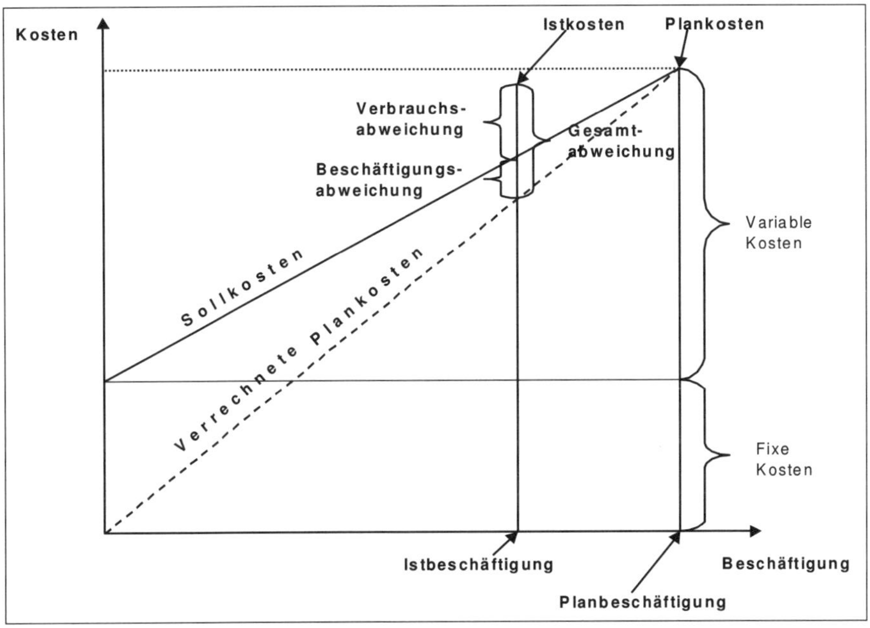

Wie aus Abbildung 39 ersichtlich ist, ergibt sich die **Beschäftigungsabweichung** aus der Differenz zwischen den Sollkosten (bei Istbeschäftigung) und den verrechneten Plankosten (bei Istbeschäftigung).[14]

Beschäftigungsabweichung	=	Sollkosten bei Istbeschäftigung
		- verrechnete Plankosten bei Istbeschäftigung

Für das hier unterstellte Beispiel der Kostenstelle Dreherei wurden bereits die Sollkosten bei einer Istbeschäftigung von 12.000 Fertigungsstunden berechnet. Durch Einsetzen in die Sollkostenfunktion ergaben sich Sollkosten i.H.v. 76.000 € (= 40.000 + 3 x 12.000). Als Beschäftigungsabweichung für die *Kostenstelle Dreherei* ergibt sich folglich:

Beschäftigungsabweichung	=	76.000 € - 5 €/h x 12.000 h
	=	76.000 € - 60.000 €
	=	**16.000 €**

[14] In der Literatur wird gelegentlich zusätzlich die sog. „echte" Beschäftigungsabweichung ausgewiesen, die sich aus der Differenz der Sollkosten und der Plankosten bei Planbeschäftigung ergibt (vgl. Freidank, C.-C. (2008), S. 212 f). Diese Abweichung ist für die Kostenkontrolle aber von vergleichsweise geringer Relevanz und soll daher im Folgenden nicht weiter behandelt werden.

Zum besseren Verständnis dieser Abweichung sollen zunächst die Unterschiede zwischen den zur Abweichungsermittlung verwendeten Kostengrößen *Sollkosten* und *verrechnete Plankosten* verdeutlicht werden. Beide Größen unterscheiden sich durch die unterschiedliche Behandlung der Fixkosten. Während in der Sollkostenfunktion, die der Kostenkontrolle in den Kostenstellen dient, die Fixkosten separat ausgewiesen werden (im Beispiel 40.000 €), erfolgt bei der Verrechnung der Plankosten in der Kostenträgerrechnung im Rahmen einer Vollkostenrechnung immer eine Proportionalisierung der (Plan)Fixkosten. Der Plankostenverrechnungssatz enthält dabei neben variablen auch fixe Kostenbestandteile. Im Beispiel der Kostenstelle Dreherei beträgt der Plankostenverrechnungssatz 5 €/h (= 100.000 €/20.000 Fertigungsstunden) und beinhaltet 3 €/h (= 60.000 €/20.000 Fertigungsstunden) variable Kosten und 2 €/h (= 40.000 €/20.000 Fertigungsstunden) fixe Kosten. Die Fixkosten i.H.v. 40.000 € werden dabei pro Fertigungsstunde verrechnet (proportionalisiert), obwohl sie fix sind und gar nicht pro Fertigungsstunde anfallen.

Im vorliegenden Beispiel weicht nun die Istbeschäftigung von der Planbeschäftigung ab. Dies hat für die *verrechneten Plankosten* folgende Konsequenz. Da der Plankostenverrechnungssatz nur 2 €/h an fixen Kosten enthält, werden im Rahmen der Kostenträgerrechnung bei einer Istbeschäftigung von 12.000 Fertigungsstunden von den 40.000 € Planfixkosten insgesamt nur 24.000 € (2 €/h x 12.000 h) verrechnet. Der Plankostenverrechnungssatz hätte bei einer Beschäftigung von 12.000 Fertigungsstunden aber eigentlich 3,33 €/h (= 40.000 €/12.000 Fertigungsstunden) an fixen Kosten enthalten müssen. Es werden mithin 1,33 €/h und insgesamt 16.000 € (≈ 1,33 €/h x 12.000 h) zu wenig (Plan)Fixkosten verrechnet. Dies entspricht der oben berechneten Beschäftigungsabweichung, die hier auch als der Teil der Fixkosten interpretiert werden kann, der für die ungenutzte Kapazität (Leerkosten) anfällt.

Die Beschäftigungsabweichung stellt im System der flexiblen Plankostenrechnung auf Vollkostenbasis also die Abweichung zwischen den tatsächlichen Planfixkosten und den verrechneten Planfixkosten dar. Sie tritt immer dann auf, wenn Plan- und Istbeschäftigung voneinander abweichen und ist in einer Vollkostenrechnung nicht zu vermeiden („Systemfehler"). Liegt die Istbeschäftigung unter (über) der Planbeschäftigung, werden stets zu wenig (zu viele) Planfixkosten verrechnet. Die Beschäftigungsabweichung tritt dabei unabhängig von der Höhe der tatsächlichen Istkosten auf, da diese in die Berechnung der Beschäftigungsabweichung gar nicht eingehen (vgl. auch Abbildung 39).

Die Beschäftigungsabweichung ist der Teil der Gesamtabweichung, der von den jeweiligen Verantwortlichen in den Kostenstellen i.d.R. nicht zu vertreten ist. Die hieraus resultierenden Kostenunter- bzw. -überdeckungen haben ihre Ursache in einer

Unter- bzw. Überauslastung der tatsächlichen Beschäftigung gegenüber der Planung. Die Abweichungsgründe können dabei vielfältig sein. Neben geringeren Auftragseingängen können z.B. auch Engpässe in anderen Unternehmensbereichen zu einer Minderauslastung der Kostenstellenkapazität führen. Kapazitätsausfälle können aber auch in der Kostenstelle selbst auftreten, die dann zu längeren reparaturbedingten Stillstandszeiten führen und auch die Kapazitätsauslastung anderer Kostenstellen negativ beeinflussen können. In diesem Fall wäre die Frage der Verantwortlichkeit insbesondere dann zu klären, wenn sich Maschinenausfälle z.B. auf mangelnde Wartung zurückführen lassen.

Neben der Beschäftigungsabweichung lässt sich im System der flexiblen Plankostenrechnung auch die sog. Verbrauchsabweichung ermitteln. Wie bereits aus Abbildung 39 ersichtlich ist, ergeben beide Abweichungen in der Summe die Gesamtabweichung. Die **Verbrauchsabweichung** stellt dabei die Differenz zwischen den Istkosten (bei Istbeschäftigung) und den Sollkosten (bei Istbeschäftigung) dar.

Verbrauchsabweichung	=	Istkosten bei Istbeschäftigung
		- Sollkosten bei Istbeschäftigung

Die Verbrauchsabweichung gibt die Abweichung des tatsächlichen Kostenanfalls (= Istkosten) gegenüber den Plankosten bei Istbeschäftigung (= Sollkosten) an. Die Sollkosten sind die Plankosten, die bei Istbeschäftigung bei wirtschaftlichem Umgang mit den Ressourcen eigentlich hätten anfallen müssen. Die Istkosten sind die Kosten, die bei Istbeschäftigung tatsächlich angefallen sind. Beide Größen beziehen sich auf den gleichen Beschäftigungsgrad und sind daher miteinander vergleichbar. Der Soll-/Ist-Vergleich beinhaltet also i.e.S. nur die Ermittlung und Analyse der Verbrauchsabweichung(en).

Für die Kostenstelle Dreherei ergibt sich:

Verbrauchsabweichung	=	90.000 € - 76.000 €
	=	**14.000 €**

Im vorliegenden Beispiel werden die Sollkosten also um 14.000 € überschritten. Die insgesamt in der Kostenstelle Dreherei aufgetretene Kostenunterdeckung i.H.v. 30.000 € (= Gesamtabweichung) ist also i.H.v. 16.000 € beschäftigungs- und i.H.v. 14.000 € verbrauchsbedingter Natur.

Ein Abweichen der Istkosten von den Sollkosten kann dabei auf mögliche Unwirtschaftlichkeiten zurückzuführen sein, kann aber auch andere Ursachen haben. Im Rahmen einer detaillierten Abweichungsanalyse, die i.d.R. kostenartenbezogen erfolgt, sind daher die einzelnen Ursachen von Verbrauchsabweichungen genauer zu untersuchen. Neben möglichen Mehr- oder Minderverbräuchen an Inputfaktoren (*Mengenabweichung*) können Verbrauchsabweichungen auch durch veränderte Faktorpreise (*Preisabweichung*) zustande kommen, die i.d.R. vom jeweiligen Kostenstellenleiter nicht zu beeinflussen und damit auch nicht zu verantworten sind. Nur wenn Ist- und Sollkosten auf Basis gleicher Verrechnungspreise ermittelt werden, sind Verbrauchsabweichungen rein mengenbedingt.

Im Folgenden soll am **Beispiel einer kostenartenbezogenen Analyse** gezeigt werden, wie sich die Verbrauchsabweichung in die beiden Komponenten Preis- und Mengenabweichung weiter aufspalten lässt. Hierzu wird eine Kostenstelle betrachtet, für die folgende *Ausgangssituation* gilt:[15]

Kostenarten	**Planmenge**	**Planpreis**	**Variator**	**Gesamte Plankosten**	**Variable Plankosten**	**Fixe Plankosten**
Fertigungslöhne	800 h	20,00	10	16.000	16.000	-
Hilfslöhne	500 h	15,00	6	7.500	4.500	3.000
Energie	1.200 kWh	0,10	7	120	84	36
Hilfsstoffe	400 kg	2,00	8	800	640	160
Raumkosten	100 qm	10,00	1	1.000	100	900
Gehälter	1 Monat	3.200	0	3.200	0	3.200
Abschreibungen	140.000 €	20%	2	28.000	5.600	22.400
Zinsen	140.000 €	3%	0	4.200	0	4.200
Σ (€)				**60.820**	**26.924**	**33.896**

Die Abweichungsanalyse[16] soll am Beispiel der **Kostenart Hilfslöhne** durchgeführt werden. Für diese Kostenart sind folgende weitere *Informationen* gegeben:

	Plan-Werte	**Ist-Werte**
Verbrauchsmenge	500 Arbeitsstunden	483,34 Arbeitsstunden
Preis (Lohnsatz)	15,00 €/h	15,31 €/h
Beschäftigung	100 Produktmengeneinheiten	90 Produktmengeneinheiten
Variator	6	-

[15] Die Darstellung des Beispiels erfolgt in enger Anlehnung an Birker, K. (1998), S. 130 ff.

[16] Es handelt sich im Folgenden um eine sog. **kumulative Abweichungsanalyse**, bei der die ermittelten Abweichungen i.d.R. nicht überschneidungsfrei sind und Abweichungen höherer Ordnung anteilig verrechnet werden. Diese Vorgehensweise erscheint hier dennoch akzeptabel, da die für die Wirtschaftlichkeitsbeurteilung relevante Mengenabweichung als letzte ermittelte Abweichung überschneidungsfrei ist. Zur Behandlung und Verrechnung von Abweichungsüberschneidungen vgl. ausführlich Coenenberg, A.G. (2007), S. 228 ff.

Die Berechnung der Verbrauchsabweichung erfordert zunächst die **Ermittlung der Sollkosten(funktion)**. Da der Variator der Kostenart *Hilfslöhne* 6 beträgt, verhalten sich 60% der gesamten Plankosten dieser Kostenart variabel und 40% fix. Die Sollkostenfunktion lautet demnach:

$$\mathbf{K_s(B_i) = K_{fp} + k_{vp} \times B_i} = 3.000 + (4.500/100) \times B_i = \mathbf{3.000 + 45 \times B_i}$$

Bei einer Istbeschäftigung von 90 Produktmengeneinheiten ergeben sich folgende *Sollkosten für die Kostenart Hilfslöhne*:

$$\mathbf{K_s(90) = 3.000 + 45 \times 90 = 7.050\ €}$$

Die Istkosten für die Kostenart *Hilfslöhne* betragen 7.400 € (= 483,34 h x 15,31 €/h), so dass sich folgende Verbrauchsabweichung ergibt:

Verbrauchsabweichung	=	Istkosten bei Istbeschäftigung
		- Sollkosten bei Istbeschäftigung
	=	7.400 € - 7.050 €
	=	**350 €**

Da sich bei der Kostenart *Hilfslöhne* sowohl Preis- als auch Mengenänderungen gegenüber den Planungen ergeben haben, muss die Verbrauchsabweichung entsprechend der nachstehenden Abbildung in ihre beiden Komponenten Preis- und Mengenabweichung aufgespaltet werden, um beide Effekte getrennt analysieren zu können.

Verbrauchsabweichung
=
Istkosten - Sollkosten
=
Istmenge x Istpreis - Sollmenge x Planpreis

Preisabweichung
=
Istkosten - Istkosten zu Planpreisen
=
Istmenge x Istpreis - Istmenge x Planpreis
=
Istmenge x (Istpreis - Planpreis)

+

Mengenabweichung
=
Istkosten zu Planpreisen - Sollkosten
=
Istmenge x Planpreis - Sollmenge x Planpreis
=
Planpreis x (Istmenge - Sollmenge)

Zur Ermittlung der Preis- und Mengenabweichung bedarf es der Berechnung einer zusätzlichen Kostengröße, die auch *Istkosten zu Planpreisen* genannt wird und wie folgt zu berechnen ist:

Istkosten zu Planpreisen = Ist(verbrauchs)menge der Kostenart x Planpreis je Verbrauchsmengeneinheit

Für die Kostenart *Hilfslöhne* ergeben sich Istkosten zu Planpreisen i.H.v. 7.250 € (= 483,34 h x 15,00 €/h). **Preis- und Mengenabweichung** betragen folglich:

Preisabweichung	=	7.400 € - 7.250 €
	=	483,34 h x 15,31 €/h – 483,34 h x 15,00 €/h
	=	483,34 h x (15,31 €/h –15,00 €/h)
	=	**150 €**
Mengenabweichung	=	7.250 € - 7.050 €
	=	483,34 h x 15,00 €/h – 470 h[17] x 15,00 €/h
	=	15,00 €/h x (483,34 h– 470 h)
	=	**200 €**

Die Verbrauchsabweichung i.H.v. 350 € bei der Kostenart *Hilfslöhne* ist also i.H.v. 150 € auf einen Anstieg des Lohnsatzes (Preisabweichung) und i.H.v. 200 € auf Mehrverbräuche an Arbeitsstunden (Mengenabweichung) zurückzuführen. Wird die Abweichungsanalyse auf alle Kostenarten der betrachteten Kostenstelle ausgeweitet, so ergibt sich beispielsweise folgendes Bild:

Kostenart	**Istkosten**	**Sollkosten**	**Istkosten zu Planpreisen**	**Verbrauchsabweichung abs.**	**%**	**Preisabweichung abs.**	**%**	**Mengenabweichung abs.**	**%**
Fertigungslöhne	15.200	14.400	15.100	+ 800	+ 5,55	+ 100	0,69	+ 700	+ 4,86
Hilfslöhne	7.400	7.050	7.250	+ 350	+ 4,96	+ 150	2,13	+ 200	+ 2,84
Energie	118	112	118	+ 6	+ 5,36	--	--	+ 6	+ 5,36
Hilfsstoffe	720	736	730	- 16	- 2,17	- 10	- 1,36	- 6	- 0,82
Raumkosten	995	990	990	+ 5	+ 0,50	+ 5	+ 0,50	--	--
Gehälter	3.300	3.200	3.200	+100	+ 3,13	+100	+ 3,13	--	--
Kalk. Abschr.	27.440	27.440	27.440	--	--	--	--	--	--
Kalk. Zinsen	4.200	4.200	4.200	--	--	--	--	--	--
Σ	**59.373**	**58.128**	**59.028**	**+ 1.245**	**+ 2,14**	**+ 345**	**+ 0,59**	**+ 900**	**+ 1,55**

[17] Die Sollmenge lässt sich bei Unterstellung eines proportionalen Verbrauchs mit Hilfe des Variators ermitteln, wobei bei einer Planbeschäftigung von 100 Produktmengeneinheiten gilt: variable Planmenge = 0,6 x 500 h = 300 h; fixe Planmenge = fixe Sollmenge = 500 h – 300 h = 200 h. Die (fixe und variable) Sollmenge ergibt sich nun wie folgt: 200 h + (300 h /100 ME) x 90 ME = 470 h.

Mit der Aufspaltung der Verbrauchsabweichung in die Preis- und Mengenabweichung ist nun eine genaue Analyse der Abweichungsursachen möglich.

Preisabweichungen ergeben sich dabei nicht nur bei Roh-, Hilfs- und Betriebsstoffen, sondern - wie das Beispiel zeigt - auch bei Löhnen und Gehältern sowie beispielsweise Mieten. Preisabweichungen sind i.d.R. nicht von den Kostenstellenleitern zu verantworten. Die Höhe der Beschaffungspreise für Roh-, Hilfs- und Betriebsstoffe ist primär von Markteinflüssen abhängig und nur in begrenztem Umfang durch die Einkaufspolitik der Unternehmen steuerbar. Die Höhe der Löhne und Gehälter wird z.B. im Rahmen von Flächentarifverträgen außerbetrieblich festgelegt, so dass das einzelne Unternehmen hierauf ebenfalls nur begrenzt einwirken kann. Ähnliches gilt für die Höhe der Mietkosten.

Mengenabweichungen sind in einem Minder- oder Mehrverbrauch von z.B. Einsatzmengen an Roh-, Hilfs- und Betriebsstoffen oder von Arbeits- und Maschinenstunden begründet. Auch in diesem Fall ist der Kostenstellenleiter nicht per se für entsprechende Kostenabweichungen verantwortlich zu machen. Neben beispielsweise überhöhtem Ausschuss in der Produktion aufgrund eines unwirtschaftlichen Umgangs mit den Einsatzfaktoren können auch andere Ursachen zu Mehrverbräuchen führen, die den Kostenstellenverantwortlichen nicht ohne Weiteres angelastet werden können. Ein typisches Beispiel hierfür wären Änderungen der Produktgestaltung durch entsprechende Kundenwünsche, die beispielsweise zu Mehrverbräuchen an Materialien und/oder zu Nacharbeiten führen. Nacharbeiten können aber auch dann notwendig werden, wenn z.B. Zulieferteile nicht in der geforderten Qualität oder Menge zur Verfügung stehen, oder zeitliche Lieferengpässe auftreten. Auch konstruktionsbedingte Fehler können zu Mehrverbräuchen an Einsatzfaktoren und damit zu Kostenabweichungen führen.

Die einzelnen Gründe für auftretende Mengenabweichungen sind insbesondere bei Abweichungen in erheblicher Größenordnung (z.B. bei Überschreiten vorher festgelegter Toleranzgrenzen) genau zu analysieren. Die Kostenstellenleiter können wegen der oben genannten Gründe zwar nicht generell für die Ursachen der Abweichungen, aber durchaus für die Aufklärung der Abweichungsgründe verantwortlich gemacht werden. Die Abweichungsauswertung kann dabei beispielsweise in Form monatlicher Kostendurchsprachen mit den jeweiligen Abteilungsleitern erfolgen. Ansatzpunkte zur Vermeidung zukünftiger Mengenabweichungen liegen je nach Ursachen sowohl außerhalb als auch innerhalb der betrachteten Kostenstellen. Dabei kann die Koppelung von Kostenabweichungen an ein Prämiensystem sinnvoll sein, mit dem den Mitarbeitern positive Anreize zu wirtschaftlichem Verhalten gegeben werden.

Die **Systematik der** im Rahmen dieses Abschnitts erläuterten **Kostenabweichungen** sowie die zu ihrer Ermittlung notwendigen Kostengrößen werden in Abbildung 40 abschließend dargestellt.

Abb. 40: Systematik der Kostenabweichungen

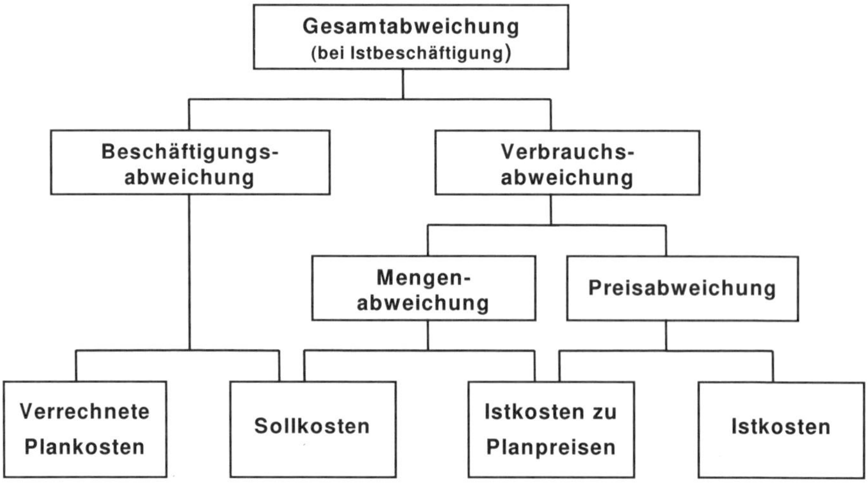

Zur **Beurteilung der flexiblen Plankostenrechnung auf Vollkostenbasis** erscheint ein abschließender Vergleich mit der starren Plankostenrechnung sinnvoll. Dabei wird deutlich, dass die flexible Plankostenrechnung auf Vollkostenbasis insbesondere im Rahmen der Kostenkontrolle und Abweichungsanalyse deutliche Vorteile aufweist. Über die Ermittlung der Sollkosten und Istkosten zu Planpreisen ist in diesem System eine wirksame Kostenkontrolle und differenzierte Abweichungsanalyse möglich. Die unterschiedlichen Ursachen für Kostenabweichungen lassen sich so vergleichsweise dezidiert ermitteln und mögliche Unwirtschaftlichkeiten in den Kostenstellen als Grundlage innerbetrieblicher Lernprozesse aufzeigen. Diesem Vorteil stehen allerdings auch Nachteile gegenüber. So ist der Erfassungs- und Rechenaufwand im Vergleich zur starren Plankostenrechnung deutlich höher. Der Einsatz von Systemen der flexiblen Plankostenrechnung auf Vollkostenbasis erscheint daher v.a. in den Unternehmensbereichen sinnvoll, in denen häufige Kosten- und Beschäftigungsschwankungen auftreten (z.B. Fertigungskostenstellen).

Als gemeinsamer Nachteil beider Systeme der Plankostenrechnung ist die Proportionalisierung von Fixkosten zu werten, die grundsätzlich bei allen Systemen der Vollkostenrechnung auftritt. Die Verrechnung der Fixkosten auf die einzelnen Kostenträgereinheiten und damit deren Behandlung als quasi „proportionale" Kosten schränkt die Eignung von Vollkostenrechnungssystemen für dispositive Zwecke erheblich ein. Dieser Sachverhalt wird im Rahmen des folgenden Abschnitts noch ausführlicher erörtert.

6.5 Mängel der Vollkostenrechnung

Die Entwicklung von Systemen der Teilkostenrechnung, die Gegenstand der Ausführungen des 7. Kapitels sind, beruht im Wesentlichen auf Mängeln der Vollkostenrechnung, die im Folgenden anhand eines **Beispiels** aufgezeigt werden sollen. Für ein Unternehmen, das vier Produkte herstellt, liegen folgende Informationen für die nächste Planungsperiode vor:

Produkt	Absatzmenge (Stück)	Absatzpreis (€/Stück)	Umsatz (€)	Selbstkosten (€/Stück)	Gesamtkosten (€)	Gesamtergebnis (€)
1	2.000	3,50	7.000	4,00	8.000	- 1.000
2	4.000	9,00	36.000	6,00	24.000	12.000
3	3.000	8,00	24.000	8,00	24.000	0
4	6.000	7,50	45.000	5,00	30.000	15.000
Summe			**111.000**		**86.000**	**26.000**

Aufgrund des negativen Erfolgsbeitrages von Produkt 1 erwägt die Unternehmensführung, dieses Produkt ggf. aus dem Programm zu nehmen, da eine Steigerung des Absatzpreises nicht möglich ist. Bezüglich des Produktes 1 liegen zusätzliche Informationen aus der Kostenträgerrechnung (*Vollkostenrechnung*) vor, die der nachstehenden Kalkulation zu entnehmen sind.

Die Kostenrechnung hat neben dieser Kalkulation auf Vollkostenbasis auch die Anteile an variablen und fixen Material-, Fertigungs- sowie Verwaltungs- und Vertriebsgemeinkosten bestimmt. In den Materialgemeinkosten sind danach 80% und in den Fertigungsgemeinkosten 60% fixe Kosten enthalten. Die Verwaltungs- und Vertriebsgemeinkosten stellen in voller Höhe fixe Kosten dar.

Materialeinzelkosten	1,50 €/Stück
Materialgemeinkosten (20%)	0,30 €/Stück
Fertigungseinzelkosten	0,60 €/Stück
Fertigungsgemeinkosten (150%)	0,90 €/Stück
Herstellkosten	**3,30 €/Stück**
Verwaltungs-/Vertriebsgemeinkosten (10%)	0,33 €/Stück
Sondereinzelkosten des Vertriebs	0,37 €/Stück
Selbstkosten	**4,00 €/Stück**

Welche Auswirkungen auf das Gesamtergebnis hätte die Eliminierung des Produktes 1 aus dem Produktprogramm?

Die *Kalkulation der Selbstkosten auf Vollkostenbasis* suggeriert Stückkosten für die Herstellung und den Vertrieb des Produktes 1 i.H.v. 4 €. Diese Stückkosten würden nach Logik der Vollkostenrechnung nicht anfallen, wenn das Produkt 1, wie von der Unternehmensführung erwogen, aus dem Produktprogramm herausgenommen würde. Bei einer geplanten Absatzmenge von insgesamt 2.000 Stück ließen sich folglich Kosten i.H.v. 8.000 € bei einem gleichzeitigen Rückgang der Umsatzerlöse i.H.v. 7.000 € abbauen. Der geplante Gewinn ließe sich mithin um 1.000 € auf insgesamt 27.000 € steigern.

Die *Kalkulation der (variablen) Selbstkosten auf Teilkostenbasis* zeigt jedoch, dass diese Annahme zu einer unternehmerischen Fehlentscheidung führen würde. Auf das Produkt 1 entfallen nämlich unter Berücksichtigung der oben genannten zusätzlichen Informationen über den Anteil der variablen Kosten in den Gemeinkosten *variable Stückkosten* in folgender Höhe:

Materialeinzelkosten	1,50 €/Stück
variable Materialgemeinkosten	0,06 €/Stück
Fertigungseinzelkosten	0,60 €/Stück
variable Fertigungsgemeinkosten	0,36 €/Stück
variable Herstellkosten	**2,52 €/Stück**
Sondereinzelkosten des Vertriebs	0,37 €/Stück
variable Selbstkosten	**2,89 €/Stück**

In den auf Vollkostenbasis ermittelten Selbstkosten sind also pro Stück 1,11 € (= 4 € - 2,89 €) fixe Kosten enthalten. Diese würden auch bei Eliminierung des Produktes 1 anfallen, da sich fixe Kosten als zeitabhängige Kosten definitionsgemäß bei Änderung des Niveaus der Beschäftigung (hier: Reduktion der Produktionsmenge des Produktes 1 um 2.000 Stück) nicht verändern, sondern in ihrer Höhe konstant bleiben. Insgesamt wurden auf das Produkt 1 2.220 € (= 1,11 €/Stück x 2.000 Stück) an Fixkosten verrechnet. Die Eliminierung des Produktes 1 hätte also zur Folge, dass neben dem Verlust der Umsatzerlöse und dem Abbau der variablen Kosten für das Produkt 1 dem Unternehmen dennoch Fixkosten i.H.v. 2.220 € erhalten blieben.

Das Gesamtergebnis des Unternehmens würde sich folglich nicht - wie fälschlich angenommen - um 1.000 € auf 27.000 € erhöhen, sondern würde sich vielmehr um 1.220 € (= 2.220 € - 1.000 €) auf 24.780 € verschlechtern. Auch das Produkt 3, das (auf Vollkostenbasis) insgesamt keinen positiven Beitrag zum Gesamtergebnis liefert

(Stückgewinn = 0), könnte aufgrund ähnlicher Überlegungen nicht ohne Weiteres aus dem Produktprogramm genommen werden, ohne dass sich das Gesamtergebnis verschlechtern würde.

Die Proportionalisierung von Fixkosten in Systemen der Vollkostenrechnung, d.h. die Verrechnung von Fixkosten auf einzelne Kostenträgereinheiten, kann bei bestimmten unternehmerischen Entscheidungssituationen offensichtlich zu Fehlentscheidungen führen. Dieser Sachverhalt soll durch **Variation des obigen Beispiels** auch an einer anderen Entscheidungssituation verdeutlicht werden.

Es wird nun angenommen, dass das betrachtete Unternehmen durch die geplanten Produktions- und Absatzmengen der vier Produkte in der Fertigung nicht vollständig ausgelastet ist und noch zusätzliche Kapazität zur mengenmäßigen Ausweitung des Produktprogramms zu Verfügung steht. In dieser Situation wird dem Unternehmen ein **Zusatzauftrag** über die Fertigung von weiteren 2.000 Mengeneinheiten des Produktes 1 angeboten. Der Kunde ist allerdings nicht bereit, den angebotenen Absatzpreis von 3,50 €/Stück zu bezahlen, sondern akzeptiert nur einen Preis von 3 €/Stück.

Sollte das Unternehmen den Zusatzauftrag zu den angebotenen Konditionen annehmen?

Zieht man die Informationen der Vollkostenrechnung zur Beantwortung dieser Fragestellung heran, würde das Unternehmen die Annahme des Zusatzauftrages ablehnen. Da die auf Vollkostenbasis ermittelten Selbstkosten i.H.v. 4 €/Stück um einen Euro über dem vom Kunden für den Zusatzauftrag angebotenen Absatzpreis von 3 €/Stück liegen, suggeriert die Vollkostenrechnung in diesem Fall ein Verlustgeschäft durch die Annahme des Auftrags i.H.v. - 2.000 € (= [3 €/Stück - 4 €/Stück] x 2.000 Stück). Der Gewinn würde gegenüber der Ausgangssituation folglich auf 24.000 € sinken.

Auch hier stellt die Entscheidung auf Vollkostenbasis eine unternehmerische Fehlentscheidung dar, die durch die Proportionalisierung der Fixkosten begründet ist. Die auf Teilkostenbasis ermittelten Stückkosten des Produktes 1 betragen nämlich, wie bereits oben berechnet, 2,89 € und liegen damit um 0,11 €/Stück unter dem vom Kunden angebotenen Absatzpreis von 3 €/Stück. Produkt 1 würde bei Annahme des Zusatzauftrages also neben der Deckung der variablen Kosten pro Stück bei einem Absatzpreis von 3 €/Stück einen zusätzlichen Beitrag i.H.v. 0,11 €/Stück zur Deckung der ohnehin anfallenden Fixkosten erwirtschaften. Man spricht in diesem Zusammenhang auch vom sog. **Deckungsbeitrag eines Produktes**, der sich aus der

Differenz von Absatzpreis und variablen Stückkosten (hier: 3 €/Stück - 2,89 €/ Stück = 0,11 €/Stück) ergibt.

Da für diesen Zusatzauftrag keine zusätzlichen Fixkosten anfallen würden, ist hier eine Entscheidung allein auf Basis der variablen Stückkosten (Teilkostenbasis) möglich. Durch die Annahme des Zusatzauftrages ließe sich folglich der Gewinn des Unternehmens bei Konstanz der fixen Kosten um 220 € (= 0,11 €/Stück x 2.000 Stück) auf insgesamt 26.220 € steigern.

Das Rechnen mit Deckungsbeiträgen ist typisch für Systeme der Teilkostenrechnung, die dann auch als Deckungsbeitragsrechnungen bezeichnet werden. Daher sollen im folgenden Kapitel 7 zunächst die unterschiedlichen Systeme der Teilkostenrechnung erläutert werden, ehe im anschließenden Kapitel 8 deren Anwendung am Beispiel ausgewählter unternehmerischer Entscheidungssituationen erfolgt.

Fasst man die **Mängel der Vollkostenrechnung** abschließend zusammen, so ist festzustellen, dass neben der hier beispielhaft in ihren Konsequenzen dargestellten Proportionalisierung von Fixkosten zumindest noch ein weiterer Aspekt von Bedeutung ist. Systeme der Vollkostenrechnung verstoßen nämlich generell gegen das Verursachungsprinzip, da (variable und fixe) Gemeinkosten, die ihrem Wesen nach den Kostenträgern nicht direkt zugerechnet werden können, im Rahmen der Gemeinkostenschlüsselung dennoch auf die einzelnen Kostenträger verrechnet werden. Diese Gemeinkostenschlüsselung ist dabei nicht frei von Willkür, so dass im Prinzip die Aussagefähigkeit der gesamten Kostenrechnung sowie deren Anwendungsmöglichkeiten zur Lösung unternehmerischer Entscheidungssituationen hierunter leidet.

Systeme der Teilkostenrechnung versuchen die genannten Nachteile der Vollkostenrechnung zu beseitigen bzw. zu verringern. Sie sind daher Gegenstand der Darstellungen des folgenden Kapitels.

Kontrollfragen und -aufgaben

1) Wodurch unterscheiden sich Systeme der Voll- und Teilkostenrechnung?

2) Welche Systeme der Kostenrechnung lassen sich nach dem *Zeitbezug der verwendeten Kostendaten* unterscheiden?

3) Nennen Sie die Vor- und Nachteile einer Istkostenrechnung.

4) Welche grundsätzlichen Ziele werden mit dem Einsatz einer Normalkostenrechnung verfolgt?

5) Erläutern Sie die Auswirkungen des Einsatzes einer Normalkostenrechnung auf die Kostenstellen- und Kostenträgerrechnung.

6) Welchen Stellenwert besitzt die Plankostenrechnung im Rahmen der Unternehmensplanung?

7) Nach welchen Kriterien lässt sich die Unternehmensplanung generell systematisieren?

8) Grenzen Sie die strategische und operative Planung durch Nennung der wesentlichen Unterscheidungsmerkmale voneinander ab.

9) Erläutern Sie die wesentlichen Aufgaben von Systemen der Plankostenrechnung.

10) Erläutern Sie den grundsätzlichen Aufbau und Ablauf einer Plankostenrechnung.

11) Wie erfolgt in Systemen der Plankostenrechnung die Planung der Materialeinzelkosten?

12) Nennen und erläutern Sie die einzelnen Teilschritte zur Planung der Gemeinkosten.

13) Welche grundsätzlichen Funktionen erfüllen die sog. Bezugsgrößen im Rahmen der Gemeinkostenplanung?

14) Erläutern Sie die Unterschiede zwischen einer Kapazitäts- und Engpassplanung.

15) Erläutern Sie die grundsätzliche Vorgehensweise der Gemeinkostenplanung anhand ausgewählter Kostenarten.

16) Erläutern Sie das allgemeine Kalkulationsschema einer Zuschlagskalkulation in Systemen der Plankostenrechnung.

17) Wodurch unterscheidet sich die Vorgehensweise einer Kostenträgerzeitrechnung bei Plan- und Istkostenrechnung?

18) Erläutern Sie die Bedeutung der Kostenkontrolle als Teilaufgabe eines Plankostenrechnungssystems.

19) In welche Teilphasen lässt sich der Kostenkontrollprozess grundsätzlich einteilen?

20) Nennen Sie beispielhaft mögliche Ursachen für das Auftreten von Kostenabweichungen.

21) Welche Hauptformen der Plankostenrechnung lassen sich grundsätzlich unterscheiden? Skizzieren Sie kurz deren wesentliche Unterschiede.

22) Welche Abweichungsarten lassen sich im System der starren Plankostenrechnung ermitteln?

23) Wodurch unterscheiden sich die beiden Kostengrößen *Plankosten bei Planbeschäftigung* und *verrechnete Plankosten bei Istbeschäftigung* ?

24) Nennen Sie die Vor- und Nachteile einer starren Plankostenrechnung.

25) Warum werden Systeme der flexiblen Plankostenrechnung als *flexibel* bezeichnet?

26) Erläutern Sie die grundsätzliche Vorgehensweise von Systemen der flexiblen Plankostenrechnung auf Vollkostenbasis.

27) Welche Methoden der Kostenspaltung lassen sich generell unterscheiden? Wie gehen diese Methoden im Einzelnen vor?

28) Wozu dient die Bildung von Variatoren in Systemen der flexiblen Plankostenrechnung auf Vollkostenbasis? Welche ökonomischen Aussagen lassen sich auf Basis des Variators treffen?

29) Welche Abweichungsarten lassen sich in Systemen der flexiblen Plankostenrechnung auf Vollkostenbasis ermitteln? Wie lassen sich diese Abweichungsarten grafisch darstellen?

30) Welcher konkrete Unterschied besteht zwischen der Beschäftigungs- und der Verbrauchsabweichung in Systemen der flexiblen Plankostenrechnung auf Vollkostenbasis?

31) Nennen Sie Beispiele, die zu Verbrauchsabweichungen führen können.

32) Wie werden Preis- und Mengenabweichungen in Systemen der flexiblen Plankostenrechnung auf Vollkostenbasis ermittelt?

33) Beurteilen Sie die flexible Plankostenrechnung auf Vollkostenbasis hinsichtlich ihrer Vor- und Nachteile.

34) Welche grundsätzlichen Mängel sind mit Systemen der Vollkostenrechnung verbunden?

7. Kostenrechnungssysteme auf Teilkostenbasis

7.1 Überblick

In Theorie und Praxis hat sich in der Vergangenheit eine Vielzahl von unterschiedlichen Systemen der Teilkostenrechnung herausgebildet. Trotz bestehender Unterschiede folgen alle Systeme dabei aber i.d.R. einem **Grundprinzip**, nach dem nur noch ein Teil der Gesamtkosten auf die Kostenträger verrechnet wird. Teilkostenrechnungssysteme verzichten also im Gegensatz zu Systemen der Vollkostenrechnung auf eine vollständige Verrechnung aller Kosten einer Periode auf die Kostenträger.

Teilkostenrechnungen können dabei wie Vollkostenrechnungen auch grundsätzlich auf Basis von Ist-, Normal- oder Planwerten durchgeführt werden. Aus der Vielzahl von Varianten lassen sich im Wesentlichen *zwei Grundformen* unterscheiden:

Abb. 41: Grundformen der Teilkostenrechnung

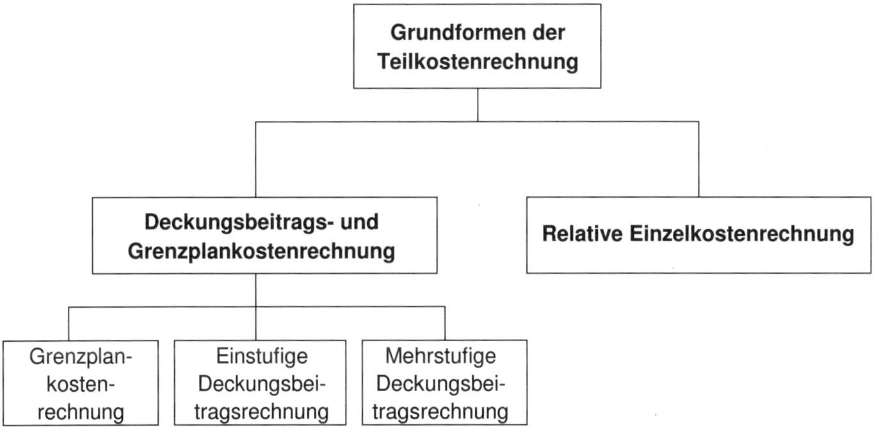

Die **Deckungsbeitrags- und Grenzplankostenrechnung** bildet die erste Grundform der Teilkostenrechnung. Bei allen Systemen dieses Grundtyps werden die Gesamtkosten einer Periode hinsichtlich der Kosteneinflussgröße *Beschäftigung* in fixe und variable Kosten aufgespalten. Nur die variablen (Einzel- und Gemein)Kosten werden den Kostenträgern zugerechnet. Die fixen (Gemein)Kosten werden als Periodenkosten an der Kostenträgerstückrechnung vorbei direkt in die Kostenträgerzeitrechnung (kurzfristige Erfolgsrechnung) übernommen. Es werden also keine Fixkosten proportionalisiert, d.h. den einzelnen Kostenträgereinheiten zugerechnet. Die Erfolgsermittlung wird retrograd durchgeführt, in dem von den Deckungsbeiträgen der Produkte (= Überschuss der Erlöse über die variablen Kosten) die Fixkosten der Periode subtrahiert werden. Systeme dieser Grundform der Teilkostenrechnung erfreuen sich in der Praxis einer recht großen Beliebtheit und sind daher auch relativ weit verbreitet. Liegt ihr Anwendungsschwerpunkt im Bereich der Kostenplanung und -kontrolle, werden solche Systeme als *Grenzplankostenrechnung* bezeichnet. Steht dagegen die Ausgestaltung der Stück- und Periodenerfolgsrechnung im Mittelpunkt, wird zwischen *einstufiger* und *mehrstufiger Deckungsbeitragsrechnung* unterschieden. Die Formen der Deckungsbeitrags- und Grenzplankostenrechnung werden in Abschnitt 7.2 erläutert.

Die **Relative Einzelkostenrechnung**, die auf *Paul Riebel* zurückgeht und auch *Deckungsbeitragsrechnung mit relativen Einzelkosten* genannt wird, verzichtet im Vergleich zu der v.g. Grundform der Teilkostenrechnung vollständig auf eine Schlüsselung und Überwälzung von (fixen *und* variablen) Gemeinkosten. Der Begriff der Einzelkosten, der sich üblicherweise auf alle einem Kostenträger direkt zurechenbaren Kosten bezieht, wird dabei durch Anwendung auf unterschiedliche Bezugsgrößen relativiert. Ziel ist es, möglichst alle Kosten als Einzelkosten zu erfassen und zu verrechnen. Bezugsgrößen der Kostenverrechnung können neben Produkteinheiten auch Produktgruppen, Kostenstellen, Unternehmensbereiche oder die Unternehmung insgesamt sein. Hierdurch ergibt sich eine Vielzahl unterschiedlicher Auswertungsrechnungen, die in speziellen Deckungsbeitragsrechnungen münden. Der Deckungsbeitrag ergibt sich hier als Überschuss der Erlöse über die relativen Einzelkosten. Die relative Einzelkostenrechnung wird in Abschnitt 7.3 dargestellt.

7.2 Die Deckungsbeitrags- und Grenzplankostenrechnung

7.2.1 Aufbau und Ablauf

Die Kosten(ver)rechnung vollzieht sich in Systemen der Deckungsbeitrags- und Grenzplankostenrechnung in den drei Stufen Kostenarten-, Kostenstellen- und Kostenträgerrechnung und unterscheidet sich damit grundsätzlich nicht von Systemen der Vollkostenrechnung. Da mit den variablen Kosten aber nur noch ein Teil der Gesamtkosten auf die Kostenträger verrechnet wird, ergeben sich in den drei Stufen der Kostenrechnung einige Besonderheiten im Vergleich zur Vollkostenrechnung. Im Folgenden sollen diese Besonderheiten kurz skizziert werden, ehe in den weiteren Abschnitten deren detailliertere Darstellung erfolgt.

Die **Kostenartenrechnung** schafft die Voraussetzungen für die Weiterverrechnung der Kosten in den folgenden Stufen der Kostenrechnung. Bei Systemen der Teilkostenrechnung ist hierfür insbesondere die Trennung der Kosten in fixe und variable Kostenbestandteile (Kostenspaltung) erforderlich. Wird die Kostenspaltung bzw.

-auflösung erst im Rahmen der Kostenstellenrechnung durchgeführt, muss sie ggf. für dieselbe Kostenart mehrfach - und zwar für jede Kostenstelle getrennt - erfolgen. Dies ist insb. dann notwendig, wenn das Verhältnis von fixen und variablen Kosten einer Kostenart nach Kostenstellen differiert.

In der **Kostenstellenrechnung** werden die Kosten nach fixen und variablen Kosten getrennt ausgewiesen. Die fixen Kosten werden entweder als Block oder feiner differenziert in die Kostenträgerzeitrechnung übernommen. Die variablen (Gemein) Kosten werden im Rahmen der innerbetrieblichen Leistungsverrechnung (Sekundärkostenverrechnung) auf die Hauptkostenstellen verrechnet und von dort z.B. über Zuschlagssätze in die Kostenträgerstückrechnung übernommen. Weitere wichtige Aufgabe der Kostenstellenrechnung ist die Kostenkontrolle. Hierzu wurden Systeme der sog. **Grenzplankostenrechnung** (vgl. Abschnitt 7.2.3) entwickelt, in denen die Kostenkontrolle nach variablen und fixen Kosten getrennt erfolgt.

Die **Kostenträgerrechnung** ist - wie der Name dieser Systeme bereits vermuten lässt - i.d.R. als Deckungsbeitragsrechnung ausgebaut. Dabei wird im Rahmen der *Kostenträgerstückrechnung* ausgehend vom Absatzpreis der Produkte durch Subtraktion der variablen Kosten der Beitrag jedes Produktes zur Deckung der Fixkosten (= Deckungsbeitrag) ermittelt. In der *Kostenträgerzeitrechnung* wird anschließend das Betriebsergebnis berechnet. Hierzu werden bei der **einstufigen Deckungsbeitragsrechnung** (vgl. Abschnitt 7.2.5.1) die gesamten Fixkosten der Unternehmung in einem Block von der Summe der produktbezogenen Deckungsbeiträge subtrahiert. Im Rahmen der **mehrstufigen Deckungsbeitragsrechnung** (vgl. Abschnitt 7.2.5.2) wird aus Gründen einer besseren Ergebnisanalyse der Fixkostenblock im Hinblick auf seine Zurechenbarkeit auf Produktarten, Produktgruppen oder Betriebsbereiche weiter aufgespalten. Eine Proportionalisierung von Fixkosten - wie in Systemen der Vollkostenrechnung - erfolgt aber nicht. Der Einsatz eines Teilkostenrechnungssystems kann dabei auch - wie noch zu zeigen sein wird - über die im Gegensatz zur Vollkostenrechnung auf (variablen) Teilkosten basierende Bestandsbewertung Einfluss auf die Höhe des Periodenerfolgs haben.

Abbildung 42 gibt einen schematischen Überblick über die drei Stufen der Kostenrechnung in Systemen der Teilkostenrechnung, die auf einer Kostenspaltung in variable und fixe Kosten beruhen.

Abb. 42: Aufbau und Ablauf der Teilkostenrechnung

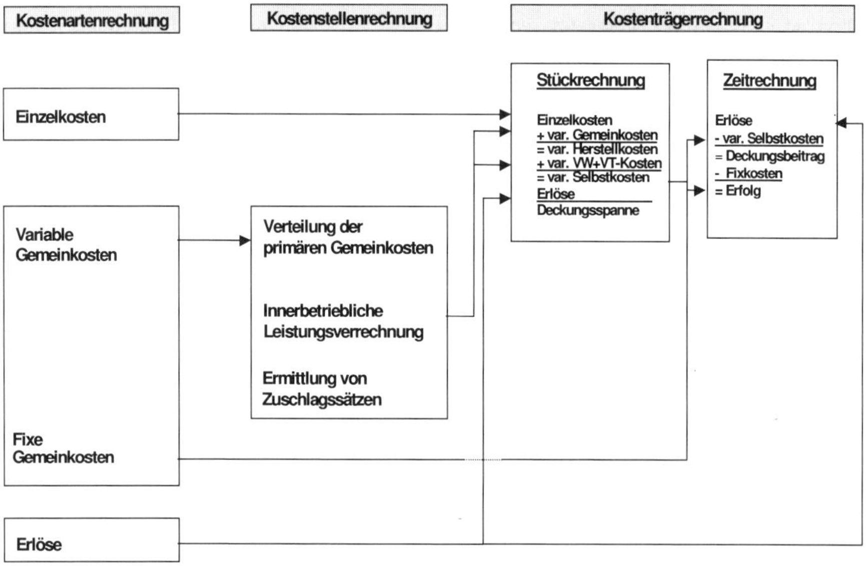

Wie bereits aus Abbildung 41 deutlich wird, besteht die Deckungsbeitrags- und Grenzplankostenrechnung grundsätzlich aus verschiedenen Teilsystemen, die in der Literatur häufig getrennt voneinander dargestellt werden. Da sich die inhaltlichen Schwerpunkte der einzelnen Teilsysteme aber gegenseitig ergänzen und ineinander überführbar sind, sollen sie im Folgenden im Rahmen eines einheitlichen Systems der *Deckungsbeitrags- und Grenzplankostenrechnung (DGR)* erläutert werden. Dabei werden zunächst die Besonderheiten der Kostenarten- und Kostenstellenrechnung der DGR dargestellt.

7.2.2 Kostenarten- und Kostenstellenrechnung

Zentrale **Aufgabe der Kostenartenrechnung** ist in allen Systemen der Kostenrechnung die *Erfassung und Gliederung der Kostenarten*. Bei einer *Istkostenrechnung* handelt es sich dabei um die tatsächlich in einer bereits abgelaufenen Rechnungsperiode angefallenen Kosten. Bei einer *Plankostenrechnung* werden für eine zukünftige Rechnungsperiode Einzel- und Gemeinkosten geplant, die dann nach Ablauf der Rechnungsperiode die Grundlage für sich anschließende Kostenkontrollen darstellen.

Die Systematisierung der Kostenarten in der DGR entspricht unabhängig vom konkreten Zeitbezug der Kostendaten (Plan- oder Istwerte) der Vorgehensweise von Systemen der Vollkostenrechnung. Neben der Differenzierung in Einzel- und Gemeinkosten ist hier allerdings - wie bereits erwähnt - eine zusätzliche Auflösung der Kosten (**Kostenspaltung**) in fixe und variable Kostenbestandteile erforderlich. Da Einzelkosten grundsätzlich variable (proportionale) Kosten darstellen, ergibt sich das Problem der Kostenspaltung im Wesentlichen bei denjenigen Gemeinkosten, die nicht vollständig fix sind, sondern als Mischkosten auch variable Kostenbestandteile enthalten (z.B. Energiekosten). Dabei hängt die Kostenspaltung auch davon ab, welchen konkreten Zeitraum die Rechnungsperiode umfasst. So sind beispielsweise die Personalkosten bei kurzfristiger Betrachtung (z.B. auf Monatsbasis) überwiegend fix, während sie mit zunehmender Länge der Rechnungsperiode z.B. durch die Möglichkeit von Personalfreisetzungen variableren Charakter erhalten.

Da fixe und variable Kosten in den Kostenstellen i.d.R. separat ausgewiesen werden, ist die Kostenspaltung für jede Kostenart getrennt auf die jeweiligen Kostenstellen zu beziehen. Als Methoden der Kostenspaltung bzw. -auflösung können dabei u.a. die bereits in Abschnitt 6.4.6.4 dargestellten Verfahren (mathematische Methode, grafische Methode, Methode der kleinsten Quadrate) Anwendung finden. Das Ergebnis der Kostenspaltung kann dann z.B. auch in Form von Variatoren ausgedrückt werden.

Auch die **Kostenstellenrechnung** erfüllt in der DGR im Wesentlichen dieselben Funktionen wie in Systemen der Vollkostenrechnung. Dabei geht es zum Einen um die Verrechnung der Gemeinkosten zur Vorbereitung der Kostenträgerstückrechnung und zum Anderen um eine wirksame Kostenkontrolle in den Kostenstellen. Letzterer Aspekt wird im Rahmen der Darstellung der Funktionsweise von Systemen der *Grenzplankostenrechnung* im folgenden Abschnitt noch näher beleuchtet.

Zur Verrechnung der (Kostenträger)Gemeinkosten ist der getrennte Ausweis von variablen und fixen Gemeinkosten in den Kostenstellen erforderlich. Kostenstelleneinzelkosten können im Rahmen der *Primärkostenverrechnung* dabei direkt, Kostenstellengemeinkosten nur indirekt über geeignete Schlüsselgrößen den einzelnen Kostenstellen zugerechnet werden. Im Rahmen der innerbetrieblichen Leistungsverrechnung (*Sekundärkostenverrechnung*) werden lediglich die variablen Gemeinkosten der Hilfskostenstellen auf die Hauptkostenstellen umgelegt. Die fixen Gemeinkosten der Hilfskostenstellen werden direkt aus der Kostenstellenrechnung in die Kostenträgerzeitrechnung (kurzfristige Erfolgsrechnung) übernommen. Nach Primär- und Sekundärkostenverrechnung ergibt sich dann z.B. für ein Unternehmen mit fünf Hauptkostenstellen folgendes Bild:

Kosten	Material	Fertigung I (Teilefertigung)	Fertigung II (Montage)	Verwaltung	Vertrieb
variable Kosten (€)	11.800	12.200	18.000	6.000	3.000
fixe Kosten (€)	20.150	39.925	67.950	39.525	23.250
Gesamtkosten (€)	31.950	52.125	85.950	45.525	26.250
Bezugsgröße	Materialeinzelkosten 118.000 €	Fertigungseinzelkosten 40.000 €	Fertigungseinzelkosten 50.000 €	var. Herstellkosten 250.000 €	var. Herstellkosten 250.000 €
Zuschlagssatz	10%	30,5%	36%	2,4%	1,2%

Als letzter Schritt der Kostenstellenrechnung verbleibt die *Ermittlung der Zuschlagssätze*, die im Rahmen der Kostenträgerstückrechnung zu Kalkulationszwecken benötigt werden und die für das obige Beispiel bereits in der Tabelle ausgewiesen wurden. Die Zuschlagssätze werden ausschließlich auf Basis der variablen (Gemein)-Kosten wie folgt gebildet:[1]

$$\text{Zuschlagssatz einer Hauptkostenstelle} = \frac{\text{variable Gemeinkosten}}{\text{Bezugsgröße}} \times 100$$

Die fixen (Gemein)Kosten der Hauptkostenstellen werden ebenso wie die der Hilfskostenstellen an der Kostenträgerstückrechnung vorbei in die (kurzfristige) Erfolgsrechnung übernommen. Sie sind als Periodenkosten für die Bereitstellung der Kapazitäten und für die grundsätzliche Betriebsbereitschaft erforderlich und belasten das Betriebsergebnis. Für kurzfristige Planungs- und Entscheidungssituationen (z.B. Bestimmung kurzfristiger Preisuntergrenzen) sind Fixkosten aber i.d.R. nicht relevant, da sie kurzfristig nicht zu beeinflussen sind. Sie werden daher aus der Kostenträgerstückrechnung der DGR herausgehalten.

Die wesentlichen Besonderheiten der Kostenarten- und Kostenstellenrechnung in Systemen der DGR sind damit mit Ausnahme der Kostenkontrolle, die im folgenden Abschnitt erläutert wird, abschließend dargestellt.

---

[1] Anstelle eines Vollkostensatzes wird hier also mit einem Grenzkostensatz gerechnet.

7.2.3 Kostenkontrolle im System der Grenzplankostenrechnung

Teilkostenrechnungssysteme auf Basis variabler Kosten, die primär der Kostenplanung und -kontrolle dienen, werden auch als *Grenzplankostenrechnung* bezeichnet und gehen v.a. auf *Plaut* und *Kilger* zurück. Der Begriff der **Grenzkosten** beinhaltet dabei diejenigen Kosten, die zusätzlich entstehen oder entfallen, wenn sich die Beschäftigung (z.B. Produktionsmenge) um eine Einheit erhöht oder vermindert. Bei linearen Kostenverläufen, die in der Kostenrechnung üblicherweise unterstellt werden, entsprechen die Grenzkosten den variablen bzw. proportionalen Kosten. Im Folgenden soll daher ausschließlich der Begriff der *variablen Kosten* Verwendung finden.

Die Grenzplankostenrechnung stellt im Prinzip eine Weiterentwicklung der flexiblen Plankostenrechnung auf Vollkostenbasis (vgl. Abschnitt 6.4.6.4) dar. Der Aufbau beider Rechnungssysteme ist daher vergleichbar. Während jedoch die flexible Plankostenrechnung auf Vollkostenbasis eine Trennung von variablen und fixen Kosten nur in den Kostenstellen vornimmt, erfolgt im Rahmen der Grenzplankostenrechnung eine Kostenspaltung sowohl in der Kostenstellen- als auch in der Kostenträgerrechnung.

Hieraus ergeben sich insb. für die Kostenkontrolle und Abweichungsanalyse gewisse **Vorteile**. So ermöglicht die Kostenspaltung in den Kostenstellen eine nach variablen und fixen Kosten differenzierte Abweichungsanalyse, die i.d.R. kostenartenbezogen durchgeführt wird. In der Kostenträgerrechnung bietet die ausschließliche Verrechnung von variablen Kosten auf die Kostenträger darüber hinaus die Möglichkeit aussagefähiger Deckungsbeitrags(abweichungs)analysen. Die variablen (Teil)Kosten stellen zudem wichtige entscheidungsrelevante Informationen für dispositive Zwecke dar, wie sie beispielsweise bei der Planung „gewinnmaximaler" Produktions- und Absatzprogramme benötigt werden (vgl. Abschnitt 8.2).

Die Planung der Einzel- und Gemeinkosten sowie die für die Grenzplankostenrechnung zwingend notwendige Kostenspaltung entsprechen weitgehend der Vorgehensweise der flexiblen Plankostenrechnung auf Vollkostenbasis (vgl. Abschnitte 6.4.4 und 6.4.6.4). Unterschiede zwischen beiden Systemarten ergeben sich v.a. bei der **Durchführung der Kostenkontrolle und Abweichungsanalyse**, die im Folgenden näher erläutert werden soll.

Betrachtet man die **Auswirkungen** einer ausschließlichen Verrechnung von variablen Kosten auf die Kostenträger sowie einer konsequenten Trennung von variablen und fixen Kosten in den Kostenstellen, so ist für die **Grenzplankostenrechnung** Folgendes festzustellen:

1. Der **Plankostenverrechnungssatz** beinhaltet aufgrund der fehlenden Proportionalisierung von fixen Plankosten nur noch die variablen (Stück)Kosten. Es werden somit keine fixen Plankosten mehr auf die Kostenträger verrechnet. Die verrechneten Plankosten ergeben sich - wie in den bisher behandelten Systemen auch - aus der Multiplikation des Plankostenverrechnungssatzes, der allerdings nur noch variable Plankosten enthält, mit der Istbeschäftigung.
2. Die **Sollkosten** werden nach fixen und variablen Sollkosten getrennt ausgewiesen. Die variablen Sollkosten ergeben sich aus der Multiplikation des Plankostenverrechnungssatzes mit der Istbeschäftigung und entsprechen damit den verrechneten Plankosten.
3. Da die variablen Sollkosten den verrechneten (variablen) Plankosten entsprechen, existiert im System der Grenzplankostenrechnung **keine Beschäftigungsabweichung** mehr. Die Beschäftigungsabweichung resultierte im System der flexiblen Plankostenrechnung auf Vollkostenbasis aus der (falschen) Proportionalisierung von Fixkosten, die aber in Systemen der Teilkostenrechnung gar nicht mehr erfolgt.
4. Die **Gesamtabweichung**, die sich im System der flexiblen Plankostenrechnung auf Vollkostenbasis aus der Summe von Beschäftigungs- und Verbrauchsabweichung ergeben hat, entspricht im System der Grenzplankostenrechnung der Verbrauchsabweichung, da keine Beschäftigungsabweichung mehr auftritt.

Aufgrund der o.g. Besonderheiten vereinfacht sich die Kostenkontrolle und Abweichungsanalyse im System der Grenzplankostenrechnung, wie auch aus Abbildung 43 deutlich wird.

Die Abweichungsanalyse soll im Folgenden anhand eines **Beispiels** durchgeführt werden. Betrachtet wird erneut die Kostenstelle *Dreherei* eines Unternehmens, für die folgende *Daten* vorliegen:

Kostenstelle D R E H E R E I		
	Plan-Werte	**Ist-Werte**
Gesamtkosten (€)	100.000	90.000
Variable Kosten (€)	60.000	50.000
Fixe Kosten (€)	40.000	40.000
Fertigungsstunden (Beschäftigung)	20.000	12.000
Sollkostenfunktion:	$K_s(B_i) = (60.000 \text{ €}/20.000 \text{ h}) \times B_i = \mathbf{3 \times B_i}$	

Abb. 43: Abweichungsanalyse im System der Grenzplankostenrechnung

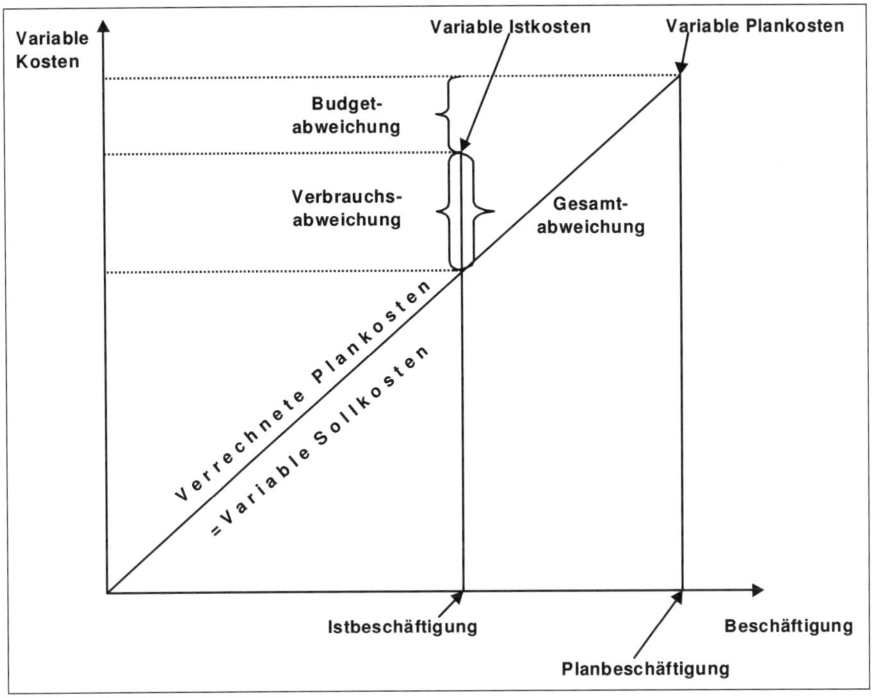

Die Abweichungsanalyse konzentriert sich zunächst auf die variablen Kosten, zumal im vorliegenden Beispiel unterstellt wird, dass sich Plan- und Istfixkosten entsprechen. Wie im System der flexiblen Plankostenrechnung auf Vollkostenbasis lassen sich im Rahmen der Grenzplankostenrechnung Budget- und Gesamtabweichung unterscheiden.

Die **Budgetabweichung** stellt dabei die Differenz zwischen den variablen Istkosten bei Istbeschäftigung und den variablen Plankosten bei Planbeschäftigung dar.

Budgetabweichung	=	*variable* Istkosten bei Istbeschäftigung - *variable* Plankosten bei Planbeschäftigung

Für das obige Beispiel ergibt sich:

Budgetabweichung	=	50.000 € - 60.000 €	=	**10.000 €**

Die variablen Plankosten werden also um insgesamt 10.000 € unterschritten. Beide Kostenwerte beziehen sich allerdings auf unterschiedliche Beschäftigungsgrade, so dass diese Abweichung auch im System der Grenzplankostenrechnung von geringer Aussagekraft ist.

Die **Gesamtabweichung** stellt die Differenz zwischen den variablen Istkosten bei Istbeschäftigung und den verrechneten Plankosten bei Istbeschäftigung dar.

Gesamtabweichung	=	*variable* Istkosten bei Istbeschäftigung
		- verrechnete Plankosten bei Istbeschäftigung

Die verrechneten Plankosten werden im System der Grenzplankostenrechnung auf Basis eines Plankostenverrechnungssatzes ermittelt, der nur noch die variablen Plankosten je Beschäftigungseinheit umfasst. Für das Beispiel ergibt sich ein Plankostenverrechnungssatz von 3 €/Fertigungsstunde (= 60.000 €/20.000 Fertigungsstunden). Bei einer Istbeschäftigung von 12.000 Fertigungsstunden betragen die verrechneten Plankosten insgesamt 36.000 € (= 3 €/h x 12.000 h). Als Gesamtabweichung ergibt sich folglich:

Gesamtabweichung	=	50.000 € - 36.000 €
	=	**14.000 €**

Die Gesamtabweichung weist die insgesamt zu wenig (Kostenunterdeckung) oder zu viel (Kostenüberdeckung) in der Kostenträgerrechnung verrechneten variablen Kosten aus. Bei Unterstellung einer Istbeschäftigung von 12.000 Fertigungsstunden werden also insgesamt 14.000 € an variablen Kosten zu wenig verrechnet.

Im Gegensatz zur flexiblen Plankostenrechnung auf Vollkostenbasis existiert im System der Grenzplankostenrechnung **keine Beschäftigungsabweichung**. Die Beschäftigungsabweichung würde sich nämlich aus der Differenz der variablen Sollkosten (bei Istbeschäftigung) und der verrechneten Plankosten (bei Istbeschäftigung) ergeben. Beide Größen entsprechen dem Produkt aus Plankostenverrechnungssatz und Istbeschäftigung, so dass sich - wie auch das Beispiel zeigt - immer eine Differenz von Null ergibt.

Beschäftigungsabweichung	=	variable Sollkosten bei Istbeschäftigung
		- verrechnete Plankosten bei Istbeschäftigung
	=	3 €/h x 12.000 h - 3 €/h x 12.000 h
	=	**0**

Die Beschäftigungsabweichung entsprach im System der flexiblen Plankostenrechnung auf Vollkostenbasis den zu viel oder zu wenig auf die Kostenträger verrechneten Planfixkosten. Im System der Grenzplankostenrechnung werden dagegen keine

Fixkosten auf die Kostenträger verrechnet, so dass sich folglich eine solche Abweichung auch nicht mehr ergeben kann. Der „Systemfehler" der Vollkostenrechnung tritt somit hier aufgrund fehlender Proportionalisierung von Fixkosten nicht mehr auf.

Da die Beschäftigungsabweichung auch als der Betrag interpretiert werden kann, um den bei geringerer Istbeschäftigung gegenüber den Planungen Nutzkosten zu Leerkosten werden, erscheint auch im System der Grenzplankostenrechnung eine *kostenstellenbezogene Auslastungskontrolle* der durch die Fixkosten geschaffenen Kapazitäten sinnvoll. Diese kann durch entsprechende Sonderrechnungen in Form von Nutz- und Leerkostenanalysen erfolgen, wie Abbildung 44 beispielhaft zeigt.

Abb. 44: Nutz- und Leerkostenanalyse

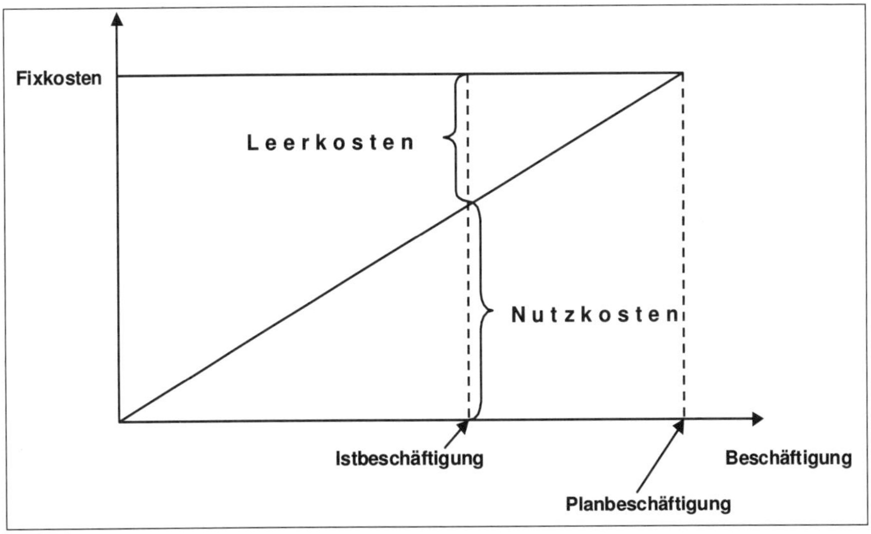

Die für die Wirtschaftlichkeitsbeurteilung relevante **Verbrauchsabweichung** ergibt sich aus der Differenz der variablen Istkosten (bei Istbeschäftigung) und der variablen Sollkosten (bei Istbeschäftigung). Da die variablen Sollkosten den verrechneten Plankosten entsprechen, ist die Verbrauchsabweichung mit der Gesamtabweichung identisch.

Verbrauchsabweichung = *variable* Istkosten bei Istbeschäftigung
- *variable* Sollkosten bei Istbeschäftigung

Für die *Kostenstelle Dreherei* ergibt sich folgende Verbrauchsabweichung:

Verbrauchsabweichung = 50.000 € - 36.000 € = **14.000 €**

Im vorliegenden Beispiel werden die variablen Sollkosten, die als wirtschaftliche Sollvorgabe zu interpretieren sind, um 14.000 € überschritten. Das Abweichen der variablen Istkosten von den variablen Sollkosten kann dabei auf mögliche Unwirtschaftlichkeiten zurückzuführen sein, kann aber auch - wie bereits in Abschnitt 6.4.6.4 ausführlich erläutert - andere Ursachen haben. Neben möglichen Mehr- oder Minderverbräuchen an Inputfaktoren (*Mengenabweichung*) können auch veränderte Faktorpreise (*Preisabweichung*) für auftretende Verbrauchsabweichung verantwortlich sein. Eine Aufspaltung der Verbrauchsabweichung in die beiden Komponenten Preis- und Mengenabweichung ist daher erforderlich und soll auch hier am **Beispiel einer kostenartenbezogenen Abweichungsanalyse**[2] erfolgen.

Betrachtet wird im Folgenden eine *Fertigungskostenstelle*, in der für ein bestimmtes Produkt ein spezieller Rohstoff eingesetzt wird. Für die Herstellung einer Produktmengeneinheit sind dabei planmäßig 2 kg des Rohstoffs notwendig. Für die betrachtete Planungsperiode liegen folgende *Daten* vor:

	Plan-Werte	**Ist-Werte**
Produktionsmenge	60 Produktmengeneinheiten	50 Produktmengeneinheiten
Verbrauchsmenge an Rohstoff	120 kg	110 kg
Preis des Rohstoffs	10,00 €/kg	12,50 €/kg

Zur Berechnung der Verbrauchsabweichung soll zunächst die **Sollkostenfunktion** für den Rohstoffverbrauch ermittelt werden. Diese ergibt sich wie folgt:

$$\mathbf{K_s(B_i) = k_{vp} \times B_i} = 10 \text{ €/kg} \times 2 \text{ kg/Mengeneinheit} \times B_i \mathbf{= 20 \times B_i}$$

Bei einer Istbeschäftigung von 50 Produktmengeneinheiten ergeben sich folgende *Sollkosten für den Rohstoffverbrauch*:

$$\mathbf{K_s(60) = 20 \times 50 = 1.000 \text{ €}}$$

Die Istkosten für den Rohstoffverbrauch betragen 1.375 € (= 110 kg x 12,50 €/kg), so dass sich folgende Verbrauchsabweichung (Soll-/Ist-Vergleich) ergibt:

Verbrauchsabweichung = 1.375 € - 1.000 € = **375 €**

[2] Es handelt sich erneut um eine sog. **kumulative Abweichungsanalyse**, die hier aus ähnlichen Erwägungen wie in Abschnitt 6.4.6.4 zum Einsatz kommt. Bei der Preisabweichung tritt im Folgenden zwar eine Abweichungsüberschneidung auf, die für die Wirtschaftlichkeitsbeurteilung relevante Mengenabweichung ist aber als letzte ermittelte Abweichung überschneidungsfrei.

Da sich sowohl Preis- als auch Mengenänderungen gegenüber den Planungen ergeben haben, wird die Verbrauchsabweichung in ihre beiden Komponenten Preis- und Mengenabweichung aufgespaltet.[3] Hierzu werden zunächst die *Istkosten zu Planpreisen* berechnet:

Istkosten zu Planpreisen	=	Ist(verbrauchs)menge der Kostenart x Planpreis je Verbrauchsmengeneinheit
	=	110 kg x 10 €/kg
	=	**1.100 €**

Die **Preisabweichung** als Differenz zwischen Istkosten und Istkosten zu Planpreisen beträgt folglich:

Preisabweichung	=	1.375 € - 1.100 €
	=	110 kg x 12,50 €/kg - 110 kg x 10,00 €/kg
	=	110 kg x (12,50 €/kg - 10,00 €/kg)
	=	**275 €**

Die Differenz von Istkosten zu Planpreisen und Sollkosten ergibt folgende **Mengenabweichung**:

Mengenabweichung	=	1.100 € - 1.000 €
	=	110 kg x 10,00 €/kg - 100 kg x 10,00 €/kg
	=	10,00 €/kg x (110 kg - 100 kg)
	=	**100 €**

Die Verbrauchsabweichung i.H.v. 375 € für den eingesetzten Rohstoff ist also i.H.v. 275 € auf einen Anstieg des Rohstoffpreises (Preisabweichung) und i.H.v. 100 € auf Mehrverbräuche an Rohstoffmengen (Mengenabweichung) zurückzuführen. Insbesondere die Gründe für die Mengenabweichung sind im Sinne einer wirksamen Wirtschaftlichkeitskontrolle genauer zu untersuchen. Hierzu sei auf die Ausführungen in Abschnitt 6.4.6.4 verwiesen.

Zur **Beurteilung der Grenzplankostenrechnung** soll ein abschließender Vergleich mit der flexiblen Plankostenrechnung auf Vollkostenbasis erfolgen. In beiden Systemen ist grundsätzlich eine wirksame Kostenkontrolle und differenzierte Abweichungsanalyse möglich, da in den Kostenstellen die für eine genaue Abweichungsermittlung notwendige Trennung von fixen und variablen Kosten vorgenommen wird. Dabei gestaltet sich die Kostenkontrolle im System der Grenzplankostenrechnung tendenziell etwas überschaubarer und verständlicher. Beide Systeme sind im Vergleich zur starren Plankostenrechnung allerdings mit einem höheren Erfassungs-

[3] Vgl. zur Vorgehensweise im Einzelnen die Darstellungen in Abschnitt 6.4.6.4.

und Rechenaufwand verbunden, der sich aber insbesondere für Kostenstellen mit häufigen Kosten- und Beschäftigungsschwankungen lohnt.

Abb. 45: Unterschiede und Gemeinsamkeiten von Systemen der Plankostenrechnung[4]

Merkmal	Starre PKR	flex. PKR auf Vollkostenbasis	Grenzplankostenrechnung
Planung			
- jährliche Anpassung der Planwerte an veränderte Datenkonstellationen	Ja	Ja	Ja
- laufende Anpassung der Planwerte an Beschäftigungsänderungen (Sollkosten)	Nein	Ja	Ja
- laufende Anpassung an andere Kosteneinflussgrößen	Nein	fallweise	fallweise
Kontrolle			
- Trennung in fixe und variable Kostenbestandteile in den Kostenstellen	Nein	Ja	Ja
- Ermittlung von Beschäftigungsabweichungen	Nein	Ja	Nein
- Ermittlung von Verbrauchsabweichungen	Nein	Ja	Ja
- Ermittlung von Preis-/Mengenabweichungen	Nein	Ja	Ja
- Eignung zur Kostenkontrolle	Nein	Ja	Ja
Kalkulation			
- Trennung in fixe und variable Kostenbestandteile in der Kostenträgerrechnung	Nein	Nein	Ja
- Verrechnung der Fixkosten auf die Kosten-träger	Ja	Ja	Nein
- Kalkulationsergebnisse für kurzfristige Entscheidungen verwendbar	Nein	Nein	Ja

Während in Systemen der flexiblen Plankostenrechnung auf Vollkostenbasis eine Proportionalisierung von Fixkosten erfolgt, werden im Rahmen einer Grenzplankostenrechnung nur die variablen Kosten auf die Kostenträger verrechnet. Für kurzfristige Planungs- und Entscheidungssituationen stehen somit die entscheidungsrelevanten Informationen in Form der variablen Kosten je Kostenträger zur Verfügung.

---

4 In Anlehnung an Haberstock, L. (2004), S. 27

Für langfristige preispolitische Zwecke können Plankalkulationen auf Teilkostenbasis allerdings nur bedingt Verwendung finden. Unterschiede und Gemeinsamkeiten der drei Systeme der Plankostenrechnung werden in Abbildung 45 abschließend zusammengefasst.

Nachdem nun die Besonderheiten der Kostenarten- und Kostenstellenrechnung im System der DGR ausführlich erläutert wurden, wird im folgenden Abschnitt die Vorgehensweise der Kostenträgerstückrechnung (Kalkulation) auf Basis variabler (Teil)-Kosten dargestellt.

7.2.4 Kostenträgerstückrechnung (Kalkulation)

Die Kostenträgerstückrechnung ist eine **einzelleistungsbezogene Rechnung**, die die Stückkosten je Leistungseinheit bzw. Produkteinheit ermittelt. Im Gegensatz zu Vollkostenrechnungen erfolgt im System der DGR - wie bereits mehrfach erwähnt - keine Proportionalisierung von Fixkosten. Im Rahmen der Kalkulation werden folglich nur die variablen Stückkosten für jede Produktart ermittelt. In Systemen der Plankostenrechnung handelt es sich dabei um eine Vorkalkulation der geplanten variablen Stückkosten, in Systemen der Istkostenrechnung um eine Nachkalkulation der tatsächlich entstandenen variablen Stückkosten. Dabei können grundsätzlich die gleichen Kalkulationsverfahren (Divisions-, Äquivalenzziffern-, Zuschlagskalkulation) zur Anwendung kommen wie bei einer Vollkostenrechnung (vgl. Abschnitt 5.3.2).

Bei Anwendung einer **Divisionskalkulation** werden die Gesamtkosten einer Rechnungsperiode zunächst in ihre variablen und fixen Kostenbestandteile aufgespalten. Während die variablen Kosten durch die Produktions- bzw. Absatzmenge dividiert werden und sich so die variablen Stückkosten ergeben, werden die Fixkosten direkt in die Kostenträgerzeitrechnung übernommen. Die Stückkostenkalkulation soll an einem einfachen **Beispiel** einer *einstufigen Divisionskalkulation* verdeutlicht werden. Ein Einproduktunternehmen plant für eine bestimmte Planperiode die Herstellung von 1.500 Produktmengeneinheiten. Bei Unterstellung der folgenden Plandaten ergeben sich variable Stückkosten i.H.v. 362,50 €.

Kostenart	**Gesamtkosten (€)**	**Fixe Kosten (€)**	**Variable Kosten (€)**	**Variable Stückkosten (€/ME)**
Rohstoffe	375.000	0	375.000	250,00
Hilfs- und Betriebsstoffe	7.500	3.000	4.500	3,00
Löhne und Gehälter	300.000	150.000	150.000	100,00
Energiekosten	5.200	1.450	3.750	2,50
Abschreibungen	52.500	45.000	7.500	5,00
Zinsen	20.000	17.000	3.000	2,00
Summe	**760.200**	**216.450**	**543.750**	**362,50**

Die **Zuschlagskalkulation** folgt im System der DGR folgendem *Kalkulationsschema*:

	Materialeinzelkosten
+	variable Materialgemeinkosten
+	Fertigungseinzelkosten
+	variable Fertigungsgemeinkosten (ggf. unterteilt nach Fertigungskostenstellen)
+	Sondereinzelkosten der Fertigung
=	**variable Herstellkosten**
+	variable Verwaltungsgemeinkosten
+	variable Vertriebsgemeinkosten
+	Sondereinzelkosten des Vertriebs
=	**variable Selbstkosten**

Auch die Vorgehensweise der Zuschlagskalkulation soll anhand eines **Beispiels** verdeutlicht werden, das aus Abschnitt 7.2.2 übernommen und hier weiterentwickelt wird. Für ein Unternehmen mit fünf Hauptkostenstellen hatte sich nach der Kostenstellenrechnung folgende *Datensituation* ergeben:

Kosten	**Material**	**Fertigung I** (Teilefertigung)	**Fertigung II** (Montage)	**Verwaltung**	**Vertrieb**
variable Kosten (€)	11.800	12.200	18.000	6.000	3.000
fixe Kosten (€)	20.150	39.925	67.950	39.525	23.250
Gesamtkosten (€)	31.950	52.125	85.950	45.525	26.250
Bezugsgröße	Materialeinzelkosten 118.000 €	Fertigungseinzelkosten 40.000 €	Fertigungseinzelkosten 50.000 €	var. Herstellkosten 250.000 €	var. Herstellkosten 250.000 €
Zuschlagssatz	10%	30,5%	36%	2,4%	1,2%

Es sei unterstellt, dass dieses Unternehmen u.a. zwei Produkte (A, B) herstellt. Folgende *produktbezogene Daten* sind bekannt:

Produkt	**A**	**B**
Materialeinzelkosten (€/ME)	50,00	75,00
Fertigungseinzelkosten I (€/ME)	30,00	40,00
Fertigungseinzelkosten II (€/ME)	30,00	50,00
Selbstkosten (Vollkosten) (€/ME)	254,87	384,79
Absatzpreis (€/ME)	320,00	380,00

Die *Ermittlung der variablen Stückkosten* führt für die beiden Produkte zu folgenden Ergebnissen:

Produkt	**A**	**B**
Materialeinzelkosten (€/ME)	50,00	75,00
Variable Materialgemeinkosten **(10%)**	5,00	7,50
Fertigungseinzelkosten I (€/ME)	30,00	40,00
Variable Fertigungsgemeinkosten I **(30,5%)**	9,15	12,20
Fertigungseinzelkosten II (€/ME)	30,00	50,00
Variable Fertigungsgemeinkosten II **(36%)**	10,80	18,00
= variable Herstellkosten (€/ME)	**134,95**	**202,70**
Variable Verwaltungsgemeinkosten **(2,4%)**	3,24	4,86
Variable Vertriebsgemeinkosten **(1,2%)**	1,62	2,43
= variable Selbstkosten (€/ME)	**139,81**	**209,99**

Wird die Kostenträgerstückrechnung im System der DGR um die Erlöskomponente erweitert, lässt sich der **(Stück)Deckungsbeitrag** der einzelnen Produkte ermitteln. Der (Stück)Deckungsbeitrag für ein Produkt ergibt sich dabei *allgemein* aus der Differenz von Absatzpreis und variablen Stückkosten bzw. detaillierter:

Bruttoerlöse
- Erlösschmälerungen
= **Nettoerlöse**
- variable Materialeinzelkosten
- variable Fertigungseinzelkosten
- variable Material-/Fertigungsgemeinkosten
= **Zwischensumme**
- variable Verwaltungskosten
- variable Vertriebskosten
= **(Stück)Deckungsbeitrag (db)**

Der (Stück)Deckungsbeitrag liefert wichtige Informationen für insbesondere kurzfristige unternehmenspolitische Entscheidungssituationen im Rahmen gegebener Kapazitäten, bei denen die Fixkosten nicht zu beeinflussen und damit nicht entscheidungsrelevant sind. Dies soll anhand des obigen Beispiels verdeutlicht werden. Als (Stück)Deckungsbeiträge für die beiden Produkte (A, B) ergeben sich auf Basis der obigen Kalkulation der variablen Stückkosten:

Produkt	**A**	**B**
Absatzpreis (€/ME)	320,00	380,00
- variable Stückkosten (€/ME)	139,81	209,99
= **Stückdeckungsbeitrag** (€/ME)	**180,19**	**170,01**

Bei Kalkulation *auf Vollkostenbasis* ergeben sich für die beiden Produkte folgende **Stückgewinne**:

Produkt	**A**	**B**
Absatzpreis (€/ME)	320,00	380,00
- (volle) Stückkosten (€/ME)	254,87	384,79
= **Stückgewinn** (€/ME)	**65,13**	**- 4,79**

Obwohl die Deckungsbeiträge beider Produkte positiv sind, d.h. über die Deckung der variablen Stückkosten hinaus bei beiden Produkten ein zusätzlicher Beitrag zur Deckung der Fixkosten erwirtschaftet wird, ist der Stückgewinn bei Produkt B negativ. Würde das Unternehmen (kurzfristig) die Eliminierung des Produktes B aus dem Produktprogramm erwägen, würde sie eine Fehlentscheidung treffen. Grund ist erneut die Proportionalisierung der Fixkosten in einer Vollkostenrechnung. Die auf das Produkt B verrechneten Fixkosten i.H.v. 174,80 €/Stück (384,79 €/Stück - 209,99 €/Stück) würden nämlich auch nach Eliminierung dieses Produktes anfallen. Da Produkt B aber einen positiven Deckungsbeitrag i.H.v. 170,01 €/Stück erzielt, werden zumindest Teile der Fixkosten gedeckt, so dass dieses Produkt aus erfolgswirtschaftlicher Sicht kurzfristig weiterhin im Produktprogramm verbleiben sollte.

Auf Basis von Informationen der Kostenträgerstückrechnung im System der DGR lassen sich eine Reihe von (kurzfristigen) unternehmenspolitischen Entscheidungssituationen hinsichtlich ihrer erfolgswirtschaftlichen Auswirkungen beurteilen:

- **Operative Programm- und Verfahrensplanung**
- **Make or Buy-Entscheidungen**
- **Bestimmung von Preisgrenzen**
- **Break-Even-Analysen etc.**

Die genannten Einsatzgebiete der Kostenträgerstückrechnung der DGR werden im Rahmen des Kapitels 8 ausführlich erläutert. Im folgenden Abschnitt werden die Möglichkeiten der Ausgestaltung der Kostenträgerzeitrechnung im System der DGR dargestellt.

7.2.5 Kostenträgerzeitrechnung (kurzfristige Erfolgsrechnung)

Die Kostenträgerzeitrechnung (kurzfristige Erfolgsrechnung) kann im System der DGR grundsätzlich als *einstufige* und *mehrstufige Deckungsbeitragsrechnung* ausgestaltet werden. Beide Formen der Periodenerfolgsrechnung werden im Folgenden erläutert.

7.2.5.1 Die einstufige Deckungsbeitragsrechnung

Die **einstufige Deckungsbeitragsrechnung** wird in der Literatur u.a. auch als *Direct Costing* oder *Bruttogewinnrechnung* bezeichnet. Zentrales Merkmal dieser Form der Deckungsbeitragsrechnung ist, dass für jedes Produkt nur ein Deckungsbeitrag als Überschuss der Umsatzerlöse über die variablen Kosten ermittelt wird. Die Fixkosten werden im Prinzip als Block behandelt und von dem Gesamtdeckungsbeitrag der Periode (= Summe aller produktbezogenen Deckungsbeiträge) abgezogen, so dass sich als Ergebnis der Periodenerfolg ergibt.

Die **Vorgehensweise** der einstufigen Deckungsbeitragsrechnung soll im Folgenden auf der Grundlage des *Umsatzkostenverfahrens in Staffelform*[5] dargestellt werden. Im Vergleich zu Systemen der Vollkostenrechnung ergeben sich im Wesentlichen folgende Unterschiede:

- **getrennter Ausweis der fixen und variablen Kosten**
- **Ermittlung produktbezogener Deckungsbeiträge**
- **Bewertung von Bestandsveränderungen zu variablen Kosten**

Der zuletzt genannte Aspekt führt i.d.R. zu einem unterschiedlichen Ausweis des Periodenergebnisses bei Voll- und Teilkostenrechnung und soll daher im weiteren Verlauf dieses Abschnitts noch genauer betrachtet werden.

---

5 Die Anwendung des Gesamtkostenverfahrens wird dadurch erschwert, dass die Kosten bei diesem Verfahren nach Kostenarten und nicht nach Produktarten gegliedert werden. Produktbezogene Deckungsbeiträge lassen sich daher bei diesem Verfahren nicht ohne Weiteres ermitteln.

Die kurzfristige Erfolgsrechnung folgt bei einstufiger Deckungsbeitragsrechnung dem nachstehenden *Ermittlungsschema*:

Summe der Deckungsbeiträge der Periode
- Summe der Fixkosten der Periode
= **Betriebsergebnis**

Oder in *erweiterter Form*:

Summe der Deckungsbeiträge der Periode
- Fixkosten Materialbereich
- Fixkosten Fertigungsbereich
- Fixkosten Verwaltung
- Fixkosten Vertrieb
- Fixkosten Allgemeiner Bereich
= **Betriebsergebnis**

Die Ermittlung des Periodenerfolgs soll anhand eines **Beispiels** verdeutlicht werden. Dabei wird ein Unternehmen unterstellt, dass drei Produkte (A, B, C) herstellt. Es gelten die folgenden *produktbezogenen Daten*:

Produkte	**A**	**B**	**C**
Absatzpreis (€/Stück)	20	10	30
variable Stückkosten (€/Stück)	15	5	20
Produktions- und Absatzmenge (Stück)	10.000	5.000	8.000

Die fixen Herstellkosten der Periode betragen 80.000 €, die fixen Verwaltungs- und Vertriebskosten insgesamt 20.000 €. Die Erlösschmälerungen (Rabatte und Skonti) betragen bei allen drei Produkten jeweils 10% vom (Brutto)Absatzpreis.

Es ergibt sich im Rahmen der einstufigen Deckungsbeitragsrechnung die nachstehende *Periodenerfolgsrechnung*. Der Betriebsgewinn der Periode beträgt insgesamt 6.000 €.

Treten - wie in diesem Beispiel unterstellt - *keine Lagerbestandsveränderungen* auf, weisen Systeme der Voll- und Teilkostenrechnung stets identische Betriebsergebnisse aus. Bei *Lagerbestandsveränderungen* führt dagegen die unterschiedliche Bewertung der Bestände zu Voll- oder Teilkostenrechnung zum Ausweis unterschiedlicher Betriebsergebnisse.

Produkte	**A**	**B**	**C**
Bruttopreis (€/Stück)	20	10	30
- Erlösschmälerungen (€/Stück)	2	1	3
= Nettopreis (€/Stück)	18	9	27
- variable Stückkosten (€/Stück)	15	5	20
= Stückdeckungsbeitrag (€/Stück)	3	4	7
Produktdeckungsbeitrag (€)	30.000	20.000	56.000
Gesamtdeckungsbeitrag (€)		106.000	
- fixe Herstellkosten (€)		80.000	
- fixe Verwaltungs- und Vertriebskosten (€)		20.000	
= Betriebsergebnis (€)		**6.000**	

Dieser Sachverhalt soll an einem einfachen **Beispiel** verdeutlicht werden. Betrachtet wird ein *Einproduktunternehmen*, für das in zwei aufeinanderfolgenden Quartalen folgende *Datensituation* gilt:

	I. Quartal	**II. Quartal**
Produktionsmenge (Stück)	500	500
Absatzmenge (Stück)	400	600
fixe Herstellkosten (€)	20.000	20.000
variable Herstellkosten (€)	10.000	10.000
fixe Verwaltungskosten (€)	5.000	5.000
fixe Vertriebskosten (€)	5.000	5.000

Der Absatzpreis des Produktes beträgt in beiden Quartalen jeweils 90 €/Stück.

Im Folgenden wird der **Periodenerfolg für die beiden Quartale** jeweils auf Voll- und Teilkostenbasis getrennt ermittelt. Bei **Vollkostenrechnung** ergeben sich folgende *Herstellkosten pro Stück* sowie die folgenden *Periodenerfolge*:

$$\text{Herstellkosten/Stück} = \frac{30.000 \text{ €}}{500 \text{ Stück}} = 60 \text{ €/Stück}$$

	I. Quartal	**II. Quartal**
Umsatz (€)	36.000	54.000
- Herstellkosten des Umsatzes (€)	24.000	36.000
= Bruttoergebnis (€)	12.000	18.000
- fixe Verwaltungskosten (€)	5.000	5.000
- fixe Vertriebskosten (€)	5.000	5.000
= Betriebsergebnis (€)	**2.000**	**8.000**

Bei **Teilkostenrechnung** ergeben sich folgende *variable Herstellkosten pro Stück*:

$$\text{variable Herstellkosten/Stück} = \frac{10.000\text{ €}}{500\text{ Stück}} = 20\text{ €/Stück}$$

Für die beiden Quartale ergeben sich folgende *Periodenerfolge*:

	I. Quartal	**II. Quartal**
Umsatz (€)	36.000	54.000
- variable Herstellkosten des Umsatzes (€)	8.000	12.000
= Deckungsbeitrag (€)	28.000	42.000
- fixe Herstellkosten (€)	20.000	20.000
- fixe Verwaltungskosten (€)	5.000	5.000
- fixe Vertriebskosten (€)	5.000	5.000
= Betriebsergebnis (€)	**- 2.000**	**12.000**

Voll- und Teilkostenrechnung weisen in beiden Quartalen jeweils unterschiedliche Betriebsergebnisse aus. Das Gesamtergebnis für beide Quartale beträgt allerdings in beiden Rechnungen 10.000 € (= Betriebsgewinn).

Der **Grund für die Unterschiede** ist in der Proportionalisierung der Fixkosten in der Vollkostenrechnung zu suchen. Während in der Teilkostenrechnung die Fixkosten als Periodenkosten in ihrer vollen Höhe (= 30.000 €) in beiden Quartalen in das Betriebsergebnis eingehen, werden die Fixkosten in der Vollkostenrechnung nur anteilig in Höhe des Verkaufsvolumens im Betriebsergebnis berücksichtigt. D.h. es werden nur diejenigen Fixkosten in das Betriebsergebnis übernommen, die auf die abgesetzten Produkte entfallen.

Im obigen Beispiel sind bei Vollkostenrechnung in den gesamten Herstellkosten von 60 €/Stück 40 € an fixen und 20 € an variablen Herstellkosten enthalten. Bei einem Verkaufsvolumen von 400 Stück im I. Quartal werden von den an fixen Herstellkosten insgesamt anfallenden 20.000 € nur 16.000 € (= 40 €/Stück x 400 Stück) im Betriebsergebnis verrechnet. 4.000 € (= 40€/Stück x 100 Stück) werden aus dem Betriebsergebnis des I. Quartals herausgerechnet und erst dann erfolgswirksam, wenn die auf Lager gefertigten (100) Produktmengeneinheiten verkauft werden. Der Periodenerfolg des I. Quartals fällt bei Vollkostenrechnung folglich um 4.000 € höher aus als bei Teilkostenrechnung.

Im II. Quartal werden neben den 500 produzierten Mengeneinheiten auch die 100 im Vorquartal auf Lager gefertigten Produktmengeneinheiten abgesetzt. Im Betriebsergebnis werden somit fixe Herstellkosten i.H.v. 24.000 € (= 40 €/Stück x 600 Stück) verrechnet. Die 4.000 € an fixen Herstellkosten des I. Quartals, die im Rahmen der Fixkostenproportionalisierung bei Vollkostenrechnung auf die lagerbestandserhöhenden Produktmengeneinheiten verrechnet wurden, werden also erst im II. Quartal erfolgswirksam. Der Periodenerfolg des II. Quartals ist somit bei Vollkostenrechnung um 4.000 € geringer als bei Teilkostenrechnung. Der Differenzbetrag zwischen den Betriebsergebnissen bei Voll- und Teilkostenrechnung entspricht also in beiden Quartalen genau den 4.000 € an fixen Herstellkosten, die in beiden Rechnungen zu unterschiedlichen Zeitpunkten erfolgswirksam werden.

Als **Fazit** kann somit festgehalten werden, dass die Periodenerfolgsrechnung bei Voll- und Teilkostenrechnung nur dann zum selben Betriebsergebnis führt, wenn keine Lagerbestandsveränderungen auftreten. Bei Lagerbestandsveränderungen gilt stets folgender Zusammenhang:

Bestandserhöhung: $\text{Betriebsergebnis}_{\text{Vollkostenrechnung}} > \text{Betriebsergebnis}_{\text{Teilkostenrechnung}}$

Bestandsminderung: $\text{Betriebsergebnis}_{\text{Vollkostenrechnung}} < \text{Betriebsergebnis}_{\text{Teilkostenrechnung}}$

Die einstufige Deckungsbeitragsrechnung kann in der hier dargestellten Form auch als **summarische Fixkostendeckungsrechnung** bezeichnet werden, da die Fixkosten als Block und damit weitgehend undifferenziert von der Summe der Deckungsbeiträge der Periode abgezogen werden. Der Deckungsbeitrag stellt dabei eine sehr globale Größe dar, die zwar gewisse Rückschlüsse auf den Erfolgsbeitrag einzelner Produkte ermöglicht, aber nur bedingt aussagefähige Erfolgsanalysen von z.B. Produktgruppen, einzelnen Sparten oder Leistungsbereichen zulässt. Hierzu bedarf es insbesondere auch einer differenzierteren Fixkostenbetrachtung, die im Rahmen der mehrstufigen Deckungsbeitragsrechnung erfolgt.

7.2.5.2 Die mehrstufige Deckungsbeitragsrechnung

Die **mehrstufige Deckungsbeitragsrechnung**, die aufgrund ihrer Struktur auch stufenweise Fixkostendeckungsrechnung oder Schichtkostenrechnung genannt wird, stellt im Prinzip ein *erweitertes Verfahren der einstufigen Deckungsbeitragsrechnung* dar.

Zentrales Merkmal dieser Form der Deckungsbeitragsrechnung ist, dass zur Ermittlung des Periodenerfolges die Fixkosten nicht mehr als Block von der Summe der

Deckungsbeiträge der Periode abgezogen werden. Die Fixkosten werden vielmehr in mehrere Schichten zerlegt und „stufenweise" verrechnet. Dabei ergeben sich mehrere stufenbezogene Deckungsbeiträge, die den Überschuss der Umsatzerlöse über variable und anteilige fixe Kosten darstellen. Der Fixkostencharakter bleibt dabei aber erhalten, d.h. es werden keine Fixkosten proportionalisiert und damit auf einzelne Produktmengeneinheiten verrechnet. Die stufenbezogene Zurechnung der Fixkosten erfolgt vielmehr en bloc auf Produkte, Produktgruppen oder einzelne Sparten, für die sie anfallen, und damit wesentlich differenzierter als in einer einstufigen Deckungsbeitragsrechnung. Hierdurch soll eine detailliertere Analyse des Periodenerfolges ermöglicht werden, wobei neben den Erfolgsbeiträgen einzelner Produkte auch der erfolgswirtschaftliche Beitrag z.B. von Produktgruppen, Leistungsbereichen und Sparten genauer untersucht werden kann.

Während im Rahmen der einstufigen Deckungsbeitragsrechnung die Fixkosten gewissermaßen als „homogene Masse" betrachtet werden, berücksichtigt die mehrstufige Deckungsbeitragsrechnung, dass sich Fixkosten sowohl nach dem *Grad der Zurechenbarkeit* zu einzelnen Bezugsobjekten als auch hinsichtlich ihrer *zeitlichen Abbaubarkeit* unterscheiden. So lassen sich Fixkosten im Verwaltungsbereich einzelnen Produktgruppen nicht direkt zurechnen. Anders sieht dies z.B. bei Fixkosten für eine Fertigungsanlage aus, auf der nur eine Produktgruppe gefertigt wird. Fixkosten lassen sich darüber hinaus nur in unterschiedlichen Zeiträumen abbauen. Während z.B. die Fixkosten einer bestimmten Produktlinie vergleichsweise zeitnah nach Aufgabe der Produktlinie entfallen, dürften Teile der Fixkosten bei Stilllegung eines Produktionsstandortes nur über einen relativ langen Zeitraum abbaubar sein. Fixkosten sind demnach sehr „heterogener Natur". Diesem Aspekt trägt eine mehrstufige Deckungsbeitragsrechnung durch die differenzierte Fixkostenbehandlung im Rahmen der Periodenerfolgsermittlung entsprechend Rechnung. Die Informationsbasis für unternehmerische Entscheidungen lässt sich hierdurch deutlich verbessern.

Die **Vorgehensweise der mehrstufigen Deckungsbeitragsrechnung** erfolgt im Prinzip in *drei Arbeitsschritten*, die im Folgenden ausführlich dargestellt werden:

1. **Gliederung des Fixkostenblocks und stufenbezogene Fixkostenzurechnung**
2. **Stufenbezogene Ermittlung von Deckungsbeiträgen**
3. **Deckungsbeitragstiefenanalyse**

Die **Gliederung des Fixkostenblocks** orientiert sich im Wesentlichen an der Organisationsstruktur sowie am Produktprogramm des Unternehmens. In einer Divisionalorganisation ergeben sich z.B. folgende Stufen der Fixkostenschichtung:

Abb. 46: Fixkostenschichtung bei Divisionalorganisation

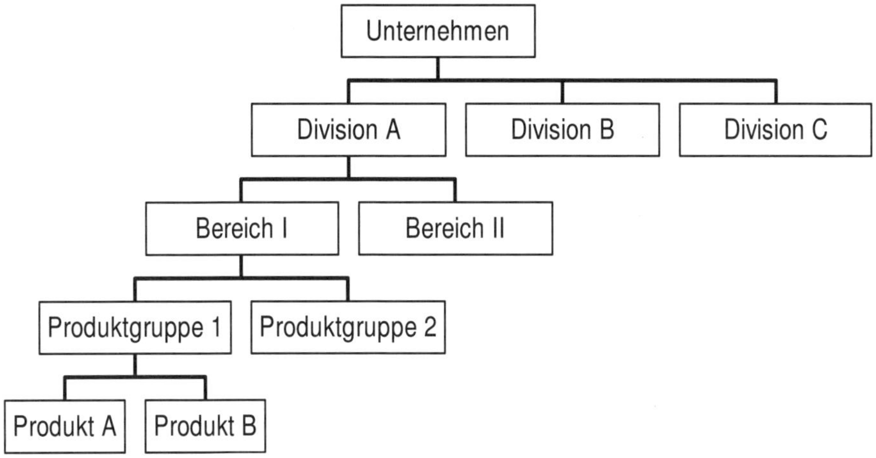

Die Fixkostenschichtung erfolgt dabei „von unten nach oben“ beginnend mit den **Produktfixkosten**. Diese lassen sich zwar einer Produktart insgesamt zurechnen, sind in ihrer Höhe aber unabhängig von der jeweiligen Produktionsmenge und daher der einzelnen Produktmengeneinheit auch nicht zurechenbar. Zu den Produktfixkosten zählen z.B. Entwicklungskosten für das Produkt, Kosten für Spezialmaschinen und -werkzeuge sowie produktbezogene Werbungskosten oder auch Personalkosten für einen Produktmanager.

Zu den **Produktgruppenfixkosten** gehören diejenigen Fixkosten, die sich einzelnen Produktarten nicht direkt zurechnen lassen, sondern für eine Gruppe von Produkten insgesamt anfallen. Beispiele hierfür sind Patentkosten, Kosten für gemeinsam genutzte Fertigungsanlagen und Fabrikgebäude, Kosten für produktgruppenbezogene Werbung oder gemeinsam genutztes Personal etc.

Bereichs- und Spartenfixkosten lassen sich nicht mehr auf Produktebene bzw. Ebene der Produktgruppen zurechnen, sondern fallen für einzelne Leistungsbereiche bzw. Sparten insgesamt an. Insbesondere bei regionaler Gliederung gehören hierzu z.B. die bereichs- bzw. spartenbezogenen Kosten für Verwaltung und Vertrieb.

Die **Unternehmensfixkosten** stellen schließlich die „Sammelposition“ für all diejenigen Fixkosten dar, die sich nicht eindeutig einer unteren Hierarchieebene zurechnen lassen. Hierzu zählen die Kosten der Unternehmensleitung sowie der zentralen Fachfunktionen, wie Revision, Öffentlichkeitsarbeit, Rechts- und Personalabteilung etc.

Bei der Festlegung der Gliederungstiefe des Fixkostenblocks sind neben unternehmensindividuellen Faktoren wie der Organisationsstruktur auch *Wirtschaftlichkeitsaspekte* zu berücksichtigen. Der Informationsnutzen sollte dabei in einem sinnvollen Verhältnis zum Erfassungs- und Rechenaufwand stehen, der mit zunehmender Gliederungstiefe tendenziell ansteigt. Auch die Anforderungen an die Kostenstellenrechnung werden mit der Gliederungstiefe entsprechend zunehmen. Kostenstellen- und Kostenträgerzeitrechnung lassen sich dabei so gestalten, dass beide Rechnungen im Prinzip ineinander übergehen.

Das Ergebnis der Fixkostenschichtung und -zurechnung zu den einzelnen Hierarchieebenen wird im Folgenden anhand eines **Beispiels** verdeutlicht (vgl. Abbildung 47).

Abb. 47: Beispiel einer Fixkostenschichtung (in €)

Leistungsbereich	**I**				
Produktgruppe	**A**		**B**		
Produkt	**1**	**2**	**3**	**4**	**5**
Produkt-Fixkosten	355.000	370.000	305.000	123.000	222.000
Gruppen-Fixkosten	110.000		70.000		
Bereichs-Fixkosten	212.000				

Leistungsbereich	**II**						
Produktgruppe	**C**			**D**			
Produkt	**6**	**7**	**8**	**9**	**10**	**11**	**12**
Produkt-Fixkosten	359.000	450.000	320.000	600.000	710.000	710.000	415.000
Gruppen-Fixkosten	310.000			205.000			
Bereichs-Fixkosten	190.000						
Unternehmens-Fixkosten	90.000						

Betrachtet wird ein Unternehmen, das in zwei Leistungsbereichen (I, II) vier Produktgruppen (A, B, C, D) mit insgesamt 12 Produkten herstellt. Die Fixkosten der betrachteten Planungsperiode betragen insgesamt 6.126.000 € und werden gemäß Abbildung 47 geschichtet. Der sinnvolle Einsatz einer mehrstufigen Deckungsbeitragsrechnung setzt dabei voraus, dass es gelingt, einen Großteil der anfallenden Fixkosten insbesondere auf der Ebene der Produkte und Produktgruppen zu verrechnen. Als „Restfixkosten" des Unternehmens sollte idealerweise dann - wie in dem hier unterstellten Beispiel - nur noch ein verhältnismäßig geringer Betrag verbleiben.

Nach der Zurechnung der Fixkosten zu den einzelnen Hierarchieebenen erfolgt im zweiten Schritt der mehrstufigen Deckungsbeitragsrechnung die **stufenbezogene Ermittlung der Deckungsbeiträge**. Dabei findet das nachstehende *Grundschema* Anwendung:

Bruttoerlöse des Produktes
- Erlösschmälerungen
= **Nettoerlöse des Produktes**
- variable Kosten des Produktes
= **Deckungsbeitrag I des Produktes**
- Fixkosten des Produktes
= **Deckungsbeitrag II des Produktes**
Σ **Deckungsbeiträge II** der Produktgruppe
- Fixkosten der Produktgruppe
= **Deckungsbeitrag III der Produktgruppe**
Σ **Deckungsbeiträge III** des Leistungsbereichs
- Fixkosten des Leistungsbereichs
= **Deckungsbeitrag IV des Leistungsbereichs**
Σ **Deckungsbeiträge IV** des Unternehmens
- (Rest-)Fixkosten des Unternehmens
= **Betriebsergebnis**

Bis zur Ermittlung des *Deckungsbeitrags I des Produktes* entsprechen sich ein- und mehrstufige Deckungsbeitragsrechnung. Danach führt die differenziertere Behandlung der Fixkosten in der mehrstufigen Deckungsbeitragsrechnung zur Ableitung weiterer stufenbezogener Deckungsbeiträge. So ergibt sich der *Deckungsbeitrag II des Produktes* durch Subtraktion der Produktfixkosten vom Deckungsbeitrag I. Der Deckungsbeitrag II zeigt, ob es dem betrachteten Produkt gelingt, über die Deckung der variablen und produktbezogenen Fixkosten hinaus noch einen zusätzlichen Beitrag zur Deckung weiterer Fixkosten (Gruppen-, Bereichs-, Unternehmensfixkosten) zu erwirtschaften. Die Deckungsbeiträge höheren Grades liefern ähnliche Aussagen bezogen auf einzelne Produktgruppen, Leistungsbereiche oder das Gesamtunternehmen. Nur wenn das Unternehmen insgesamt in der Lage ist, alle Fixkosten über die erwirtschafteten Deckungsbeiträge zu decken, ergibt sich am Ende ein Betriebsgewinn. Dieser entspricht grundsätzlich dem Gewinnausweis in einer einstufigen

Deckungsbeitragsrechnung, da sich nicht die Höhe der Fixkosten, sondern nur die Art ihrer Verrechnung in beiden Rechnungen unterscheidet.

Die Ermittlung stufenbezogener Deckungsbeiträge soll ebenfalls anhand des hier unterstellten **Beispiels** verdeutlicht werden. Dabei gelten die folgenden *produktbezogenen Daten*:

	Leistungsbereich I				
	Produktgruppe A		Produktgruppe B		
Produkt	**1**	**2**	**3**	**4**	**5**
Preis (€/ME)	103	125	50	40	35
variable Kosten (€/ME)	70	95	30	35	24,50
Absatzmenge (ME)	10.000	20.000	20.000	40.000	30.000

	Leistungsbereich II						
	Produktgruppe C			Produktgruppe D			
Produkt	**6**	**7**	**8**	**9**	**10**	**11**	**12**
Preis (€/ME)	1.000	850	900	2.000	2.500	2.800	3.000
variable Kosten (€/ME)	800	746	800	1.200	1.375	1.400	1.760
Absatzmenge (ME)	2.000	5.000	3.700	1.000	800	500	500

Es ergibt sich die in Abbildung 48 dargestellte mehrstufige Deckungsbeitragsrechnung.

Der letzte Schritt der mehrstufigen Deckungsbeitragsrechnung kann auch als **Deckungsbeitragstiefenanalyse** bezeichnet werden. Hierbei werden ausgehend vom Betriebsergebnis „von unten nach oben" die Deckungsbeiträge der einzelnen Stufen analysiert. Dabei sollen v.a. „Verlustbringer" identifiziert werden. Dies können ganze Leistungsbereiche, Produktgruppen oder einzelne Produkte sein. Die mehrstufige Deckungsbeitragsrechnung liefert in diesem Sinne wichtige Informationen für unternehmerische Entscheidungen insbesondere auf dem Gebiet der Absatz- und Investitionspolitik. So kann es sinnvoll sein, besonders erfolgreiche Produkte, Produktgruppen oder Leistungsbereiche durch absatz- und investitionspolitische Maßnahmen weiter zu stärken bzw. auszubauen. „Verlustbringer" können ggf., wenn andere Maßnahmen zur Ergebnisverbesserung (z.B. Fixkostenreduktion) nicht greifen, mittel- bis langfristig aus dem Programm genommen werden. Solche Entscheidungen über Stilllegungsmaßnahmen bedürfen aber i.d.R. zusätzlicher Informationen über die zeitliche Abbaufähigkeit der entscheidungsrelevanten Fixkosten. Dabei sind auch mögliche Verbundeffekte in die Entscheidung mit einzubeziehen.

Abb. 48: Beispiel einer mehrstufigen Deckungsbeitragsrechnung

Leistungsbereich	I				
Produktgruppe	A		B		
Produkt	1	2	3	4	5
DB I	330.000	600.000	400.000	200.000	315.000
Produkt-Fixkosten	355.000	370.000	305.000	123.000	222.000
DB II	- 25.000	230.000	95.000	77.000	93.000
$\sum$ DB II	205.000		265.000		
Gruppen-Fixkosten	110.000		70.000		
DB III	95.000		195.000		
$\sum$ DB III	290.000				
Bereichs-Fixkosten	212.000				
DB IV	78.000				

Leistungsbereich	II						
Produktgruppe	C			D			
Produkt	6	7	8	9	10	11	12
DB I	400.000	520.000	370.000	800.000	900.000	700.000	620.000
Produkt-Fixkosten	359.000	450.000	320.000	600.000	710.000	710.000	415.000
DB II	41.000	70.000	50.000	200.000	190.000	- 10.000	205.000
$\sum$ DB II	161.000			585.000			
Gruppen-Fixkosten	310.000			205.000			
DB III	- 149.000			380.000			
$\sum$ DB III	231.000						
Bereichs-Fixkosten	190.000						
DB IV	41.000						

$\sum$ DB IV	119.000
Betriebs-Fixkosten	90.000
Betriebs-ergebnis	29.000

Bei der **Analyse des hier unterstellten Beispiels** ist zunächst festzustellen, dass der Betriebsgewinn im Vergleich zur Summe der produktbezogenen Deckungsbeiträge der Periode (= 6.155.000 €) mit 29.000 € aufgrund der recht hohen Fixkosten insgesamt sehr gering ausfällt. „Verlustbringer“ ist dabei insbesondere die Produktgruppe C, die es nicht schafft, die Produktgruppenfixkosten zu decken, geschweige denn einen Beitrag zur Deckung der Bereichs- und Unternehmensfixkosten zu erwirtschaften. Gelingt es insbesondere nicht die hohen Gruppenfixkosten zu senken, könnte es mittel- bis langfristig sinnvoll sein, diese Produktgruppe aus dem Programm zu nehmen. Ähnliches gilt für die Produkte 1 und 11, deren variable Kosten zwar gedeckt werden (Deckungsbeitrag I > 0), die es aber nicht schaffen, die (eigenen) produktbezogenen Fixkosten zu decken.

Solange der Deckungsbeitrag I positiv ist, sollten die „defizitären“ Produkte kurzfristig aber nicht aus dem Programm genommen werden, da sich die Fixkosten kurzfristig nicht abbauen lassen. Erst wenn die variablen Kosten nicht mehr gedeckt werden (Deckungsbeitrag I < 0), wäre eine kurzfristige Eliminierung solcher Produkte aus erfolgswirtschaftlicher Sicht sinnvoll, soweit andere Gründe nicht entgegen stehen (z.B. Image- oder Verbundeffekte, Produkteinführungsphase etc.).

Im Vergleich zur einstufigen Deckungsbeitragsrechnung erlaubt die *mehrstufige Deckungsbeitragsrechnung* also eine wesentlich differenziertere Analyse des Periodenerfolges und seiner Zusammensetzung. Dies verbessert insbesondere die Informationsgrundlage für sortimentspolitische Entscheidungen. Voraussetzung für den Einsatz einer mehrstufigen Deckungsbeitragsrechnung ist dabei u.a. - wie bereits erwähnt -, dass es überhaupt gelingt, die Fixkosten sinnvoll zu schichten. Die schrittweise Zurechnung von Fixkosten z.B. auf Produktgruppen ist jedoch nicht immer zweifelsfrei möglich. Dies gilt insbesondere dann, wenn keine räumliche oder spartenbezogene Gliederung des Unternehmens vorliegt. Auch die Kostenspaltung in fixe und variable Kostenbestandteile ist nicht immer einfach und hängt letztlich auch von der Länge der Rechnungsperiode ab. Aufgrund der dargestellten Struktur ist die mehrstufige Deckungsbeitragsrechnung v.a. für Unternehmen mit Serienfertigung geeignet.

Die Struktur von Teilkostenrechnungssystemen, die auf einer Trennung von fixen und variablen Kosten beruhen (DGR), ist damit abschließend dargestellt. Im Rahmen des 8. Kapitels werden konkrete Anwendungsgebiete der DGR eingehender diskutiert. Im folgenden Abschnitt soll mit der sog. *relativen Einzelkostenrechnung* aber zunächst der Fokus auf die zweite Grundform von Teilkostenrechnungssystemen gerichtet werden.

7.3 Die relative Einzelkostenrechnung

Die **relative Einzelkostenrechnung**, die auch als *Deckungsbeitragsrechnung mit relativen Einzelkosten* bezeichnet wird und auf *Paul Riebel* zurückgeht[6], kann wie die anderen Formen der Teilkostenrechnung auch grundsätzlich auf Ist-, Normal- oder Plankostenbasis durchgeführt werden. Von den bisher diskutierten Systemen der Teilkostenrechnung unterscheidet sich die relative Einzelkostenrechnung aber erheblich. Während im System der DGR die Trennung von fixen und variablen Kosten sowie die ausschließliche Verrechnung der variablen Kosten auf die Kostenträger das zentrale Merkmal dieser Form der Teilkostenrechnung bildet, steht bei der relativen Einzelkostenrechnung die Erfassung und Verrechnung der Kosten als (relative) Einzelkosten im Vordergrund. War der Begriff der Einzelkosten dabei bisher primär auf die Zurechenbarkeit der Kosten zu einzelnen Kostenträgern beschränkt, erfolgt im System der relativen Einzelkostenrechnung eine „Relativierung" des Einzelkostenbegriffs hinsichtlich der Zurechenbarkeit von (Einzel)Kosten auf unterschiedliche Bezugsobjekte. Neben Produkten und Kostenstellen können z.B. auch Vertriebswege, Kunden oder einzelne Zeitperioden (Monate, Quartale, Jahre) solche Bezugsobjekte sein. Ziel der relativen Einzelkostenrechnung ist es dabei, möglichst alle Kosten als (relative) Einzelkosten zu erfassen und sachlich und/oder zeitlich genau abzugrenzenden Bezugsobjekten eindeutig zuzurechnen.

Die **Besonderheiten der relativen Einzelkostenrechnung** sollen im Folgenden insbesondere im Hinblick auf die Unterschiede zu den bisher behandelten Systemen der (Teil)Kostenrechnung näher erläutert werden. Als erstes wesentliches Merkmal dieses Rechnungssystems wäre dabei der vollständige Verzicht auf eine Kostenschlüsselung zu nennen. Während Vollkostenrechnungssysteme Fixkosten proportionalisieren und (fixe *und* variable) Gemeinkosten auf die Kostenträger verrechnen, findet im System der relativen Einzelkostenrechnung weder eine Proportionalisierung von Fixkosten noch eine Gemeinkostenschlüsselung statt. Im Vergleich zu Teilkostenrechnungssystemen auf Basis variabler Kosten geht die relative Einzelkostenrechnung damit noch einen Schritt weiter, indem auch keine variablen Gemeinkosten mehr auf die Kostenträger verrechnet werden. Der Forderung des Verursachungsprinzips, wonach einzelnen Bezugsobjekten nur diejenigen Kosten zugerechnet werden dürfen, die auch durch diese entstanden sind, wird somit vollständig Rechnung getragen.

Die relative Einzelkostenrechnung fußt auf dem **„entscheidungsorientierten Kostenbegriff"**. Danach sind Kosten, die durch eine bestimmte Entscheidung verursacht werden, nur auf diejenigen Bezugsobjekte zu verrechnen, die durch die betreffende

[6] Vgl. im Folgenden ausführlich Riebel, P. (1994) sowie die Darstellungen bei Coenenberg, A.G. (2007), S. 200 ff.

Entscheidung unmittelbar beeinflusst werden (Identitätsprinzip). Dabei werden grundsätzlich nur ausgabenwirksame (pagatorische) Kosten berücksichtigt. Insbesondere kalkulatorische Zusatzkosten (z.B. Zinsen auf das Eigenkapital), die auf den wertmäßigen Kostenbegriff zurückgehen, werden somit in der relativen Einzelkostenrechnung nicht erfasst.

Unterschiede zu herkömmlichen Kostenrechnungssystemen ergeben sich auch bezüglich des Aufbaus der relativen Einzelkostenrechnung. Die „traditionelle" Struktur der bisher dargestellten Kostenrechnungssysteme, wonach die Kostenrechnung in den drei voneinander getrennten Stufen Kostenarten-, Kostenstellen- und Kostenträgerrechnung erfolgt, wird hier aufgebrochen. Die Kosten und Erlöse werden im Rahmen einer sog. **Grundrechnung** *zweckneutral* erfasst und gespeichert. Eine Überwälzung der Kosten auf Kostenstellen und Kostenträger erfolgt dabei nicht. Es werden lediglich die relativen Einzelkosten der Kostenstellen und Kostenträger sowie weiterer Bezugsgrößen entsprechend erfasst und ausgewiesen. Die Grundrechnung stellt dabei im Prinzip eine kombinierte Kostenarten-, Kostenstellen- und Kostenträgerrechnung dar, die von der Struktur her dem Aufbau eines Betriebsabrechnungsbogens (BAB) ähnelt. Die zweckneutrale Erfassung aller Kosten und Erlöse soll eine breite Verwendung der gespeicherten Daten im Rahmen unterschiedlicher Auswertungsrechnungen und Entscheidungen ermöglichen. Hierdurch soll auch eine stärkere Integration der verschiedenen Teilgebiete des Rechnungswesens (Kosten-, Investitions-, Gewinn- und Verlustrechnung) erreicht werden.

Die Erfassung und Verrechnung der Kosten als relative Einzelkosten zur Vermeidung von Kostenschlüsselungen setzt den Aufbau von geeigneten **Bezugsgrößenhierarchien** voraus, die eine direkte Zurechnung der Kosten zu unterschiedlichen Bezugs- bzw. Kalkulationsobjekten erlauben. Dabei werden die Kosten auf derjenigen Hierarchieebene ausgewiesen, auf der man sie gerade noch als Einzelkosten erfassen kann. So können Kosten einer Werbekampagne für ein Produkt nicht als relative Einzelkosten der einzelnen Produktmengeneinheit erfasst und verrechnet werden, da es sich hierbei um Gemeinkosten handelt. Bezogen auf die Produktart insgesamt stellen diese Kosten aber relative Einzelkosten dar, weil eine direkte und eindeutige Zurechnung der Kosten auf die Produktart möglich ist. In Abbildung 49 ist eine Bezugsgrößenhierarchie beispielhaft dargestellt.

Die Parallelen zur Vorgehensweise der mehrstufigen Deckungsbeitragsrechnung sind unverkennbar (vgl. Abschnitt 7.2.5.2). Dabei werden die Kosten in der relativen Einzelkostenrechnung aber nicht wie in der mehrstufigen Deckungsbeitragsrechnung nur einem Bezugsobjekt zugerechnet, sondern können gleichzeitig auf mehrere Arten von Bezugs- bzw. Kalkulationsobjekte getrennt verrechnet werden.

Abb. 49: Beispiel einer Bezugsgrößenhierarchie

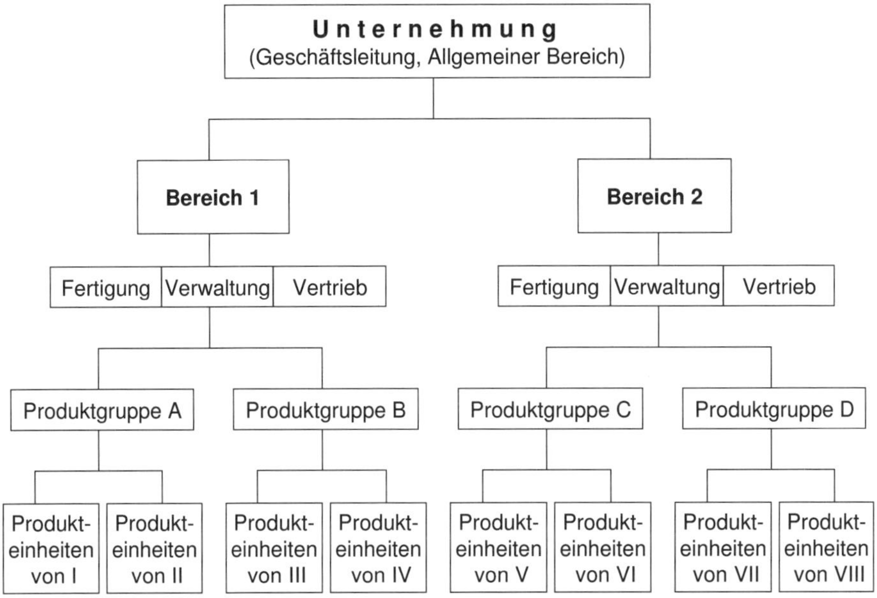

Neben der hier dargestellten sachbezogenen Bezugsgrößenhierarchie ist zur Vermeidung von Kostenschlüsselungen auch die Anwendung **zeitlicher Bezugsgrößenhierarchien** erforderlich, auf deren Grundlage eine Ermittlung von Periodenergebnissen bzw. -beiträgen möglich wird. Dabei lassen sich insbesondere Monats-, Quartals- und Jahreseinzelkosten unterscheiden. Die Kosten werden immer der Zeitperiode zugerechnet, bei der eine Erfassung ohne Schlüsselung möglich ist. So lassen sich Einmalzahlungen, wie z.B. Vorstandstantieme, kürzeren Abrechnungsperioden nicht ohne Schlüsselung zurechnen und werden daher ausschließlich als Jahreseinzelkosten erfasst.

Neben den Periodeneinzelkosten, die man unmittelbar und zweifelsfrei einer einzelnen Abrechnungsperiode zurechnen kann, werden auch Gemeinkosten „geschlossener" und „offener" Perioden unterschieden. Gemeinkosten „geschlossener Perioden" lassen sich ohne Schlüsselung nur mehreren Abrechnungsperioden gemeinsam zurechnen. Hierzu zählen z.B. mehrjährige Lizenzverträge. Gemeinkosten „offener Perioden" entstehen z.B. für den Einsatz von Gütern, deren zeitliche Nutzung im Voraus noch nicht bekannt ist und deren Kosten damit einzelnen Perioden nicht eindeutig zurechenbar sind. Hierzu zählen beispielsweise Abschreibungen auf Maschinen und Gebäude, deren genaue Nutzungsdauer erst im Nachhinein mit Beendigung der Nutzung bestimmt werden kann.

Im Rahmen der relativen Einzelkostenrechnung werden die Kosten nach verschiedenen Kategorien systematisiert. Von besonderer Bedeutung ist dabei die Einteilung in Leistungs- und Bereitschaftskosten. **Leistungskosten** umfassen die absatz-, erzeugungs- und beschaffungsabhängigen Kosten, die sich unmittelbar bei kurzfristiger Änderung von Art, Menge und Wert der produzierten und abgesetzten Leistungen verändern. Hierzu zählen neben dem Fertigungsmaterial und den produktbezogenen Energiekosten auch die direkt zurechenbaren Sondereinzelkosten der Fertigung und des Vertriebs. **Bereitschaftskosten** umfassen alle anderen Kosten und dienen der Schaffung der organisatorischen und technischen Voraussetzungen zur Realisierung des Leistungsprogramms. Die Einteilung in Leistungs- und Bereitschaftskosten ähnelt somit der Unterscheidung von fixen und variablen Kosten, ist aber mit dieser nicht deckungsgleich. So werden insbesondere die Lohneinzelkosten, die bei den Formen der Teilkostenrechnung auf Basis variabler Kosten als variable Kostenträgereinzelkosten verrechnet werden, im System der relativen Einzelkostenrechnung, sofern sie nicht kurzfristig veränderbar sind, als Bereitschaftskosten ausgewiesen.

Die **Erfolgsrechnung** wird im System der relativen Einzelkostenrechnung retrograd durchgeführt. Von den Erlösen werden dabei die auf den einzelnen Stufen direkt zurechenbaren relativen Einzelkosten abgezogen, so dass sich - wie bei der mehrstufigen Deckungsbeitragsrechnung - eine mehrfach gestufte Erfolgsrechnung ergibt. Der Deckungsbeitrag nach *Riebel* ist dabei wie folgt definiert:

Deckungsbeitrag (*nach Riebel*) = Überschuss der Einzelerlöse über die (relativen) Einzelkosten eines sachlich und zeitlich abzugrenzenden Kalkulationsobjektes, mit dem dieser zur Deckung (variabler und fixer) Gemeinkosten und zum (Total-)Erfolg beiträgt.[7]

Ist der Deckungsbeitrag eines Kalkulationsobjektes positiv, so führt die mit dem Kalkulationsobjekt zusammenhängende Entscheidung (z.B. Herstellung eines bestimmten Produktes) zu einer Erhöhung des Unternehmenserfolges.

Der Aufbau der mehrfach gestuften Erfolgsrechnung folgt dem nachstehenden *Kalkulationsschema*. Während sich bei der mehrstufigen Deckungsbeitragsrechnung die stufenbezogenen Deckungsbeiträge durch Schichtung und stufenweise Subtraktion der Fixkosten ergeben, werden im System der relativen Einzelkostenrechnung die Deckungsbeiträge durch die stufenweise Subtraktion der relativen Einzelkosten ermittelt.

---

[7] Vgl. Riebel, P. (1994), S. 759.

	Bruttoerlöse des Produktes
-	Erlösschmälerungen (z.B. Rabatte, Skonti)
=	**Nettoerlöse I des Produktes**
-	vertriebsabhängige Einzelkosten (Zölle, Frachten)
=	**Nettoerlöse II des Produktes**
-	direkte Stoffkosten (soweit Produkteinzelkosten) (z.B. Rohstoffe, Verpackung)
=	**Deckungsbeitrag I des Produktes**
-	variable Arbeitskosten (soweit Produkteinzelkosten)
=	**Deckungsbeitrag II des Produktes** (über die variablen Einzelkosten)
Σ	**Deckungsbeiträge II** aller Produkte der Produktgruppe (oder einer Abteilung)
-	direkte Einzelkosten der Produktgruppe/Abteilung
=	**Deckungsbeitrag III** (über die direkten Produktgruppen- und/oder Abteilungseinzelkosten)

Trotz ähnlicher Vorgehensweise ergeben sich bei beiden Verfahren aber recht unterschiedliche Ergebnisse. Aufgrund des vollständigen Verzichts einer Kostenschlüsselung ist der Kostenumfang, der bei relativer Einzelkostenrechnung auf den einzelnen Stufen verrechnet wird, i.d.R. deutlich geringer als bei der mehrstufigen Deckungsbeitragsrechnung. So werden beispielsweise variable Gemeinkosten nicht mehr in die Berechnung der produktbezogenen Deckungsbeiträge einbezogen. Auch Abschreibungen, die bei mehrstufiger Deckungsbeitragsrechnung als stufenbezogene Fixkosten in die Berechnung der Deckungsbeiträge einfließen, werden bei relativer Einzelkostenrechnung als Gemeinkosten „offener Perioden" behandelt und daher getrennt ausgewiesen. Dies hat zur Folge, dass die Deckungsbeiträge im System der relativen Einzelkostenrechnung aufgrund des geringeren Umfangs der Kostenzurechnung zwar höher ausfallen, dadurch aber auch tendenziell von geringerer Aussagekraft sind.

Die relative Einzelkostenrechnung setzt durch den vollständigen Verzicht auf Kostenschlüsselung insbesondere die Forderung des Verursachungsprinzips konsequent um. Dabei werden beide Kritikpunkte an der traditionellen Vollkostenrechnung (Proportionalisierung von Fixkosten, Schlüsselung von Gemeinkosten) aufgegriffen und bei der Ausgestaltung der Deckungsbeitragsrechnung mit relativen Einzelkosten berücksichtigt. Die Anwendung der relativen Einzelkostenrechnung auf unterschiedlichste Bezugs- und Kalkulationsobjekte erhöht zudem die kosten- bzw. erfolgsorientierten Analysemöglichkeiten im Vergleich zu anderen Verfahren der Teilkostenrechnung (z.B. Direct Costing) erheblich.

Diesen Vorteilen stehen allerdings auch einige **Nachteile** gegenüber.[8] So erlaubt die relative Einzelkostenrechnung im Prinzip keine Ermittlung von spezifischen Betriebserfolgen für einzelne Abrechnungsperioden. Da die Kosten auf sehr unterschiedliche Zeiträume (Monat, Quartal, Jahr) verrechnet werden, entstehen z.T. ineinander verschachtelte Periodenrechnungen, die nur noch „Periodenbeiträge", aber keine konkreten Periodenerfolge mehr ermitteln. Der Betriebserfolg ist theoretisch nur noch als „Totalerfolg" für die Gesamtlebensdauer des Unternehmens feststellbar. Auch eine produktbezogene Kalkulation und Preisbildung ist im System der relativen Einzelkostenrechnung nicht mehr möglich, da ein Großteil der Kosten nicht mehr produktbezogen zugerechnet wird.

Die relative Einzelkostenrechnung ist aufgrund der „Mehrdimensionalität" des Konzeptes und der sehr differenzierten Kostenzurechnung mit verhältnismäßig großem Aufwand verbunden. Dem steht aufgrund der v.g. Aspekte ein möglicherweise recht geringer kostenrechnerischer Erkenntnisgewinn gegenüber. Dies verleitet *Kilger* sogar zu der Aussage, dass die relative Einzelkostenrechnung „für die praktische Anwendung nicht in Frage kommt"[9].

Insgesamt kann festgehalten werden, dass die relative Einzelkostenrechnung aufgrund ihrer theoretischen Fundierung durchaus wichtige Ansatzpunkte zur Weiterentwicklung von (Teil)Kostenrechnungssystemen liefert. So ist z.B. im Rahmen des Vertriebscontrolling eine differenziertere Erfolgsanalyse nicht nur hinsichtlich einzelner Produkte und Produktgruppen, wie sie „traditionelle" Kostenrechnungssysteme vornehmen, sondern auch bezüglich weiterer Bezugsobjekte wie Kunden und Vertriebswege sinnvoll. Wichtige Aspekte der relativen Einzelkostenrechnung lassen sich somit auch mit anderen Systemen der Kostenrechnung verknüpfen. Im Vergleich zur DGR ist die relative Einzelkostenrechnung in „Reinform" allerdings von weit geringerer praktischer Relevanz, so dass im folgenden Kapitel 8 ausschließlich Anwendungsmöglichkeiten von Systemen der Teilkostenrechnung auf Basis variabler Kosten (DGR) diskutiert werden.

---

[8] Vgl. hierzu insbesondere Coenenberg, A.G. (2007), S. 209 f.

[9] Kilger, W. (1993), S. 86.

Kontrollfragen und -aufgaben

1) Welche Grundformen der Teilkostenrechnung lassen sich generell unterscheiden?
2) Welche Besonderheiten ergeben sich in den drei Stufen der Kostenrechnung bei Anwendung eines Teilkostenrechnungssystems auf Basis variabler Kosten?
3) Erläutern Sie die wesentlichen Merkmale der Grenzplankostenrechnung.
4) Stellen Sie die Abweichungsanalyse im System der Grenzplankostenrechnung anhand eines selbst gewählten Beispiels grafisch dar.
5) Erläutern Sie, warum im System der Grenzplankostenrechnung keine Beschäftigungsabweichung existiert.
6) Beurteilen Sie die Grenzplankostenrechnung hinsichtlich ihrer Vor- und Nachteile.
7) Erläutern Sie das allgemeine Kalkulationsschema einer Zuschlagskalkulation im System der DGR.
8) Wie wird der Stückdeckungsbeitrag im System der DGR ermittelt und wie ist er zu interpretieren?
9) Erläutern Sie die Besonderheiten der Vorgehensweise der einstufigen Deckungsbeitragsrechnung im Vergleich zu Systemen der Vollkostenrechnung.
10) Erläutern Sie den grundsätzlichen Aufbau der Erfolgsrechnung im Rahmen der einstufigen Deckungsbeitragsrechnung.
11) Warum weisen Voll- und Teilkostenrechnungssysteme bei Lagerbestandsveränderungen unterschiedliche Betriebsergebnisse aus?
12) Erläutern Sie die grundsätzliche Vorgehensweise der mehrstufigen Deckungsbeitragsrechnung.
13) Wie lassen sich die Fixkosten im Rahmen einer mehrstufigen Deckungsbeitragsrechnung schichten?
14) Erläutern Sie das Grundschema zur Ermittlung der stufenbezogenen Deckungsbeiträge im Rahmen einer mehrstufigen Deckungsbeitragsrechnung.
15) Wie ist die mehrstufige Deckungsbeitragsrechnung hinsichtlich ihrer Vor- und Nachteile zu beurteilen?
16) Erläutern Sie die wesentlichen Merkmale der relativen Einzelkostenrechnung.
17) Welche Aufgaben erfüllt die sog. Grundrechnung im Rahmen der relativen Einzelkostenrechnung?

18) Welche Unterschiede bestehen bei der Ermittlung des Deckungsbeitrags im System der DGR und der relativen Einzelkostenrechnung?

19) Erläutern Sie das Kalkulationsschema der mehrfach gestuften Erfolgsrechnung bei relativer Einzelkostenrechnung. Welche Unterschiede ergeben sich zur Vorgehensweise bei mehrstufiger Deckungsbeitragsrechnung?

20) Welche Vor- und Nachteile weist die relative Einzelkostenrechnung auch im Hinblick auf ihre praktische Umsetzbarkeit auf?

8. Anwendungsgebiete der Teilkosten- und Deckungsbeitragsrechnung

8.1 Überblick

Gelegentlich wird in der Literatur der Eindruck erweckt, dass es sich bei Voll- und Teilkostenrechnungssystemen um konkurrierende Kostenrechnungssysteme handelt und dass Unternehmen bei der Wahl des Kostenrechnungssystems vor einer Entweder-oder-Entscheidung stehen. In Wirklichkeit schließen sich die beiden Grundformen aber nicht aus, sondern ergänzen sich vielmehr, so dass Kostenrechnungssysteme in der Praxis häufig als „Mischsysteme" konzipiert sind. Dabei bildet z.B. die Vollkostenrechnung die „Grundrechnung", aus der durch geeignete Datenerfassung und -aufbereitung die notwendigen Informationen für eine Teilkostenrechnung generiert werden können. Diese werden für ganz bestimmte Entscheidungssituationen im Unternehmen benötigt. Ziel ist es dabei, den unternehmerischen Entscheidungsträgern, die entscheidungsrelevanten Informationen für (operative) Planungs- und Kontrollaufgaben im Rahmen der Unternehmensprozesse zur Verfügung zu stellen.

Entscheidungsrelevant sind die (Kosten)Informationen, die von der zu treffenden Entscheidung beeinflusst werden. Dabei lassen sich die Entscheidungsprobleme gemäß der Fristigkeit der Planung grundsätzlich in kurz- und mittel- bis langfristig einteilen. Bei den **kurzfristigen Entscheidungsproblemen** lässt sich die Kapazität bzw. Betriebsbereitschaft des Unternehmens i.d.R. nicht verändern. Die Höhe der Fixkosten, die die Betriebsbereitschaft sichern, wird von dieser Art Entscheidungen nicht beeinflusst. Fixkosten sind daher im Gegensatz zu den beeinflussbaren variablen (Grenz)-Kosten nicht entscheidungsrelevant. Bei den **mittel- bis langfristigen Entscheidungsproblemen** kann die Kapazität des Unternehmens z.B. durch Investitions- bzw. Desinvestitionsmaßnahmen verändert werden, was unmittelbaren Einfluss auf die Höhe der nun entscheidungsrelevanten Fixkosten hat.

Je nach Fristigkeit des betrachteten Entscheidungsproblems können unterschiedliche **Planungs- und Entscheidungsrechnungen** zum Einsatz kommen. Mittel- bis langfristige Planungsentscheidungen lassen sich z.B. auf der Grundlage von dynamischen Verfahren der Investitionsrechnung durchführen, die auf Zahlungsgrößen (Ein-, Auszahlungen) basieren. Für kurzfristige Entscheidungen, die insbesondere im Rahmen der operativen Beschaffungs-, Produktions- und Absatzplanung zu treffen sind, können die entscheidungsrelevanten Kosten durch Systeme der Teilkostenrechnung auf Basis variabler Kosten (DGR) bereitgestellt werden.

In diesem Kapitel werden konkrete (kurzfristige) Entscheidungsprobleme, die mit Hilfe von (Teil)Kosteninformationen der DGR (vgl. Abschnitt 7.2) gelöst werden können, diskutiert. Dabei werden im folgenden Abschnitt zunächst Entscheidungsprobleme im Rahmen der **operativen Programm- und Verfahrensplanung** sowie **Make-or-Buy-Entscheidungen** behandelt. In Abschnitt 8.3 geht es um die **Bestimmung von Preisgrenzen** in Form erfolgs- und liquiditätsorientierter Preisuntergrenzen für Absatzgüter sowie von Preisobergrenzen für Beschaffungsgüter. In Abschnitt 8.4 werden schließlich Möglichkeiten der **Break-Even-Analyse**, die ebenfalls auf den Kosteninformationen der DGR aufbaut, diskutiert.

Abb. 50: Einsatz von Planungs- und Entscheidungsrechnungen

8.2 Operative Programm- und Verfahrensplanung

Aufgabe der (operativen) Programmplanung ist es, festzulegen, welche Erzeugnisse, in welchen Mengen und unter Einsatz welcher Produktionsprozesse und -verfahren im Planungszeitraum zu produzieren und abzusetzen sind. Im Rahmen der *operativen Produktionsprogrammplanung* (Abschnitt 8.2.1) werden dabei die Produktionsmengen der einzelnen Produkte geplant. Die *operative Verfahrensplanung* (Abschnitt 8.2.2) legt die konkrete Aufteilung der Produktionsmengen auf die zur Verfügung stehenden Produktionsverfahren fest.

8.2.1 Operative Produktionsprogrammplanung

Im Rahmen der **operativen Produktionsprogrammplanung** wird das Produktionsprogramm nach Art und Menge für eine bestimmte (kurzfristige) Planungsperiode festgelegt. Dabei wird i.d.R. von der Zielsetzung „Gewinnmaximierung" ausgegangen, wobei lediglich die variablen Erlöse und Kosten die (Gewinn)Zielerreichung beeinflussen. Fixe Kosten sind bei Unterstellung gegebener Kapazitäten kurzfristig nicht beeinflussbar und damit auch nicht entscheidungsrelevant. Die Zielsetzung „Gewinnmaximierung" entspricht damit dem Ziel einer Maximierung des Deckungsbeitrags der Planungsperiode. Dabei wird i.d.R. vereinfachend unterstellt, dass aufgrund konstanter variabler Stückkosten und Absatzpreise die Stückdeckungsbeiträge der einzelnen Produkte in der Planungsperiode ebenfalls konstant sind.

Die operative Produktionsprogrammplanung baut insbesondere auf den Ergebnissen der Absatzplanung auf. Hier werden neben den Absatzpreisen der Produkte auch die Absatzhöchstmengen ermittelt, da Unternehmen ihre Produkte i.d.R. nicht in beliebiger Menge am Markt absetzen können. Neben Absatzbeschränkungen können auch unternehmensinterne Engpässe auftreten. So können z.B. Produktionsrestriktionen in Form von beschränkten Maschinenlaufzeiten vorliegen. Im Folgenden sollen daher die nachstehenden Entscheidungssituationen unterschieden und an konkreten Beispielen erörtert werden:

1. **Keine** unternehmensinternen Engpässe
2. **Ein** unternehmensinterner Engpass
3. **Mehrere** unternehmensinterne Engpässe

Liegen neben Absatzbeschränkungen **keine weiteren unternehmensinternen Engpässe** vor, kann die kurzfristige Planung des Produktionsprogramms allein auf Basis der Stückdeckungsbeiträge der einzelnen Produkte erfolgen. Der Stückdeckungsbeitrag soll im Folgenden als **Deckungsspanne (DSP)** bezeichnet werden. Solange die Deckungsspannen der Produkte als Differenz der Absatzpreise und der variablen Stückkosten positiv sind, wird über die variablen Stückkosten hinaus ein Beitrag zur Deckung der Fixkosten erwirtschaftet. Die Aufnahme solcher Produkte in das Produktions- und Absatzprogramm mit den jeweiligen Absatzhöchstmengen ist daher aus gewinnorientierter Sicht sinnvoll.

Dies soll an einem **Beispiel** verdeutlicht werden: Betrachtet wird dabei ein Unternehmen, das grundsätzlich sechs verschiedene Produkte herstellen kann. Für die kommende Planungsperiode liegen folgende *produktbezogene Daten* vor, wobei die Planfixkosten 118.100 € betragen:

Produkt	A	B	C	D	E	F
Preis (€/ME)	2.300	3.350	9.700	4.000	2.350	2.150
Absatzhöchstmenge (ME)	20	19	22	13	25	20
Selbstkosten (Vollkosten) (€/ME)	2.000	2.900	9.900	3.600	2.100	1.950
Variable Stückkosten (€/ME)	1.500	2.100	7.400	2.800	1.400	1.450

Es ergeben sich folgende *Stückgewinne* und *Deckungsspannen*:

Produkt	A	B	C	D	E	F
Stückgewinn (€/ME)	300	450	- 200	400	250	200
Deckungsspanne (€/ME)	800	1.250	2.300	1.200	950	700
Rangfolge der Produkte	5	2	1	3	4	6
Deckungsbeitrag (€)	16.000	23.750	50.600	15.600	23.750	14.000

Da alle sechs Produkte eine positive Deckungsspanne aufweisen, würden alle Produkte aus erfolgswirtschaftlicher Sicht mit ihren jeweiligen Absatzhöchstmengen in das Produktions- und Absatzprogramm aufgenommen werden. Als Deckungsbeitrag der Periode würden sich insgesamt 143.700 € ergeben. Bei geplanten Fixkosten i.H.v. 118.100 €, ergibt sich folglich ein Periodengewinn i.H.v. 25.600 €. Trotz eines negativen Stückgewinns sollte das Produkt C nicht aus dem Produktionsprogramm genommen werden, da es von allen sechs Produkten die höchste Deckungsspanne aufweist und der Deckungsbeitrag des Produktes i.H.v. 50.600 € dann verloren ginge. In diesem Fall würde das Unternehmen bei Konstanz der Planfixkosten sogar einen Verlust i.H.v. - 25.000 € (= 25.600 € - 50.600 €) erwirtschaften. Nur die absolute Deckungsspanne führt bei dieser Art von Entscheidungssituation ohne unternehmensinterne Engpässe als richtiges Entscheidungskriterium zur Ermittlung des gewinnmaximalen Produktions- und Absatzprogramms.

Neben Absatzbeschränkungen können im Rahmen der Unternehmensprozesse **zusätzliche Restriktionen** auftreten. *Beispiele* hierfür wären:

- **Produktionsengpässe**, die z.B. durch zeitlich beschränkte Maschinenlaufzeiten hervorgerufen werden
- **Materialengpässe**, die auf einer begrenzten Verfügbarkeit von Roh-, Hilfs-, und/oder Betriebsstoffen beruhen
- **Personalengpässe**, die sich durch gesetzlich oder tariflich bedingte Beschränkungen bei den Arbeitszeiten ergeben
- **Raumengpässe**, die durch knappe Lagerkapazitäten entstehen

In diesen Fällen ist die Bestimmung des gewinnmaximalen Produktions- und Absatzprogramms allein auf Basis der absoluten Deckungsspannen der Produkte nicht mehr möglich. Es muss zusätzlich berücksichtigt werden, in welchem Umfang die einzelnen Produkte bestehende Engpässe in Anspruch nehmen. Ziel ist dabei, eine gewinnmaximale Nutzung knapper Faktoren zu erreichen. Dieser Sachverhalt soll im Folgenden näher erläutert werden, wobei zunächst unterstellt wird, dass neben bestehenden Absatzbeschränkungen nur **ein unternehmensinterner Engpass** vorliegt.

Das v.g. **Beispiel** wird dahingehend erweitert, dass angenommen wird, dass alle Produkte auf derselben Produktionsanlage gefertigt werden. Dabei stehen in der betrachteten Planungsperiode insgesamt nur *300 Fertigungsstunden* zur Verfügung, so dass ggf. mit einem Produktionsengpass zu rechnen ist. Es gelten die folgenden *produktbezogenen Fertigungszeiten*:

Produkt	A	B	C	D	E	F
Produktionszeit (h/ME)	2,5	1,25	4,6	4	3,8	3,5
Absatzhöchstmenge (ME)	20	19	22	13	25	20
Produktionszeit (h)	50	23,75	101,2	52	95	70

Insgesamt werden fast 392 Fertigungsstunden für die Herstellung der sechs Produkte mit ihren jeweiligen Absatzhöchstmengen benötigt. Es liegt folglich ein Produktionsengpass vor, so dass das Unternehmen entscheiden muss, welche Produkte, mit welchen Mengen in das Produktionsprogramm aufgenommen werden. Entscheidungskriterium ist hierbei die sog. **relative Deckungsspanne** je Engpasseinheit. Diese ergibt sich durch Division der absoluten Deckungsspanne durch den Engpasskoeffizienten des jeweiligen Produktes. Die relative Deckungsspanne gibt dabei den „Erfolgsbeitrag“ der einzelnen Produkte pro knapper Engpasseinheit an. Diese „Erfolgsbeiträge“ sind bezogen auf die knappe Kapazität insgesamt zu maximieren. Die einzelnen Produkte werden dazu nach der Höhe ihrer relativen Deckungsspannen geordnet und möglichst mit ihren jeweiligen Absatzhöchstmengen in das Produktions- und Absatzprogramm aufgenommen, bis die verfügbare Kapazität erschöpft ist. Als Ergebnis erhält man das unter den konkreten Engpassbedingungen gewinnmaximale Produktions- und Absatzprogramm.

Für das hier unterstellte Beispiel sind die relativen Deckungsspannen sowie die sich hieraus ergebende Rangfolge bei der Berücksichtigung der Produkte im Produktions- und Absatzprogramm der nachstehenden *Tabelle* zu entnehmen:

Produkt	A	B	C	D	E	F
Deckungsspanne (€/ME)	800	1.250	2.300	1.200	950	700
Produktionszeit (h/ME)	2,5	1,25	4,6	4	3,8	3,5
Relative Deckungsspanne (€/h)	320	1.000	500	300	250	200
Rangfolge der Produkte	3	1	2	4	5	6

Aufgrund dieser Rangfolge ergibt sich das folgende *gewinnmaximale Produktions- und Absatzprogramm*:

Produkt	A	B	C	D	E	F
Absatzhöchstmenge (ME)	20	19	22	13	25	20
Produktionsmenge (ME)	20	19	22	13	19	-
Produktionszeit (h)	50	23,75	101,2	52	72,2	-
Deckungsbeitrag (€)	16.000	23.750	50.600	15.600	18.050	-

Der Produktionsengpass bewirkt im vorliegenden Beispiel, dass Produkt F als das Produkt mit der geringsten relativen Deckungsspanne nicht mehr im Produktionsprogramm vertreten ist. Auch von Produkt E kann die maximale Absatzmenge nicht mehr produziert werden. Der Deckungsbeitrag der Periode sinkt von 143.700 € (ohne Produktionsengpass) auf 124.000 €. Der maximale Periodengewinn beträgt daher nur noch 5.900 € (= 124.000 € - 118.100 €).

Würde die Entscheidung über die Zusammensetzung des Produktionsprogramms wie vorher auf Grundlage der absoluten Deckungsspannen erfolgen, ergäbe sich folgendes Bild:

Produkt	A	B	C	D	E	F
Deckungsspanne (€/ME)	800	1.250	2.300	1.200	950	700
Rangfolge der Produkte	5	2	1	3	4	6
Absatzhöchstmenge (ME)	20	19	22	13	25	20
Produktionsmenge (ME)	11	19	22	13	25	-
Produktionszeit (h)	27,5	23,75	101,2	52	95	-
Deckungsbeitrag (€)	8.800	23.750	50.600	15.600	23.750	-

In diesem Fall wäre das Produkt A nur noch anteilig im Produktionsprogramm vertreten. Der Gesamtdeckungsbeitrag der Periode würde aber nur noch 122.500 € betragen und wäre damit um 1.500 € geringer als bei der Entscheidung auf Basis relativer Deckungsspannen. Diese führt - wie an diesem Beispiel gezeigt - bei Vorliegen eines Engpasses stets zum optimalen (= gewinnmaximalen) Produktions- und Absatzprogramm.

Treten neben Absatzbeschränkungen zusätzlich **weitere unternehmensinterne Engpässe** auf, ist eine Lösung des Entscheidungsproblems nur mit Hilfe einer Simultanplanung möglich, die alle Entscheidungsmöglichkeiten und Nebenbedingungen gleichzeitig erfasst. Bei Unterstellung linearer Erlös- und Kostenverläufe können dabei **Verfahren der linearen Optimierung** zum Einsatz kommen. Im Folgenden soll die Bestimmung des optimalen Produktionsprogramms bei Existenz mehrerer Restriktionen beispielhaft unter Verwendung der **Simplex-Methode** dargestellt werden. Dabei wird von einem Unternehmen ausgegangen, das zwei Produkte (A, B) herstellt.[1] Beide Produkte werden in einem zweistufigen Produktionsprozess gefertigt, wobei für beide Produkte derselbe Rohstoff benötigt wird. Es gelten die folgenden *produktbezogenen Daten*:

	Produkt A	Produkt B
Preis (€/ME)	36	31
Variable Fertigungskosten (€/ME)	8	10
Produktionszeit auf Fertigungsstufe I (Min/ME)	3	5
Produktionszeit auf Fertigungsstufe II (Min/ME)	4	2
Rohstoffbedarf (kg/ME)	6	3
Rohstoffpreis (€/kg)	3	3

In der Planungsperiode stehen auf Fertigungsstufe I insgesamt 15.000 Minuten und auf Fertigungsstufe II 9.500 Minuten an Fertigungskapazität zur Verfügung. Von dem Rohstoff können zudem insgesamt nur 13.200 kg beschafft werden.

Zur Bestimmung des optimalen Produktionsprogramms ist zunächst die **Zielfunktion** abzuleiten. Diese lautet *allgemein*:

$$(P_A - k_{vA})\, X_A + (P_B - k_{vB})\, X_B = DB \Rightarrow Max!$$

Durch Einsetzten ergibt sich:

$$(36 - 8 - 18)\, X_A + (31 - 10 - 9)\, X_B = DB \Rightarrow Max!$$

$$\mathbf{10\, X_A + 12\, X_B = DB \Rightarrow Max!}$$

Die jeweiligen Restriktionen im Produktions- und Beschaffungsbereich werden durch die folgenden **Nebenbedingungen** erfasst:

(1) $3\, X_A + 5\, X_B \leq 15.000$ (Fertigungsrestriktion I)

(2) $4\, X_A + 2\, X_B \leq 9.500$ (Fertigungsrestriktion II)

(3) $6\, X_A + 3\, X_B \leq 13.200$ (Beschaffungsrestriktion)

(4) $X_A \geq 0$ (Nicht-Negativitätsbedingung für A)

(5) $X_B \geq 0$ (Nicht-Negativitätsbedingung für B)

Die Lösung des Planungsproblems kann nun mit Hilfe des **Simplex-Algorithmus** der linearen Programmierung erfolgen. Auf eine detaillierte Darstellung der Vorgehensweise dieser Methode soll an dieser Stelle allerdings verzichtet werden. Hierzu

[1] Vgl. zu folgendem Beispiel ausführlich Freidank, C.-C. (2008), S. 306 ff.

sei auf die weiterführende Literatur verwiesen.[2] Die Lösungen der einzelnen Teilschritte sollen im Folgenden aber kurz skizziert werden.

Zunächst sind die als Ungleichungen formulierten Nebenbedingungen, die keine Nicht-Negativitätsbedingungen sind, durch Einfügen sogenannter *Schlupfvariablen*, die „Scheinprodukte" symbolisieren, umzuformen. Es ergibt sich das folgende **Ausgangstableau**:

	X_A	X_B	X_C	X_D	X_E	**Restriktion**
X_C	3	5	1	0	0	15.000
X_D	4	2	0	1	0	9.500
X_E	6	3	0	0	1	13.200
Zielfunktion	- 10	- 12	0	0	0	0

Aus dem Ausgangstableau lassen sich durch entsprechende Umformungen die nachstehenden Tableaus ableiten, wobei die „Schlupfvariablen" sukzessive zu eliminieren und durch die echten Produkte (A, B) zu ersetzen sind. Nach dem ersten Umformungsschritt ergibt sich folgendes Tableau:

	X_A	X_B	X_C	X_D	X_E	**Restriktion**
X_B	3/5	1	1/5	0	0	3.000
X_D	14/5	0	-2/5	1	0	3.500
X_E	21/5	0	-3/5	0	1	4.200
Zielfunktion	- 14/5	0	12/5	0	0	36.000

Durch eine weitere Umformung ergibt sich:

	X_A	X_B	X_C	X_D	X_E	**Restriktion**
X_B	0	1	2/7	0	-1/7	2.400
X_D	0	0	0	1	-2/3	700
X_A	1	0	-1/7	0	5/21	1.000
Zielfunktion	0	0	2	0	2/3	38.800

Da die Koeffizienten in der Zielfunktionszeile keine negativen Vorzeichen mehr aufweisen, ist die optimale Lösung ermittelt. Eine weitere Verbesserung des Deckungsbeitrags ist nicht mehr möglich. Die Ergebnisse können nun direkt aus dem Endtableau abgelesen werden. Von Produkt B werden demnach 2.400 und von Produkt

[2] Vgl. zur Vorgehensweise der Simplex-Methode insbesondere Müller-Merbach, H. (1973), S. 88 ff sowie Kern, W. (1987), S. 40 ff.

A 1.000 Mengeneinheiten hergestellt. Der maximale Deckungsbeitrag ist der Zielfunktionszeile zu entnehmen und beträgt bei dieser Produktmengenkombination insgesamt 38.800 €.

Die operative Produktionsprogrammplanung ist damit abschließend beschrieben. Im folgenden Abschnitt wird mit der *operativen Verfahrensplanung* die Planung des Produktionsvollzuges in Form der konkreten Aufteilung der Produktionsmengen auf die zur Verfügung stehenden Produktionsverfahren diskutiert.

8.2.2 Operative Verfahrensplanung

Die **operative Verfahrensplanung** baut im Prinzip auf den Ergebnissen der operativen Produktionsprogrammplanung auf, die das (kurzfristige) Produktionsprogramm nach Art und Menge festlegt. Sind mehrere Fertigungsanlagen zur Herstellung der geplanten Produktionsmengen vorhanden, besteht die Auswahlentscheidung der operativen Verfahrensplanung in der Wahl der unter den gegebenen Umständen jeweils (kosten)günstigsten Fertigungsanlage(n). Diese Auswahlentscheidung kann immer dann ausschließlich unter Kostengesichtspunkten erfolgen, wenn das mengenmäßige Produktions- bzw. Absatzziel bezogen auf die einzelnen Produkte durch die Wahl des Produktionsverfahrens nicht tangiert und damit die Erlösseite nicht beeinflusst wird.

Bei der Verfahrensplanung lassen sich hinsichtlich der Planungsfristigkeit generell kurzfristige und langfristige Entscheidungssituationen unterscheiden (vgl. Abbildung 51). Bei **langfristigen Entscheidungen** kann über den Produktionsmittelbestand Einfluss auf die Betriebsbereitschaft und damit auf die Höhe der (zukünftigen) Fixkosten genommen werden. Im Investitionsfall kommt es dabei zu Neuanschaffungen von Fertigungsanlagen in Form von Erweiterungs-, Ersatz- oder Rationalisierungsinvestitionen, die zu einer Erhöhung der Fixkosten führen. Im Desinvestitionsfall erfolgt eine gezielte Stilllegung bzw. Veräußerung von Fertigungsanlagen z.B. als Konsequenz eines dauerhaften Nachfragerückgangs, was den Abbau von Fixkosten bewirken soll. Die Lösung dieser Planungsprobleme erfolgt auf Basis von (dynamischen) Verfahren der Investitionsrechnung.

Kurzfristige Entscheidungen vollziehen sich bei operativer Verfahrensplanung im Rahmen gegebener Kapazitäten. Die Höhe der Fixkosten ist dabei nicht beeinflussbar und damit auch nicht entscheidungsrelevant. Die Lösung dieser Planungsprobleme kann üblicherweise allein auf Basis variabler (Grenz)Kosten erfolgen. Hierbei kann es - wie bei der operativen Produktionsprogrammplanung auch - zu Engpasssituationen kommen, wenn nicht alle Produkte auf der oder den kostengünstigsten

Fertigungsanlage(n) hergestellt werden können. Im Folgenden sollen solche kurzfristigen Entscheidungsprobleme ohne und mit Kapazitätsengpass diskutiert und auf Basis von Teilkosteninformationen gelöst werden.

Abb. 51: Arten der Verfahrensplanung

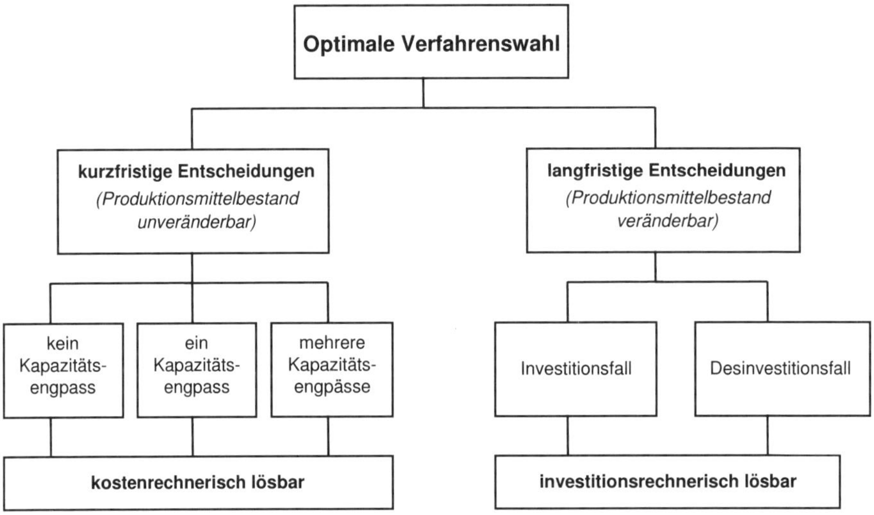

Quelle: In Anlehnung an Däumler, K.-D.; Grabe, J. (2006), S. 177

Liegt **kein Kapazitätsengpass** vor, so ist bei Unterstellung der Zielsetzung „Gewinnmaximierung" im Rahmen der operativen Verfahrensplanung stets die Fertigungsanlage auszuwählen, die zu den geringsten variablen Stückkosten führt. Dies soll an einem *Beispiel* verdeutlicht werden. Einem Unternehmen stehen zur Produktion eines bestimmten Produktes drei Fertigungsanlagen zur Verfügung, die aufgrund ihres unterschiedlichen Alters Kosten in unterschiedlicher Höhe verursachen.

Für die drei Fertigungsanlagen gelten die folgenden *Kostenfunktionen*:

- **Anlage 1:** $K_1 = 30.000 + 20\,x$
- **Anlage 2:** $K_2 = 60.000 + 15\,x$
- **Anlage 3:** $K_3 = 100.000 + 10\,x$

In der betrachteten Planungsperiode sollen insgesamt 4.000 Produktmengeneinheiten hergestellt werden. Die Produktion kann dabei grundsätzlich auf jeder der drei Fertigungsanlagen erfolgen. Im Rahmen der operativen Verfahrensplanung ist nun die Anlage auszuwählen, auf der die 4.000 Produktmengeneinheiten hergestellt werden. Die Entscheidung kann hier ausschließlich auf Basis der variablen Stückkosten erfolgen. Dabei ist mit Anlage 3 diejenige Fertigungsanlage auszuwählen, die mit 10 € die geringsten variablen Stückkosten verursacht. Die Fixkosten sind nicht entscheidungsrelevant, da diese unabhängig von der Wahl der Fertigungsanlage i.H.v. 190.000 € (= 30.000 € + 60.000 € + 100.000 €) anfallen. Die Gesamtkosten der Periode würden damit insgesamt 230.000 € (= 10 €/Stück x 4.000 Stück + 190.000 €) betragen und unter den jeweiligen Gesamtkosten der Alternativen i.H.v. 250.000 € bzw. 270.000 € liegen.

Würde sich das Unternehmen erst im Rahmen einer Investitionsentscheidung (*strategische Verfahrensplanung*) für den Kauf einer der drei Fertigungsanlagen entscheiden, wären die Fixkosten der drei Anlagen entscheidungsrelevant, da diese erst durch die Investitionsentscheidung entstehen. Dabei ist diejenige Fertigungsanlage auszuwählen, die insgesamt die geringsten Gesamtkosten verursacht. Bei einer durchschnittlichen Produktionsmenge von 4.000 Mengeneinheiten würde nun die Entscheidung auf Anlage 1 fallen, da hier die Gesamtkosten mit 110.000 € (= 20 €/Stück x 4.000 Stück + 30.000 €) im Vergleich zu den anderen beiden Fertigungsanlagen (120.000 € bzw. 140.000 €) insgesamt am geringsten wären.

Liegt **ein Kapazitätsengpass** vor, können im *Mehrproduktfall* nicht alle Produkte mit dem kostengünstigsten Fertigungsverfahren hergestellt werden. Im Rahmen der operativen Verfahrensplanung müssen dann einige Produkte dem (den) nächstgünstigeren Fertigungsverfahren zugeordnet und auf diesem (diesen) produziert werden. Da die fixen Kosten in diesem Fall erneut nicht entscheidungsrelevant sind, besteht das ökonomische Ziel auch hier in einer *Minimierung der variablen Fertigungskosten*. Die Entscheidung über die Produktionsaufteilung der einzelnen Produkte auf die verschiedenen Fertigungsanlagen kann dabei aber nicht wie in der Entscheidungssituation ohne Kapazitätsengpass allein auf Basis der absoluten variablen Stückkosten erfolgen, sondern erfordert - wie im Fall der operativen Produktionsprogrammplanung bei Vorliegen eines unternehmensinternen Engpasses (vgl. Abschnitt 8.2.1) - ein Engpasskriterium, das die Minimierung der Fertigungskosten unter Berücksichtigung der knappen Kapazitäten ermöglicht. Dieser Sachverhalt soll im Folgenden anhand eines **Beispiels** verdeutlicht werden.

Betrachtet wird ein Unternehmen, das drei Produkte (A, B, C) alternativ auf zwei Fertigungsanlagen (I, II) herstellen kann. Fertigungsanlage II verursacht dabei aufgrund eines geringeren Mechanisierungsgrades höhere variable Stückkosten als Fertigungsanlage I. Dafür entstehen bei Anlage I insbesondere aufgrund höherer kalkulatorischer Abschreibungen und Zinskosten höhere Fixkosten als bei Anlage II. Folgende *Datensituation* liegt vor:

Anlage	Fertigungszeit (Min/Stück)			var. Kosten (€/Min)	var. Kosten (€/Stück)			Fixkosten (€)
	A	B	C		A	B	C	
I	3	2	2	5	15	10	10	100.000
II	4	3	4	7,50	30	22,50	30	50.000

An Fertigungskapazitäten stehen in der Planungsperiode für Anlage I 19.200 und für Anlage II 20.400 Minuten zur Verfügung. In der *Ausgangssituation* plant das Unternehmen von Produkt A 1.500, von Produkt B 3.000 und von Produkt C 4.000 Mengeneinheiten herzustellen. Für alle drei Produkte wäre dabei die Fertigung der Produktionsmengen auf Anlage I am kostengünstigsten. An Fertigungskapazität würden dabei 18.500 Minuten benötigt. Da in dieser Ausgangssituation kein Fertigungsengpass auf Anlage I vorliegt, kann die Produktionsaufteilung in diesem Fall allein auf Basis der absoluten variablen Fertigungskosten erfolgen. Alle drei Produkte werden folglich auf Anlage I gefertigt. An variablen Fertigungskosten fallen dabei insgesamt 92.500 € an (= 15 €/Stück x 1.500 Stück + 10 €/Stück x 3.000 Stück + 10 €/Stück x 4.000 Stück). Die gesamten Fertigungskosten betragen somit 242.500 € (= 92.500 € + 150.000 €).

Im Folgenden sei unterstellt, dass sich aufgrund eines *zusätzlichen Exportauftrages* die geplanten Produktionsmengen für die drei Produkte gegenüber der Ausgangssituation jeweils erhöhen. Danach sind für das Produkt A nun insgesamt 2.000, für das Produkt B 4.200 und für das Produkt C 7.500 Mengeneinheiten geplant. Die Kapazitätsprüfung auf Anlage I ergibt bei diesen Produktionsmengen einen Kapazitätsbedarf von insgesamt 29.400 Minuten (= 3 Min/Stück x 2.000 Stück + 2 Min/Stück x 4.200 Stück + 2 Min/Stück x 7.500 Stück). Da auf Anlage I aber nur 19.200 Minuten an Fertigungskapazitäten in der Planungsperiode zur Verfügung stehen, können nicht alle Produkte auf Anlage I gefertigt werden. Teile der Produktionsmengen sind folglich auf Anlage II zu verlagern, damit das Produktionsmengenziel insgesamt realisiert werden kann. Im Rahmen der operativen Verfahrensplanung ist nun die kostengünstigste Aufteilung der Produktionsmengen der drei Produkte auf die beiden Fertigungsanlagen vorzunehmen. Dabei kann die Entscheidung nicht mehr allein auf Basis der absoluten variablen Stückkosten erfolgen. Die Engpasssituation ist vielmehr in das Entscheidungskalkül miteinzubeziehen, so dass ein **relatives Entscheidungskriterium** zur Bestimmung der kostenoptimalen Produktionsaufteilung notwendig ist.

Die Produktionsaufteilung kann bei dieser Art von Entscheidungssituationen auf Basis der **relativen Kostendifferenzen** erfolgen. Diese ergeben sich *allgemein* wie folgt:

$$\textbf{relative Kostendifferenz} = \frac{k_{vAA} - k_{vAE}}{\text{Engpasskoeffizient}}$$

mit: k_{vAA} = variable Stückkosten der Alternativanlage
k_{vAE} = variable Stückkosten der Engpassanlage

Die relativen Kostendifferenzen geben die jeweiligen Mehrkosten (= Kostennachteil) an, die pro freigegebener Engpasseinheit zusätzlich entstehen, wenn ein Produkt zur Fertigung von der kostengünstigsten Engpassanlage auf eine kostenintensivere Alternativanlage verlagert wird. Im Sinne einer Kostenminimierung sind dabei diejenigen Produkte, die bei Produktionsverlagerung auf die Alternativanlage(n) pro freigegebener Engpasseinheit die geringsten zusätzlichen variablen Stückkosten verursachen, auf der (den) Alternativanlage(n) zu fertigen. Im hier unterstellten Beispiel ergeben sich bei Produktionsverlagerung von Anlage I auf Anlage II folgende *relative Kostendifferenzen*:

Produkt	**A**	**B**	**C**
absolute Kostendifferenz **(€/Stück)**	30 - 15 = **15**	22,5 - 10 = **12,5**	30 - 10 = **20**
relative Kostendifferenz **(€/Min)**	15/3 = **5**	12,5/2 = **6,25**	20/2 = **10**

Der Kostennachteil, der bei Produktionsverlagerung von Anlage I auf Anlage II entsteht, ist pro freigegebener Engpasseinheit der Anlage I bei Produkt C am größten. Produkt C sollte daher soweit wie möglich auf der kostengünstigsten Anlage I produziert werden. Bei Produkt A sind die Mehrkosten, die bei Produktionsverlagerung pro freigegebener Engpasseinheit der Anlage I zusätzlich entstehen, am geringsten, so dass die Fertigung dieses Produktes auf die Alternativanlage II verlagert werden sollte. Insgesamt ergibt sich folgende (kostenminimale) *Produktionsaufteilung*:

	Produkt A	**Produkt B**	**Produkt C**	**genutzte Kapazität**
Anlage I	-	2.100 Stück	7.500 Stück	19.200 Minuten
Anlage II	2.000 Stück	2.100 Stück	-	14.300 Minuten

Anlage I wird mit 19.200 Minuten vollständig ausgelastet. Neben Produkt C kann auch die Hälfte der Produktionsmenge von Produkt B noch auf Anlage I gefertigt werden. Anlage II wird dagegen mit 14.300 Minuten nicht vollständig ausgelastet. Neben Produkt A werden hier auch die restlichen Produktionsmengen von Produkt B gefertigt, die aufgrund des bestehenden Kapazitätsengpasses nicht mehr auf Anlage I produziert werden können. An variablen Fertigungskosten ergeben sich insgesamt 203.250 € (= 7.500 Stück x 10 €/Stück + 2.100 Stück x 10 €/Stück + 2.100 Stück x

22,50 €/Stück + 2.000 Stück x 30 €/Stück). Die gesamten Fertigungskosten der Periode betragen 353.250 € (= 203.250 € + 150.000 €).

Jede andere Produktionsaufteilung würde zu höheren Fertigungskosten führen. Würde die Entscheidung über die Produktionsaufteilung z.B. auf Basis der **absoluten Kostendifferenzen** erfolgen, würde anstelle des Produktes A nun das Produkt B als das Produkt mit dem geringsten absoluten Kostennachteil (= 12,50 €/Stück) vollständig auf Anlage II gefertigt. Es ergäbe sich folgende *Produktionsaufteilung*:

	Produkt A	Produkt B	Produkt C	genutzte Kapazität
Anlage I	1.400 Stück	-	7.500 Stück	19.200 Minuten
Anlage II	600 Stück	4.200 Stück	-	15.000 Minuten

An variablen Fertigungskosten würden sich nun insgesamt 208.500 € (= 7.500 Stück x 10 €/Stück + 1.400 Stück x 15 €/Stück + 4.200 Stück x 22,50 €/Stück + 600 Stück x 30 €/Stück) und damit 5.250 € mehr als im obigen (kostenminimalen) Fall ergeben. Diese Differenz entspricht der Multiplikation der durch das Produkt B freigegebenen Engpasseinheiten i.H.v. 4.200 Minuten (= 2.100 Stück x 2 Min/Stück) mit der Differenz der relativen Kostennachteile von Produkt B und A i.H.v. 1,25 €/Minute (= 6,25 €/Min - 5 €/Min). Die vollständige Verlagerung des Produktes B auf Anlage II zu Gunsten von Produkt A würde also zu einer Erhöhung der Fertigungskosten führen. Wie die Ergebnisse zeigen, führt folglich nur eine Entscheidung auf Basis von relativen Kostendifferenzen zur Bestimmung der kostenminimalen Produktionsaufteilung.

Werden bei der Produktionsaufteilung **mehrere Kapazitätsengpässe** wirksam, lässt sich die operative Verfahrensplanung nur mit Hilfe eines Simultanmodells durchführen (vgl. Abschnitt 8.2.1). Dabei können erneut **Verfahren der linearen Optimierung**, wie die Simplex-Methode, zum Einsatz kommen. Bei vorgegebenen Produktionsmengen ist ein Kostenminimierungsmodell zu erstellen, das unter Berücksichtigung der als Nebenbedingungen formulierten Restriktionen zu lösen ist. Bei fehlender Realisierungsmöglichkeit der durch die Absatzplanung vorgegebenen Produktmengen reicht ein reines Kostenminimierungsmodell allerdings nicht mehr aus. Die Lösung des Entscheidungsproblems kann dann aufgrund der Implikationen auf der Absatzseite nur auf Basis eines Planungsmodells zur Deckungsbeitragsmaximierung erfolgen.

8.2.3 Make-or-Buy-Entscheidungen

Neben der operativen Produktionsprogramm- und Verfahrensplanung liefern Teilkostenrechnungssysteme auf Basis variabler Kosten (DGR) auch (Teil)Kosteninformationen zur Fundierung von (operativen) **Make-or-Buy-Entscheidungen**. Diese Art von Unternehmensentscheidungen kann dabei grundsätzlich alle Unternehmensbereiche betreffen. Typische *Beispiele* für Entscheidungen über Eigenfertigung und Fremdbezug in unterschiedlichen Unternehmensbereichen sind:[3]

Unternehmensbereich	**Beispiele für Make-or-Buy-Entscheidungen**
Beschaffung	Personalbeschaffung über eigene Personalabteilung oder über Personalberatungsgesellschaft
	Eigenherstellung oder Kauf von Anlagegütern und Werkzeugen
Fertigung	Eigene Forschung und Entwicklung oder Kauf von Patenten und Lizenzen
	Eigenfertigung oder Kauf von Einzelteilen, Baugruppen und Handelsware
Vertrieb	Eigene Werbeabteilung oder Inanspruchnahme einer Werbeagentur
	Eigene Verkaufsorganisation oder Verkauf über Groß- und/oder Einzelhandel
	Eigener Fuhrpark oder Fremdtransporte
Finanzen	Eigenes Mahn- und Inkassowesen oder Beauftragung einer Factoring-Gesellschaft

Entscheidungen über Eigenfertigung und Fremdbezug können i.d.R. nicht allein auf Grundlage quantitativer Größen wie z.B. Kosten getroffen werden, sondern werden vielmehr auch durch eine Reihe **qualitativer Faktoren** beeinflusst, die bei der Entscheidungsfindung ebenfalls zu berücksichtigen sind. Von Bedeutung sind dabei u.a. Abhängigkeits-, Konkurrenz- und Flexibilitätsaspekte. So führt Fremdbezug z.B. zu einer *Abhängigkeit* des Unternehmens von den Lieferanten in Bezug auf Lieferzeiten und Qualität der bezogenen Leistungen. *Konkurrenzaspekte* ergeben sich v.a. dann, wenn durch Fremdbezug eigenes Know-how an die Zulieferer verlorengeht und durch „Großziehen" von Zulieferern unmittelbare Konkurrenz für das eigene Unternehmen entsteht. *Flexibilitätsaspekte* spielen insbesondere bei kurzfristigen Nach-

[3] Vgl. auch Däumler, K.-D.; Grabe, J. (2006), S. 203.

frage- und Bedarfsänderungen eine Rolle, auf die bei Eigenfertigung z.B. aufgrund langfristiger Kapitalbindungen nur begrenzt reagiert werden kann.

Make-or-Buy-Entscheidungen lassen sich grundsätzlich in strategische (langfristige) und operative (kurzfristige) Entscheidungen unterteilen. Bei **langfristigen Make-or-Buy-Entscheidungen** handelt es sich um Investitions- bzw. Desinvestitionsentscheidungen, die auf Basis statischer oder dynamischer Verfahren der Investitionsrechnung getroffen werden können. Diese Art von Entscheidungen führt im Bereich der Fertigung zu einer Veränderung des Produktionsmittelbestandes. Die Höhe der Fixkosten ist dabei veränderbar, so dass die Fixkosten entscheidungsrelevant sind. Dies wird auch aus Abbildung 52 deutlich. Gegeben sind drei Kostenfunktionen, die das Entscheidungsfeld zwischen Eigenfertigung und Fremdbezug bilden.

Abb. 52: Beispiel einer strategischen Make-or-Buy-Entscheidung

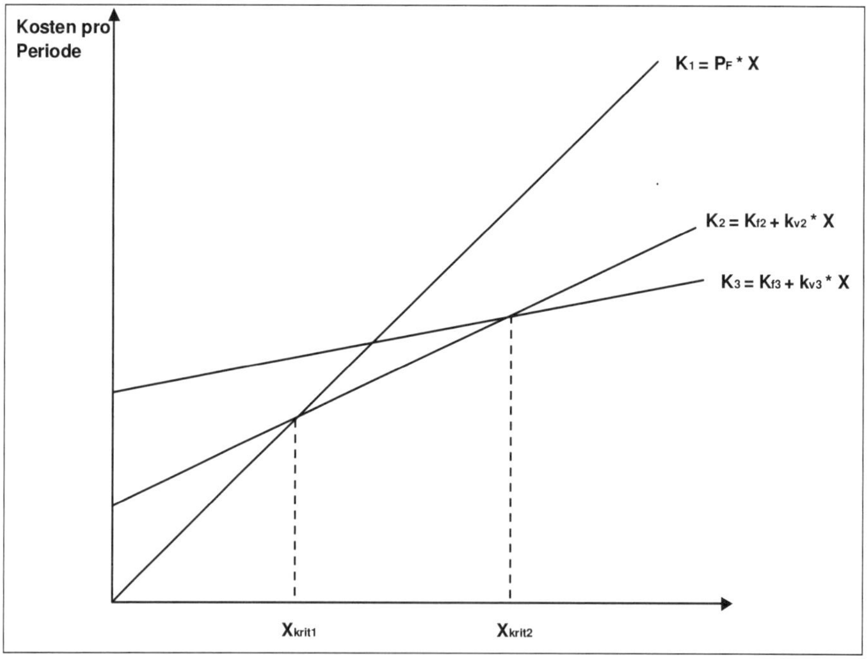

Bei Eigenfertigung muss das Unternehmen entsprechende Produktionskapazitäten z.B. durch den Kauf einer Fertigungsanlage aufbauen. Im hier unterstellten Beispiel stehen dabei zwei Anlagen zur Disposition (Kostenfunktion 2 und 3), die sowohl fixe als auch variable Kosten verursachen. Daneben ist auch ein Fremdbezug der Leistungen möglich, der in der Kostenfunktion 1 zum Ausdruck kommt und aus Sicht des Unternehmens ausschließlich variable Kosten in Höhe der Beschaffungspreise (P_F)

verursacht. Liegt die durchschnittliche Produktionsmenge unterhalb von x_{krit1}, sollte sich das Unternehmen für Fremdbezug entscheiden, da die hierdurch verursachten Kosten unabhängig von der Wahl der Fertigungsanlage unter den Gesamtkosten bei Eigenfertigung liegen. Ist die durchschnittliche Produktionsmenge jedoch größer als x_{krit1}, ist die Eigenfertigung im Vergleich zum Fremdbezug kostengünstiger. Das Unternehmen kann sich dann im Rahmen seiner Investitionsentscheidung je nach Umfang der durchschnittlichen Produktionsmenge zwischen den beiden Fertigungsanlagen (Kostenfunktion 2 *oder* 3) entscheiden. Hierdurch wird auch die Höhe der entsprechenden Fixkosten determiniert. Wie das Beispiel zeigt, können strategische Make-or-Buy-Entscheidungen somit auch als Spezialfall der strategischen (langfristigen) Verfahrensplanung (vgl. Abschnitt 8.2.2) interpretiert werden.

Bei **kurzfristigen Make-or-Buy-Entscheidungen**, die im Folgenden ausschließlich für den Bereich der Fertigung diskutiert werden, wird von gegebenen Produktionskapazitäten und konstanten Fixkosten ausgegangen, die damit nicht entscheidungsrelevant sind. Diese Art von Entscheidung kann i.d.R. allein auf Basis variabler Kosten und Deckungsspannen sowie externer Beschaffungspreise (buy) getroffen werden. Von qualitativen Aspekten, die - wie bereits oben erwähnt - grundsätzlich bei der Entscheidungsfindung zu berücksichtigen sind, soll im Weiteren aus Vereinfachungsgründen abstrahiert werden. Bei operativen Make-or-Buy-Entscheidungen lassen sich dabei wie bei der operativen Produktionsprogramm- und Verfahrensplanung die Entscheidungssituationen danach differenzieren, ob *unternehmensinterne Kapazitätsengpässe* auftreten oder nicht. Im Folgenden werden die Entscheidungssituationen ohne und mit einem Kapazitätsengpass anhand von Beispielen näher erläutert.

Liegt **kein Kapazitätsengpass** vor, können die geplanten Produktionsmengen mit der vorhandenen Kapazitätsausstattung des Unternehmens im Wege der Eigenfertigung (make) hergestellt werden. Bei einer Entscheidung für Fremdbezug (buy) hätte dies keine Auswirkungen auf die Höhe der Fixkosten des Unternehmens. Lediglich die Höhe der variablen Kosten der Eigenfertigung würde sich durch den Fremdbezug je nach Umfang entsprechend vermindern. Ohne Kapazitätsengpass hängt die Entscheidung zwischen Eigenfertigung und Fremdbezug von der Höhe der variablen Stückkosten bei Eigenfertigung und dem Bezugspreis bei Fremdbezug ab. Grundsätzlich gilt:

Bezugspreis bei Fremdbezug < variable Stückkosten bei Eigenfertigung

► **Fremdbezug ist vorteilhafter**

Bezugspreis bei Fremdbezug > variable Stückkosten bei Eigenfertigung

► **Eigenfertigung ist vorteilhafter**

Dies soll an einem **Beispiel** verdeutlicht werden. Ein *Automobilhersteller* produziert bisher verschiedene Einbauteile in Eigenfertigung. Mittlerweile bieten auch diverse Zulieferer diese Einbauteile an. Obwohl der Automobilhersteller grundsätzlich über eine ausreichende Produktionskapazität zur Herstellung der für die nächste Planungsperiode vorgesehenen Produktionsmenge verfügt, wird ein partieller Fremdbezug der Einbauteile erwogen. Für die Planungsperiode liegen folgende *Plandaten* vor:

Einbauteil	Fremdbezugs-preis (€/Stück)	variable Stück-kosten (€/Stück)	gesamte Stück-kosten (€/Stück)	Produktions-menge (Stück)
Scheiben-wischer	10	8	13	20.000
Keilriemen	15	9	14	10.000
Felgen	45	53	65	40.000

Gemäß obiger Entscheidungsregel wäre nur der Fremdbezug der Felgen vorteilhaft, da der Fremdbezugspreis mit 45 €/Stück unter den variablen Stückkosten bei Eigenfertigung i.H.v. 53 €/Stück liegt. Die Scheibenwischer und Keilriemen sollten in Eigenfertigung hergestellt werden, da hier die variablen Stückkosten bei Eigenfertigung unter dem jeweiligen Fremdbezugspreis liegen. Eine Entscheidung auf Basis der gesamten Stückkosten würde zu einer Fehlentscheidung führen, wie am Beispiel der Scheibenwischer deutlich wird. Zwar übersteigen die gesamten Stückkosten in diesem Fall den Fremdbezugspreis um 3 €/Stück, der Fremdbezug wäre aber insgesamt dennoch nicht kostengünstiger. Bei Fremdbezug entstünden nämlich zum einen die Fremdbezugskosten i.H.v. 200.000 € (= 20.000 Stück x 10 €/Stück) und zum anderen die auf die Scheibenwischer verrechneten Fixkosten i.H.v. 100.000 € (= 20.000 Stück x 5 €/Stück), die auch bei Fremdbezug als Fixkosten in voller Höhe anfallen würden. Diesen 300.000 € stünden Kosten für die Eigenfertigung i.H.v. 260.000 € (= 20.000 x 13 €/Stück) gegenüber. Die Differenz i.H.v. 40.000 € entspricht genau der Differenz aus Fremdbezugspreis und variablen Stückkosten bei Eigenfertigung multipliziert mit der geplanten Produktionsmenge (= [10 €/Stück - 8 €/Stück] x 20.000 Stück). Die Fixkosten sind somit nicht entscheidungsrelevant, da sie bei beiden Alternativen in gleicher Höhe anfallen würden. Die Entscheidung über Eigenfertigung und Fremdbezug kann folglich gemäß obiger Entscheidungsregel direkt auf Grundlage des Vergleichs von Fremdbezugspreis und variablen Stückkosten bei Eigenfertigung getroffen werden.

Liegt **ein Kapazitätsengpass** vor, so kann ein Fremdbezug auch dann sinnvoll sein, wenn der Fremdbezugspreis über den variablen Stückkosten bei Eigenfertigung liegt. Da in einem solchen Fall nicht alle Produkte mit dem kostengünstigsten (eigenen) Fertigungsverfahren hergestellt werden können, ist im Rahmen einer Make-or-Buy-

Entscheidung darüber zu befinden, welche Produkte, in welchen Mengen ggf. fremdzubeziehen sind. Wie bei der operativen Verfahrensplanung (vgl. Abschnitt 8.2.2) ist auch hier die Engpasssituation in das Entscheidungskalkül miteinzubeziehen. Das Entscheidungskriterium ist dabei erneut die **relative Kostendifferenz**, die in diesem Fall die jeweiligen Mehrkosten angibt, die pro freigegebener Engpasseinheit zusätzlich entstehen, wenn ein Produkt nicht auf der Engpassanlage (eigen)gefertigt, sondern fremdbezogen wird. *Allgemein* ergibt sich:

$$\textbf{relative Kostendifferenz} = \frac{P_F - k_{vAE}}{\text{Engpasskoeffizient}}$$

mit: P_F = Fremdbezugspreis
k_{vAE} = variable Stückkosten der Engpassanlage

Zur Veranschaulichung wird auf das **Beispiel** aus Abschnitt 8.2.2 zurückgegriffen. Einem Unternehmen, das drei Produkte (A, B, C) herstellt, stehen zur Produktion zwei Fertigungsanlagen (I, II) zur Verfügung. Neben der Eigenfertigung können die drei Produkte auch fremdbezogen werden. Es liegt folgende *Datensituation* vor:

Anlage	Fertigungszeit (Min/Stück)			var. Kosten (€/Min)	var. Kosten (€/Stück)			Fixkosten (€)
	A	B	C		A	B	C	
I	3	2	2	5	15	10	10	100.000
II	4	3	4	7,50	30	22,50	30	50.000
Fremdbezug	-	-	-	-	28,50	20	22	-

Von Produkt A sollen in der betrachteten Planungsperiode laut Absatzplanung 2.000 Mengeneinheiten, von Produkt B 4.200 und von Produkt C 7.500 Mengeneinheiten verkauft werden. An Fertigungskapazitäten stehen auf Anlage I 19.200 Minuten und auf Anlage II 20.400 Minuten zur Verfügung.

Grundsätzlich ist es für das Unternehmen vorteilhaft, alle drei Produkte auf Anlage I zu fertigen, da hier die variablen Stückkosten am geringsten sind und unter den jeweiligen Fremdbezugspreisen liegen. Da der Kapazitätsbedarf mit 29.400 Minuten aber deutlich über der verfügbaren Fertigungskapazität von Anlage I i.H.v. 19.200 Minuten liegt, können nicht alle Produkte auf dieser Fertigungsanlage hergestellt werden. Eine Produktionsverlagerung auf Anlage II ist für keines der drei Produkte sinnvoll, da hier die variablen Stückkosten über den jeweiligen Fremdbezugspreisen liegen. Als mögliche Alternative zur Eigenfertigung auf Anlage I kommt daher für alle drei Produkte nur ein Fremdbezug in Frage. Im Rahmen der Make-or-Buy-Entscheidung ist nun festzulegen, welche Produkte, in welchen Mengen fremdzubeziehen sind. Diese Entscheidung kann auf Basis der *relativen Kostendifferenzen* zwischen Eigenfertigung auf Anlage I und Fremdbezug unter Berücksichtigung des jeweiligen Engpasskoeffizienten getroffen werden. Es ergibt sich:

Produkt	**A**	**B**	**C**
absolute Kostendifferenz **(€/Stück)**	28,50 - 15 = **13,50**	20 - 10 = **10**	22 - 10 = **12**
relative Kostendifferenz **(€/Min)**	13,50/3 = **4,50**	10/2 = **5**	12/2 = **6**

Der Kostennachteil, der bei Fremdbezug entsteht, ist pro freigegebener Engpasseinheit der Anlage I bei Produkt C am größten. Produkt C sollte daher soweit wie möglich auf Anlage I (eigen)gefertigt werden. Bei Produkt A sind die Mehrkosten, die bei Fremdbezug pro freigegebener Engpasseinheit der Anlage I zusätzlich entstehen, am geringsten, so dass dieses Produkt aufgrund der knappen Kapazitäten fremdbezogen werden sollte. Insgesamt ergibt sich folgendes (kostenminimales) *Eigenfertigungs- und Fremdbezugsprogramm*:

	Produkt A	**Produkt B**	**Produkt C**	**genutzte Kapazität**
Anlage I	-	2.100 Stück	7.500 Stück	19.200 Minuten
Anlage II	-	-	-	0 Minuten
Fremdbezug	2.000 Stück	2.100 Stück	-	-

Anlage I wird mit 19.200 Minuten vollständig ausgelastet. Neben Produkt C kann auch die Hälfte der Produktionsmenge von Produkt B noch auf Anlage I gefertigt werden. Produkt A wird vollständig fremdbezogen, von Produkt B werden noch 2.100 Mengeneinheiten zugekauft. Anlage II wird zur Produktion nicht genutzt. An variablen Fertigungskosten ergeben sich insgesamt 96.000 € (= 7.500 Stück x 10 €/Stück + 2.100 Stück x 10 €/Stück). Die Fremdbezugskosten betragen 99.000 € (= 2.000 Stück x 28,50 €/Stück + 2.100 Stück x 20 €/Stück). Inklusive der nicht entscheidungsrelevanten Fixkosten ergeben sich Gesamtkosten i.H.v. 345.000 € (= 96.000 € + 99.000 € + 150.000 €). Jede andere Make-or-Buy-Variante würde zu höheren Gesamtkosten führen.

Bisher wurde davon ausgegangen, dass die im Rahmen der Absatzplanung ermittelten Absatzhöchstmengen entweder im Wege der Eigenfertigung hergestellt und/oder durch Fremdbezug zugekauft werden. Unter diesen Voraussetzungen kann die Entscheidung über Eigenfertigung und Fremdbezug ausschließlich unter Kostengesichtspunkten getroffen werden. Die Höhe der Erlöse wird dabei durch die Entscheidung nicht beeinflusst. Können die jeweiligen Absatzhöchstmengen aber aufgrund bestehender Engpässe durch Eigenfertigung und Fremdbezug nicht vollständig realisiert werden, hat dies auch unmittelbaren Einfluss auf die Höhe der Erlöse. An die Stelle eines reinen Kostenminimierungsmodells muss in diesem Fall ein Entscheidungskalkül treten, das neben den (variablen) Kosten auch die Auswirkungen auf die Erlöse bei der Entscheidungsfindung berücksichtigt. Bei Unterstellung konstanter und damit nicht entscheidungsrelevanter Fixkosten besteht das Planungsproblem folglich in der Ermittlung des Eigenfertigungs- und Fremdbezugsprogramms, das den Deckungsbeitrag der Planungsperiode insgesamt maximiert.

Bei **Vorliegen eines Kapazitätsengpasses** ist dabei erneut ein relatives Entscheidungskriterium zur Entscheidungsfindung erforderlich, das sowohl die Implikationen auf der Kosten- als auch auf der Erlösseite berücksichtigt. Dieses Entscheidungskriterium ist die **relative Deckungsspannendifferenz**, die sich *allgemein* wie folgt ergibt:

$$\textbf{relative Deckungsspannendifferenz} = \frac{DSP_{EF} - DSP_{FF}}{\text{Engpasskoeffizient}}$$

mit: DSP_{EF} = Deckungsspanne bei Eigenfertigung
DSP_{FF} = Deckungsspanne bei Fremdfertigung

Die Anwendung dieses Entscheidungskriteriums soll an einem **Beispiel** verdeutlicht werden. Hierzu wird das Beispiel aus Abschnitt 8.2.1 fortgeführt. Betrachtet wird dabei ein Unternehmen, das grundsätzlich sechs verschiedene Produkte herstellen kann. Für die kommende Planungsperiode liegen folgende *produktbezogene Daten* vor, wobei die Planfixkosten 118.100 € betragen:

Produkt	A	B	C	D	E	F
Preis (€/ME)	2.300	3.350	9.700	4.000	2.350	2.150
Absatzhöchstmenge (ME)	20	19	22	13	25	20
Selbstkosten (Vollkosten) (€/ME)	2.000	2.900	9.900	3.600	2.100	1.950
Variable Stückkosten (€/ME)	1.500	2.100	7.400	2.800	1.400	1.450
Montagezeit (h/ME)	2,5	1,25	4,6	4	3,8	3,5

In der betrachteten Planungsperiode wird mit einem Kapazitätsengpass in der Kostenstelle „Endmontage“ gerechnet. Dort stehen insgesamt nur *300 Montagestunden* zur Verfügung. Für die Endmontage der sechs Produkte mit ihren jeweiligen Absatzhöchstmengen werden aber fast 392 Stunden benötigt. Es liegt folglich ein Kapazitätsengpass vor. Zur Lösung dieses Engpassproblems wäre eine **Fremdmontage** der Produkte A und B durch ein anderes Unternehmen möglich. Dies hätte folgende *Kostenauswirkungen*:

Produkt	A	B	C	D	E	F
Variable Stückkosten *ohne Endmontage* (€/ME)	1.200	1.700	5.200	2.200	1.000	1.000
Variable Stückkosten der Endmontage (€/ME)	300	400	2.200	600	400	450
Variable Stückkosten der Fremdmontage (€/ME)	500	750	-	-	-	-

Im Rahmen der Make-or-Buy-Entscheidung ist nun festzulegen, ob und in welchem Umfang das Unternehmen die Möglichkeit der Fremdmontage für die Produkte A und B nutzt. Hierzu sind zunächst die Deckungsspannen der Produkte bei Eigen- und Fremdmontage zu ermitteln. Es ergibt sich:

Produkt	A	B	C	D	E	F
Deckungsspanne bei Eigenmontage (€/ME)	800	1.250	2.300	1.200	950	700
Deckungsspanne bei Fremdmontage (€/ME)	600	900	-	-	-	-
Deckungsspannendifferenz (€/ME)	200	350	-	-	-	-

Die Eigenmontage der Produkte A und B ist aufgrund der höheren Deckungsspannen bei Eigenmontage der Fremdmontage grundsätzlich vorzuziehen. Durch den auftretenden Kapazitätsengpass könnte aus erfolgswirtschaftlicher Sicht aber auch eine Fremdmontage der Produkte A und B sinnvoll sein, da auch hier positive Deckungsspannen erzielt werden. Entscheidungskriterium für dieses Make-or-Buy-Problem ist nun die **relative Deckungsspanne** bzw. die **relative Deckungsspannendifferenz**, die nur für die Produkte ermittelbar ist, für die sowohl die Möglichkeit der Eigen- als auch der Fremdmontage besteht. Es ergibt sich:

Produkt	A	B	C	D	E	F
Relative Deckungsspanne (€/h)	320	1.000	**500**	**300**	**250**	**200**
Relative Deckungsspannendifferenz (€/h)	**80**	**280**	-	-	-	-
Rangfolge der Produkte	6	3	1	2	4	5

Während die Produkte C - F mit ihren relativen Deckungsspannen um die knappe Montagekapazität konkurrieren, ist bei den Produkten A und B die relative Deckungsspannendifferenz maßgebend für die Rangfolge der Produkte bei der Aufteilung der knappen Kapazitäten. Ziel ist dabei, die insgesamt zur Verfügung stehenden 300 Montagestunden gewinn- bzw. deckungsbeitragsmaximal zu nutzen. Da bei den Produkten C - F die Möglichkeit einer Fremdmontage nicht besteht, würde dem Unternehmen, sofern diese Produkte aufgrund des Engpasses nicht selbst hergestellt und montiert werden, pro knapper Engpasseinheit die jeweilige relative Deckungsspanne verloren gehen. Würde das Unternehmen z.B. auf die Fertigung des Produktes C verzichten, hätte dies pro Montagestunde einen Verlust der relativen Deckungsspanne i.H.v. 500 € zur Folge. Da bei diesem Produkt die relative Deckungsspanne am größten ist, sollte es prioritär hergestellt und montiert werden.

Bei den Produkten A und B besteht die Möglichkeit der Fremdmontage, die ebenfalls zu positiven - wenn auch geringeren - Deckungsspannen führt. Ein Verzicht auf Eigenmontage würde bei diesen Produkten nicht den Verlust der relativen Deckungsspanne pro anderweitig genutzter Montagestunde bedeuten. Es würde sich vielmehr „nur" ein Verlust in Höhe der (relativen) Differenz der Deckungsspannen aus Eigen- und Fremdmontage ergeben. So hätte der Übergang von Eigen- auf Fremdmontage bei Produkt B z.B. einen Deckungsspannenverlust von 280 € pro Montagestunde zur Folge. Dieser durch die Fremdmontage bedingte Verlust wäre pro knapper Engpasseinheit größer als bei den Produkten E und F, wenn auf deren Produktion verzichtet würde. Produkt B sollte daher trotz der bestehenden Möglichkeit der Fremdmontage selbst hergestellt und montiert werden. Gemäß obiger Rangfolge ergibt sich damit das folgende *deckungsbeitragsmaximale Eigenfertigungs- und Fremdbezugsprogramm*:

Produkt	A	B	C	D	E	F
Absatzhöchstmenge (ME)	20	19	22	13	25	20
Produktionsmenge (ME)	-	19	22	13	25	8
Montagezeit (h)	-	23,75	101,2	52	95	28
Fremdmontage (ME)	20	-	-	-	-	-
Deckungsbeitrag (€)	12.000	23.750	50.600	15.600	23.750	5.600

Obwohl Produkt B fremdmontiert werden kann, ist es aus erfolgswirtschaftlicher Sicht also sinnvoller, dieses Produkt selbst zu montieren, auch wenn dies - wie in diesem Beispiel - zu Lasten eines anderen Produktes geht, das aufgrund der knappen Montagekapazität nicht mehr in vollem Absatzumfang produziert werden kann (Produkt F). Die Möglichkeit der Fremdmontage wird nur für Produkt A im Umfang der Absatzhöchstmenge genutzt. Als Deckungsbeitrag der Periode ergeben sich dann 131.300 €. Unter Berücksichtigung der Fixkosten i.H.v. 118.100 € beträgt der maximale Periodengewinn 13.200 €. Jede andere Make-or-Buy-Variante würde zu einem geringeren Gesamtdeckungsbeitrag und damit auch zu einem geringeren Periodengewinn führen.

Bei Vorliegen **mehrerer Kapazitätsengpässe** kann die Entscheidung über Eigenfertigung und Fremdbezug nur mit Hilfe eines simultanen Planungsmodells z.B. auf der Grundlage der **linearen Optimierung** getroffen werden. Hierzu sei auf die Ausführungen des Abschnitts 8.2.1 verwiesen.

Zum Abschluss des Abschnitts 8.2 sollen die **verschiedenen Entscheidungskriterien**, die bei der operativen Produktionsprogramm- und Verfahrensplanung sowie bei den Make-or-Buy-Entscheidungen zum Einsatz kommen können, zusammengefasst werden.

	Operative Produktionsprogrammplanung	**Operative Verfahrensplanung**	**Make-or-Buy-Entscheidungen**
kein Engpass	absolute Deckungsspanne	absolute variable Stückkosten	variable Stückkosten Fremdbezugspreis
Ein Engpass	relative Deckungsspanne	relative Kostendifferenz	relative Kosten-/ Deckungsspannendifferenz
Mehrere Engpässe	lineare Optimierungsrechnung	lineare Optimierungsrechnung	lineare Optimierungsrechnung

8.3 Bestimmung von Preisgrenzen

Neben den bisher diskutierten Einsatzgebieten im Rahmen der Produktionsprogramm- und Verfahrensplanung liefern Teilkostenrechnungssysteme auf Basis variabler Kosten (DGR) auch wichtige Informationen für die **Bestimmung von Preisgrenzen**. Preisgrenzen stellen dabei „kritische“ Preise dar, deren Unter- bzw. Überschreiten ein Unternehmen zu bestimmten Verhaltensweisen veranlasst.

Grundsätzlich lassen sich Preisgrenzen in *Preisuntergrenzen* für Absatzgüter und Preis*obergrenzen* für Beschaffungsgüter unterteilen:

Eine **Preisuntergrenze** (**Preisobergrenze**) gibt den „kritischen“ Absatzpreis (Beschaffungspreis) an, bei dessen Unterschreitung (Überschreitung) der Verkauf (Einkauf) von Absatzgütern (Beschaffungsgütern) aus unternehmenszielorientierter Sicht nicht mehr sinnvoll erscheint und daher nicht mehr erfolgt.

Preisuntergrenzen werden im Rahmen des Abschnitts 8.3.1 behandelt, Preisobergrenzen sind Gegenstand der Ausführungen des Abschnitts 8.3.2.

8.3.1 Preisuntergrenzen

Die Bestimmung von **Preisuntergrenzen** ist in der unternehmerischen Praxis von besonderer Bedeutung, da Preisuntergrenzen die „Toleranzschwelle" angeben, bis zu der ein Unternehmen seine Leistungen am Absatzmarkt anbietet. Wird die Preisuntergrenze unterschritten, ist die Weiterproduktion bzw. Annahme eines Zusatzauftrages aus ökonomischer Sicht nicht mehr sinnvoll.

Hinsichtlich der **Zielorientierung von Preisuntergrenzen** lassen sich erfolgs- und liquiditätsorientierte Preisuntergrenzen unterscheiden. *Erfolgsorientierte Preisuntergrenzen* stellen diejenigen „kritischen" Verkaufspreise dar, deren Unterschreiten negative Auswirkungen auf das Gewinnziel des Unternehmens hat. Eine Weiterproduktion bzw. Annahme eines Zusatzauftrages würde in diesen Fällen zu einer Verringerung des Gewinns bzw. Erhöhung des Verlustes führen. Bei *liquiditätsorientierten Preisuntergrenzen* handelt es sich um „kritische" Verkaufspreise, deren Unterschreiten zu einer Verringerung des Bestandes an liquiden Mitteln und damit zu einer Verschlechterung der Liquiditätssituation eines Unternehmens führen. Erfolgsorientierte Preisuntergrenzen werden im Abschnitt 8.3.1.1, liquiditätsorientierte Preisuntergrenzen in Abschnitt 8.3.1.2 behandelt.

8.3.1.1 Erfolgsorientierte Preisuntergrenzen

Bei der Ermittlung **erfolgsorientierter Preisuntergrenzen** geht es um die Bestimmung der „kritischen" Verkaufspreise, bei deren Unterschreiten sich aus gewinnzielorientierter Sicht eine weitere Leistungserbringung für das Unternehmen nicht mehr lohnt. Dabei lassen sich grundsätzlich die in Abbildung 53 dargestellten Entscheidungssituationen unterscheiden:

Im Fall der **kurzfristigen Preisuntergrenzen** sind die fixen Kosten nicht beeinflussbar und damit erneut nicht entscheidungsrelevant. Bestehen im Unterbeschäftigungsfall **keine Engpässe**, entspricht die Preisuntergrenze eines Produktes den variablen Stückkosten. Es gilt:

$$\mathbf{PUG_i} = k_{vi} \rightarrow DSP_i = 0$$

mit: PUG_i = Preisuntergrenze des Produktes i
k_{vi} = variable Stückkosten des Produktes i
DSP_i = Deckungsspanne des Produktes i

Abb. 53: Entscheidungssituationen bei der Bestimmung erfolgsorientierter Preisuntergrenzen

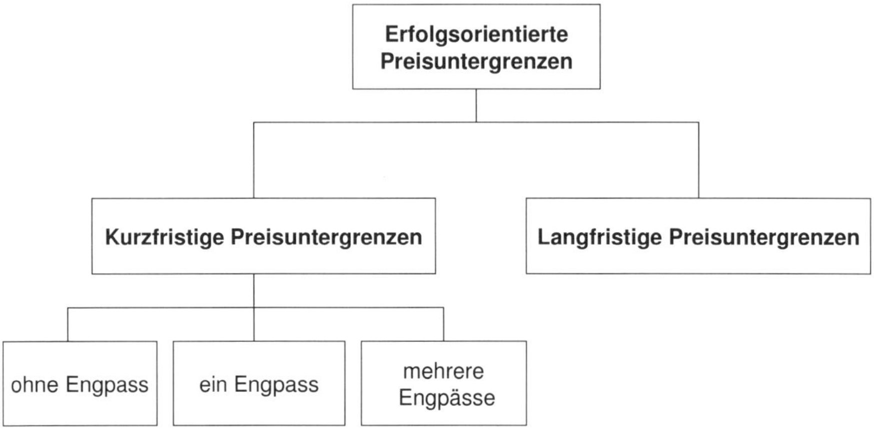

Jede Produktart wird hergestellt und abgesetzt, solange der entsprechende Verkaufspreis nicht unterhalb der variablen Stückkosten liegt und die Deckungsspanne noch positiv ist. Erst wenn der Verkaufspreis unter die variablen Stückkosten und damit unter die Preisuntergrenze sinkt, wird kein Beitrag zur Deckung der Fixkosten mehr erwirtschaftet, so dass der Gewinn sinkt bzw. der Verlust zunimmt.

Im Rahmen der Bestimmung von Preisuntergrenzen stehen Unternehmen dabei vor der schwierigen Aufgabe festzulegen, welche Kosten überhaupt variabel und damit entscheidungsrelevant sind und wie die Güterverbräuche im Einzelnen zu bewerten sind. Dieser Sachverhalt soll an einem **Beispiel** verdeutlicht werden.

Ein Unternehmen erhält eine Anfrage hinsichtlich eines Zusatzauftrages über die Herstellung von 50 Mengeneinheiten eines bestimmten Produktes. Das Unternehmen befindet sich in einer Unterbeschäftigungssituation, so dass der Zusatzauftrag in der betrachteten Periode ohne Kapazitätsengpässe ausgeführt werden könnte. Die Fertigung der für das Produkt benötigten Einzelteile erfolgt auf einer vorhandenen Spezialmaschine. Für jede Produktmengeneinheit werden zur Herstellung der Einzelteile 1,5 Maschinenstunden benötigt. An Fertigungskosten fallen dabei pro Maschinenstunde 5 € an. Pro Mengeneinheit des herzustellenden Produktes rechnet das Unternehmen mit einem Montageaufwand von 2 Arbeitsstunden. Die fest angestellten Monteure erhalten bei einer wöchentlichen Arbeitszeit von 40 Stunden einen Arbeitslohn von 10 €/Stunde. Für die Fertigung des Zusatzauftrages wird zudem ein spezieller Rohstoff benötigt. Pro Produktmengeneinheit werden 3 kg dieses Rohstoffs gebraucht. Insgesamt liegen noch 200 kg des Rohstoffs auf Lager. Der Anschaffungspreis je kg betrug 7,50 €. Der Wiederbeschaffungspreis beträgt 8,50 €/kg. Sollte der Zusatzauftrag nicht angenommen werden, erwägt das Unternehmen den Rohstoff für 6 €/kg zu verkaufen, da dieser für andere Produkte und Aufträge nicht zu verwerten ist.

Zur **Ermittlung der Preisuntergrenze** für den Zusatzauftrag ist die Höhe der variablen Kosten zu bestimmen. Dabei stellt sich zunächst die Frage, welche Kosten bezogen auf diesen Zusatzauftrag tatsächlich variabel und damit entscheidungsrelevant sind. Die *Fertigungskosten* der Spezialmaschine fallen pro Maschinenstunde an und sind daher (entscheidungs)variabel. Bei 50 Produktmengeneinheiten werden insgesamt 75 Maschinenstunden (= 1,5 h/ME x 50 ME) benötigt. Dies verursacht *variable Fertigungskosten* i.H.v. 375 € (75 h x 5 €/h). Die *Arbeitskosten* für die Montage sind dagegen nicht variabel, da es sich um fest angestellte Monteure mit festen wöchentlichen Arbeitszeiten handelt, deren Löhne auch im Fall der Unterbeschäftigung zu bezahlen sind. Der zur Herstellung des Zusatzauftrages benötigte *Rohstoff* verursacht variable (Material)Kosten, deren Höhe von der konkreten Bewertung abhängt. Da es sich im hier unterstellten Beispiel um einen speziellen Rohstoff handelt, der nur für diesen Zusatzauftrag verwendet werden kann und bei Ablehnung des Zusatzauftrages zu einem Preis von 6 €/kg verkauft würde, spielen weder der historische Anschaffungspreis noch der Wiederbeschaffungspreis für die Bewertung eine Rolle. Als *Opportunitätskosten* für den entgangenen Gewinn bei Verkauf des Rohstoffs erhält man 900 € (= 6 €/kg x 3 kg/ME x 50 ME), so dass sich als variable Kosten und damit als **Preisuntergrenze für den Zusatzauftrag** insgesamt 1.275 € (= 375 € + 900 €) ergeben.

Das **obige Beispiel** soll im Folgenden *leicht variiert* werden. Es sei nun unterstellt, dass die Montage der Produkte im Rahmen von Überstunden erfolgt, die mit 10 €/Stunde entlohnt werden. Bei dem Rohstoff handelt es sich zudem nicht um einen speziellen Rohstoff, der nur für diesen Zusatzauftrag verwendet werden kann und ansonsten verkauft würde, sondern um ein Material, das auch in anderen Produkten verarbeitet und daher nach Verbrauch ständig wiederbeschafft wird.

Bei der **Bestimmung der Preisuntergrenze** sind nun neben den variablen Fertigungskosten und den Materialkosten auch die (variablen) Arbeitskosten zu berücksichtigen, da diese bei Ablehnung des Zusatzauftrages nicht anfallen würden. An (zusätzlichen) *Arbeitskosten* entstehen dabei insgesamt 1.000 € (= 10 €/h x 2 h/ME x 50 ME). Für die Höhe der (variablen) Materialkosten ist nun entscheidend, dass bei Verbrauch des Rohstoffs für den Zusatzauftrag dessen Wiederbeschaffung notwendig wird. Da die Wiederbeschaffung aus dem Erlös des Zusatzauftrages zu bestreiten ist, muss der Rohstoff im Sinne der Substanzerhaltung nun mit dem Wiederbeschaffungspreis i.H.v. 8,50 €/kg bewertet werden, so dass sich *variable Material-*

kosten i.H.v. 1.275 € (= 8,50 €/kg x 3 kg/ME x 50 ME) ergeben. Die *variablen Fertigungskosten* bleiben mit 375 € unverändert. Insgesamt ergeben sich variable Kosten und damit eine **Preisuntergrenze für den Zusatzauftrag** i.H.v. 2.650 €.

Nicht immer kann im Überbeschäftigungsfall die Produktion von Zusatzaufträgen durch zusätzliche Überstunden oder Zusatzschichten gewährleistet werden. Bei **Vorliegen eines Kapazitätsengpasses** kann die Annahme eines Zusatzauftrages mit der Verdrängung anderer Produkte aus dem Produktionsprogramm verbunden sein. In diesen Fällen sind neben den variablen Kosten für den Zusatzauftrag auch die Kosten für den „Nutzenentgang" (= Opportunitätskosten) bei der Bestimmung von Preisuntergrenzen mit zu berücksichtigen. Die Kosten für den „Nutzenentgang" entsprechen dabei dem Gewinn- bzw. Deckungsbeitragsentgang für die Produkte, die durch den Zusatzauftrag verdrängt werden. Als Preisuntergrenze ergibt sich *allgemein*:

$$\mathbf{PUG_i} = k_{vi} + \frac{\sum \Delta B_k \times DSP_k}{B_i}$$

<u>mit</u>:
PUG_i = Preisuntergrenze des Produktes bzw. Zusatzauftrages i
k_{vi} = variable Stückkosten des Produktes bzw. Zusatzauftrages i
DSP_k = Deckungsspanne des verdrängten Produktes k
ΔB_k = verdrängte Produktionsmenge des Produktes k
B_i = Produktionsmenge des Produktes bzw. Zusatzauftrages i

Die Ermittlung von Preisuntergrenzen in Engpasssituationen soll an einem **Beispiel** verdeutlicht werden. Betrachtet wird ein Unternehmen, das drei Produkte (A, B, C) auf derselben Maschine herstellt. Für die kommende Planungsperiode gelten die folgenden *Plandaten*:

Produkt	**A**	**B**	**C**
Variable Stückkosten (€/ME)	50	40	60
Absatzpreis (€/ME)	80	65	99
Produktionszeit (h/ME)	2	2,5	3
Produktions- und Absatzmenge (ME)	2.000	1.000	3.000
Kapazitätsbelastung (h)	4.000	2.500	9.000

Insgesamt stehen in der betrachteten Planungsperiode 15.500 Maschinenstunden an Fertigungskapazität zur Verfügung. In dieser Ausgangssituation wird dem Unternehmen ein **Zusatzauftrag** zur Fertigung eines Produktes D angeboten. Dieses Produkt D verursacht variable Stückkosten von 70 €. Die Produktionszeit beträgt 4 h/ME. Der Zusatzauftrag soll *500 Mengeneinheiten* des Produktes D umfassen. Da die Fertigungskapazität mit den Produkten A, B und C bereits voll ausgelastet ist, besteht bei Annahme des Zusatzauftrages ein Engpass. Der Zusatzauftrag kann folglich nur zu Lasten eines anderen Produktes gefertigt werden.

Zur **Bestimmung der Preisuntergrenze** für diesen Zusatzauftrag bedarf es zunächst der Ermittlung der relativen Deckungsspannen für die Produkte A, B und C. Es ergibt sich:

Produkt	A	B	C
Deckungsspanne (€/ME)	30	25	39
Relative Deckungsspanne (€/h)	15	10	13
Rangfolge der Produkte	1	3	2

Produkt B hat mit 10 €/h die geringste relative Deckungsspanne. Bei Annahme des Zusatzauftrages würde daher Produkt B zu Gunsten des Zusatzauftrages aus dem Produktionsprogramm (teil)verdrängt werden. Für die Fertigung des Zusatzauftrages würden insgesamt 2.000 Maschinenstunden (= 500 ME x 4 h/ME) benötigt. Das zu verdrängende Produkt B belegt mit einer Produktionsmenge von 1.000 Mengeneinheiten 2.500 Maschinenstunden. Von Produkt B würden folglich 800 Mengeneinheiten (= 2.000 h / 2,5 h/ME) durch den Zusatzauftrag verdrängt. Als **Preisuntergrenze** pro Mengeneinheit des Produktes D würde sich damit ergeben:

$$\mathbf{PUG_D} = 70\ \text{€/ME} + \frac{800\ \text{ME} \times 25\ \text{€/ME}}{500\ \text{ME}} = 70\ \text{€/ME} + 40\ \text{€/ME} = \mathbf{110\ €/ME}$$

Die Preisuntergrenze für den gesamten Zusatzauftrag beträgt somit 55.000 € (= 110 €/ME x 500 ME).

Die Preisuntergrenze gibt den „Preisspielraum" des Unternehmens für den Zusatzauftrag „nach unten" an. Würde der Kunde pro Mengeneinheit des Produktes D tatsächlich nur einen Preis von 110 € bezahlen, besteht zwischen der Annahme und Ablehnung des Zusatzauftrages Handlungsindifferenz, d.h. beide Handlungsalternativen führen zum selben Gewinn bzw. Deckungsbeitrag. Bei *Ablehnung des Zusatzauftrages* ergibt sich folgender Deckungsbeitrag:

$$\mathbf{DB} = 30\ \text{€/ME} \times 2.000\ \text{ME} + 25\ \text{€/ME} \times 1.000\ \text{ME} + 39\ \text{€/ME} \times 3.000\ \text{ME} = \mathbf{202.000\ €}$$

Bei *Annahme des Zusatzauftrages* ergibt sich folgender Deckungsbeitrag:

DB = 30 €/ME x 2.000 ME + 25 €/ME x 200 ME + 39 €/ME x 3.000 ME + 40 €/ME x 500 ME = **202.000 €**

Beide Ergebnisse sind identisch, so dass sich durch Annahme des Zusatzauftrages zu einem Preis, der der Preisuntergrenze entspricht, die Gewinnsituation des Unternehmens nicht verändert. Es besteht Handlungsindifferenz. Bei Preisen oberhalb (unterhalb) der Preisuntergrenze ist folglich die Annahme (Ablehnung) des Zusatzauftrages sinnvoll.

Das **obige Beispiel** soll nun im Folgenden *leicht variiert* werden. Es wird nun angenommen, dass der Zusatzauftrag zur Fertigung des Produktes D *2.125 Mengeneinheiten* umfasst. In diesem Fall müssten neben der vollständigen Verdrängung des Produktes B auch Teile der Produktionsmenge des Produktes C, das eine relative Deckungsspanne von 13 €/h aufweist, zu Gunsten des Zusatzauftrages aus dem Produktionsprogramm genommen werden. Für 2.125 Mengeneinheiten des Produktes D würden insgesamt 8.500 Maschinenstunden benötigt. Neben 1.000 Mengeneinheiten des Produktes B (= 2.500 Maschinenstunden) müsste das Unternehmen auch auf die Produktion von 2.000 Mengeneinheiten des Produktes C (= 6.000 Maschinenstunden) verzichten. Als neue **Preisuntergrenze** pro Mengeneinheit des Produktes D würde sich folglich ergeben:

$$\mathbf{PUG_D} = 70\text{ €/ME} + \frac{1.000\text{ ME} \times 25\text{ €/ME} + 2.000\text{ ME} \times 39\text{ €/ME}}{2.125\text{ ME}} \approx \mathbf{118{,}47\text{ €/ME}}$$

Die Preisuntergrenze für den gesamten Zusatzauftrag beträgt damit 251.748,75 € (= 118,47 €/ME x 2.125 ME).

Würde der Zusatzauftrag *3.375 Mengeneinheiten* des Produktes D umfassen, würden neben den Produkten B und C auch Teile der Produktionsmenge des Produktes A verdrängt. An Fertigungskapazität würden dann für den Zusatzauftrag 13.500 Maschinenstunden benötigt, so dass neben diesem Zusatzauftrag nur noch 1.000 Mengeneinheiten des Produktes A produziert werden könnten. Folgende **Preisuntergrenze** würde sich in diesem Fall pro Mengeneinheit des Produktes D ergeben:

$$\mathbf{PUG_D} = 70\text{ €/ME} + \frac{1.000\text{ ME} \times 25\text{ €/ME} + 3.000\text{ ME} \times 39\text{ €/ME} + 1.000\text{ ME} \times 30\text{ €/ME}}{3.375\text{ ME}}$$

$$\approx \mathbf{120{,}96\text{ €/ME}}$$

Die Preisuntergrenze für den gesamten Zusatzauftrag beträgt damit 408.240 € (= 120,96 €/ME x 3.375 ME).

Treten **mehrere Kapazitätsengpässe** auf, lässt sich das Planungsproblem nur simultan, z.B. mit Hilfe der **linearen Programmierung**, lösen. Zur grundsätzlichen Vorgehensweise sei auf die Darstellungen des Abschnitts 8.2.1 verwiesen.

Bei der Bestimmung **langfristiger Preisuntergrenzen** sind neben den variablen Kosten auch die Fixkosten zu berücksichtigen, da langfristig alle Kosten und damit auch die fixen Kosten gedeckt sein müssen. Im Fall des *Einproduktunternehmens* lässt sich die Preisuntergrenze dabei im Wege einer *Divisionskalkulation* ermitteln. Es ergibt sich:

$$\mathbf{PUG} = k_v + \frac{K_f}{X}$$

mit: PUG = Preisuntergrenze des Produktes
k_v = variable Stückkosten des Produktes
K_f = Fixkosten der Periode
X = Produktions- bzw. Absatzmenge des Produktes

Aufgrund der Fixkostenproportionalisierung ist allerdings zu berücksichtigen, dass die Höhe der fixen Stückkosten von der konkreten Produktions- bzw. Absatzmenge abhängt und mit dieser schwankt.

Im Fall des *Mehrproduktunternehmens* ist die Bestimmung der langfristigen Preisuntergrenzen für die einzelnen Produkte ungleich komplizierter, da sich die (fixen) Gemeinkosten nicht verursachungsgerecht auf die einzelnen Kostenträger (Produkte) zurechnen lassen. Die z.B. im Wege der *Zuschlagskalkulation* auf Vollkostenbasis ermittelten Stückkosten stellen daher nur eine „grobe Orientierung" für die langfristige Preisuntergrenze eines Produktes dar.

Bei Anwendung einer Teilkostenrechnung auf Basis variabler Kosten (DGR) ist im Fall des Mehrproduktunternehmens bei der Bestimmung langfristiger Preisuntergrenzen sicher zu stellen, dass die Summe aller produktspezifischen Deckungsbeiträge die Fixkosten des Unternehmens insgesamt deckt. Es gilt:

$$\sum (\mathbf{PUG}_i - k_{vi})\, X_i = K_f$$

mit: PUG_i = Preisuntergrenze des Produktes i
k_{vi} = variable Stückkosten des Produktes i
K_f = Fixkosten der Periode
X_i = Produktions- bzw. Absatzmenge des Produktes i

Die langfristigen Preisuntergrenzen lassen sich dabei nicht mehr für einzelne Produkte isoliert ermitteln, sondern es existieren grundsätzlich unterschiedliche Preis-/Mengenkombinationen für die einzelnen Produkte, bei denen die obige Gleichung erfüllt ist und damit die Fixkosten insgesamt gedeckt sind.

Neben den bisher behandelten erfolgsorientierten Preisuntergrenzen, die gewinnzielbezogen ermittelt werden, kann die Bestimmung von Preisuntergrenzen auch unter Berücksichtigung finanzieller Aspekte erfolgen (liquiditätsorientierte Preisuntergrenzen). Hierauf geht der folgende Abschnitt näher ein.

8.3.1.2 Liquiditätsorientierte Preisuntergrenzen

Es wurde bereits darauf hingewiesen, dass langfristig alle Kosten eines Unternehmens gedeckt sein müssen. Dies ist die Voraussetzung dafür, dass ein Unternehmen überhaupt Gewinne erzielt und damit die (langfristige) Unternehmensexistenz sichert. Bestehen allerdings **akute Liquiditätsrisiken** (z.B. drohende Zahlungsunfähigkeit) für ein Unternehmen, kann es notwendig und sinnvoll sein, *Preisuntergrenzen primär unter Liquiditätsgesichtspunkten* festzulegen. In diesen Fällen ist die Erzielung von Einzahlungsüberschüssen wichtiger als die Kostendeckung, so dass das Gewinnziel hinter das Liquiditätsziel zurücktritt.

Grundsätzlich sollte die Bestimmung **liquiditätsorientierter Preisuntergrenzen**, die zur Sicherung der Unternehmensliquidität mindestens erzielt werden müssen, auf der Grundlage von Finanz- und Liquiditätsrechnungen erfolgen. Werden Teilkostenrechnungssysteme auf Basis variabler Kosten (DGR) aber um Informationen über die Zahlungswirksamkeit der Kosten ergänzt, ist die Ermittlung liquiditätsorientierter Preisuntergrenzen im Prinzip auch auf Grundlage solcher Kostenrechnungssysteme möglich. Hierzu werden die einzahlungswirksamen Erlöse den auszahlungswirksamen Kosten gegenübergestellt. Bei Realisierung der liquiditätsorientierten Preisuntergrenzen wird ein finanzieller Überschuss von Null erzielt, so dass die Liquiditätssituation des Unternehmens unverändert bleibt. Ziel der Unternehmenspolitik muss es daher im Sinne einer Liquiditätsverbesserung sein, Preise für die Absatzgüter oberhalb dieser liquiditätsorientierten Preisuntergrenzen zu realisieren.

Zur **Bestimmung liquiditätsorientierter Preisuntergrenzen** ist zunächst die Durchführung einer „Kostenspaltung" notwendig, die hier aber nicht beschäftigungsbezogen erfolgt und zu einer Kosteneinteilung in variable und fixe Kosten führt. Die Kosten werden vielmehr nach ihrer Auszahlungswirksamkeit gegliedert. Danach führt ein Teil der Kosten in der betrachteten Planungsperiode zu Auszahlungen (**liquiditätswirksame Kosten**), während der andere Teil der Kosten entweder nicht in der betrachteten Periode oder überhaupt nicht zu Auszahlungen führt (**nicht liquiditätswirksame Kosten**). Folgende *Beispiele* lassen sich nennen:

- **liquiditätswirksame Kosten:**
  Löhne, Gehälter, Materialverbräuche (soweit nicht vom Lager), Kostensteuern etc.
- **nicht liquiditätswirksame Kosten:**
  - *nicht in der betrachteten Periode liquiditätswirksam*:
    Abschreibungen, Rückstellungen, Lagerverbräuche etc.
  - *überhaupt nicht liquiditätswirksam*:
    kalkulatorischer Unternehmerlohn, kalkulatorische Miete etc.

Wie diese Beispiele zeigen, werden bei der Bestimmung liquiditätsorientierter Preisuntergrenzen sowohl variable als auch fixe Kosten berücksichtigt, soweit sie auszahlungswirksam sind. Am Beispiel des *Einproduktfalls* soll im Folgenden die liquiditätsorientierte Preisuntergrenze ermittelt werden. Dabei ergibt sich zunächst *allgemein*:

$$\mathbf{PUG_L} = k_{vL} + k_{fL} - \frac{\Delta L}{X}$$

mit:

PUG_L	=	liquiditätsorientierte Preisuntergrenze des Produktes
k_{vL}	=	liquiditätswirksame variable Stückkosten des Produktes
k_{fL}	=	liquiditätswirksame fixe Stückkosten des Produktes
ΔL	=	Veränderungen des Liquiditätsbestandes aufgrund sonstiger Ein- und Auszahlungen (z.B. Kreditrückzahlungen, Investitionsausgaben etc.)
X	=	Produktions- bzw. Absatzmenge des Produktes

Ein **Beispiel** soll die Ermittlung liquiditätsorientierter Preisuntergrenzen verdeutlichen. Betrachtet wird ein *Einproduktunternehmen*, das sich aufgrund eines starken Preisverfalls auf dem heimischen Markt seit einiger Zeit in akuten Liquiditätsschwierigkeiten befindet. Die Unternehmensführung ist daher bestrebt, eine weitere Verschlechterung der Liquiditätssituation in der kommenden Planungsperiode zu vermeiden.

In dieser Planungsperiode werden Einzahlungen aus Verkäufen von 100.000 Produktmengeneinheiten erwartet, die auch alle in der Planungsperiode produziert werden (Produktionsmenge = Absatzmenge). Zusätzlich rechnet die Unternehmensführung mit Einzahlungen aus Forderungen von Verkäufen der Vorperiode i.H.v. 150.000 €. An Auszahlungen fallen in der kommenden Periode die Tilgungsrate für ein Darlehen i.H.v. 200.000 € an. Darüber hinaus muss das Unternehmen noch ausstehende Lohnforderungen aus früheren Perioden i.H.v. 50.000 € begleichen.

An zahlungswirksamen variablen Lohn- und Materialkosten für das herzustellende Produkt fallen 5 bzw. 15 € pro Mengeneinheit an. Zusätzlich wird ein spezieller Rohstoff benötigt, der in ausreichendem Umfang auf Lager liegt und dessen Wiederbeschaffung in den nächsten Planungsperioden daher nicht notwendig ist. Der Wiederbeschaffungspreis beträgt 7,50 €/kg. An fixen Kosten werden für die gesamte Planungsperiode 1.350.000 € verrechnet. Neben Abschreibungen auf das Anlagevermögen i.H.v. 300.000 € sind darin auch kalkulatorischer Unternehmerlohn i.H.v. 40.000 € sowie kalkulatorische Mietkosten für betrieblich genutzte Privaträume i.H.v. 10.000 € enthalten.

Die **Ermittlung der liquiditätsorientierten Preisuntergrenze** setzt zunächst an den *auszahlungswirksamen variablen Stückkosten* an. Die Lohn- und Materialkosten sind mit Ausnahme der Kosten für den speziellen Rohstoff, der ausreichend auf Lager liegt, in voller Höhe liquiditätswirksam, so dass sich insgesamt auszahlungswirksame variable Stückkosten i.H.v. 20 € ergeben.

Bei den fixen Stückkosten ist ebenfalls eine Kostenspaltung hinsichtlich der Auszahlungswirksamkeit dieser Kosten notwendig. Neben den kalkulatorischen Abschreibungen, die i.d.R. bereits beim Kauf der Güter des Anlagevermögens zu einer Anschaffungsauszahlung führen, sind auch der kalkulatorische Unternehmerlohn sowie die kalkulatorischen Mietkosten nicht liquiditätswirksam. An *auszahlungswirksamen fixen Stückkosten* ergeben sich daher 10 € (= (1.350.000 € - 300.000 € - 40.000 € - 10.000 €)/100.000 Mengeneinheiten).

Durch zusätzliche zahlungswirksame Vorgänge, wie die erwarteten Einzahlungen aus Zielverkäufen der Vorperiode, die Auszahlung für die Tilgungsrate sowie die noch ausstehenden Lohnzahlungen ergibt sich eine *Veränderung des Liquiditätsbestandes* i.H.v. - 100.000 € (= 150.000 € - 200.000 € - 50.000 €). Dieser zusätzliche Liquiditätsbedarf ist aus dem Verkauf der 100.000 Produktmengeneinheiten der Planperiode zu decken, so dass sich insgesamt folgende **liquiditätsorientierte Preisuntergrenze** ergibt:

$$\textbf{PUG}_L = 20\,€ + 10\,€ - \frac{-100.000\,€}{100.000\text{ ME}} = \textbf{31 €/ME}$$

Aus liquiditätsorientierter Sicht sollte der Absatzpreis des Produktes somit nicht unter 31 €/Stück liegen. Wird die Preisuntergrenze als Absatzpreis realisiert, bleibt die Liquiditätssituation des Unternehmens unverändert, d.h. die Höhe der Einzahlungen entspricht genau der Höhe der Auszahlungen der Planperiode:

Einzahlungen - Auszahlungen = 31 €/ME x 100.000 ME - 20 €/ME x 100.000 ME -1.000.000 € - 100.000 € = **0**

Zur Verbesserung der Liquiditätslage des Unternehmens ist folglich ein Absatzpreis anzustreben, der oberhalb der liquiditätsorientierten Preisuntergrenze i.H.v. 31 €/ Stück liegt.

Die Ermittlung erfolgs- und liquiditätsorientierter Preisuntergrenzen für Absatzgüter ist damit abschließend beschrieben. Die Bestimmung von Preisgrenzen ist darüber hinaus aber auch für die Beschaffungsseite notwendig. Die Ermittlung von Preisobergrenzen für Beschaffungsgüter soll daher im folgenden Abschnitt behandelt werden.

8.3.2 Preisobergrenzen

Die Bestimmung von **Preisobergrenzen für Beschaffungsgüter** weist gewisse Parallelen zur Ermittlung von Preisuntergrenzen für Absatzgüter auf. Auch hier geht es letztlich um die Festlegung von „Toleranzschwellen“, bei deren Überschreitung ein Unternehmen zu einer ganz bestimmten Verhaltensweise veranlasst wird. Werden die Preisobergrenzen und damit die „Toleranzschwellen“ überschritten, ist ein weiterer Einkauf der entsprechenden Beschaffungsgüter und die Aufrechterhaltung der Produktion des hieraus zu fertigenden Endproduktes aus erfolgswirtschaftlicher Sicht nicht mehr sinnvoll, da dies negative Auswirkungen auf den Gewinn des Unternehmens hätte. Fertigung und Verkauf des Endproduktes würden somit bei Überschreitung der Preisobergrenzen für die entsprechenden Beschaffungsgüter eingestellt.

Bei der Bestimmung von Preisobergrenzen geht es im Folgenden ausschließlich um **variable Beschaffungsgüter** (Roh-, Hilfs-, Betriebsstoffe, Bauteile), da i.d.R. nur in diesen Fällen eine Anwendung von Teilkostenrechnungssystemen auf Basis variabler Kosten (DGR) sinnvoll ist. Die Ermittlung von Preisobergrenzen für Güter des

Anlagevermögens (z.B. Maschinen) erfordert hingegen den Einsatz dynamischer Verfahren der Investitions- und Finanzrechnung (z.B. Kapitalwertmethode), worauf im Rahmen dieser Abhandlung aber nicht weiter eingegangen werden kann.

Die **Bestimmung von Preisobergrenzen** für variable Beschaffungsgüter soll im Folgenden *am Beispiel unterschiedlicher Entscheidungssituationen* erläutert werden. Zu unterscheiden sind dabei zum einen der Unterbeschäftigungsfall, bei dem *keine betrieblichen Engpässe* auftreten, und zum anderen der Überbeschäftigungsfall bei Vorliegen *eines betrieblichen Engpasses.*[4] **Ohne betriebliche Engpässe** lässt sich die **Preisobergrenze** für ein Beschaffungsgut *allgemein* wie folgt ermitteln:

$$\textbf{POG} = \frac{P - k_{vor}}{V}$$

mit:
- POG = Preisobergrenze des Beschaffungsgutes (z.B. Rohstoff)
- P = Absatzpreis des Endproduktes
- k_{vor} = variable Stückkosten des Endproduktes *ohne* Kosten des Beschaffungsgutes
- V = Verbrauchsmenge des Beschaffungsgutes je Endprodukteinheit

Anhand eines kleinen **Beispiels** soll die Ermittlung von Preisobergrenzen verdeutlicht werden. Zur Fertigung eines bestimmten Produktes ist ein spezieller Rohstoff notwendig, von dem 2 kg je Mengeneinheit des Endproduktes benötigt werden (V = 2 kg/ME). Der Absatzpreis des Endproduktes, der kurzfristig nicht veränderbar ist, beträgt 5 €/ME. Die variablen Stückkosten - ohne die Kosten für den Rohstoff - betragen 1 €/ME. Als **Preisobergrenze** je kg des zu beschaffenden Rohstoffs ergibt sich folglich:

$$\textbf{POG} = \frac{5\text{ €/ME} - 1\text{ €/ME}}{2\text{ kg/ME}} = \textbf{2 €/kg}$$

Bei einem Rohstoffpreis von 2 €/kg würde die Deckungsspanne des Endproduktes Null betragen (DSP = 5 €/ME - 1 €/ME - 2 kg/ME x 2 €/kg = 0). Würde der Rohstoffpreis oberhalb dieser Preisobergrenze liegen, würde das Produkt eine negative Deckungsspanne erwirtschaften. Eine Aufrechterhaltung der Fertigung dieses Produktes wäre aus erfolgswirtschaftlicher Sicht somit nicht mehr sinnvoll.

---

[4] Von dem Fall, dass **mehrere betriebliche Engpässe** auftreten, soll im Folgenden abstrahiert werden.

Bei **Vorliegen eines betrieblichen Engpasses** muss die Bestimmung von Preisobergrenzen für Beschaffungsgüter unter Berücksichtigung von *Opportunitätskosten* erfolgen. Opportunitätskosten treten dadurch auf, dass bei knappen Kapazitäten nicht alle Produkte z.B. auf der gleichen Fertigungsanlage hergestellt werden können. Bei Verzicht auf Fertigung eines Produktes entstehen Opportunitätskosten in Höhe des entgangenen Deckungsbeitrages, der bei der Berechnung der Preisobergrenzen für Beschaffungsgüter entsprechend zu berücksichtigen ist. *Allgemein* gilt:

$$\textbf{POG} = \frac{P_i - (k_{vori} - (DSP_k/b_k) \times b_i)}{V_i}$$

mit:
- POG = Preisobergrenze des Beschaffungsgutes (z.B. Rohstoff)
- P_i = Absatzpreis des Endproduktes i
- DSP_k = Deckungsspanne des zu verdrängenden Endproduktes k
- b_k = Engpasskoeffizient des zu verdrängenden Endproduktes k
- b_i = Engpasskoeffizient des Endproduktes i
- k_{vori} = variable Stückkosten des Endproduktes i *ohne* Kosten des Beschaffungsgutes
- V_i = Verbrauchsmenge des Beschaffungsgutes je Endprodukteinheit i

Auch hier soll die Preisobergrenzenbestimmung anhand eines **Beispiels** verdeutlicht werden. Hierzu wird das obige Beispiel weiterentwickelt. Es sei nun unterstellt, dass auf einer Fertigungsanlage zwei Produkte (A, B) hergestellt werden können. Dabei gilt folgende *Datensituation*:

Produkt	**A**	**B**
Absatzpreis (€/ME)	5,00	10,00
variable Stückkosten (€/ME)	2,00	5,00
Engpasskoeffizient (Min/ME)	0,5	2
Deckungsspanne (€/ME)	3,00	5,00
Relative Deckungsspanne (€/Min)	6,00	2,50

Bei Unterstellung einer Engpasssituation entscheidet die **relative Deckungsspanne** darüber, welches der beiden Produkte prioritär auf der Engpassanlage gefertigt werden sollte. Da die relative Deckungsspanne des Produktes A größer ist als die des Produktes B, wird Produkt A folglich prioritär auf der Engpassanlage gefertigt.

Es wird nun unterstellt, dass (nur) in das Produkt A ein spezieller Rohstoff eingeht, dessen Kosten in den obigen variablen Stückkosten bereits enthalten sind. Der Rohstoff kostet z.Z. 0,50 €/kg und es werden für jede Mengeneinheit des Produktes A 2 kg benötigt. Da aufgrund einer Rohstoffverknappung der Rohstoffpreis in nächster Zeit ansteigen dürfte, will das Unternehmen die Preisobergrenze für den Rohstoff ermitteln, bis zu der Produkt A gegenüber Produkt B prioritär auf der Engpassanlage gefertigt wird. Durch Einsetzen ergibt sich als **Preisobergrenze** je kg des zu beschaffenden Rohstoffs:

$$\textbf{POG} = \frac{5\text{ €/ME} - (1\text{ €/ME} + 2{,}50\text{ €/Min} \times 0{,}5\text{ Min/ME})}{2\text{ kg/ME}} = \textbf{1,375 €/kg}$$

Bei einem Rohstoffpreis von 1,375 €/kg würde die relative Deckungsspanne von Produkt A nur noch 2,50 €/Min betragen (= [5 €/ME - 1 €/ME - 2 kg/ME x 1,375 €/kg]/0,5 Min/ME) und wäre damit genauso hoch wie die relative Deckungsspanne von Produkt B. Ein weiterer Anstieg des Rohstoffpreises über die Preisobergrenze hinaus würde zu einer weiteren Verringerung der relativen Deckungsspanne von Produkt A führen, so dass es dann sinnvoll wäre, Produkt B prioritär auf der Engpassanlage zu fertigen.

Nach den Ausführungen zur Bestimmung von Preisunter- und Preisobergrenzen soll im folgenden Abschnitt mit der sog. Break-Even-Analyse ein weiteres Anwendungsgebiet von Teilkostenrechnungssystemen auf Basis variabler Kosten (DGR) behandelt werden.

8.4 Break-Even-Analyse

Bei der Darstellung erfolgsorientierter Preisuntergrenzen in Abschnitt 8.3.1.1 wurde bereits darauf hingewiesen, dass bei der Ermittlung langfristiger Preisuntergrenzen sowohl die variablen als auch die fixen Kosten zu berücksichtigen sind, da langfristig alle Kosten eines Unternehmens gedeckt sein müssen. Dieser Aspekt der Gesamtkostendeckung steht auch im Fokus der sog. **Break-Even-Analyse**, die auch als Gewinnschwellen- oder Deckungspunktanalyse bezeichnet wird und insb. bei Unternehmen mit standardisiertem Produktionsprogramm (Großserien-, Massenfertigung) eingesetzt werden kann. Im Rahmen der Erfolgsplanung eines Unternehmens lässt sich mit Hilfe der Break-Even-Analyse u.a. feststellen, bei welcher Absatz- bzw. Produktionsmenge eine Deckung der Gesamtkosten vorliegt bzw. ein bestimmter Mindestgewinn realisiert werden kann. Dabei liefern insb. Teilkostenrechnungssysteme auf Basis variabler Kosten (DGR) die notwendigen Planungsinformationen.

Der im Rahmen der Break-Even-Analyse zu ermittelnde **Break-Even-Point**, der auch als Gewinnschwelle, Deckungspunkt oder „toter" Punkt bezeichnet wird, gibt den Punkt an, bei dem die jeweiligen Umsatzerlöse die Gesamtkosten der Periode genau decken, so dass sich bei dieser Produktions- bzw. Absatzmenge ein Gewinn von Null (= Gewinnschwelle) ergibt. Wird diese Break-Even-Menge überschritten (unterschritten) erzielt das Unternehmen einen Gewinn (Verlust).

Der Break-Even-Point lässt sich über die Gewinngleichung ermitteln. Bei Unterstellung einer linearen Erlös- und Kostenfunktion ergibt sich der Break-Even-Point im **Einproduktfall**, der im Folgenden ausschließlich betrachtet werden soll, *allgemein* wie folgt:

	Gewinn	=	Umsatz - Kosten = 0
➔	Umsatz	=	Kosten
➔	(P x B)	=	$(k_v \times B) + K_f$
➔	B_{BEP}	=	$\dfrac{K_f}{(P - k_v)}$

mit:
- P = Absatzpreis des Produktes
- k_v = variable Stückkosten des Produktes
- K_f = Fixkosten der Periode
- B = Produktions- und Absatzmenge des Produktes
- B_{BEP} = Break-Even-Menge

Anhand eines **Beispiels** soll die Berechnung des Break-Even-Points verdeutlicht werden.[5] Ein Unternehmen stellt ein Produkt mit einem Absatzpreis i.H.v. 5.000 €/Stück her. Die variablen Stückkosten betragen 3.000 €, die fixen Kosten der Planungsperiode 15 Mio. €. Das Unternehmen rechnet mit einer Produktions- und Absatzmenge von 10.000 Mengeneinheiten. Es ergibt sich folgender **Break-Even-Point**:

U (B)	=	K (B)
5.000 €/ME x B	=	3.000 €/ME x B + 15 Mio. €
➔ B_{BEP}	=	15 Mio. €/(5.000 €/ME - 3.000 €/ME)
	=	**7.500 ME**

5 Vgl. zu diesem Beispiel und den folgenden Darstellungen insb. auch Coenenberg, A.G. (2007), S. 285 ff.

Bei einer Produktions- und Absatzmenge von 7.500 Mengeneinheiten wird die Gewinnschwelle erreicht, bei der die Umsatzerlöse genau den Gesamtkosten entsprechen. Diese betragen:

U (7.500) = K (7.500) = 5.000 €/ME x 7.500 ME = 3.000 €/ME x 7.500 ME + 15 Mio € = **37,5 Mio €**

Das Ergebnis ist in Abbildung 54 grafisch dargestellt. Im Rahmen der **Break-Even-Analyse** lässt sich nun erkennen, dass die Break-Even-Menge im hier unterstellten Beispiel relativ hoch ist, da erst ab einer Produktions- und Absatzmenge von 7.500 Mengeneinheiten die Gewinnzone erreicht wird. Dies bedeutet im Umkehrschluss, dass das Unternehmen bereits bei einem relativ geringen Beschäftigungsrückgang gegenüber der Planung mit einem Verlust rechnen muss. Ansatzpunkte für eine Ergebnisverbesserung wären z.B. eine Reduktion der variablen und/oder fixen Kosten sowie eine Absatzpreiserhöhung, die aber insbesondere in Zeiten rückläufiger Nachfrage am Markt kaum durchsetzbar und dann eher kontraproduktiv sein dürfte.

Abb. 54: Grafische Ermittlung des Break-Even-Points

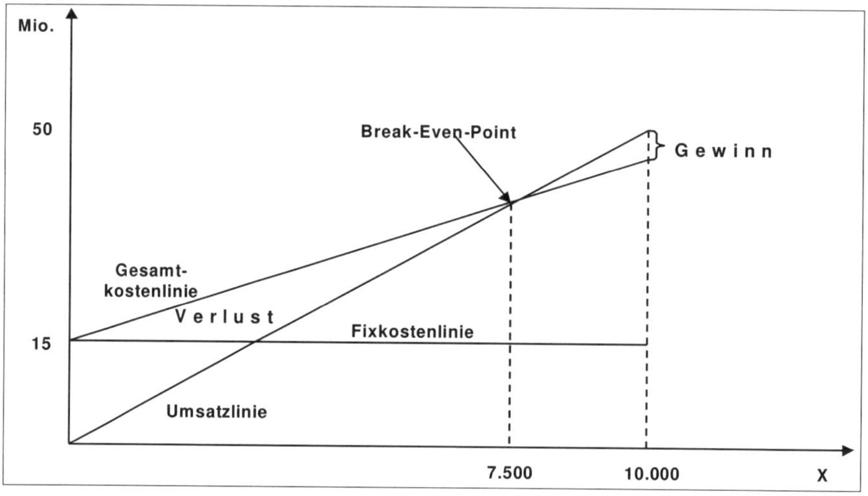

Quelle: In enger Anlehnung an Coenenberg, A.G. (2007), S. 287

Auf Grundlage einer Break-Even-Analyse lassen sich nun eine Reihe weiterer **betriebswirtschaftlicher Fragestellungen** untersuchen und beantworten. Dabei geht es insbesondere um eine vertiefende *Mengen-, Kosten- und Preisanalyse*, die im Folgenden anhand des hier unterstellten Beispiels durchgeführt werden sollen.

Im Rahmen der **Mengenanalyse** wird - wie bereits dargestellt - zunächst die Frage nach der Höhe der Produktions- und Absatzmenge beantwortet, bei der alle Kosten gedeckt sind (**Break-Even-Menge**). Durch Umstellung der Gewinngleichung kann dabei die Analyse auf den Deckungsbeitrag (Deckungsspanne) und die Fixkosten konzentriert werden. Es gilt folgender Zusammenhang:

$$(P - k_v) \times B = K_f \rightarrow \mathbf{B_{BEP}} = \frac{K_f}{(P - k_v)} = \frac{K_f}{DSP}$$

Für das hier unterstellte Beispiel ergibt sich:

$$\rightarrow \quad \mathbf{B_{BEP}} = \frac{K_f}{DSP} = \frac{15 \text{ Mio. €}}{2.000 \text{ €/ME}} = \mathbf{7.500 \text{ ME}}$$

Bei der Break-Even-Menge entspricht der Deckungsbeitrag der Periode genau der Höhe der Fixkosten.

$$DB\,(7.500) = K_f = 2.000 \text{ €/ME} \times 7.500 \text{ ME} = \mathbf{15 \text{ Mio. €}}$$

Die auf den Deckungsbeitrag und die Fixkosten fokussierte Break-Even-Analyse ist in Abbildung 55 grafisch dargestellt.

Abb. 55: Break-Even-Analyse im Deckungsbeitragsmodell

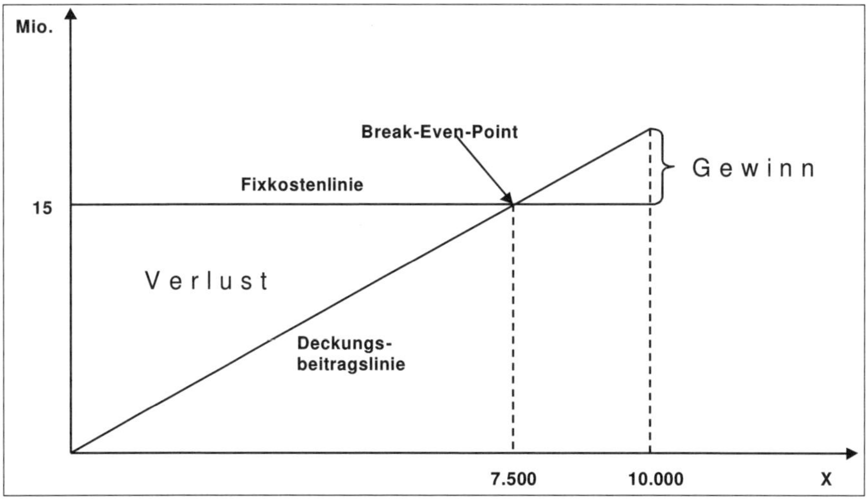

Quelle: In enger Anlehnung an Coenenberg, A.G. (2007), S. 288

Die Mengenanalyse kann auch um *Liquiditätsaspekte* erweitert werden. Dabei geht es um die Fragestellung, bei welcher Produktions- und Absatzmenge alle zahlungswirksamen Kosten gedeckt sind. Wird vereinfachend unterstellt, dass nur die kalkulatorischen Abschreibungen (A) nicht zu Auszahlungen führen, lassen sich der **"Cash Point"** und die zugehörige Produktions- und Absatzmenge, bei der alle zahlungswirksamen Kosten gedeckt sind, wie folgt ermitteln:

$$(P - k_v) \times B = K_f - A \rightarrow \mathbf{B_{CP}} = \frac{K_f - A}{DSP}$$

Bei Unterstellung von kalkulatorischen Abschreibungen i.H.v. 5 Mio. € ergibt sich folglich:

$$\mathbf{B_{CP}} = \frac{15 \text{ Mio. €} - 5 \text{ Mio. €}}{2.000 \text{ €/ME}} = \mathbf{5.000\ ME}$$

Bei einer Produktions- und Absatzmenge von 5.000 Mengeneinheiten sind somit alle zahlungswirksamen Kosten gedeckt (vgl. auch Abbildung 56). Wird diese Menge überschritten (unterschritten), verbessert (verschlechtert) sich die Liquiditätssituation des Unternehmens, da ein positiver (negativer) Einzahlungsüberschuss (= einfacher Cash Flow) erwirtschaftet wird.

Neben der Gewinnschwelle (Break-Even-Point) kann im Rahmen der Mengenanalyse auch die Produktions- und Absatzmenge ermittelt werden, bei der ein bestimmter (**Mindest)Gewinn (G)** realisiert wird. Dieser Gewinnpunkt lässt sich *allgemein* wie folgt ermitteln:

$$(P - k_v) \times B = K_f + G \rightarrow \mathbf{B_{GP}} = \frac{K_f + G}{DSP}$$

Bei Unterstellung eines (Mindest)Gewinnziels von 8 Mio. € würde sich ergeben:

$$\mathbf{B_{GP}} = \frac{15 \text{ Mio. €} + 8 \text{ Mio. €}}{2.000 \text{ €/ME}} = \mathbf{11.500\ ME}$$

Mit der ursprünglich geplanten Produktions- und Absatzmenge i.H.v. 10.000 Mengeneinheiten ließe sich der geplante Mindestgewinn also nicht realisieren (vgl. Abbildung 56), so dass entsprechende Anpassungsmaßnahmen, die vielfältiger Natur sein können (z.B. Kostenreduzierungen, Preisanpassungen, Marketingaktivitäten etc.), notwendig werden.

Mit dem sog. **Sicherheitskoeffizienten (S)** kann nun festgestellt werden, um wie viel Prozent die Kapazitätsauslastung höchstens sinken darf, bevor die Verlustzone erreicht wird. Der Sicherheitskoeffizient lässt sich *allgemein* wie folgt ermitteln:

$$\mathbf{S} = \frac{B_{Plan} - B_{BEP}}{B_{Plan}} \times 100$$

Unterstellt man die für den Mindestgewinn von 8 Mio. € notwendige Produktions- und Absatzmenge i.H.v. 11.500 Mengeneinheiten als Planmenge, ergibt sich folgender Sicherheitskoeffizient:

$$\mathbf{S} = \frac{11.500\text{ ME} - 7.500\text{ ME}}{11.500\text{ ME}} \times 100 \approx \mathbf{34{,}78\ \%}$$

Die tatsächliche Produktions- und Absatzmenge kann also um fast 35% Prozent von der Planmenge abweichen, bis die Verlustzone erreicht wird. Je höher der Sicherheitskoeffizient dabei ist, um so geringer ist die Wahrscheinlichkeit, dass das Unternehmen in die Verlustzone gerät. Abbildung 56 stellt die bisherigen Ergebnisse grafisch dar:

Abb. 56: Mengenanalyse im Break-Even-Diagramm

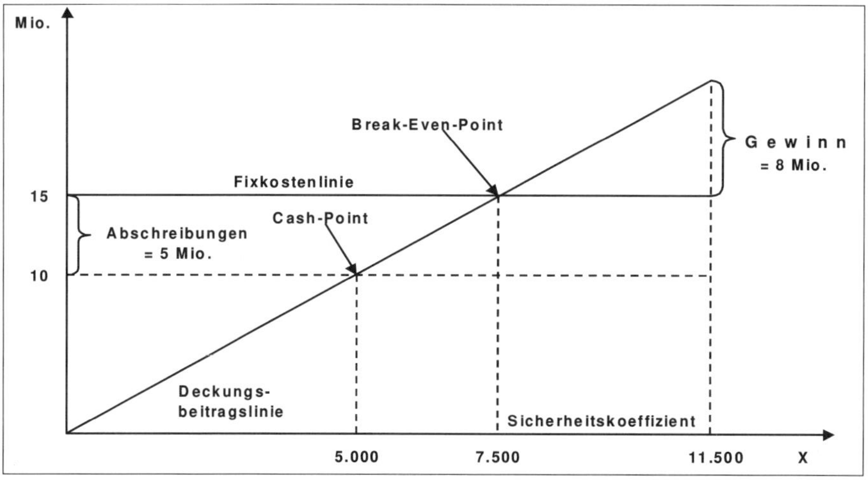

Quelle: In enger Anlehnung an Coenenberg, A.G. (2007), S. 291

Zum Abschluss der Mengenanalyse lässt sich noch der sog. **Kapazitätsgrad (KG)** ermitteln, der „die Angemessenheit der vorhandenen Kapazität im Verhältnis zur vorhandenen Marktsituation“[6] ausdrückt. Dabei wird der Gesamtdeckungsbeitrag des Produktes (DB) zu den Fixkosten ins Verhältnis gesetzt. Geht man von einer geplanten Produktions- und Absatzmenge von 11.500 Mengeneinheiten aus, so ergibt sich:

$$\mathbf{KG} = \frac{DB}{K_f} = \frac{11.500\ ME \times 2.000\ €/ME}{15\ Mio.\ €} \approx \mathbf{1{,}53}$$

Die anfallenden Fixkosten werden also 1,53fach durch den Deckungsbeitrag gedeckt. Ist der Kapazitätsgrad kleiner als 1, werden die Fixkosten nicht mehr durch den Deckungsbeitrag gedeckt und es entsteht ein Verlust. In diesem Fall entspricht die Höhe der Fixkosten, die letztlich die (Produktions)Kapazität determiniert, nicht mehr der gegebenen Marktsituation, da der Break-Even-Point nicht mehr erreicht wird. Eine genaue Ursachenanalyse kann dann die Grundlage für entsprechende Anpassungsmaßnahmen (z.B. Reduktion der Fixkosten durch Kapazitätsanpassung) bilden.

Im Rahmen einer vertiefenden **Kostenanalyse** kann durch die *Ermittlung „fixkostenbezogener“ Deckungspunkte* insb. der Fixkostenblock detaillierter untersucht werden. Hierzu muss der Fixkostenblock ähnlich der Vorgehensweise der mehrstufigen Deckungsbeitragsrechnung (vgl. Abschnitt 7.2.5.2) weiter aufgespalten werden. Neben den Produktfixkosten, die einem Produkt eindeutig zugeordnet werden können (z.B. produktbezogene Werbungs-, Personal-, Entwicklungskosten etc.), lassen sich im Mehrproduktfall auch anteilige Fixkosten z.B. für Verwaltung und Vertrieb unterscheiden. Die Fixkostenstrukturierung soll anhand des hier unterstellten **Beispiels** verdeutlicht werden. Von den insgesamt *15 Mio. € Fixkosten* entfallen auf:

• **Produktfixkosten**		**10 Mio. €**
- Abschreibungen	5 Mio. €	
- Werbung/Personal/Entwicklung	5 Mio. €	
• **Anteilige Fixkosten (z.B. Verwaltung, Vertrieb)**		**5. Mio €**

Es lassen sich nun neben den bereits berechneten Break-Even- und Cash Point **weitere Deckungspunkte** ermitteln, bei denen durch die Deckungsbeiträge der ent-

[6] Coenenberg, A.G. (2007), S. 292

sprechenden Produktions- und Absatzmengen jeweils unterschiedliche Fixkosten gedeckt sind. Zu unterscheiden sind:

1. Deckungspunkt der Produktfixkosten

$$B_{PF} = \frac{\text{Produktfixkosten}}{\text{DSP}} = \frac{10 \text{ Mio. €}}{2.000 \text{ €/ME}} = \mathbf{5.000\ ME}$$

Bei einer Produktions- und Absatzmenge von 5.000 Mengeneinheiten sind alle durch das Produkt direkt verursachten Fixkosten gedeckt.

2. Deckungspunkt der zahlungswirksamen Produktfixkosten (ohne Abschreibungen)

$$B_{ZPF} = \frac{\text{zahlungswirksame Produktfixkosten}}{\text{DSP}} = \frac{5 \text{ Mio. €}}{2.000 \text{ €/ME}} = \mathbf{2.500\ ME}$$

Bei einer Produktions- und Absatzmenge von 2.500 Mengeneinheiten sind alle zahlungswirksamen Produktfixkosten gedeckt. Abbildung 57 stellt die Ergebnisse grafisch dar:

Abb. 57: Fixkostenanalyse im Break-Even-Diagramm

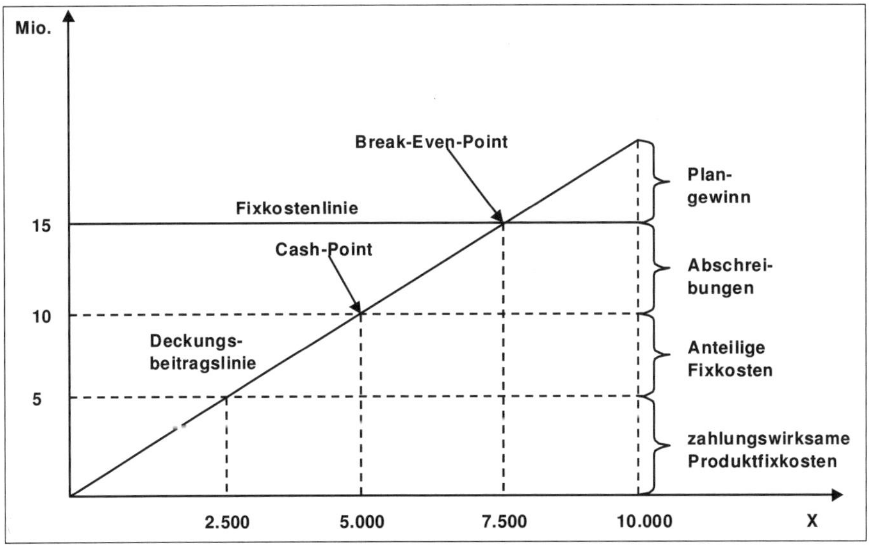

Quelle: In enger Anlehnung an Coenenberg, A.G. (2007), S. 294

Im Rahmen einer **Preisanalyse** lassen sich abschließend die Auswirkungen von Absatzpreiserhöhungen und -senkungen auf das Gewinnziel untersuchen. Ausgangspunkt bildet dabei die Frage, bei welcher Produktions- und Absatzmenge ein geplantes (Mindest)Gewinnziel erreicht wird, wenn sich der Absatzpreis für das betrachtete Produkt erhöht oder sinkt. *Allgemein* besteht folgender bereits dargestellter Zusammenhang zwischen (Mindest)Gewinn und der entsprechenden Produktions- und Absatzmenge:

$$(P - k_v) \times B = K_f + G \rightarrow \mathbf{B_{GP}} = \frac{K_f + G}{(P - k_v)}$$

Unterstellt man in der **Ausgangssituation** eine Produktions- und Absatzmenge von 10.000 Mengeneinheiten, würde sich beim hier unterstellten Beispiel ein geplanter Gewinn von 5 Mio. € (= 2.000 €/ME x 10.000 ME - 15 Mio. €) ergeben. Es wird nun angenommen, dass sich der *Absatzpreis um 10% erhöht*. Im Rahmen einer Break-Even-Analyse ist nun diejenige Produktions- und Absatzmenge zu ermitteln, bei der trotz der Preiserhöhung das Gewinnziel von 5 Mio. € erreicht wird. Es ergibt sich:

$$\mathbf{B_{GP}} = \frac{15 \text{ Mio. €} + 5 \text{ Mio. €}}{(1{,}1 \times 5.000 \text{ €/ME} - 3.000 \text{ €/ME})} = \mathbf{8.000\ ME}$$

Die Absatzmenge darf durch die Preiserhöhung also höchstens um 20% auf insgesamt 8.000 Mengeneinheiten sinken, damit das Unternehmen keine Gewinneinbuße erleidet.

Im Falle der *Absatzpreissenkung um 10%* würde sich entsprechend ergeben:

$$\mathbf{B_{GP}} = \frac{15 \text{ Mio. €} + 5 \text{ Mio. €}}{(0{,}9 \times 5.000 \text{ €/ME} - 3.000 \text{ €/ME})} \approx \mathbf{13.334\ ME}$$

Um bei einer zehnprozentigen Absatzpreissenkung keine Gewinneinbußen zu erleiden, müsste die Absatzmenge um ca. 33% auf 13.334 Mengeneinheiten ansteigen. Dabei ist zu prüfen, ob hierfür ggf. eine Kapazitätsausweitung notwendig ist, die wiederum mit einem Anstieg der Fixkosten und einer weiteren Ausweitung der Absatzmenge verbunden sein könnte. Über die Ermittlung der Preiselastizität der Nachfrage ließe sich dann auch eine Aussage darüber treffen, ob die jeweiligen Absatzmengen im Falle der Preiserhöhung und -senkung überhaupt realisierbar sind und ob ggf. Anpassungsmaßnahmen zu treffen sind.

Mit der Break-Even-Analyse ist das letzte Anwendungsgebiet von Teilkostenrechnungssystemen auf Basis variabler Kosten (DGR) im Rahmen dieser Abhandlung abschließend beschrieben. Das folgende Kapitel befasst sich mit modernen Verfahren des Kostenmanagements.

Kontrollfragen und -aufgaben

1) Erläutern Sie, warum Teilkostenrechnungssysteme auf Basis variabler Kosten (DGR) als Planungs- und Entscheidungsrechnungen für kurzfristige unternehmerische Entscheidungsprobleme zum Einsatz kommen können.
2) Worin besteht die zentrale Aufgabe der operativen Programmplanung?
3) Wodurch unterscheiden sich die operative Produktionsprogrammplanung und die operative Verfahrensplanung?
4) Erläutern Sie die Entscheidungskriterien im Rahmen der operativen Produktionsprogrammplanung ohne Engpass und bei Vorliegen von Engpässen.
5) Nennen Sie Beispiele für unternehmensinterne und -externe Engpässe, die die operative Produktionsprogrammplanung beeinflussen.
6) Wie wird die relative Deckungsspanne eines Produktes allgemein ermittelt und welche Aussage lässt sie zu?
7) Erläutern Sie das Planungsproblem bei Vorliegen mehrerer unternehmensinterner Engpässe im Rahmen der operativen Produktionsprogrammplanung. Wie lässt sich dieses Planungsproblem grundsätzlich lösen?
8) Erläutern Sie die verschiedenen Arten der Verfahrensplanung.
9) Wie lautet das Entscheidungskriterium der operativen Verfahrensplanung bei Vorliegen eines Kapazitätsengpasses und welche Aussagen lässt es zu?
10) Nennen Sie Beispiele für Make-or-Buy-Entscheidungen in verschiedenen Unternehmensbereichen.
11) Wie lautet die Entscheidungsregel bei kurzfristigen Make-or-Buy-Entscheidungen ohne Engpässe und bei Vorliegen eines Kapazitätsengpasses?
12) Erläutern Sie, welche Arten von Preisgrenzen grundsätzlich unterschieden werden können und wozu sie ermittelt werden.
13) Wodurch unterscheidet sich eine erfolgsorientierte von einer liquiditätsorientierten Preisuntergrenze?
14) Worin besteht der grundsätzliche Unterschied zwischen kurzfristigen und langfristigen erfolgsorientierten Preisuntergrenzen?
15) Warum werden bei Vorliegen von Kapazitätsengpässen Opportunitätskosten bei der Ermittlung kurzfristiger erfolgsorientierter Preisuntergrenzen berücksichtigt?

16) Worin besteht das zentrale Problem bei der Ermittlung von langfristigen erfolgsorientierten Preisuntergrenzen in Mehrproduktunternehmen?

17) Welche Art von „Kostenspaltung" ist bei der Bestimmung liquiditätsorientierter Preisuntergrenzen vorzunehmen?

18) Wozu dient die Bestimmung von Preisobergrenzen für Beschaffungsgüter?

19) Wie werden Preisobergrenzen für Beschaffungsgüter allgemein bei Vorliegen eines Kapazitätsengpasses und ohne Kapazitätsengpass gebildet?

20) Wozu dient eine Break-Even-Analyse und welche Aussage lässt der Break-Even-Point zu?

21) Welche betriebswirtschaftlichen Fragestellungen lassen sich im Rahmen der Mengenanalyse einer Break-Even-Analyse grundsätzlich beantworten?

22) Wie werden der Sicherheitskoeffizient und der Kapazitätsgrad allgemein ermittelt und welche Aussagen lasen sie zu?

23) Welche Arten von Deckungspunkten lassen sich im Rahmen einer Break-Even-Analyse ermitteln?

9. Ausgewählte Verfahren des Kostenmanagements

9.1 Mängel traditioneller Kostenrechnungssysteme

Die bisher dargestellten „traditionellen" Systeme der Kostenrechnung (Ist-, Normal-, Plankostenrechnung auf Voll- und Teilkostenbasis) weisen gewisse Mängel auf, die dazu geführt haben, dass sich einige „neuere" Verfahren des Kostenmanagements herausgebildet haben, die im Folgenden eingehender vorgestellt werden sollen. Die wesentlichen **Kritikpunkte an der traditionellen Kostenrechnung** betreffen dabei insbesondere zwei Aspekte, die näher beleuchtet werden:

- **keine adäquate Berücksichtigung der Kostenstrukturverschiebung** (Gemeinkosten-Problematik)
- **keine zielorientierte mittel- bis langfristige Kostengestaltung** (strategisches Kostenmanagement)

Verschiedene Entwicklungen haben in der Vergangenheit insb. in Industrieunternehmen zu einer **Verschiebung der Kostenstrukturen** zu Lasten variabler Einzelkosten und damit zu einem (deutlichen) Anstieg fixer Gemeinkosten geführt. Zu nennen wäre hier zum einem die *zunehmende Automatisierung der Fertigung* durch computerintegrierte Produktionstechnologien (CIM), die einen Rückgang der variablen Lohnkosten an den gesamten Herstellkosten bei gleichzeitigem Anstieg fixer Gemeinkosten (Abschreibungen, Zinsen etc.) bewirkt hat. Zum anderen hat der Anteil der indirekten Leistungsbereiche, die überwiegend fixe Gemeinkosten verursachen, an der gesamten Wertschöpfung deutlich zugenommen. Hierzu zählen u.a. Forschung und Entwicklung, Konstruktion, Qualitätssicherung, Arbeitsvorbereitung, Beschaffung, Vertrieb etc.

Als Konsequenz dieser Entwicklungen ergeben sich zunehmend Probleme bei Anwendung „traditioneller" Kostenrechnungssysteme, die historisch bedingt primär auf den (direkten) Fertigungsbereich ausgerichtet sind. So kann die Ermittlung der Selbstkosten in Systemen der Vollkostenrechnung bei Anwendung der „klassischen" Zuschlagskalkulation zu erheblichen Kostenverzerrungen führen. Die Zunahme der fixen Gemeinkosten bewirkt bei gleichzeitigem Rückgang der variablen Einzelkosten, die häufig als Bezugsgrößen der Gemeinkostenverrechnung dienen, einen starken Anstieg der Gemeinkostenzuschlagssätze. Eine verursachungsgerechte Verrechnung der Gemeinkosten auf die Kostenträger wird dabei insb. bei den indirekten Leistungsbereichen immer schwieriger, da die eigentlichen Gründe für die Verursachung der Gemeinkosten bei der Verrechnung nicht berücksichtigt werden.

Auch die Anwendung von Teilkostenrechnungssystemen auf Basis variabler Kosten (DGR) wird durch die dargestellten Entwicklungen zunehmend erschwert. Der Rückgang der variablen Einzelkosten führt nämlich zu einem Anstieg der Deckungsbeiträge (Deckungsspannen), der dadurch bedingt ist, dass immer weniger (variable) Kosten den Kostenträgern direkt zugerechnet werden können. Der Anteil fixer (Gemein)Kosten, der kurzfristig nicht veränderbar ist und daher bei kurzfristigen unternehmerischen Entscheidungssituationen bei der Entscheidungsfindung nicht berücksichtigt wird, nimmt hingegen stetig zu. Die Eignung des Deckungsbeitrages als gewinnzielorientierte Steuerungsgröße wird hierdurch zumindest eingeschränkt.

Zur Lösung der dargestellten Kostenrechnungsprobleme bzw. zur Verbesserung der (Gemein)Kostenverrechnung ist in den letzten Jahren mit der sog. **Prozesskostenrechnung** ein Kostenrechnungsverfahren entwickelt worden, das versucht, die Gemeinkosten nicht mehr über wertabhängige Bezugsgrößen, sondern über Aktivitäten (Prozesse) als die wirklichen Verursacher von Gemeinkosten in Unternehmen auf die Kostenträger zu verrechnen. Die Prozesskostenrechnung, die im anglo-amerikanischen Raum auch als Activity Based Costing (ABC) bezeichnet wird und insb. in den indirekten Leistungsbereichen eines Unternehmens zum Einsatz kommen kann, wird in Abschnitt 9.2 in ihren Grundzügen erläutert.

Der zweite Kritikpunkt an „traditionellen" Kostenrechnungssystemen betrifft die Planungsfristigkeit dieser Systeme. Die in Abschnitt 6.4 dargestellte Plankostenrechnung ist primär operativ ausgerichtet. Planung, Steuerung und Kontrolle der Kosten erfolgen dabei erst in der Produktionsphase eines Produktes. Untersuchungen zeigen aber, dass der überwiegende Teil der Herstellkosten eines Produktes (bis zu 90%) bereits vor Beginn der eigentlichen Produktion im Rahmen der Entwicklung und Konstruktion festgelegt werden.[1] Eine **zielorientierte mittel- bis langfristige Kostengestaltung** erfordert daher eine frühzeitige Beeinflussung der Herstellkosten eines Produktes bereits vor der eigentlichen Produktion in den Phasen der Entwicklung und Konstruktion.

Diesen Anforderungen eines strategischen Kostenmanagements versucht u.a. das Konzept des **Target Costing**, das im deutschsprachigem Raum auch als Zielkostenmanagement bezeichnet wird, Rechnung zu tragen. Beim Target Costing geht es um die langfristige und marktorientierte Planung sog. Zielkosten eines Produktes, die i.d.R. aus wettbewerbsfähigen Marktpreisen abgeleitet werden und durch ein umfangreiches Maßnahmenbündel erreicht werden sollen. Das Konzept des Target Costing ist Gegenstand der Ausführungen des Abschnitts 9.3.

---

[1] Vgl. Coenenberg, A.G., Fischer, T.M., Schmitz, J. (1994), S. 1 ff.

9.2 Prozesskostenrechnung

Die **Grundidee der Prozesskostenrechnung** basiert auf der Annahme, dass ein Großteil der Gemeinkosten eines Unternehmens nicht direkt durch die Kostenträger (Produkte), sondern durch Prozesse (Arbeitsgänge, Tätigkeiten), die sich insb. in den indirekten Leistungsbereichen vollziehen, verursacht wird. Die Verrechnung dieser Gemeinkosten auf die einzelnen Kostenträger sollte daher auch nicht wie bei einer herkömmlichen Zuschlagskalkulation über wertmäßige Bezugsgrößen wie Materialeinzel- oder Herstellkosten erfolgen. Verrechnungsgrundlage sollte vielmehr die Anzahl der Prozesse (Prozessmenge) sein, die die Kostenträger jeweils in Anspruch nehmen.

Ein kleines **Beispiel** soll dies verdeutlichen. Zur Herstellung eines Produktes ist die Beschaffung von Rohstoffen notwendig. Der Beschaffungsprozess verursacht Materialgemeinkosten (z.B. Gehälter für Angestellte des Beschaffungsbereichs), die bei Anwendung einer Zuschlagskalkulation i.d.R. über die Höhe der Materialeinzelkosten verrechnet werden. Produkte mit hohen Materialeinzelkosten werden dadurch auch mit hohen Materialgemeinkosten belastet. Im Rahmen einer Prozesskostenrechnung werden hingegen die (Gemein)Kosten des Beschaffungsprozesses ermittelt und diese entsprechend der Inanspruchnahme auf die Produkte verrechnet. Unabhängig von der Höhe der Materialeinzelkosten werden Produkte nach der Anzahl der Beschaffungsprozesse, die durch sie ausgelöst werden, mit Materialgemeinkosten belastet. Die Anzahl der Beschaffungsprozesse und nicht der Wert der beschafften Materialien bestimmt somit die Höhe der Materialgemeinkosten eines Produktes oder Kundenauftrages.

Als grundsätzliche **Ziele der Prozesskostenrechnung** lassen sich nennen:

- verursachungsgerechtere Zurechnung der Gemeinkosten der indirekten Leistungsbereiche auf die Kostenträger (Produkte)
- mittel- und langfristige Planung und Steuerung der Gemeinkosten der indirekten Leistungsbereiche
- Wirtschaftlichkeitskontrolle der innerbetrieblichen Leistungsprozesse (prozessorientierte Kalkulation)

Der **Einsatz einer Prozesskostenrechnung** bietet sich dabei insb. in den indirekten Leistungsbereichen an, in denen Tätigkeiten und Prozesse auftreten, die sich kontinuierlich wiederholen, da die Verrechnung der Gemeinkosten über die Anzahl der Prozesse (Prozessmenge) erfolgt. Mögliche Einsatzbereiche sind z.B. Einkauf, Warenannahme, Arbeitsvorbereitung, Produktionsplanung, Qualitätssicherung, Vertrieb etc.

Die Prozesskostenrechnung stellt kein vollständig neues Verfahren der Kostenrechnung dar, sondern ergänzt und verbessert vielmehr die „traditionelle“ Vollkostenrechnung. Dabei werden die (variablen) Einzelkosten wie bisher den Kostenträgern direkt zugerechnet. Die Gemeinkosten werden zunächst auf einzelne Tätigkeiten und Prozesse (Einkaufen, Einlagern, Auslagern, Fertigen, Verkaufen etc.) und von dort entsprechend der Prozessinanspruchnahme auf die einzelnen Kostenträger verrechnet.

Der **Ablauf der Prozesskostenrechnung**, der in Abbildung 58 dargestellt ist, vollzieht sich im Wesentlichen in *vier Arbeitsschritten*, die im Folgenden genauer beschrieben werden:

1. Tätigkeitsanalyse
2. Bestimmung von Prozessbezugsgrößen
3. Ermittlung von Prozesskostensätzen
4. Gemeinkostenverrechnung auf die Kostenträger

Im Rahmen der **Tätigkeitsanalyse** sind zunächst alle Tätigkeiten bzw. Aktivitäten des jeweiligen Unternehmensbereiches, in dem eine Prozesskostenrechnung eingeführt werden soll, zu erfassen und zu strukturieren. Dabei geht es v.a. um die Erfassung sich wiederholender Tätigkeiten, die in einem weiteren Schritt zu einzelnen Prozessen zusammengefasst werden können. Neben der Erfassung der Prozesse sind auch die Gemeinkosten (Personal- und Sachmittelkosten) für die Prozessdurchführung zu ermitteln und den Prozessen zuzuordnen. Da dieser erste Implementierungsschritt einer Prozesskostenrechnung bereits mit verhältnismäßig großem Aufwand verbunden ist, sollten hierfür im Sinne der Wirtschaftlichkeit nur Unternehmensbereiche ausgewählt werden, die Gemeinkosten in erheblichem Umfang verursachen und deren Gemeinkostenverrechnung bisher wenig verursachungsgerecht erfolgt ist. Am Beispiel der **Kostenstelle „Einkauf“** eines Unternehmens soll das Ergebnis der Tätigkeitsanalyse dargestellt werden:

Prozesse	**Prozesskosten (€) (Personal-/Sachkosten)**
Angebote einholen	250.000
Bestellungen durchführen	100.000
Material prüfen	100.000
Reklamationen bearbeiten	90.000
Abteilung leiten	54.000

Abb. 58: Ablauf der Prozesskostenrechnung

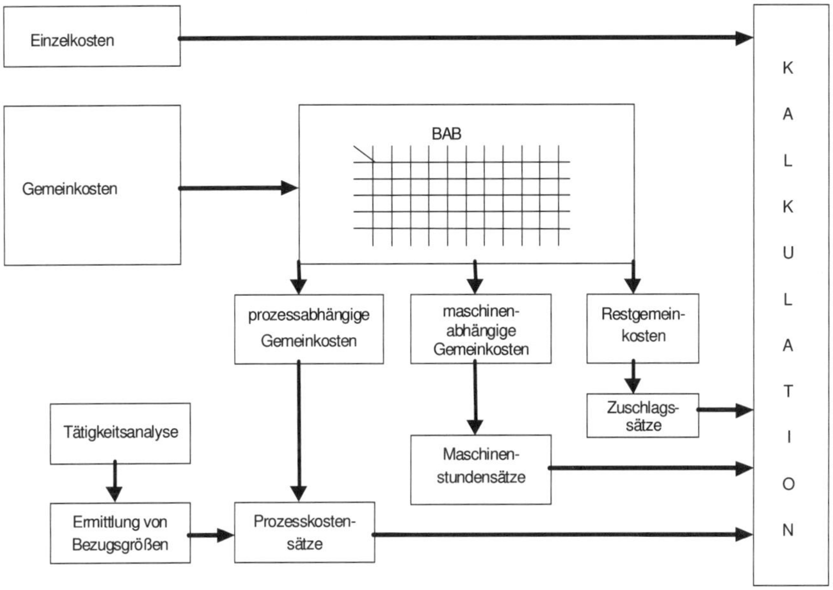

Quelle: In Anlehnung an Birker, K. (1998), S. 164

Zur Verrechnung der Prozesskosten ist im zweiten Arbeitsschritt der Prozesskostenrechnung die **Bestimmung von Prozessbezugsgrößen** (Cost Driver) erforderlich. Diese „Kostentreiber" sind für das Entstehen der Gemeinkosten verantwortlich und stellen die Messgrößen zur Quantifizierung des Outputs der Prozesse dar. I.d.R. wird dabei unterstellt, dass die Anzahl der zur Fertigung der Produkte notwendigen Prozesse die Höhe der Gemein- bzw. Prozesskosten bestimmt. Die Prozessmenge stellt dabei die konkrete Ausprägung der Prozessbezugsgröße dar und gibt an, wie häufig ein Prozess in der betrachteten Abrechnungsperiode durchgeführt wird. Für die hier betrachtete **Kostenstelle „Einkauf"** ergibt sich z.B.:

Prozesse	**Prozess-kosten (€)**	**Bezugsgrößen (Cost Driver)**	**Prozess-mengen**
Angebote einholen	250.000	Anzahl der Angebote	2.500
Bestellungen durchführen	100.000	Anzahl der Bestellungen	8.000
Material prüfen	100.000	Anzahl der Materialprüfungen	800
Reklamationen bearbeiten	90.000	Anzahl der Reklamationen	150
Abteilung leiten	54.000	-	-

Mit der **Ermittlung der Prozesskostensätze** werden schließlich die Kosten für eine einmalige Prozessdurchführung ermittelt. Dabei lassen sich mit den sog. leistungsmengeninduzierten und leistungsmengenneutralen Prozessen zwei Arten von Prozessen unterscheiden. Bei *leistungsmengeninduzierten (lmi) Prozessen* hängt die Höhe der Prozesskosten von der Prozessmenge ab (z.B. „Angebote einholen"). Der entsprechende Prozesskostensatz ergibt sich *allgemein* wie folgt:

$$\text{Prozesskostensatz} = \frac{\text{Prozesskosten}}{\text{Prozessmenge}}$$

Für die einmalige Durchführung des Prozesses *„Angebote einholen"* ergibt sich z.B. folgender **Prozesskostensatz**:

$$\text{Prozesskostensatz} = \frac{250.000\ €}{2.500\ \text{Angebote}} = 100\ €/\text{Angebot}$$

Bei *leistungsmengenneutralen (lmn) Prozessen* (z.B. „Abteilung leiten") ist die Höhe der Prozesskosten prozessmengenunabhängig. Die Verrechnung dieser Prozesskosten erfolgt daher häufig im Wege der Kostenumlage. Der **Umlagesatz** kann dabei wie folgt ermittelt werden:

$$\text{Umlagesatz} = \frac{\text{Prozesskosten (lmn)}}{\text{Prozesskosten (lmi)}} \times 100$$

Für das hier unterstellte Beispiel ergibt sich:

$$\text{Umlagesatz} = \frac{54.000\ €}{540.000\ €} \times 100 = 10\%$$

Mit Hilfe dieses Umlagesatzes werden nun die leistungsmengenneutralen Prozesskosten auf die Prozesskostensätze der leistungsmengeninduzierten Prozesse umgelegt, so dass sich diese jeweils um 10% erhöhen. Für den Prozess „Angebote einholen" ergibt sich so z.B. ein Gesamtprozesskostensatz i.H.v. 110 €/Angebot (= 100 €/Angebot + 0,1 x 100 €/Angebot). Insgesamt ergeben sich für das Beispiel folgende **Gesamtprozesskostensätze**:

Prozesse	Prozess-kosten (€)	Prozess-mengen	Prozess-kostensatz (lmi) [€/Prozess]	Umlage-satz (lmn) [€/Prozess]	Gesamt-prozess-kostensatz [€/Prozess]
Angebote einholen	250.000	2.500	100,00	10,00	110,00
Bestellungen durchführen	100.000	8.000	12,50	1,25	13,75
Material prüfen	100.000	800	125,00	12,50	137,50
Reklamationen bearbeiten	90.000	150	600,00	60,00	660,00
Abteilung leiten	54.000	-	-	-	-

Im letzten Arbeitsschritt der Prozesskostenrechnung erfolgt mit Hilfe der Prozesskostensätze die **Gemeinkostenverrechnung auf die Kostenträger**. Dabei werden den Produkten, für deren Herstellung mehr (weniger) Prozesse benötigt werden, über die Anzahl der Inanspruch genommenen Prozesse mehr (weniger) Gemeinkosten zugerechnet. Neben den Prozesskostensätzen werden für eine verursachungsgerechte Verrechnung der Gemeinkosten auf die Kostenträger auch sog. Prozesskoeffizienten benötigt. Der *Prozesskoeffizient* eines Produktes bzw. eines Kundenauftrages gibt dabei an, wie viele Prozessbezugsgrößeneinheiten (Prozessmenge) für die Herstellung einer Produktmengeneinheit bzw. für einen Kundenauftrag insgesamt benötigt werden. Durch Multiplikation des Prozesskostensatzes mit dem Prozesskoeffizienten ergeben sich dann die anteiligen Prozesskosten, die auf die Produktmengeneinheit bzw. den Kundenauftrag verrechnet werden.

Prozesskosten eines Produktes/Kundenauftrages = Prozesskostensatz x Prozesskoeffizient

Die Verrechnung der Gemein- bzw. Prozesskosten soll an dem hier unterstellten **Beispiel** verdeutlicht werden. Dabei sollen die Herstellkosten für einen Kundenauftrag, der aus 10 Mengeneinheiten eines bestimmten Produktes besteht, kalkuliert werden. Die Verrechnung der Materialgemeinkosten erfolgt über die weiter oben ermittelten Prozesskostensätze. Für den Kundenauftrag gelten die folgenden *Prozesskoeffizienten*:

Prozesse	Prozesskoeffizient (Prozessmenge/Kundenauftrag)
Angebote einholen	2
Bestellungen durchführen	1
Material prüfen	1
Reklamationen bearbeiten	¼

Zur Verrechnung der Fertigungsgemeinkosten verwendet das Unternehmen eine Maschinenstundensatzkalkulation. Für den gesamten Auftrag werden 10 Maschinenstunden an Fertigungszeit benötigt. Der Maschinenstundensatz beträgt 150 €/h. An *Einzelkosten* fallen für den Kundenauftrag zudem an:

Einzelkosten	**€/Kundenauftrag**
Material	2.000
Fertigung	500
Sondereinzelkosten der Fertigung	40

Die **Kalkulation des Kundenauftrages** ist der nachstehenden Tabelle zu entnehmen. Wie auch bereits aus Abbildung 58 zu erkennen war, wird die Prozesskostenrechnung somit in die bestehende (Voll)Kostenrechnung integriert. Für Kostenbereiche, in denen eine Prozesskostenrechnung sinnvoll einsetzbar ist, können die Gemeinkosten über Prozesskosten(sätze) auf die Kostenträger verrechnet werden. In anderen Bereichen, in denen eine (Gemein)Kostenschlüsselung entweder bereits weitgehend verursachungsgerecht gelingt (wie bspw. in der Fertigung mit Hilfe der Maschinenstundensatzkalkulation), oder in denen die Einsatzbedingungen einer Prozesskostenrechnung nicht oder nur teilweise gegeben sind (z.B. im Verwaltungsbereich) finden auch weiterhin die „traditionellen" Verfahren der Kostenrechnung (z.B. Zuschlagskalkulation) Anwendung.

Kostenart	**Prozess-kostensatz**	**Prozess-koeffizient**	**Verrechnete Kosten (€)**
Materialeinzelkosten			2.000,00
Materialgemeinkosten			
Angebote einholen	110,00	2	220,00
Bestellungen durchführen	13,75	1	13,75
Material prüfen	137,50	1	137,50
Reklamationen bearbeiten	660,00	1/4	165,00
Fertigungseinzelkosten			500,00
Fertigungsgemeinkosten			1.500,00
SEK Fertigung			40,00
Herstellkosten/Auftrag			**4.576,25**
Herstellkosten/Produkt			**457,63**

Mit der Einführung einer Prozesskostenrechnung lassen sich im Idealfall die folgenden drei **Effekte** erzielen:

- **Allokationseffekt**
- **Komplexitätseffekt**
- **Degressionseffekt**

Der **Allokationseffekt** tritt immer dann auf, wenn es im Rahmen einer Prozesskostenkalkulation gelingt, die Gemeinkosten der indirekten Leistungsbereiche nach Maßgabe der Inanspruchnahme der betrieblichen Prozesse verursachungsgerecht auf die einzelnen Kostenträger zu verrechnen (Allokation). Die Höhe der auf die Kostenträger verrechneten Gemeinkosten ist dabei unabhängig vom jeweiligen Wert der Einzelkosten und wird nur durch die Anzahl der zur Herstellung notwendigen Prozesse bestimmt. Die traditionelle Zuschlagskalkulation führt in diesem Sinne häufig zu einer „Fehlallokation" von Gemeinkosten, wie das folgende **Beispiel** verdeutlicht:

Produkt	**Materialeinzelkosten (€/Stück)**	**Materialgemeinkosten (€/Stück)** Zuschlagskalkulation (30%)	Prozesskostensatz	**Allokationseffekt** (Gemeinkostendifferenz)
A	40	12	19	+ 7
B	60	18	19	+ 1
C	90	27	19	- 8

Während die Produkte A und B auf Grundlage einer Zuschlagskalkulation mit zu geringen Materialgemeinkosten belastet werden, erhält das Produkt C zu viel Materialgemeinkosten. Durch Anwendung einer Prozesskostenrechnung kann diese „Fehlallokation" vermieden werden.

Der **Komplexitätseffekt** resultiert aus der Eigenschaft der Prozesskostenrechnung, Komplexität und Variantenreichtum von Produkten als wichtigen Einflussfaktor der Gemeinkostenverursachung im Rahmen der Produktkalkulation zu berücksichtigen. Komplexe bzw. variantenreiche Produkte, die eine größere Anzahl an innerbetrieblichen Prozessen in Anspruch nehmen, müssen dementsprechend auch mit höheren Gemeinkosten belastet werden. Die traditionelle Zuschlagskalkulation wird dieser Anforderung aufgrund der Proportionalisierung von Gemeinkosten in Abhängigkeit von einer i.d.R. wertmäßigen Zuschlagsbasis nicht gerecht, wie das folgende **Beispiel** zeigt:

Produkt	**Materialkosten**	**Zuschlagssatz (80%)**	**Prozessmenge**	**Prozesskostensatz**	**Prozesskosten**	**Komplexitätseffekt**
A	40	32	1	25	25	-
B	30	24	1	25	25	-
C	20	16	2	25	50	+ 25

Im Rahmen einer Zuschlagskalkulation kann die Komplexität des Produktes C, die sich in einer größeren Prozessmenge niederschlägt, nicht erfasst werden. Auf Produkt C werden aufgrund der geringen Zuschlagsbasis mit 16 € sogar die geringsten absoluten Gemeinkosten aller drei Produkte verrechnet. Der Komplexitätseffekt, der hier zusätzlich zum Allokationseffekt auftritt, kann erst durch die Anwendung einer Prozesskostenrechnung im Rahmen der Kalkulation berücksichtigt werden. Produkt C werden nun seiner Komplexität entsprechend mit 50 € die höchsten Gemeinkosten aller drei Produkte zugerechnet.

Bei Anwendung einer Prozesskostenrechnung kann im Vergleich zur Zuschlagskalkulation darüber hinaus ein **Degressionseffekt** auftreten, der sich darin zeigt, dass mit steigender Stückzahl die Stückkosten entsprechend sinken, da die Prozesskosten pro Mengeneinheit mit steigender Stückzahl abnehmen. Auch dieser Effekt soll an einem **Beispiel** verdeutlicht werden. Betrachtet wird der Vertriebsbereich eines Unternehmens. Dabei wird davon ausgegangen, dass ein Teil der Vertriebsgemeinkosten unabhängig von der jeweiligen Stückzahl für jeden Auftrag in gleicher Höhe anfällt (z.B. Kosten für Auftragsabwicklung, Ausgangskontrolle, Fakturierung etc.). Es gilt folgende *Datensituation*:

	Zuschlagskalkulation (Zuschlagssatz 10%)			**Prozesskostenrechnung** (Prozesskostensatz = 600 €)		
Mengeneinheiten	Herstellkosten	Vertriebsgemeinkosten	Stückkosten	Herstellkosten	Vertriebsgemeinkosten	Stückkosten
1	300	30	330	300	600	900
5	1.500	150	330	1.500	600	420
10	3.000	300	330	3.000	600	360
20	6.000	600	330	6.000	600	330
30	9.000	900	330	9.000	600	320

Wie das Beispiel zeigt, werden bei Anwendung einer Zuschlagskalkulation unabhängig von der Stückzahl immer Stückkosten i.H.v. 330 € ausgewiesen, da die Vertriebsgemeinkosten über einen konstanten Zuschlagssatz auf die Höhe der Herstellkosten verrechnet und damit proportionalisiert werden. In Wirklichkeit sinken jedoch die Vertriebsgemeinkosten pro Stück mit steigender Stückzahl. Diese Stückkostendegression wird bei Anwendung einer Prozesskostenrechnung im Rahmen der Produktkalkulation offensichtlich. Bei einer Stückzahl von 20 Mengeneinheiten pro Auftrag ermitteln beide Kalkulationsverfahren die gleichen Stückkosten. Ist die Auftragsstückzahl geringer (größer) als 20 Mengeneinheiten werden bei Anwendung einer Zuschlagskalkulation zu geringe (hohe) Stückkosten ausgewiesen. Die Prozesskostenrechnung vermindert daher die Gefahr von Kalkulationsfehlern und liefert somit wichtige Informationen für eine auch an der Auftragsgröße orientierte Preispolitik.

Der Einsatz einer Prozesskostenrechnung kann also durch eine verursachungsgerechtere Verrechnung der Gemeinkosten der indirekten Leistungsbereiche zu einer verbesserten Produktkalkulation führen. Eine „Fehlallokation" von Gemeinkosten kann vermieden bzw. verringert werden und die Komplexität und der Variantenreichtum von Produkten können als Einflussfaktor der Gemeinkostenverursachung im Rahmen der Kalkulation berücksichtigt werden. In diesem Sinne kann eine Prozesskostenrechnung zu wichtigen Informationsvorteilen für die Selbstkostenermittlung und Preispolitik führen. Eine Prozesskostenkalkulation erhöht zudem die Kostentransparenz, da innerbetriebliche Aktivitäten und Prozesse zu Kalkulationsobjekten werden. Hieraus lassen sich auch wichtige Hinweise für die zukünftige Gestaltung der betrieblichen Wertschöpfung ableiten, so dass Rationalisierungspotenziale genutzt und innerbetriebliche Prozessstrukturen optimiert werden können.

Der Einsatz einer Prozesskostenrechnung in den indirekten Leistungsbereichen setzt allerdings voraus, dass es auch tatsächlich gelingt, Aktivitäten und Prozesse eindeutig zu definieren und voneinander abzugrenzen sowie Prozessbezugsgrößen (cost driver) zu bestimmen. Für die Produktkalkulation müssen zudem Prozesskoeffizienten für einzelne Produkte bzw. Kundenaufträge ermittelbar sein. Die Einführung einer Prozesskostenrechnung ist daher mit einem verhältnismäßig großen Implementierungsaufwand verbunden, der sich durchaus über mehrere Jahre hinziehen kann.

Für kurzfristige kostenrechnerische Entscheidungsprobleme, wie sie im Rahmen des Kapitels 8 behandelt wurden, ist die Prozesskostenrechnung nur bedingt geeignet, denn die Prozesskosten beinhalten überwiegend fixe Gemeinkosten, die vor dem Hintergrund gegebener Kapazitäten kurzfristig nicht veränder- bzw. abbaubar und damit nicht entscheidungsrelevant sind.

9.3 Target Costing

Das Konzept des **Target Costing**, das im deutschsprachigen Raum auch als Zielkostenmanagement oder Zielkostenrechnung bezeichnet wird, wurde erstmals in den siebziger Jahren des letzten Jahrhunderts in japanischen Unternehmen als Reaktion auf den zunehmenden Wettbewerbs- und Kostendruck eingeführt. Hinter Target Costing verbirgt sich dabei ein marktbezogener Ansatz zur zielorientierten Kostenplanung und -steuerung im Rahmen des strategischen Kostenmanagements. Anwendung hat dieses Konzept bisher v.a. in wettbewerbsintensiven Branchen gefunden, wo komplexe, hoch technologische Produkte in Großserienfertigung hergestellt werden (z.B. Automobil- und Elektroindustrie).

Ausgangspunkt des Target Costing-Konzeptes ist die Erkenntnis, dass bereits vor der eigentlichen Fertigung eines Produktes ein Großteil seiner Herstellkosten im Rahmen der Entwicklung und Konstruktion festgelegt wird. Maßnahmen zur Kostensteuerung und -reduzierung müssen daher bereits in der frühen Phase des Produktlebenszyklus bei der Entwicklung und Konstruktion eines Produktes und nicht erst nach Abschluss der Entstehungsphase bei der eigentlichen Produktion ansetzen. Das Kostenmanagement muss dabei marktorientiert erfolgen und sich konsequent an den jeweiligen Kundenwünschen orientieren. Die wesentlichen **Merkmale des Target Costing** sind daher:

- **strikte Markt- und Kundenorientierung**
- **ganzheitliche Betrachtung des Produktlebenszyklus unter Kostengesichtspunkten**
- **Prozesscharakter des Konzeptes**

Die **strikte Markt- und Kundenorientierung** des Target Costing zeigt sich u.a. daran, dass sich das Kostenmanagement nicht an den traditionellen Kostenmaßstäben ausrichtet (Wie viel *wird* ein Produkt kosten?), sondern an Zielkosten orientiert, die i.d.R. aus wettbewerbsfähigen Marktpreisen abgeleitet werden (Wie viel *darf* ein Produkt kosten?). Darüber hinaus werden bereits bei der Produktgestaltung die Kundenwünsche, die unter strikten Kostengesichtspunkten zu gewährleisten sind, berücksichtigt.

Die **ganzheitliche Betrachtung des Produktlebenszyklus unter Kostengesichtspunkten** verlangt insb. eine Orientierung an den langfristigen Produktkosten. Dabei soll der gesamte Prozess der Produktentstehung von der Entwicklung bis zur Produktion kostenorientiert gestaltet werden. Die Maßnahmen zur Kostensteuerung und -reduzierung verlagern sich - wie bereits erwähnt - von der Produktionsphase auf die Phasen der Produktentwicklung und -planung. Dabei werden im Idealfall alle (wesentlichen) Entscheidungen der Produktentwicklung und -konstruktion auf ihre Kostenwirkungen hin untersucht, um mögliche Kosteneinsparpotenziale frühzeitig erkennen und nutzen zu können. In die Kostenplanung werden alle für die Produktentstehung wichtigen Unternehmensbereiche einbezogen, damit auch funktionsübergreifende Kostensenkungspotenziale offengelegt und Verantwortlichkeiten für die spätere Erreichung der Zielkosten festgelegt werden können. Target Costing stellt in diesem Sinne einen umfassenden, gesamtunternehmensbezogenen Ansatz zur systematischen Kostenreduktion dar. Aufgrund der ganzheitlichen Betrachtung des Produktlebenszyklus unter Kostengesichtspunkten sind die Parallelen zum sog. **Life Cycle Costing** (Lebenszykluskostenrechnung) unverkennbar.[2] Ermittlung und Analyse der Produktkosten über den gesamten Produktlebenszyklus können dabei die Zielerreichung in den einzelnen Phasen des Target Costing-Prozesses unterstützen. Folgende *Phasen* können unterschieden werden:

- **Zielkostenfindungsphase**
- **Zielkostenerreichungsphase**
- **Phase der permanenten Kostenverbesserung**

Abbildung 59 stellt den Ablauf des Target Costing-Prozesses dar:

Abb. 59: Target Costing-Prozess

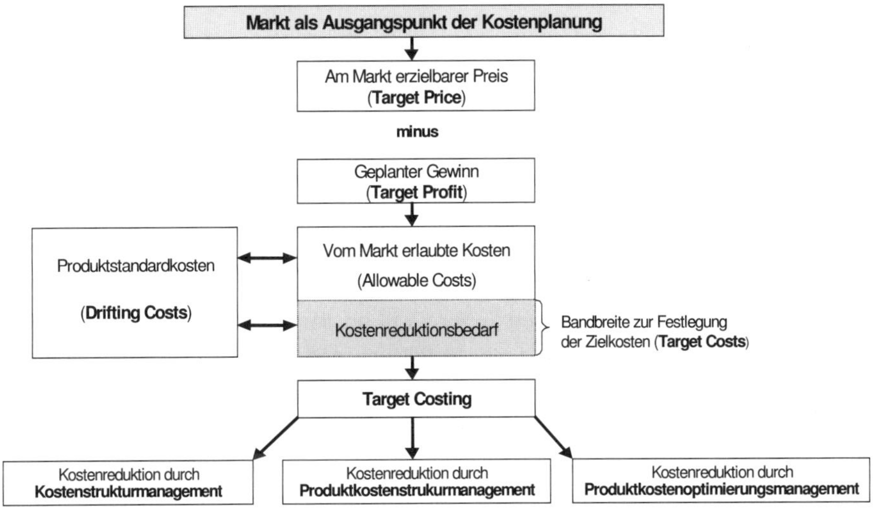

Quelle: In Anlehnung an Freidank, C.-C. (2008), S. 388

Ausgangspunkt des Target Costing-Prozesses stellt die **Zielkostenfindungsphase** dar. Die Ableitung der Zielkosten kann dabei grundsätzlich auf verschiedene Arten erfolgen. Die folgenden Ausführungen beschränken sich auf das sog. „Market into Company-Verfahren", das der eigentlichen Zielsetzung des Target Costing, die Zielkosten marktorientiert abzuleiten, in seiner „Reinform" entspricht.

Die Zielkostenfindungsphase vollzieht sich, wie aus Abbildung 59 deutlich wird, in folgenden *Teilschritten*:

[2] Vgl. hierzu insb. Coenenberg, A.G. (2007), S. 571 f.

1. Ermittlung des am Markt erzielbaren Preises (Traget Price)
2. Bestimmung und Abzug des geplanten Gewinns (Target Profit)
3. Ermittlung der vom Markt erlaubten Kosten (Allowable Costs)
4. Bestimmung der Standardkosten (Drifting Costs)
5. Ermittlung des Kostenreduktionsbedarfs

Der **am Markt erzielbare Preis (Target Price)** für ein neu zu entwickelndes Produkt kann z.B. im Wege der Marktforschung durch Kundenbefragungen ermittelt werden. Dabei werden neben der Preiserwartung auch die konkreten Anforderungen der Kunden an ein solches Produkt, die eine wichtige Grundlage für die Produktentwicklung darstellen, erfragt. Die Preiserwartungen münden im Prinzip in die Ermittlung einer Preis-Absatz-Funktion für den betrachteten Markt bzw. das jeweilige Marktsegment. Vom Target Price ist in einem zweiten Schritt die **geplante Gewinnspanne (Target Profit)** abzuziehen. Diese ergibt sich aus der strategischen Erfolgs- und Finanzplanung eines Unternehmens unter Berücksichtigung der konkreten Renditeansprüche der Kapitalgeber.

Die **vom Markt erlaubten Kosten (Allowable Costs)** ergeben sich als Differenz aus dem Marktpreis und der geplanten Gewinnspanne. Zur Operationalisierung dieser produktbezogenen Gesamtkosten ist eine weitere Zerlegung dieses Kostenblocks notwendig (Kostenspaltung). Ebenen der Kostenspaltung sind dabei insb. die einzelnen Produktfunktionen und -komponenten. Die für die einzelnen Ebenen vorzugebenden Zielkosten orientieren sich konsequent an den durch Befragungen erhobenen Kundenwünschen. Dabei soll eine möglichst große Übereinstimmung zwischen den Kundenwünschen einerseits und den für die Produktfunktionen und -komponenten vorzugebenden (möglichst geringen) Zielkosten andererseits erreicht werden. Als Ergebnis dieser Kostenspaltung liegen schließlich die Zielkosten für die einzelnen Produktkomponenten unter Berücksichtigung der zu erfüllenden Kundenwünsche vor.

Den „erlaubten" Kosten werden im nächsten Schritt die sog. **Standardkosten (Drifting Costs)** gegenübergestellt. Die Standardkosten entsprechen denjenigen Kosten, die bei Anwendung der gegenwärtig im Unternehmen eingesetzten Verfahren und Technologien für die Herstellung dieses Produktes entstehen würden. I.d.R. liegen die Standardkosten dabei über den „erlaubten" Kosten, so dass ein **Kostenreduzierungsbedarf** entsteht. Durch geeignete Maßnahmen im Rahmen der Zielkostenerreichung sind die Standardkosten den „erlaubten" Kosten anzugleichen, damit das entsprechend den Kundenwünschen gestaltete Produkt auch zu den unter den jeweiligen Markt- und Wettbewerbsbedingungen noch vertretbaren Zielkosten (Target Costs) hergestellt werden kann.

Die Maßnahmen zur Kostenreduktion im Rahmen der **Zielkostenerreichungsphase** können sehr vielfältig sein und recht unterschiedliche Ansatzpunkte haben. Verbesserung der Kostenstrukturen innerhalb der einzelnen Funktionsbereiche eines Unternehmens können durch Maßnahmen des **Kostenstrukturmanagements** realisiert werden, die z.B. eine Reduzierung fixer Gemeinkosten insb. in den indirekten Leistungsbereichen zum Ziel haben. Durch Einsatz einer Prozesskostenrechnung lassen sich dabei besonders kostenintensive Prozesse identifizieren und mögliche Kostensenkungspotenziale aufzeigen. Im Rahmen des **Produktkostenstrukturmanagements** können durch eine entwicklungs- und konstruktionsbegleitende Kalkulation die Auswirkungen der einzelnen Konstruktionsschritte auf die Produktkosten offengelegt werden. Kostengünstige Konstruktionsalternativen können so im Sinne einer frühzeitigen Beeinflussung der Produktkosten leichter identifiziert und umgesetzt werden. Im Rahmen **organisatorischer Maßnahmen** sind klare Verantwortungsbereiche für die Realisierung der Zielkosten zu schaffen, in dem die Zielkosten einzelnen Teams als verbindliche Zielgrößen vorgegeben werden.

Die Maßnahmen zur Kostenreduktion bleiben aber nicht allein auf das eigene Unternehmen beschränkt, sondern können u.a. auch auf **Lieferanten** ausgeweitet werden, die zur Erreichung bestimmter Kostenvorgaben verpflichtet werden. Die enge Einbeziehung der Lieferanten kann dabei mit anderen Konzepten, wie z.B. „Just in Time" oder „Total Quality Management" kombiniert werden.

Auch nach Einführung des Produktes werden grundsätzlich noch Anstrengungen zu weiteren Kostenreduzierungen unternommen. In dieser **Phase der permanenten Kostenverbesserung** sind die Möglichkeiten der Kostenbeeinflussung aber verhältnismäßig gering, da aufgrund gegebener Strukturen Kostenverbesserungen nur noch in begrenztem Umfang zu realisieren sind.

Zusammenfassend kann festgehalten werden, dass sich Target Costing als Konzept zur langfristigen produktbezogenen Kostenplanung und -steuerung nicht zuletzt aufgrund seiner strikten Markt- und Kundenorientierung deutlich von der „traditionellen Kostenrechnungsphilosophie" abhebt. Die Anwendung des Konzeptes, das insb. bei der Neuentwicklung von Serienprodukten sinnvoll erscheint, ist allerdings nicht einfach. So gestaltet sich z.B. die Ableitung der Zielkosten aus wettbewerbsfähigen Marktpreisen sowie die Ermittlung der kaufentscheidenden Produktmerkmale und -funktionen im Einzelfall recht schwierig. Neben den organisatorischen Auswirkungen stellt die Anwendung des Konzeptes Management und Mitarbeiter vor vergleichsweise hohe Anforderungen, da das Konzept verinnerlicht und letztlich „gelebt" werden muss.

Kontrollfragen und -aufgaben

1) Welche grundsätzlichen Mängel weisen „traditionelle“ Systeme der Kostenrechnung auf?
2) Erläutern Sie die Grundidee der Prozesskostenrechnung.
3) Welche Ziele werden mit einer Prozesskostenrechnung verfolgt?
4) Nennen Sie Einsatzbedingungen und Einsatzgebiete einer Prozesskostenrechnung.
5) Skizzieren Sie den grundsätzlichen Ablauf einer Prozesskostenrechnung.
6) Was versteht man unter einer Prozessbezugsgröße (Cost Driver)?
7) Was versteht man unter leistungsmengeninduzierten und leistungsmengenneutralen Prozessen?
8) Wie wird ein Prozesskoeffizient gebildet und welche Aussage lässt er zu?
9) Welche Kalkulationseffekte lassen sich mit einer Prozesskostenrechnung im Idealfall realisieren?
10) Beurteilen Sie die Prozesskostenrechnung hinsichtlich ihrer Vor- und Nachteile.
11) Erläutern Sie die Grundidee des Target Costing.
12) Welche wesentlichen Merkmale kennzeichnen das Target Costing-Konzept?
13) Erläutern Sie die einzelnen Phasen des Target Costing-Prozesses.
14) Worin besteht der Unterschied zwischen den sog. „Allowable Costs“ und den „Drifting Costs“.
15) Nennen Sie Beispiele für Kostenreduzierungsmaßnahmen im Rahmen der Zielkostenerreichungsphase.
16) Wodurch unterscheidet sich Target Costing von der „traditionellen Kostenrechnungsphilosophie“?
17) Wie lässt sich das Target Costing-Konzept insgesamt beurteilen?

Übungsaufgaben

1 Grundbegriffe des betrieblichen Rechnungswesens

Handelt es sich bei den folgenden Geschäftsvorfällen um *Auszahlungen, Ausgaben, neutralen Aufwand, Zweckaufwand, Grundkosten, Anderskosten, Zusatzkosten*?

a) Überweisung der monatlichen Miete für eine Lagerhalle
b) Verrechnung des durchschnittlichen Materialschwundes
c) Zielkauf von Materialien, die in dieser Periode auf Lager gelegt werden
d) Barzahlung einer Instandhaltungsreparatur an einer unternehmenseigenen, aber nicht betrieblich genutzten Immobilie
e) Zahlung einer Vertreterprovision für den Vertrieb eigener Produkte
f) Überweisung einer Tilgungsrate für ein aufgenommenes Darlehen
g) Kreditkauf einer Maschine
h) Abschreibung einer Maschine vom Wiederbeschaffungswert
i) Totalschaden eines LKW ohne Vollkaskoversicherung
j) Begleichung einer Lieferantenverbindlichkeit für eine Materiallieferung aus der Vorperiode, die in dieser Periode verbraucht wird
k) Überweisung ausstehender Löhne und Gehälter aus der Vorperiode
l) Verrechnung von Zinskosten auf das im Unternehmen gebundene Eigenkapital
m) Barverkauf eines gebrauchten Computers unter Buchwert an einen Mitarbeiter
n) Anzahlung für eine Materiallieferung für die folgende Periode
o) Überweisung einer Rechnung für monatlich stattfindende Weiterbildungsseminare für Mitarbeiter

2 Verrechnungs- und beschäftigungsbezogene Kosteneinteilung

Ordnen Sie die folgenden Kosten jeweils einem Begriff der beiden Begriffspaare *Einzel- / Gemeinkosten* und *fixe / variable Kosten* zu.

a) leistungsbezogene Abschreibung einer Maschine, auf der nur eine Produktart gefertigt wird
b) Energiekosten für den Stromverbrauch im Verwaltungsgebäude
c) Transportverpackung für den gemeinsamen Versand mehrerer Produkte
d) Schrauben für die Produktion von Möbeln
e) Lineare Abschreibung für Computer im Vertrieb
f) Mietkosten für die Fertigungshalle
g) Dienstleistungskosten für einen Unternehmensberater
h) Kraftstoffkosten für die LKW des Fuhrparks
i) Verpackungskosten für einen einzelnen Auftrag
j) Energiekosten einer Fertigungsanlage
k) Gehalt des Finanzvorstandes

l) Steuern für die Kraftfahrzeuge des Fuhrparks
m) Leasinggebühren für Fertigungsanlagen
n) Werbungskosten für eine bestimmte Produktart
o) An den Umsatz gekoppelte Leistungsprämien

3 Kalkulatorische Abschreibungen

Die Anschaffungsauszahlung für eine Fertigungsanlage beträgt 300.000 € bei einer geschätzten Nutzungsdauer von 5 Jahren.

a) Zu Beginn der 4. Periode stellt sich heraus, dass die Fertigungsanlage aufgrund eines schwerwiegenden Schadens nicht mehr länger genutzt werden kann. Der Wiederbeschaffungswert der Fertigungsanlage hatte sich zu Beginn der 3. Periode um 20% erhöht.

b) Zu Beginn der 5. Periode stellt sich heraus, dass die Fertigungsanlage voraussichtlich eine Periode länger genutzt werden kann. Der Wiederbeschaffungswert der Anlage hatte sich zu Beginn der 4. Periode um 10% erhöht.

Ermitteln Sie für die beiden genannten Fälle die jeweiligen *kalkulatorischen Abschreibungsbeträge* und *kalkulatorischen Restbuchwerte*. Dabei sei unterstellt, dass die Fertigungsanlage linear abgeschrieben wird und die Abschreibungsbeträge jeweils am Periodenende verrechnet werden.

4 Kalkulatorische Zinskosten

In einem Speditionsunternehmen sollen für eine bestimmte Periode die kalkulatorischen Zinskosten berechnet werden. Das Unternehmen verfügt über Grundstücke, deren aktueller Wert insgesamt 2 Mio. € beträgt. Darin enthalten ist ein Grundstück im Wert von 400.000 €, das an ein anderes Unternehmen verpachtet ist. Die kalkulatorischen Restwerte der Gebäude zu Beginn der Periode belaufen sich auf 3,2 Mio. €, die bilanziellen Restwerte auf 3 Mio. €. An kalkulatorischen Abschreibungen für die Gebäude werden in der betrachteten Periode 2,5% verrechnet. Die bilanziellen Restwerte für die Lastkraftwagen des Fuhrparks betragen zu Periodenbeginn 5,5 Mio. €. An bilanziellen Abschreibungen fallen in der Periode 1,2 Mio. € an. Die kalkulatorischen Restwerte am Periodenende nach Verrechnung von 0,8 Mio. € kalkulatorischen Abschreibungen betragen 3,9 Mio. €. Zusätzlich sind Neuanschaffungen von LKW zu Periodenbeginn im Wert von 1 Mio. € (Anschaffungswert = Wiederbeschaffungswert) geplant, wobei 0,2 Mio. € kalkulatorische Abschreibungen bis Periodenende verrechnet werden.

Das Umlaufvermögen wird in der betrachteten Periode im Durchschnitt 0,5 Mio. € betragen. Darin enthalten sind Wertpapiere, die das Unternehmen zu Spekulationszwecken hält und deren durchschnittlicher bilanzieller Wert 0,1 Mio. € beträgt. Die

Rückstellungen betragen zu Beginn der Periode 0,4 Mio. € und sollen bis zum Periodenende um 0,1 Mio. ansteigen. Neben Bankdarlehen i.H.v. durchschnittlich 5,2 Mio. € verfügt das Unternehmen auch über Lieferantenkredite, die in der Periode durchschnittlich 0,25 Mio. € betragen.

Ermitteln Sie die Höhe der kalkulatorischen Zinskosten in der betrachteten Periode, wenn das Speditionsunternehmen mit einem Kalkulationszinssatz von 8% rechnet.

5 Kalkulatorische Wagniskosten

Für ein Unternehmen liegen bezüglich des abnutzbaren Anlagevermögens folgende Daten vor:

Periode	Abschreibungsverluste (€)	Abschreibungsgewinne (€)	gesamte Abschreibungen (€)
1	360.000	60.000	6.504.000
2	260.000	120.000	6.400.000
3	180.000	60.000	6.800.000
4	140.000	40.000	5.780.000
5	120.000	90.000	7.600.000

Für die Periode 6 wird mit Abschreibungen i.H.v. 6.200.000 € gerechnet. Ermitteln Sie den *Wagniskostensatz* sowie die kalkulatorischen *Wagniskosten* für die Periode 6. Um welche *Wagnisart* handelt es sich? Wie ist das ermittelte Ergebnis zu beurteilen?

6 Verteilung der primären Gemeinkosten

Aus der Kostenartenrechnung eines Industrieunternehmens sind folgende periodenbezogenen Gemeinkosten und deren Verteilungsgrundlagen bekannt.

Kostenart	Gemeinkosten (€)	Verteilungsgrundlage	Material	Fertigung	Verwaltung	Vertrieb
Hilfslöhne	22.000	Stunden	250	850	-	275
Energiekosten	70.000	kWh	30.000	280.000	15.000	25.000
Gehälter	180.000	Gehaltslisten	10%	10%	60%	20%
kalk. Unternehmerlohn	20.000	Verhältnisgrößen	5%	40%	30%	25%
kalk. Abschreibungen	120.000	investiertes Vermögen	160.000	750.000	30.000	60.000
kalk. Zinsen	55.000	investiertes Vermögen	160.000	750.000	30.000	60.000
kalk. Miete	33.000	qm	400	2.100	150	350
Hilfs- und Betriebsstoffe	22.500	Erfahrungswerte	10%	65%	10%	15%

Führen Sie die Verteilung der primären Gemeinkosten im Betriebsabrechnungsbogen durch. Wie viel Gemeinkosten entfallen jeweils auf die einzelnen Kostenstellen?

7 Innerbetriebliche Leistungsverrechnung

Für ein Unternehmen liegen nach der primären Gemeinkostenverteilung folgende Daten aus dem BAB vor:

Summe der primären Gemeinkosten (€)	**Hilfskostenstellen**			**Hauptkostenstellen**		
	Gebäude	Reparatur	Fuhrpark	Material	Fertigung	Verwaltung und Vertrieb
	25.000	40.000	30.000	150.000	480.000	200.000

Der innerbetriebliche Leistungsaustausch ist der folgenden Tabelle zu entnehmen:

leistende Kostenstellen	**empfangende Kostenstellen**						
	Gebäude	Reparatur	Fuhrpark	Material	Fertigung	Verwaltung/ Vertrieb	*Verteilungsgrundlage*
Gebäude	-	200	500	750	2.100	450	qm (4.000)
Reparatur	150	-	800	400	1.500	150	Stunden (3.000)
Fuhrpark	-	5.000	-	30.000	6.000	79.000	km (120.000)

a) Ermitteln Sie die innerbetrieblichen Verrechnungssätze der Hilfskostenstellen nach dem *Blockumlageverfahren.*

b) Ermitteln Sie die innerbetrieblichen Verrechnungssätze der Hilfskostenstellen nach dem *Stufenleiterverfahren* (Reihenfolge: Gebäude, Reparatur, Fuhrpark).

c) Ermitteln Sie die innerbetrieblichen Verrechnungssätze der Hilfskostenstellen nach dem *Simultanverfahren.*

d) Führen Sie die innerbetriebliche Leistungsverrechnung im BAB mit Hilfe des *Stufenleiterverfahrens* (Reihenfolge wie unter b) durch. Wie hoch ist die Summe der primären und sekundären Gemeinkosten je Hauptkostenstelle? Runden Sie dabei alle Ergebnisse auf volle Euro-Beträge.

8 Bildung von Kalkulationssätzen und Selbstkostenkalkulation

Das Industrieunternehmen aus *Übungsaufgabe 6* möchte zur Vorbereitung der Kostenträgerstückrechnung für die vier Hauptkostenstellen *Material*, *Fertigung*, *Verwaltung* und *Vertrieb* Kalkulationssätze ermitteln.

Aus der Kostenartenrechnung sind folgende periodenbezogene Einzelkosten bekannt:

- Materialeinzelkosten: 318.250 €
- Fertigungseinzelkosten: 158.745 €
- Sondereinzelkosten der Fertigung: 15.780 €
- Sondereinzelkosten des Vertriebes: 27.360 €

a) Ermitteln Sie die Kalkulationssätze der vier Hauptkostenstellen.

b) Kalkulieren Sie die Selbstkosten für ein Produkt, für das folgende produktbezogene Einzelkosten ermittelt wurden:

- Materialeinzelkosten: 50 €/Stück
- Fertigungseinzelkosten: 30 €/Stück
- Sondereinzelkosten der Fertigung: 6 €/Stück
- Sondereinzelkosten des Vertriebes: 2 €/Stück

9 Kostenstellenrechnung

In einer Maschinenfabrik bestehen folgende Kostenstellen, denen die nebenstehenden primären Gemeinkosten zugeordnet werden:

		€	*Bezugsgröße für Kalkulationssätze*
A	Werkzeugmacherei/Instandhaltung	53.000	-
B	Personalabteilung	50.000	-
C	Arbeitsvorbereitung	38.500	-
D	Fuhrpark	32.500	-
E	Materiallager	20.000	294.000 € Materialeinzelkosten
F	Dreherei	100.000	85.485 € Fertigungslohn
G	Fräserei	200.000	99.200 € Fertigungslohn
H	Montage	100.000	246.000 € Fertigungslohn
I	Vertrieb	50.000	Herstellkosten
J	Verwaltung	60.000	Herstellkosten

Zusätzlich sind folgende Daten über den innerbetrieblichen Leistungsaustausch gegeben (fett gedruckt: leistungsabgebende (Hilfs)Kostenstellen; kursiv gedruckt: leistungsempfangende Kostenstellen):

von KSt	*an KSt*										
	A	*B*	*C*	*D*	*E*	*F*	*G*	*H*	*I*	*J*	Verteilungsgrundlage
A	-	50	50	500	200	400	500	-	200	100	Stunden
B	40	-	30	40	50	400	300	40	50	50	Mitarbeiter
C	50	-	-	10	-	390	450	100	-	-	Stunden
D	-	-	1.000	-	9.000	20.000	-	170.000	300.000	-	km

a) Ermitteln Sie die Verrechnungssätze der Hilfskostenstellen nach dem *Blockumlageverfahren*.

b) Ermitteln Sie die Verrechnungssätze der Hilfskostenstellen nach dem *Stufenleiterverfahren* (Verteilungsreihenfolge: B-C-A-D).

c) Bilden Sie die Basisgleichungen für das *Simultanverfahren*.

d) Führen Sie die innerbetriebliche Leistungsverrechnung im BAB nach dem *Stufenleiterverfahren* durch.

e) Ermitteln Sie auf der Grundlage der Ergebnisse zu d) die *Kalkulationssätze*.

10 Mehrstufige Divisionskalkulation

Für ein Unternehmen, das in einem vierstufigen Fertigungsprozess nur ein Produkt herstellt, sind in der betrachteten Periode Gesamtkosten i.H.v. insgesamt 500.000 € angefallen. Hiervon entfielen auf die Verwaltungs- und Vertriebskosten 20%. Die Herstellkosten verteilten sich im Verhältnis 3:2:2:1 auf die Fertigungsstufen I, II, III und IV. Die nach den einzelnen Fertigungsstufen entstehenden unfertigen Erzeugnisse sind - wie das Endprodukt - lagerfähig. Die Produktionsmengen der Fertigungsstufen I, II, III und IV betrugen 10.000, 15.000, 12.500 und 10.000 Mengeneinheiten. Die mengenmäßige Bestandsveränderung des Fertigwarenlagers betrug in der betrachteten Periode + 2.000 Mengeneinheiten. Die Lageranfangsbestände wurden mit Herstellkosten aus der Vorperiode bewertet. Diese betrugen für die unfertigen Erzeugnisse der Fertigungsstufen I, II, III und IV 16, 23, 32 und 39 € pro Mengeneinheit.

a) Ermitteln Sie die stufenbezogenen *Herstell-* sowie die *Selbstkosten* pro Mengeneinheit in der betrachteten Periode.

b) Wie hoch sind die *mengen-* und *wertmäßigen Bestandsveränderungen* der Lager mit unfertigen und fertigen Erzeugnissen?

11 Mehrstufige Äquivalenzziffernkalkulation

Ein Unternehmen produziert Bleche in unterschiedlichen Breiten. Die Materialkosten sind dabei abhängig von der Breite der jeweiligen Bleche. Die Fertigungskosten variieren mit der Produktionszeit. Es sind folgende Daten gegeben:

Sorte	A	B	C	D	E
Breite in cm	88	99	110	143	165
Fertigungszeit in Minuten	9	12	15	18	21

Bezogen auf die Materialkosten stellt C die Einheitssorte mit der Äquivalenzziffer 1,0 dar. Bei den Fertigungskosten repräsentiert B die Einheitssorte mit der Äquivalenzziffer 1,0.

Die Bleche werden auf Paletten ausgeliefert. Folgende Produktions- und Absatzzahlen sind dabei bekannt:

Sorte	A	B	C	D	E
Palettenanzahl	1.000	1.200	600	400	200

Die Materialkosten betragen in der betrachteten Periode insgesamt 660.000 €, die Fertigungskosten 438.000 €. An Verwaltungs- und Vertriebskosten fallen 136.000 € an, wobei davon ausgegangen wird, dass alle Sorten Verwaltungs- und Vertriebskosten in gleicher Höhe verursachen.

a) Ermitteln Sie die Äquivalenzziffern der einzelnen Sorten in den jeweiligen Stufen.

b) Ermitteln Sie die Herstell- und Selbstkosten je Palette der einzelnen Sorten sowie die Gesamtkosten, die auf jede Sorte entfallen.

12 Differenzierende Zuschlagskalkulation i.e.S.

Ein Unternehmen möchte zur Vorbereitung der Produktkalkulation Gemeinkostenzuschlagssätze für die vier Hauptkostenstellen Material, Fertigung, Verwaltung und Vertrieb ermitteln. In der betrachteten Abrechnungsperiode sind Materialeinzelkosten i.H.v. 900.000 €, Fertigungslöhne i.H.v. 675.000 € sowie Sondereinzelkosten der Fertigung i.H.v. 50.000 € angefallen. Die Kostenstellenrechnung ist bereits erfolgt und hat folgende Verteilung der primären und sekundären Gemeinkosten auf die vier Hauptkostenstellen ergeben:

Kostenstelle	Material	Fertigung	Verwaltung	Vertrieb
Gemeinkosten (€)	225.000	1.350.000	400.000	240.000

a) Ermitteln Sie die Gemeinkostenzuschlagssätze, wobei die Herstellkosten die Zuschlagsbasis für die Verwaltungs- und Vertriebsgemeinkosten bilden.

b) Ermitteln Sie die Herstell- und Selbstkosten für zwei Produkte, für die die folgenden produktbezogenen Daten gelten:

Produkt	Materialeinzelkosten (€/ME)	Fertigungslöhne (€/ME)	SEK der Fertigung (€/ME)
A	1.000	400	50
B	1.500	600	50

13 Differenzierende Lohnzuschlagskalkulation

Das Unternehmen aus *Übungsaufgabe 12* möchte, um eine verursachungsgerechtere Gemeinkostenverrechnung auf die Kostenträger zu erreichen, eine weitere Differenzierung der Zuschlagskalkulation durchführen. Hierzu soll der Fertigungsbereich im Wege einer verfeinerten Kostenstellengliederung in die Bereiche Teilefertigung, Vormontage und Endmontage weiter unterteilt werden. Dabei ergibt sich nun folgende Verteilung der Fertigungsgemeinkosten und Fertigungslöhne auf die drei Fertigungskostenstellen:

Kostenstelle	Teilefertigung	Vormontage	Endmontage	Summe
Fertigungslöhne (€)	100.000	250.000	325.000	675.000
Fertigungsgemeinkosten (€)	350.000	512.500	487.500	1.350.000

Die Fertigungslöhne der beiden Produkte A und B verteilen sich wie folgt auf die drei Fertigungskostenstellen:

	Teilefertigung	Vormontage	Endmontage	Summe
A	20%	35%	45%	400 €
B	25%	50%	25%	600 €

a) Ermitteln Sie die Gemeinkostenzuschlagssätze für die drei Fertigungskostenstellen.

b) Ermitteln Sie die Fertigungskosten pro Mengeneinheit für die beiden Produkte A und B.

c) Wie ändern sich die Herstell- und Selbstkosten für A und B im Vergleich zur *Übungsaufgabe 12* bei Unterstellung einer ansonsten gleichen Datensituation?

14 Bezugsgrößenkalkulation

Für ein Unternehmen, das über drei Hilfs- und fünf Hauptkostenstellen verfügt, liegen die Informationen der nachstehenden Tabelle über den innerbetrieblichen Leistungsaustausch und die primären Gemeinkosten vor. Für die Hauptkostenstellen gelten die folgenden Bezugsgrößen zur Verrechnung der Gemeinkosten auf die Kostenträger:

- Material: 240.000 € Materialeinzelkosten
- Teilefertigung: 1.500 Arbeitsstunden
- Montage: 2.000 Maschinenstunden
- Verwaltung/Vertrieb: 1.000.000 € Herstellkosten

Kostenstelle	Primäre Gemeinkosten (€)	Kantine (Mitarbeiter)	Energieversorgung (kWh)	Reparaturwerkstatt (h)
Kantine	9.750	5	2.000	-
Energieversorgung	48.250	10	3.000	10
Reparaturwerkstatt	31.800	5	5.000	10
Material	53.600	15	10.000	70
Teilefertigung	154.100	45	55.000	220
Montage	258.550	80	85.000	360
Verwaltung	68.425	25	15.000	35
Vertrieb	40.525	15	25.000	55

a) Ermitteln Sie die Verrechnungssätze nach dem Stufenleiterverfahren (Reihenfolge: Kantine, Energieversorgung, Reparaturwerkstatt) und führen Sie die innerbetriebliche Leistungsverrechnung im BAB durch.

b) Ermitteln Sie die Gemeinkostenzuschlags- und Stundensätze der Hauptkostenstellen.

c) Kalkulieren Sie die Herstell- und Selbstkosten für ein Produkt, für das folgende Daten bekannt sind:

- Materialeinzelkosten: 35 €/Stück
- Fertigungseinzelkosten: 15 €/Stück
- benötigte Arbeitszeit: 10 Minuten/Stück
- benötigte Maschinenzeit: 5 Minuten/Stück
- Sondereinzelkosten der Fertigung: 2 €/Stück
- Sondereinzelkosten des Vertriebs: 4 €/Stück

15 Maschinenstundensatzkalkulation

Ein Produkt durchläuft bei der Herstellung nacheinander drei Fertigungskostenstellen. In der Fertigungskostenstelle I sollen die maschinenabhängigen Gemeinkosten auf Basis von Maschinenstundensätzen und die maschinenunabhängigen Gemeinkosten auf der Grundlage von Fertigungslöhnen verrechnet werden. In den Fertigungskostenstellen II und III sind nur maschinenabhängige Gemeinkosten angefallen, die auf Basis von Maschinenstundensätzen verrechnet werden. Fertigungslöhne fielen dort nicht an.

Die Fertigungskostenstelle I besteht aus zwei Maschinengruppen, für die sich folgende maschinenabhängige Gemeinkosten ergeben haben:

	Gruppe A	Gruppe B
• kalkulatorische Abschreibungen:	60.000 €	100.000 €
• kalkulatorische Zinskosten:	6.000 €	6.000 €
• Instandhaltungskosten:	12.000 €	8.000 €
• Energiekosten:	6.000 €	2.000 €
• Raumkosten:	2.000 €	2.000 €

Daneben sind zusätzliche Gemeinkosten (Personalkosten für die Maschinenführer) i.H.v. 60.000 € angefallen, die sich im Verhältnis 2:1 auf die Maschinengruppe A und B verteilen. Die maschinenunabhängigen Gemeinkosten in der betrachteten Periode beliefen sich in der Fertigungskostenstelle I auf 120.000 €, die dortigen Fertigungslöhne auf 80.000 €.

In den Fertigungskostenstellen II und III, in denen sich jeweils nur eine Maschinengruppe befindet und nur maschinenabhängige Gemeinkosten anfallen, ergeben sich folgende Maschinenstundensätze:

- Fertigungsstelle II: 560 €/Std.
- Fertigungsstelle III: 440 €/Std.

a) Wie hoch sind die Maschinenstundensätze in der Fertigungskostenstelle I, wenn die Maschinenlaufzeiten für die Maschinengruppe A 280 Stunden und für die Maschinengruppe B 300 Stunden pro Periode betragen? Wie hoch ist der Zuschlagssatz für die maschinenunabhängigen Restgemeinkosten?

b) Ermitteln Sie die Fertigungsstückkosten eines Produktes, das die Maschinengruppen in den Fertigungskostenstellen I, II, III 12, 30 bzw. 15 Minuten beansprucht, wobei sich die Fertigungszeit in der Fertigungskostenstelle I jeweils zur Hälfte auf Maschinengruppe A und B verteilt und in Fertigungskostenstelle I zusätzlich 40 € an Fertigungslöhnen pro Stück des Produktes anfallen.

c) Zu welchem Ergebnis käme man unter b) bei Anwendung einer reinen Lohnzuschlagskalkulation für die Fertigungskostenstelle I (für die Fertigungskostenstellen II und III gelten die unter b) genannten Maschinenstundensätze)?

d) Erläutern Sie, wann der Einsatz einer Maschinenstundensatzkalkulation anstelle einer differenzierenden Lohnzuschlagskalkulation sinnvoll ist. Wo liegen die Vor- und Nachteile beider Verfahren?

16 Kuppelkalkulation

In einer Kokerei entstehen im Rahmen eines Kuppelproduktionsprozesses die Produkte Koks, Gas, Teer und Benzol. Folgende produktbezogenen Angaben sind bekannt:

	Koks	Gas	Teer	Benzol
Produktions-/ Absatzmenge	60 Mio. kg	25 Mio. cbm	4 Mio. kg	0,8 Mio. l
Absatzpreis	0,18 €/kg	0,3 €/cbm	0,15 €/kg	1,5 €/l
Weiterverar-beitungskosten (WV)	0,02 €/kg	0,03 €/cbm	0,04 €/kg	0,20 €/l

Die Herstellkosten des Kuppelproduktionsprozesses betragen 10,05 Mio. €. An Verwaltungs- und Vertriebskosten sind 2,464 Mio. € angefallen.

a) Ermitteln Sie die Herstell- und Selbstkosten je Mengeneinheit der einzelnen Produkte nach der Verteilungsrechnung (Marktwertmethode), wobei die Verwaltungs- und Vertriebskosten mit Hilfe eines Zuschlagssatzes auf die gesamten Herstellkosten der Periode (inklusive Weiterverarbeitungskosten) verrechnet werden.

b) In Abänderung der obigen Datensituation wird nun angenommen, dass vom Produkt Gas nur 8 Mio. cbm im Rahmen des Kuppelproduktionsprozesses entstehen. Die Herstellkosten des Kuppelproduktionsprozesses betragen nun 9,795 Mio. €. An Verwaltungs- und Vertriebskosten sind insgesamt 1,8 Mio. € angefallen, die nun ausschließlich auf das Hauptprodukt Koks verteilt werden. Ermitteln Sie die Herstell- und Selbstkosten je kg Koks bei Anwendung der Restwertrechnung, wenn ansonsten alle produktbezogenen Daten unverändert bleiben.

17 Kurzfristige Erfolgsrechnung (1)

Ein Unternehmen stellt nur eine Sorte Korkenzieher in Massenfertigung her. Die Kosten für eine bestimmte Abrechnungsperiode betrugen:

Fertigungsmaterial	143.200 €
Hilfs- und Betriebsstoffe	5.200 €
Energiekosten	6.100 €
Löhne und Gehälter	51.400 €
Wartungskosten	5.300 €
Steuern	4.400 €
kalk. Miete	9.200 €
kalk. Abschreibungen	11.200 €
kalk. Zinsen	4.500 €
kalk. Wagnisse	4.500 €
kalk. Unternehmerlohn	5.000 €

Auf Verwaltungs- und Vertriebskosten entfielen dabei 18% der o.g. Gesamtkosten. Da Produktion und Absatz nicht vollständig synchronisiert sind, traten in der betrachteten Periode Bestandsveränderungen auf. Von den insgesamt 50.000 produzierten Korkenziehern konnten nur 45.000 zu einem Stückpreis von 6,50 € verkauft werden.

a) Ermitteln Sie die Herstell- und Selbstkosten pro Korkenzieher.

b) Ermitteln Sie das Betriebsergebnis der betrachteten Abrechnungsperiode nach Gesamtkosten- und Umsatzkostenverfahren.

18 Kurzfristige Erfolgsrechnung (2)

Ein Unternehmen, das in *drei Fertigungsstufen* Waschmaschinen herstellt, möchte für die zurückliegende Periode das Betriebsergebnis ermitteln. Es liegen folgende produktbezogenen Daten für die drei Maschinentypen vor:

Maschinentyp	Simple	Medio	De Luxe
Materialeinzelkosten (€/ME)	112	220	368
Fertigungseinzelkosten I (€/ME)	25	35	50
Fertigungseinzelkosten II (€/ME)	42	50	62
Fertigungseinzelkosten III (€/ME)	30	40	44
Preis (€/ME)	450	650	990
Produktionsmenge	600	400	300
Absatzmenge	500	450	200

An Gemeinkosten sind für die fünf Hauptkostenstellen angefallen:

Kostenstelle	Material	Fertigung I	Fertigung II	Fertigung III	Verwaltung/ Vertrieb
Gemein-kosten (€)	39.840	96.800	76.560	70.800	76.600

a) Ermitteln Sie die Herstellkosten je Waschmaschinentyp.

b) Ermitteln Sie die Selbstkosten je Waschmaschinentyp. Unterstellen Sie dabei, dass die Lagerbestände der Vorperiode zu den unter a) ermittelten Herstellkosten bewertet wurden.

c) Ermitteln Sie das Betriebsergebnis nach dem Umsatz- und Gesamtkostenverfahren.

19 Normalkostenrechnung

Ein Hersteller von Kaffeevollautomaten stellt zwei Automatentypen her (Cafecito, Cafegrande). Zur Vorkalkulation und Kostenkontrolle setzt das Unternehmen eine Normalkostenrechnung auf Vollkostenbasis ein. In der Vergangenheit wurden aufgrund normalisierter Einzel- und Gemeinkosten folgende *normalisierten Gemeinkostenzuschlagssätze* für die drei Hauptkostenstellen Material, Fertigung, Verwaltung/ Vertrieb ermittelt:

- Materialgemeinkosten: 20 % auf Materialeinzelkosten
- Fertigungsgemeinkosten: 120% auf Fertigungseinzelkosten
- Verwaltungs-/Vertriebsgemeinkosten: 15% auf Herstellkosten

Für die beiden Kaffeevollautomaten liegen folgende Istwerte am Ende einer Periode vor:

	Cafecito	Cafegrande
Produktions-/Absatzmenge	500	300
Materialeinzelkosten (€/ME)	150	300
Fertigungseinzelkosten (€/ME)	200	250

Zur Kostenkontrolle führt das Unternehmen am Ende der Periode neben der Normal- auch eine Istkostenrechnung auf Vollkostenbasis durch. Dabei wurden folgende *Ist-Gemeinkosten* für die Periode ermittelt:

- Materialgemeinkosten: 29.700 €
- Fertigungsgemeinkosten : 218.750 €
- Verwaltungs-/Vertriebsgemeinkosten: 94.152 €

a) Ermitteln Sie die Über-/Unterdeckungen in den einzelnen Kostenstellen.

b) Ermitteln Sie die Selbstkosten pro Stück für die beiden Kaffeevollautomaten auf Normal- und Istkostenbasis.

20 Kostenkontrolle bei starrer Plankostenrechnung

In einem Industrieunternehmen, das für den Fertigungsbereich zur Kostenplanung und -kontrolle eine starre Plankostenrechnung verwendet, wird eine Fertigungsmaschine als eigenständige Kostenstelle geführt. Als Bezugsgröße für die Kostenplanung finden die geplanten Fertigungsstunden der Maschine Anwendung. Für die kommende Planungsperiode rechnet das Unternehmen mit einer Planbeschäftigung der Maschine von 400 Fertigungsstunden. Das Unternehmen hat bereits unter Berücksichtigung der geplanten Maschinenauslastung folgende *Plankosten* ermittelt:

- Betriebsstoffe (inklusive Energie): 50.000 €
- Personalkosten: 40.000 €
- kalkulatorische Kosten: 15.000 €

Am Ende der Planungsperiode stellt sich heraus, dass die tatsächliche Auslastung der Maschine nur bei 300 Fertigungsstunden lag. Die gesamten Gemeinkosten beliefen sich dabei auf 96.000 €. Während bei den kalkulatorischen Kosten die Istkosten 1.000 € unter den Plankosten lagen, unterschritten die tatsächlichen Personalkosten um 2.000 € die für diese Kostenart geplanten Kosten.

a) Führen Sie eine kostenartenbezogene Abweichungsanalyse für die betrachtete Kostenstelle durch, indem Sie die jeweiligen Budget- und Gesamtabweichungen ermitteln.

b) Ermitteln Sie den Plankostenverrechnungssatz der Kostenstelle sowie die verrechneten Plankosten. Wie hoch sind die Budget- und die Gesamtabweichung für die Kostenstelle insgesamt?

c) Stellen Sie das Ergebnis von b) grafisch dar.

21 Kostenkontrolle bei starrer und flexibler Plankostenrechnung

Im Fertigungsbereich eines Industrieunternehmens werden die Fertigungsstunden als Bezugsgröße zur Kostenplanung und -kontrolle herangezogen. Für die kommende Planperiode wird von einer Planbeschäftigung von 10.000 Fertigungsstunden ausgegangen. Dabei sollen die Plankosten 150.000 € betragen. Würde sich die Fertigungsstundenzahl halbieren, würde mit 25% weniger Plankosten gerechnet werden. Am Ende der Periode konnte eine tatsächliche Istbeschäftigung von 8.500 Fertigungsstunden realisiert werden. Dabei sind Istkosten i.H.v 140.000 € angefallen. Die darin enthaltenen Fixkosten entsprachen den geplanten Fixkosten.

a) Ermitteln Sie alle relevanten Abweichungen bei Anwendung einer starren Plankostenrechnung auf Vollkostenbasis. Wie hoch ist der Plankostenverrechnungssatz?

b) Führen Sie mit Hilfe der mathematischen Methode eine Kostenspaltung durch und ermitteln Sie die Sollkostenfunktion und den Variator. Welche Aussage lässt der Variator zu? Wie hoch sind im hier vorliegenden Fall die Sollkosten?

c) Ermitteln Sie alle relevanten Abweichungen bei Anwendung einer flexiblen Plankostenrechnung auf Vollkostenbasis.

d) Stellen Sie die ermittelten Abweichungen für den Fall der flexiblen Plankostenrechnung auf Vollkostenbasis grafisch dar.

22 Kostenabweichungsanalyse mit Preis-/Mengenabweichungen

Ein Einproduktunternehmen möchte für die Energiekosten im Fertigungsbereich eine Abweichungsanalyse durchführen. Es liegen folgende Plan- und Ist-Werte vor:

	Plan-Werte	Ist-Werte
Produktionsmenge (ME)	6.000	5.000
Energieverbrauch (kWh)	75.000	83.500
Preis pro kWh (€/kWh)	0,1	0,12

a) Ermitteln Sie die Plankosten, Istkosten, verrechneten Plankosten, Sollkosten und Istkosten zu Planpreisen, wenn der Variator 0,7 (7) beträgt.

b) Ermitteln Sie alle relevanten Abweichungen im Rahmen einer flexiblen Plankostenrechnung auf Vollkostenbasis.

c) Interpretieren Sie die unter b) ermittelten Abweichungen.

23 Flexible Plankostenrechnung auf Vollkostenbasis

Ein Industrieunternehmen, das im Rahmen der Kostenplanung und -kontrolle für den Fertigungsbereich eine flexible Plankostenrechnung auf Vollkostenbasis einsetzt, möchte am Ende der Planungsperiode eine kostenstellenbezogene Abweichungsanalyse durchführen.

Aus der Kostenplanung sind folgende Plangrößen für die Fertigungskostenstelle bekannt:

Kostenart	Planmengen	Planpreise	Variator
Fertigungslöhne	800 h	20 (€/h)	10
Hilfslöhne	500 h	15 (€/h)	6
Energiekosten	1.200 kWh	0,10 (€/kWh)	7
Hilfsstoffe	400 kg	2 (€/kg)	8
Raumkosten	100 qm	10 (€/qm)	1

Die geplanten Stellenkosten für die Kostenarten Gehälter (Variator = 0), kalkulatorische Abschreibungen (Variator = 2) und kalkulatorische Zinsen (Variator = 0) betragen 3.200 €, 28.000 € bzw. 4.200 €.

Das Unternehmen ist im Rahmen der Kostenplanung von einem Beschäftigungsgrad von 100% ausgegangen. Der tatsächliche Beschäftigungsgrad liegt am Periodenende allerdings nur bei 90%. Es haben sich folgende Istkosten und Istmengen ergeben:

Kostenart	Istkosten (€)	Istmengen
Fertigungslöhne	15.200	755 h
Hilfslöhne	7.400	483,34 h
Energiekosten	118	1.180 kWh
Hilfsstoffe	720	365 kg
Raumkosten	995	99 qm

Für die Kostenarten Gehälter, kalkulatorische Abschreibungen sowie kalkulatorische Zinsen liegen neben den Istkosten i.H.v. 3.300 €, 27.440 € bzw. 4.200 € auch bereits die Istkosten zu Planpreisen vor. Diese entsprechen im Fall der kalkulatorischen Abschreibungen und Zinsen den jeweiligen Istkosten und liegen bei den Gehältern um 100 € unter den Istkosten.

Führen Sie einen kostenartenbezogenen Soll-/Ist-Vergleich für die Kostenstelle durch, indem Sie folgende (absoluten und relativen) Abweichungen ermitteln:

- Verbrauchsabweichung
- Preisabweichung
- Mengenabweichung

24 Mängel der Vollkostenrechnung

Für ein Unternehmen, das fünf Produkte herstellt, liegen folgende Informationen für die kommende Planungsperiode vor:

Produkt	Absatzmenge (Stück)	Absatzpreis (€/Stück)	Umsatz (€)	Selbstkosten (€/Stück)	Gesamtkosten (€)	Gesamtergebnis (€)
1	30.000	50,00	1.500.000	60,00	1.800.000	- 300.000
2	40.000	89,00	3.560.000	66,00	2.640.000	920.000
3	10.000	180,00	1.800.000	145,00	1.450.000	350.000
4	20.000	120,00	2.400..000	99,00	1.980.000	420.000
5	25.000	56,00	1.400.000	90,00	2.250.000	- 850.000
Summe			10.660.000		10.120.000	540.000

Da die Produkte 1 und 5 negative Erfolgsbeiträge aufweisen, plant das Unternehmen diese beiden Produkte in der kommenden Periode nicht zu produzieren. Insbesondere bei Produkt 5 war dabei in den letzten Monaten ein starker Preisverfall zu verzeichnen, dessen Ende noch nicht abzusehen ist. Zur Entscheidungsunterstützung zieht die Unternehmensführung weitere Informationen aus der Kostenträgerrechnung heran. Die Plankalkulation für die Produkte 1 und 5 sieht auf *Vollkostenbasis* danach wie folgt aus:

Produkte	1	5
Materialeinzelkosten	16	36
Materialgemeinkosten (25%)	4	9
Fertigungseinzelkosten	10	10
Fertigungsgemeinkosten (200%)	20	20
Herstellkosten	50	75
Verwaltungs-/ Vertriebsgemeinkosten (20%)	10	15
Selbstkosten	60	90

Zusätzlich sei bekannt, dass die Materialgemeinkosten zu 75%, die Fertigungsgemeinkosten zu 65% sowie die Verwaltungs- und Vertriebskosten zu 100% aus Fixkosten bestehen.

a) Ist die Herausnahme beider Produkte aus dem geplanten Produktions- und Absatzprogramm der kommenden Periode erfolgswirtschaftlich sinnvoll? Wie würde sich in diesem Fall das Gesamtergebnis verändern?

b) Welche Mängel der Vollkostenrechnung lassen sich unter Berücksichtigung der Ergebnisse zu a) feststellen?

25 Kostenkontrolle bei Grenzplankostenrechnung

Ein Industrieunternehmen möchte am Ende einer Planungsperiode eine kostenartenbezogene Kostenkontrolle und Abweichungsanalyse für eine bestimmte Materialart durchführen. Es liegende folgende Informationen vor:

	Plan-Werte	Ist-Werte
Produktionsmenge	10.000 Stück	11.000 Stück
Materialverbrauch	1 kg/Stück	1,2 kg/Stück
Materialpreis	1,00 €/kg	0,80 €/Stück

Der Variator für diese Materialkostenart beträgt 1 (10). Die Planfixkosten entsprachen mit 10.000 € genau den Istfixkosten.

a) Ermitteln Sie auf Teilkostenbasis die Istkosten, Plankosten, verrechneten Plankosten, Sollkosten sowie Istkosten zu Planpreisen.

b) Führen Sie im Rahmen einer Grenzplankostenrechnung eine Kostenkontrolle für diese Materialart durch, indem Sie die folgenden Abweichungen ermitteln:

- Budgetabweichung
- Gesamtabweichung
- Beschäftigungsabweichung
- Verbrauchsabweichung
- Preisabweichung
- Mengenabweichung

c) Welche konkreten Aussagen lassen die unter b) ermittelten Abweichungen im vorliegenden Fall zu?

d) Stellen Sie die unter b) ermittelten Abweichungen grafisch dar.

26 Kostenträgerstückrechnung bei Teilkostenrechnung

Ein Waschmaschinenhersteller setzt neben einer Vollkostenrechnung (vgl. *Übungsaufgabe 18*) auch eine Teilkostenrechnung zur Produktkalkulation ein. Die Fertigung erfolgt in drei Fertigungsstufen. Es liegen folgende produktbezogenen Daten für die drei Waschmaschinentypen vor:

Maschinentyp	Simple	Medio	De Luxe
Materialeinzelkosten (€/ME)	112,00	220,00	368,00
Fertigungseinzelkosten I (€/ME)	25,00	35,00	50,00
Fertigungseinzelkosten II (€/ME)	42,00	50,00	62,00
Fertigungseinzelkosten III (€/ME)	30,00	40,00	44,00
Herstellkosten (Vollkosten) (€/ME)	376,20	575,00	829,60
Preis (€/ME)	450,00	550,00	990,00
Produktions- *und* Absatzmenge	600	400	300

Aufgrund zunehmender Konkurrenzprodukte im mittleren Preissegment lässt sich der Maschinentyps Medio zurzeit nur noch zu einem Absatzpreis von 550 € veräußern, der damit um 25 € unterhalb den zu Vollkosten kalkulierten Herstellkosten liegt. Das Unternehmen überlegt daher die Produktion von Medio kurzfristig einzustellen.

Aus der Kostenstellenrechnung, die auf Voll- und Teilkostenbasis durchgeführt wurde, sind folgende Daten bekannt:

Kostenstelle	Material	Fertigung I	Fertigung II	Fertigung III	Verwaltung/ Vertrieb
Gemeinkosten (€)	39.840	96.800	76.560	70.800	76.600
davon variabel (€)	13.280	22.000	25.520	14.160	9.911

a) Ermitteln Sie die variablen Selbstkosten je Waschmaschinentyp.

b) Sollte die Produktion des Waschmaschinentyps Medio kurzfristig eingestellt werden?

27 Einstufige Deckungsbeitragsrechnung

Es sei die Datenkonstellation aus *Übungsaufgabe 26* gegeben. Ermitteln Sie das Betriebsergebnis im Wege einer einstufigen Deckungsbeitragsrechnung:

a) bei Unterstellung, dass alle drei Produkte in den angegebenen Mengen produziert und abgesetzt werden.

b) bei Eliminierung des Maschinentyps Medio aus dem Produktions- und Absatzprogramm.

28 Einstufige Deckungsbeitragsrechnung vs. Vollkostenrechnung bei Lagerbestandsveränderungen

Ein Schreibwarenhersteller produziert u.a. drei Arten von Kugelschreibern. Am Ende einer Abrechnungsperiode liegen folgende Daten vor:

Kugelschreiber	Solo	Doble	Triple
Preis (€/Stück)	10,00	30,00	20,00
Produktionsmenge	3.000	1.000	1.500
Absatzmenge	3.000	800	1.200
Herstellkosten (€)	21.000	21.000	30.000
davon variabel (€)	9.000	5.000	22.500

An sonstigen Fixkosten sind insgesamt 13.900 € angefallen.

a) Ermitteln Sie das Betriebsergebnis bei Anwendung einer einstufigen Deckungsbeitragsrechnung.

b) Ermitteln Sie das Betriebsergebnis bei Anwendung einer Vollkostenrechnung nach dem Umsatzkostenverfahren (Staffelform).

c) Gehen Sie nun davon aus, dass in der Folgeperiode die Absatzmengen von Doble 1.200 und von Triple 1.800 Stück betragen. Ansonsten gilt die gleiche Datensituation wie in der Vorperiode. Ermitteln Sie auch hier das Betriebsergebnis bei Anwendung einer einstufigen Deckungsbeitragsrechnung sowie einer Vollkostenrechnung nach dem Umsatzkostenverfahren (Staffelform).

d) Wie lassen sich die Ergebnisunterschiede in den Teilaufgaben a) - c) erklären?

29 Mehrstufige Deckungsbeitragsrechnung

Die „Frutasymás“ AG besteht aus den beiden Unternehmensbereichen Säfte und Konfitüre. Im Bereich Säfte werden Apfel- und Orangensaft hergestellt. Der Bereich Konfitüre umfasst zwei Produktgruppen. Die Produktgruppe Standard beinhaltet die „Produktklassiker“ Erdbeer- und Kirschkonfitüre, die Produktgruppe „Wellness“ besteht aus den zuckerfreien und kalorienreduzierten Konfitüren Himbeere und Waldfrucht. Für den kommenden Monat rechnet das Unternehmen mit folgenden Preisen und Absatzmengen:

	Apfelsaft	Orangensaft	Erdbeerkonfitüre	Kirschkonfitüre	Himbeerkonfitüre	Waldfruchtkonfitüre
Preis	1,90 €/l	1,80 €/l	1,50 €/Glas	1 €/Glas	2 €/Glas	2,50 €/Glas
Absatzmenge	60.000	60.000	100.000	40.000	20.000	60.000

Aus der Kostenrechnung sind folgende variable und fixe Plankosten für die einzelnen Produkte bekannt:

	Apfel-saft	Orangen-saft	Erdbeer-konfitüre	Kirschkon-fitüre	Himbeer-konfitüre	Waldfrucht-konfitüre
Variable Kosten	2 €/l	1,50 €/l	1 €/Glas	0,50 €/ Glas	1 €/Glas	1,95 €/Gas
Fixkosten	6.000 €	5.200 €	45.000 €	21.000 €	10.200 €	10.000 €

An produktgruppenspezifischen Kosten sind für die Standardkonfitüren 5.000 € sowie für die Wellnesskonfitüren 7.400 € geplant. Der Bereich Säfte wird voraussichtlich 2.000 € und der Bereich Konfitüre 10.000 € zusätzliche Fixkosten verursachen. Die geplanten Betriebsfixkosten liegen bei 9.000 €.

a) Ermitteln Sie auf der Grundlage einer mehrstufigen Deckungsbeitragsrechnung das Planbetriebsergebnis für den kommenden Monat.

b) Führen Sie eine Deckungsbeitragstiefenanalyse durch.

c) Ermitteln Sie das Betriebsergebnis bei Anwendung einer einstufigen Deckungsbeitragsrechnung. Welche Analysemöglichkeiten ergeben sich hier?

30 Operative Produktionsprogrammplanung

Ein Unternehmen, das in Sortenfertigung vier fertigungstechnisch ähnliche Produkte herstellt, hat für die kommende Planungsperiode folgende Plandaten ermittelt:

Produkte	A	B	C	D
Preis (€/ME)	1.000	1.400	1.600	700
Variable Stückkosten (€/ME)	600	800	1.080	800
Maximale Absatzmenge	10.000	5.000	3.000	7.000

An Planfixkosten rechnet das Unternehmen insgesamt mit 4.400.000 €.

a) Ermitteln Sie das gewinnmaximale Produktions- und Absatzprogramm. Wie hoch ist der maximale Plangewinn?

b) Wie ändert sich das Ergebnis unter a), wenn für das Produkt D Lieferverpflichtungen i.H.v. 500 Mengeneinheiten bestehen?

c) Es sei nun unterstellt, dass auch für die Produkte A (3.000 Mengeneinheiten) und C (2.000 Mengeneinheiten) Lieferverpflichtungen bestehen. Die maximalen Absatzmengen bleiben hiervon unberührt. Wie ändert sich hierdurch das Ergebnis unter b)?

d) In Abänderung der Situation unter c) wird nun angenommen, dass alle Produkte eine bestimmte Fertigungsstufe durchlaufen. Die Fertigungszeiten betragen:

Produkte	A	B	C	D
Fertigungszeit (Minuten/ME)	5	6	13	2,5

An Maschinenkapazität stehen auf dieser Fertigungsstufe in der kommenden Planungsperiode insgesamt 1.536 Maschinenstunden zur Verfügung. Ermitteln Sie das unter diesen Bedingungen gewinnmaximale Produktions- und Absatzprogramm. Wie hoch ist nun der maximale Plangewinn?

31 Operative Programmplanung und mehrstufige Deckungsbeitragsrechnung

Gegeben sei die Ausgangssituation der *Übungsaufgabe 29*. Aufgrund dringender Wartungs- und Reparaturarbeiten im Fertigungsbereich rechnet die „Frutasymás" AG im kommenden Monat mit einem Fertigungsengpass bei der Konfitürenherstellung. Auf einer bestimmten Fertigungsstufe, die alle Konfitürensorten durchlaufen müssen, stehen insgesamt nur 320 Fertigungsstunden zur Verfügung. Die Fertigungszeiten der einzelnen Sorten sind der folgenden Tabelle zu entnehmen:

	Erdbeer-konfitüre	Kirsch-konfitüre	Himbeer-konfitüre	Waldfrucht-konfitüre
Fertigungszeit (Sekunden/kg)	20	15	25	30

Die Abfüllung aller Konfitürensorten erfolgt in Gläsern zu 250 g.

a) Ermitteln Sie das unter diesen Bedingungen optimale Produktions- und Absatzprogramm für den Bereich Konfitüre.

b) Ermitteln Sie im Wege einer mehrstufigen Deckungsbeitragsrechnung den maximalen Plangewinn des Gesamtunternehmens.

32 Operative Verfahrensplanung

Ein Maschinenbauunternehmen verfügt in der Kostenstelle Stanzerei über drei Stanzmaschinen, die zur Bearbeitung der Werkstücke A, B und C geeignet sind. Die Stanzmaschinen I und II sind ältere Anlagen mit relativ geringem Automatisierungsgrad. Stanzmaschine III ist erst wenige Wochen alt und verfügt über einen vergleichsweise hohen Automatisierungsgrad.

Es liegen folgende Informationen vor:

Anlage	Fertigungszeit A (Min./ME)	Fertigungszeit B (Min./ME)	Fertigungszeit C (Min./ME)	k_V (€/Min.) A	B	C	Gesamtkapazität (Min.)
I	4	3,5	4	2,0	2,0	2,0	9.600
II	2	3	2,5	1,8	1,5	1,5	14.000
III	1	2	1,5	2,0	1,0	1,1	10.666

In der vergangenen Periode wurden 5.000 Einheiten des Werkstücks A, 2.000 Einheiten des Werkstücks B sowie 1.000 Einheiten des Werkstücks C hergestellt. Für die kommende Periode wird mit einem zusätzlichen Auftrag gerechnet. Im Vergleich zur Vorperiode hätte dies eine Steigerung der Produktionsmengen von A um 2.000 Einheiten, für B um 1.000 Einheiten sowie für C um 2.000 Einheiten zur Folge.

Führen Sie als Produktionsleiter(in) eine operative Verfahrensplanung sowohl für die Vor- als auch für die kommende Periode durch. Wie hoch sind die Gesamtkosten in den jeweiligen Perioden, wenn für die Maschinen I und II jeweils 50.000 € sowie für Maschine III 100.000 € an Fixkosten pro Periode anfallen?

33 Make-or-Buy-Entscheidungen

Ein Motorenhersteller stellt in zwei verschiedenen Baureihen insgesamt fünf verschiedene Motorentypen her. In der kommenden Planungsperiode wird mit einem Fertigungsengpass in der Kostenstelle Teilefertigung gerechnet. Dort stehen 1.460 Fertigungszeiteinheiten (FZE) zur Verfügung.

Folgende Daten bezüglich der zu fertigenden Motoren sind bekannt:

Motorentyp	XT1	XT2	XT3	YZ1	YZ2
Preis (€/ME)	2.500	3.500	3.990	3.800	4.500
Absatzhöchstmenge	160	150	170	120	170
variable Stückkosten (€/ME)	1.500	2.120	2.250	1.800	2.420
Kapazitätsbedarf in der Teilefertigung (FZE/ME)	2	3	3	2	4

Die Teilefertigung der YZ-Baureihe könnte auch von einem anderen Unternehmen in Fremdfertigung übernommen werden. Dadurch würden sich allerdings die variablen Stückkosten des Motorentyps YZ1 um 930 € und YZ2 sogar um 1.200 € pro Motor im Vergleich zu den variablen Stückkosten bei kompletter Eigenfertigung erhöhen.

a) Ermitteln Sie das gewinnmaximale Produktions- und Absatzprogramm für die kommende Planungsperiode. Sollte der Motorenhersteller die Möglichkeit der Fremdfertigung nutzen?

b) Ermitteln Sie den Deckungsbeitrag der Periode sowie das Betriebsergebnis bei Unterstellung fixer Periodenkosten i.H.v. 750.000 €.

34 Erfolgsorientierte Preisuntergrenzen

Ein Unternehmen der Zulieferindustrie stellt verschiedene Bauteile her. Für die kommende Periode liegen folgende Daten vor:

Bauteil	A	B	C	D
Absatzhöchstmenge	5.000	6.000	7.500	8.000
Preis (€/ME)	600	1.000	400	1.250
variable Kosten (€/ME)	400	600	240	750

In dieser Ausgangssituation wird dem Unternehmen nun ein Zusatzauftrag für die Produktion eines Bauteils E i.H.v. 1.500 Mengeneinheiten angeboten. An zusätzlichen Materialkosten werden für den Gesamtauftrag 270.000 € anfallen. An variablen Fertigungskosten kalkuliert das Unternehmen mit 100 € pro Bauteil, worin allerdings noch nicht die zusätzlichen Energiekosten i.H.v. 30.000 € für den Gesamtauftrag enthalten sind.

a) Welchen Preis muss das Unternehmen bei Annahme des Zusatzauftrages mindestens fordern?

b) Es sei nun angenommen, dass das Unternehmen in der kommenden Periode nur über eine begrenzte Fertigungskapazität von insgesamt 49.000 Fertigungszeiteinheiten (FZE) verfügt. Hinsichtlich der Kapazitätsbelastung durch die fünf Bauteile liegen folgende Daten vor:

Produkt	A	B	C	D	E
Kapazitätsbelastung (FZE/ME)	2	2	1	2,5	1,5

Ermitteln Sie das optimale Produktions- und Absatzprogramm zunächst *ohne Berücksichtigung des Zusatzauftrages*. Wie hoch ist der maximal zu erzielende Deckungsbeitrag der Planperiode?

c) Es sei nun angenommen, dass das unter b) ermittelte optimale Produktions- und Absatzprogramm grundsätzlich noch durch die Berücksichtigung des Zusatzauftrages verändert werden kann. Wie hoch muss die Preisuntergrenze für eine Mengeneinheit des Bauteils E sein, damit sich die Hereinnahme des Zusatzauftrages überhaupt lohnt? Zeigen Sie, dass sich bei Annahme des Zusatzauftrages und Realisierung der Preisuntergrenze für E die Gewinnsituation des Unternehmens gegenüber der Ausgangssituation unter b) nicht verändert!

d) Wie ändert sich das Ergebnis von c), wenn bei ansonsten gleicher Datensituation der Zusatzauftrag 8.000 bzw. 15.000 Bauteile von E umfassen würde? Wie hoch ist nun die jeweilige Preisuntergrenze pro Bauteil E?

35 Erfolgs- und liquiditätsorientierte Preisuntergrenzen

Ein *Einproduktunternehmen* befindet sich aufgrund eines starken Preisverfalls auf dem heimischen Markt seit einiger Zeit in akuten Liquiditätsschwierigkeiten. Die Unternehmensführung ist daher bestrebt eine weitere Verschlechterung der Liquiditätssituation in der kommenden Periode zu vermeiden.

Die Unternehmensführung rechnet damit, dass es in der kommenden Periode neben geplanten Einzahlungen aus Verkäufen (geplante Produktions- und Absatzmenge = 10.000 ME) zu zusätzlichen Einzahlungen aus Forderungen von Verkäufen der Vorperiode i.H.v. 50.000 € kommen wird. Auf der Auszahlungsseite fällt in der kommenden Periode die letzte Tilgungsrate eines Darlehens i.H.v. 60.000 € an. Darüber hinaus muss das Unternehmen noch ausstehende Lohnforderungen aus früheren Perioden i.H.v. 10.000 € begleichen.

An zahlungswirksamen variablen Lohnkosten für das herzustellende Produkt fallen 20 €/ME, für Materialkosten 30 €/ME an. Darüber hinaus verrechnet das Unternehmen leistungsbezogene Abschreibungen vom Anschaffungswert der zur Herstellung des Produktes eingesetzten Produktionsanlage. Der Anschaffungswert betrug 1.000.000 € bei einem geschätzten Nutzungspotenzial von insgesamt 100.000 ME.

Zur Herstellung des Produktes ist zusätzlich ein spezielles Bauteil erforderlich (nicht in den o.g. Materialkosten enthalten!), das zurzeit in ausreichendem Umfang auf Lager liegt. Der Anschaffungspreis für dieses Bauteil betrug 70 €, der aktuelle Wiederbeschaffungspreis beträgt 80 €.

An auszahlungswirksamen Kosten für Gehälter werden in der kommenden Periode 100.000 € anfallen. Zudem verrechnet das Unternehmen kalkulatorische Kosten (Unternehmerlohn und Miete) i.H.v. von 20.000 € pro Periode. Weitere Fixkosten fallen nicht an.

a) Wie hoch ist aus erfolgswirtschaftlicher Sicht die kurzfristige bzw. langfristige Preisuntergrenze pro ME des Endproduktes?

b) Welcher Preis sollte bei der geplanten Absatzmenge nicht unterschritten werden, damit sich die Liquiditätssituation des Unternehmens nicht weiter verschlechtert?

36 Break-Even-Analyse

Die Buena Vista AG produziert das Markenfernsehgerät Goodlook, das sie u.a. auf dem hart umkämpften deutschen Markt anbietet. Aus der Kostenrechnung des Unternehmens ist bekannt, dass bei einer Produktions- und Absatzmenge von 5.000 Fernsehgeräten Gesamtkosten i.H.v. 10 Mio. € bei einem Fixkostenanteil von 4 Mio. € entstehen. In den Fixkosten sind 1 Mio. € kalkulatorische Abschreibungen sowie 500.000 € anteilige Verwaltungs- und Vertriebsgemeinkosten enthalten. Die restlichen Fixkosten sind auszahlungswirksame Produktfixkosten. Der Absatzpreis dieses Fernsehgerätes lag bisher bei 2.450 €.

a) Die Unternehmensleitung strebt aus dem Verkauf diese Fernsehgerätes für die kommende Geschäftsperiode ein Gewinnziel i.H.v. 2 Mio. € an. Welche Produktionsmenge (= Absatzmenge) müsste dem Produktionsleiter als *Mengenziel* vorgegeben werden, um den angestrebten Gewinn zu realisieren?

b) Wie hoch ist die *Sicherheitsmarge*, d.h. um wie viel Prozent darf die Kapazitätsauslastung im Vergleich zum Planziel unter a) höchstens sinken, wenn ein Verlust in jedem Fall vermieden werden soll? Wie hoch ist der *Kapazitätsgrad* bei Realisierung der Planmenge und wie lässt sich dieser interpretieren?

c) Ermitteln Sie die jeweiligen Produktions- (= Absatz-)mengen, bei denen alle auszahlungswirksamen Kosten ("Cash Point") bzw. alle auszahlungswirksamen Produktfixkosten über die Deckungsbeiträge gedeckt sind. Stellen Sie Ihre Ergebnisse anhand des Deckungsbeitragsmodells *grafisch* dar.

d) Die Vertriebsleitung möchte über eine Preissenkung i.H.v. 300 €/Stück verlorene Marktanteile aus den letzten Perioden zurückgewinnen. Die Unternehmensführung stimmt diesem Vorhaben nur unter der Voraussetzung zu, dass das unter a) genannte Gewinnziel nicht in Gefahr gerät. Ein Teil der Preissenkung soll dabei durch eine deutliche Reduktion der Produktfixkosten für das kommende Geschäftsjahr i.H.v. 500.000 € sowie eine Reduktion der variablen Stückkosten um 50 €/Stück ausgeglichen werden. Um wie viel Mengeneinheiten muss der Absatz im Vergleich zu a) mindestens gesteigert werden, damit das geplante Gewinnziel trotz Preisreduktion erreicht werden kann?

37 Prozesskostenrechnung

Ein Industrieunternehmen, das zwei Produkte (A, B) herstellt und vertreibt, führt bisher seine Produktkalkulation auf Basis einer Zuschlagskalkulation durch.

Für die kommende Periode sind folgende produktbezogenen Plandaten gegeben:

Produkte	Absatzmengen (ME)	Materialeinzelkosten (€/ME)	Fertigungseinzelkosten (€/ME)	Fertigungszeit (h/ME)
A	8.000	400	100	0,5
B	1.000	750	150	1,5

Im Rahmen der Gemeinkostenplanung wurden folgende Gemeinkosten für die kommende Periode ermittelt:

Kostenstellen	Material	Fertigung	Verwaltung	Vertrieb
Gemeinkosten	1.975.000 €	8.550.000 €	1.542.500 €	2.313.750 €

Zur Verrechnung der Gemeinkosten auf die Produkte dienen folgende Bezugsgrößen:

- Materialgemeinkosten: Materialeinzelkosten
- Fertigungsgemeinkosten: Fertigungseinzelkosten
- Verwaltungs-/Vertriebsgemeinkosten: Herstellkosten

a) Ermitteln Sie die Selbstkosten pro ME für die beiden Produkte A und B.

Das Unternehmen erwägt zur Verbesserung der Produktkalkulation die Einführung einer Prozesskostenrechnung für den Material- und Vertriebsbereich. Im Fertigungsbereich soll die Verrechnung der Gemeinkosten über Fertigungszeiten (Maschinenstundensatz) erfolgen. Die Materialkostenstelle soll in die Bereiche Einkauf und Warenlager unterteilt werden. Die Gemeinkosten der Verwaltung sollen - wie bisher - auf Basis einer Zuschlagskalkulation auf die Produkte verrechnet werden.

Die vor Einführung der Prozesskostenrechnung durchgeführte Tätigkeitsanalyse hat für die kommende Planperiode folgendes Ergebnis erbracht:

Kostenstellen	Prozesse	Prozessmengen	Prozesskosten (€)
Einkauf	Beschaffungsprozesse durchführen	2.000	550.000
	Abteilung leiten	-	125.000
Warenlager	Lagervorgänge bearbeiten	4.000	1.200.000
	Abteilung leiten	-	100.000
Vertrieb	Kundenaufträge bearbeiten	750	2.100.000
	Abteilung leiten	-	213.750

Von den gesamten Beschaffungsprozessen entfallen 75% voraussichtlich auf Produkt A. Gleiches gilt für die Lagervorgänge. Ferner wird angenommen, dass die geplanten Absatzmengen von Produkt A mit 500 und von Produkt B mit 250 Kundenaufträgen abgesetzt werden können.

b) Ermitteln Sie die Selbstkosten pro ME für die beiden Produkte A und B.

c) Beurteilen Sie die Ergebnisse von a) und b).

Lösungen

1 Grundbegriffe des betrieblichen Rechnungswesens

	Aus-zahlung	Aus-gabe	Neutraler Aufwand	Zweck-aufwand	Grund-kosten	Anders-kosten	Zusatz-kosten
a)	X	X		X	X		
b)						X	
c)		X					
d)	X	X	X				
e)	X	X		X	X		
f)	X						
g)		X					
h)						X	
i)			X				
j)	X			X	X		
k)	X						
l)							X
m)			X				
n)	X						
o)	X	X		X	X		

2 Verrechnungs- und beschäftigungsbezogene Kosteneinteilung

	a)	b)	c)	d)	e)	f)	g)	h)	i)	j)	k)	l)	m)	n)	o)
Einzel-kosten	X			X					X						
Gemein-kosten		X	X		X	X	X	X		X	X	X	X	X	X
variable Kosten	X		X	X				X	X	X					X
fixe Kosten		X			X	X	X				X	X	X	X	

3 Kalkulatorische Abschreibungen

a)			b)		
Periode	Abschreibung (€)	Restwert (€)	Periode	Abschreibung (€)	Restwert €)
1	60.000	240.000	1	60.000	240.000
2	60.000	180.000	2	60.000	180.000
3	72.000	144.000	3	60.000	120.000
4	-	Anlagewagnis	4	66.000	66.000
			5	55.000	55.000
			6	55.000	0

4 Kalkulatorische Zinskosten

	kalk. Restwert (€) (Periodenbeginn)	kalk. Restwert (€) (Periodenende)	Durchschnittliche Kapitalbindung (€)
betriebsnotw. Grundstücke	1,60 Mio.	1,60 Mio.	1,60 Mio.
+ Gebäude	3,20 Mio.	3,12 Mio.	3,16 Mio.
+ LKW (alt)	4,70 Mio.	3,90 Mio.	4,30 Mio.
+ LKW (neu)	1,00 Mio.	0,80 Mio.	0,90 Mio.
+ betriebsnotw. Umlaufvermögen			0,40 Mio.
= betriebsnotw. Vermögen			**10,36 Mio.**
– Abzugskapital (Rückstellungen, Lieferantenkredite)			0,70 Mio.
= betriebsnotw. Kapital			**9,66 Mio.**

Kalkulatorische Zinskosten = 0,08 x 9.660.000 € = **772.800 €**

5 Kalkulatorische Wagniskosten

Es handelt sich um ein **Anlagewagnis**, das wie folgt berechnet wird:

Wagniskostensatz = (1.060.000 € - 370.000 €)/33.084.000 € x 100 ≈ **2,09%**
Kalkulatorische Wagniskosten = 0,0209 x 6.200.000 € = **129.580 €**

Der Wagniskostensatz ist eine Durchschnittsgröße, der mögliche Trendentwicklungen nicht abbilden kann. In dem hier vorliegenden Fall sind die periodenbezogenen Abschreibungsverluste stark rückläufig. In Periode 5 ergibt sich bei Gesamtabschreibungen i.H.v 7.600.000 € nur ein effektiver Wagnisverlust von 30.000 € (= 120.000 € - 90.000 €). Dieser Wagnisverlust ist damit deutlich geringer als der für Periode 6 bei einem geringeren Abschreibungsgesamtbetrag von 6.200.000 € ermittelte Betrag i.H.v. 129.580 €. D.h. der oben als Durchschnittsgröße ermittelte Wagniskostensatz erscheint unter Berücksichtigung der aktuellen Werte zu hoch und sollte daher ggf. etwas geringer angesetzt werden.

6 Verteilung der primären Gemeinkosten

Kostenart	Gemein-kosten (€)	Material	Fertigung	Verwaltung	Vertrieb
Hilfslöhne	22.000	4.000	13.600	-	4.400
Energiekosten	70.000	6.000	56.000	3.000	5.000
Gehälter	180.000	18.000	18.000	108.000	36.000
kalk. Unter-nehmerlohn	20.000	1.000	8.000	6.000	5.000
kalk. Abschrei-bungen	120.000	19.200	90.000	3.600	7.200
kalk. Zinsen	55.000	8.800	41.250	1.650	3.300
kalk. Miete	33.000	4.400	23.100	1.650	3.850
Hilfs- und Betriebsstoffe	22.500	2.250	14.625	2.250	3.375
Gesamt	**522.500**	**63.650**	**264.575**	**126.150**	**68.125**

7 Innerbetriebliche Leistungsverrechnung

a) **Blockumlageverfahren**

$V_{Gebäude}$ = 25.000 €/3.300 qm = 7,58 €/qm

$V_{Reparatur}$ = 40.000 €/2.050 Stunden = 19,51 €/h

$V_{Fuhrpark}$ = 30.000 €/115.000 km = 0,26 €/km

b) **Stufenleiterverfahren**

$V_{Gebäude}$ = 25.000 €/4.000 qm = 6,25 €/qm

$V_{Reparatur}$ = (40.000 € + 6,25 €/qm x 200 qm)/2.850 Stunden = 14,47 €/h

$V_{Fuhrpark}$ = (30.000 € + 6,25 €/qm x 500 qm + 14,47 €/h x 800 h)/115.000 km = 0,39 €/km

c) **Simultanverfahren**

Das lineare Gleichungssystem lautet:

Gebäude: 4.000 $V_{Gebäude}$ = 25.000 € + 150 $V_{Reparatur}$

Reparatur: 3.000 $V_{Reparatur}$ = 40.000 € + 200 $V_{Gebäude}$ + 5.000 $V_{Fuhrpark}$

Fuhrpark: 120.000 $V_{Fuhrpark}$ = 30.000 € + 500 $V_{Gebäude}$ + 800 $V_{Reparatur}$

Daraus ergibt sich:

$V_{Gebäude}$ = 6,77 €/qm

$V_{Reparatur}$ = 13,85 €/h

$V_{Fuhrpark}$ = 0,37 €/km

d)

	Gebäude	Reparatur	Fuhrpark	Material	Fertigung	Verwaltung/ Vertrieb
Primäre Gemein-kosten (€)	25.000	40.000	30.000	150.000	480.000	200.000
Umlage Gebäude[1]		1.250	3.125	4.687	13.125	2.813
Umlage Reparatur[2]			11.579	5.790	21.710	2.171
Umlage Fuhrpark[3]				11.662	2.332	30.710
Summe Gemein-kosten (€)	–	–	–	**172.139**	**517.167**	**235.694**

8 Bildung von Kalkulationssätzen und Selbstkostenkalkulation

a) **Herstellkosten** = 318.250 € + 63.650 € + 158.745 € + 264.575 € + 15.780 €
= 821.000 €

Kalkulationssätze:

- Material: 63.650 €/318.250 € x 100 = 20%
- Fertigung: 264.575 €/158.745 € x 100 = 166,67%
- Verwaltung: 126.150 €/821.000 € x 100 = 15,37%
- Vertrieb: 68.125 €/821.000 € x 100 = 8,30%

b)

Materialeinzelkosten	50,00 €
Materialgemeinkosten (20%)	10,00 €
Fertigungseinzelkosten	30,00 €
Fertigungsgemeinkosten (166,67%)	50,00 €
Sondereinzelkosten der Fertigung	6,00 €
Herstellkosten	**146,00 €**
Verwaltungsgemeinkosten (15,37%)	22,44 €
Vertriebsgemeinkosten (8,30%)	12,12 €
Sondereinzelkosten des Vertriebs	2,00 €
Selbstkosten	**182,56 €**

[1] Bei Material wurde abgerundet, bei Verwaltung/Vertrieb auf volle Euro-Beträge aufgerundet.

[2] Es wurde mit dem nicht gerundeten Verrechnungssatz $V_{Reparatur}$ = 14,47368421 €/h gerechnet.

[3] Es wurde mit dem nicht gerundeten Verrechnungssatz $V_{Fuhrpark}$ = 0,388730434 €/km gerechnet.

9 Kostenstellenrechnung

a) **Blockumlageverfahren**

V_A = 53.000 €/1.400 h = 37,86 €/h

V_B = 50.000 €/890 Mitarbeiter = 56,18 €/Mitarbeiter

V_C = 38.500 €/940 h = 40,96 €/h

V_D = 32.500 €/499.000 km = 0,07 €/km

b) **Stufenleiterverfahren**

V_B = 50.000 €/1.000 Mitarbeiter = 50 €/Mitarbeiter

V_C = (38.500 € + 50 €/Mit. x 30 Mit.)/1.000 h = 40 €/h

V_A = (53.000 € + 50 €/Mit. x 40 Mit. + 40 €/h x 50 h)/1.900 h = 30 €/h

V_D = (32.500 € + 50 €/Mit. x 40 Mit. + 40 €/h x 10 h + 30 €/h x 500 h)/499.000 km = 0,10 €/km

c) **Simultanverfahren** (Basisgleichungen)

A: 2.000 V_A = 53.000 € + 40 V_B + 50 V_C

B: 1.000 V_B = 50.000 € + 50 V_A

C: 1.000 V_C = 38.500 € + 50 V_A + 30 V_B + 1.000 V_D

D: 500.000 V_D = 32.500 € + 500 V_A + 40 V_B + 10 V_C

d)

	B	C	A	D	E	F	G	H	I	J
GK (€)	50.000	38.500	53.000	32.500	20.000	100.000	200.000	100.000	50.000	60.000
B		1.500	2.000	2.000	2.500	20.000	15.000	2.000	2.500	2.500
C			2.000	400	-	15.600	18.000	4.000	-	-
A				15.000	6.000	12.000	15.000	-	6.000	3.000
D					900	2.000	-	17.000	30.000	-
Σ	**0**	**0**	**0**	**0**	**29.400**	**149.600**	**248.000**	**123.000**	**88.500**	**65.500**

e) **Herstellkosten** = 294.000 € + 29.400 € + 85.485 € + 149.600 € + 99.200 € + 248.000 € + 246.000 € + 123.000 € = 1.274.685 €

Kalkulationssätze:

- E: 29.400 €/294.000 € x 100 = 10%
- F: 149.600 €/85.485 € x 100 = 175%
- G: 248.000 €/99.200 € x 100 = 250%
- H: 123.000 €/246.000 € x 100 = 50 %
- I: 88.500 €/1.274.685 € x 100 = 6,94%
- J: 65.500 €/1.274.685 € x 100 = 5,14%

10 Mehrstufige Divisionskalkulation

a) **Herstell- und Selbstkosten:**

k_{H1} = 150.000 €/10.000 ME = 15 €/ME

k_{H2} = (15 €/ME x 10.000 ME + 16 €/ME x 5.000 ME)/15.000 ME + 100.000 €/15.000 ME= 22 €/ME

k_{H3} = 22 €/ME + 100.000 €/12.500 ME = 30 €/ME

k_{H4} = 30 €/ME + 50.000 €/10.000 ME = 35 €/ME

k_S = 35 €/ME + 100.000 €/8.000 ME = 47,50 €/ME

b)

Lager	I	II	III	IV
mengenmäßige Bestandsveränderung (ME)	- 5.000	+ 2.500	+ 2.500	+ 2.000
wertmäßige Bestandsveränderung (€)	- 80.000	+ 55.000	+ 75.000	+ 70.000

11 Mehrstufige Äquivalenzziffernkalkulation

a) **Äquivalenzziffern**:

	A	B	C	D	E
Material	0,8	0,9	**1,0**	1,3	1,5
Fertigung	0,75	**1,0**	1,25	1,5	1,75
Verwaltung/ Vertrieb	1,0	1,0	1,0	1,0	1,0

b) **Materialstückkosten der Einheitssorte C**

= 660.000/(0,8 x 1.000 + 0,9 x 1.200 + 1,0 x 600 + 1,3 x 400 + 1,5 x 200)

= 200 €/ME

Fertigungsstückkosten der Einheitssorte B

= 438.000/(0,75 x 1.000 + 1,0 x 1.200 + 1,25 x 600 + 1,5 x 400 + 1,75 x 200)

= 120 €/ME

Verwaltungs- und Vertriebsstückkosten (für alle Sorten gleich)

= 136.000/(1.000 + 1.200 + 600 + 400 + 200)

= 40 €/ME

Durch Multiplikation der stufenbezogenen Stückkosten der Einheitssorten mit den jeweiligen Äquivalenzziffern der anderen Sorten ergeben sich die folgenden Herstell-, Selbst- und Gesamtkosten der einzelnen Sorten:

	A	B	C	D	E
k_M (€/ME)	160	180	**200**	260	300
k_F (€/ME)	90	**120**	150	180	210
k_H (€/ME)	250	300	350	440	510
k_{VV} (€/ME)	40	40	40	40	40
k_S (€/ME)	290	340	390	480	550
K (€)	290.000	408.000	234.000	192.000	110.000

12 Differenzierende Zuschlagskalkulation i.e.S.

a) **Herstellkosten** = 900.000 € + 225.000 € + 675.000 € + 1.350.000 € + 50.000 € = 3.200.000 €

Gemeinkostenzuschlagssätze:

- Material: 225.000 €/900.000 € x 100 = 25%
- Fertigung: 1.350.000 €/675.000 € x 100 = 200%
- Verwaltung: 400.000 €/3.200.000 € x 100 = 12,5%
- Vertrieb: 240.000 €/3.200.000 € x 100 = 7,5 %

b)

	A	B
Materialeinzelkosten	1.000,00 €	1.500,00 €
Materialgemeinkosten (25%)	250,00 €	375,00 €
Fertigungseinzelkosten	400,00 €	600,00 €
Fertigungsgemeinkosten (200%)	800,00 €	1.200,00 €
Sondereinzelkosten der Fertigung	50,00 €	50,00 €
Herstellkosten	**2.500,00 €**	**3.725,00 €**
Verwaltungsgemeinkosten (12,5%)	312,50 €	465,63 €
Vertriebsgemeinkosten (7,5%)	187,50 €	279,37 €
Selbstkosten	**3.000,00 €**	**4.470,00 €**

13 Differenzierende Lohnzuschlagskalkulation

a) **Gemeinkostenzuschlagssätze:**

- Teilefertigung (TF): 350.000 €/100.000 € x 100 = 350%
- Vormontage (VM): 512.000 €/250.000 € x 100 = 205%
- Endmontage (EM): 487.500 €/325.000 € x 100 = 150%

b)

	A	B
Fertigungseinzelkosten (TF)	80,00 €	150,00 €
Fertigungsgemeinkosten (350%)	280,00 €	525,00 €
Fertigungseinzelkosten (VM)	140,00 €	300,00 €
Fertigungsgemeinkosten (205%)	287,00 €	615,00 €
Fertigungseinzelkosten (EM)	180,00 €	150,00 €
Fertigungsgemeinkosten (150%)	270,00 €	225,00 €
Sondereinzelkosten der Fertigung	50,00 €	50,00 €
Fertigungskosten	**1.287,00 €**	**2.015,00 €**

c)

	A	B
Materialeinzelkosten	1.000,00 €	1.500,00 €
Materialgemeinkosten (25%)	250,00 €	375,00 €
Fertigungskosten (aus b)	1.287,00 €	2.015,00 €
Herstellkosten	**2.537,00 €**	**3.890,00 €**
Verwaltungsgemeinkosten (12,5%)	317,13 €	486,25 €
Vertriebsgemeinkosten (7,5%)	190,27 €	291,75 €
Selbstkosten	**3.044,40 €**	**4.668,00 €**

14 Bezugsgrößenkalkulation

a) **Stufenleiterverfahren**

$V_{Kantine}$ = 9.750 €/195 Mit. = 50 €/Mit.

$V_{Energie}$ = (48.250 € + 50 €/Mit. x 10 Mit.)/195.000 kWh = 0,25 €/kWh

$V_{Reparatur}$ = (31.800 € + 50 €/Mit. x 5 Mit. + 0,25 €/kWh x 5.000 kWh)/740 h = 45 €/h

	Kantine	Energie	Reparatur	Material	Teilefertigung	Montage	Verwaltung	Vertrieb
Primäre GK (€)	9.750	48.250	31.800	53.600	154.100	258.550	68.425	40.525
Umlage Kantine		500	250	750	2.250	4.000	1.250	750
Umlage Energie			1.250	2.500	13.750	21.250	3.750	6.250
Umlage Rep.				3.150	9.900	16.200	1.575	2.475
Summe				60.000	180.000	300.000	75.000	50.000

b) **Gemeinkostenzuschlags-/Stundensätze:**

- Material: 60.000 €/240.000 € x 100 = 25%
- Teilefertigung (TF): 180.000 €/1.500 h = 120 €/h
- Montage (M): 300.000 €/2.000 h = 150 €/h
- Verwaltung: 75.000 €/1.000.000 € x 100 = 7,5%
- Vertrieb: 50.000 €/1.000.000 € x 100 = 5%

c)

Materialeinzelkosten	35,00 €
Materialgemeinkosten (25%)	8,75 €
Fertigungseinzelkosten	15,00 €
Fertigungsgemeinkosten TF (120 €/h x 1/6 h)	20,00 €
Fertigungsgemeinkosten M (150 €/h x 1/12 h)	12,50 €
Sondereinzelkosten der Fertigung	2,00 €
Herstellkosten	**93,25 €**
Verwaltungsgemeinkosten (7,5%)	6,99 €
Vertriebsgemeinkosten (5%)	4,66 €
Sondereinzelkosten des Vertriebs	4,00 €
Selbstkosten	**108,90 €**

15 Maschinenstundensatzkalkulation

a) **Maschinenstundensatz Gruppe A**

= (60.000 € + 6.00 € + 12.000 € + 6.000 € + 2.000 € + 40.000 €)/280 h

= 450 €/h

Maschinenstundensatz Gruppe B

= (100.000 € + 6.000 € + 8.000 € + 2.000 € + 2.000 € + 20.000 €)/300 h

= 460 €/h

Zuschlagssatz für Restgemeinkosten

= 120.000 €/80.000 € x 100 = 150%

b)

Fertigungseinzelkosten I	40 €
Fertigungsgemeinkosten I A (450 €/h x1/10 h)	45 €
Fertigungsgemeinkosten I B (460 €/h x 1/10 h)	46 €
Fertigungsrestgemeinkosten I (150%)	60 €
Fertigungsgemeinkosten II (560 €/h x 1/2 h)	280 €
Fertigungsgemeinkosten III (440 €/h x 1/4 h)	110 €
Fertigungskosten	**581 €**

c) **Zuschlagssatz für Fertigungsgemeinkosten I**

= (126.000 € + 138.000 € + 120.000 €)/80.000 € x 100 = 480%

Fertigungseinzelkosten I	40 €
Fertigungsrestgemeinkosten I (480%)	192 €
Fertigungsgemeinkosten II (560 €/h x 1/2 h)	280 €
Fertigungsgemeinkosten III (440 €/h x 1/4 h)	110 €
Fertigungskosten	**622 €**

d) Bei automatisierter Fertigung sind wesentliche Teile der Fertigungsgemeinkosten „maschinenabhängig". Deren Verrechnung über Fertigungslöhne würde daher zu erheblichen Kostenverzerrungen führen. Der Vorteil einer höheren Verrechnungsgenauigkeit durch den Einsatz einer Maschinenstundensatzkalkulation wird allerdings mit dem Nachteil eines höheren Anwendungsaufwandes erkauft.

16 Kuppelkalkulation

a) **Verteilungsmethode (Marktwertmethode)**

Summe der Weiterverarbeitungskosten (WV)
= 0,02 €/kg x 60 Mio. kg + 0,03 €/cbm x 25 Mio. cbm + 0,04 €/kg x 4 Mio. kg
+ 0,2 €/l x 0,8 Mio. l = 2,27 Mio. €

Zuschlagssatz für Verwaltungs- und Vertriebskosten:
= 2,464 Mio. €/(10,05 Mio. € + 2,27 Mio €) x 100 = 20%

	Marktwerte (Mio. €)	Herstellkosten pro Marktwert	Kostenanteil (Mio. €)	Herstellkosten ohne WV (€/ME)	Herstellkosten mit WV (€/ME)	Selbstkosten (€/ME)
Koks	10,80	0,5	5,40	0,090	0,110	0,132
Gas	7,50	0,5	3,75	0,150	0,180	0,216
Teer	0,60	0,5	0,30	0,075	0,115	0,138
Benzol	1,20	0,5	0,60	0,750	0,950	1,140
$\sum$	20,10		10,05			

b) **Restwertrechnung**

Restkosten = 9,795 Mio. € - [(0,3 €/cbm - 0,03 €/cbm) x 8 Mio. cbm + (0,15 €/kg - 0,04 €/kg) x 4 Mio. kg + (1,5 €/l - 0,2 €/l) x 0,8 Mio. l]
= 6,155 Mio. €

Stückkosten Koks:

Herstellkosten ohne WV (6,155 Mio. €/60 Mio. kg)	0,103 €/kg
+ Weiterverarbeitungskosten	0,020 €/kg
Verwaltungs- und Vertriebskosten (1,8 Mio. €/60 Mio. kg)	0,030 €/kg
Selbstkosten	**0,153 €/kg**

17 Kurzfristige Erfolgsrechnung (1)

a) Gesamtkosten = 250.000 €

Verwaltungs-/Vertriebskosten = 0,18 x 250.000 € = 45.000 €

Herstellkosten = 250.000 € - 45.000 € = 205.000 €

k_H = 205.000 €/50.000 Stück = 4,10 €/Stück

k_S = 4,10 €/Stück + 45.000 €/45.000 Stück = 5,10 €/Stück

b)

Betriebsergebniskonto (GKV)			
Gesamtkosten	250.000 €	Umsatz (6,50 €/St. x 45.000 St.)	292.500 €
		Bestandserhöhung (4,10 €/St. x 5.000 St.)	20.500 €
Betriebsgewinn	**63.000 €**		
	313.000 €		313.000 €

Betriebsergebniskonto (UKV)			
Umsatzkosten (5,10 €/St. x 45.000 St.)	229.500 €	Umsatz (6,50 €/St. x 45.000 St.)	292.500 €
Betriebsgewinn	**63.000 €**		
	292.500 €		292.500 €

18 Kurzfristige Erfolgsrechnung (2)

a) **Einzelkosten:**

Material: 112 €/ME x 600 ME + 220 €/ME x 400 ME + 368 €/ME x 300 ME = 265.600 €

Fertigung I: 25 €/ME x 600 ME + 35 €/ME x 400 ME + 50 €/ME x 300 ME = 44.000 €

Fertigung II: 42 €/ME x 600 ME + 50 €/ME x 400 ME + 62 €/ME x 300 ME = 63.800 €

Fertigung III: 30 €/ME x 600 ME + 40 €/ME x 400 ME + 44 €/ME x 300 ME = 47.200 €

Gemeinkostenzuschlagssätze:

- Material: 39.840 €/265.600 € x 100 = 15%
- Fertigung I: 96.800 €/44.000 € x 100 = 220%
- Fertigung II: 76.560 €/63.800 € x 100 = 120%
- Fertigung III: 70.800 €/47.200 € x 100 = 150%

	Simple	Medio	De Luxe
Materialeinzelkosten	112,00	220,00	368,00
Materialgemeinkosten (15%)	16,80	33,00	55,20
Fertigungseinzelkosten I	25,00	35,00	50,00
Fertigungsgemeinkosten I (220%)	55,00	77,00	110,00
Fertigungseinzelkosten II	42,00	50,00	62,00
Fertigungsgemeinkosten II (120%)	50,40	60,00	74,40
Fertigungseinzelkosten III	30,00	40,00	44,00
Fertigungsgemeinkosten III (150%)	45,00	60,00	66,00
Herstellkosten (€/ME)	**376,20**	**575,00**	**829,60**

b) Herstellkosten des Umsatzes = 376,20 €/ME x 500 ME
+ 575,00 €/ME x 450 ME
+ 829,60 €/ME x 200 ME
= 612.770 €

Zuschlagssatz für Verwaltung/Vertrieb: 76.600 €/612.770 € x 100 = 12,5%

	Simple	Medio	De Luxe
Herstellkosten (€/ME)	376,20	575,00	829,60
Verwaltungs-/Vertriebsgemeinkosten (12,5%)	47,03	71,88	103,70
Selbstkosten (€/ME)	**423,23**	**646,88**	**933,30**

c)

Betriebsergebniskonto (UKV)			
Umsatzkosten		Umsatz	
Herstellkosten Simple		Simple	
(376,20 €/ME x 500 ME)	188.100 €	(450 €/ME x 500 ME)	225.000 €
Herstellkosten Medio		Medio	
(575,00 €/ME x 450 ME)	258.750 €	(650 €/ME x 450 ME)	292.500 €
Herstellkosten De Luxe		De Luxe	
(829,60 €/ME x 200 ME)	165.920 €	(990 €/ME x 200 ME)	198.000 €
Verwaltung/Vertrieb	76.600 €		
Betriebsgewinn	**26.130 €**		
	715.550 €		715.500 €

Betriebsergebniskonto (GKV)			
Gesamtkosten		Umsatz	
Materialeinzelkosten	265.600 €	Simple	225.000 €
Fertigungseinzelkosten	155.000 €	Medio	292.500 €
Materialgemeinkosten	39.840 €	De Luxe	198.000 €
Fertigungsgemeinkosten	244.160 €		
Verwaltung/Vertrieb	76.600 €		
Bestandsminderung Medio (575,00 €/ME x 50 ME)	28.750 €	Bestandserhöhung Simple (376,20 €/ME x 100 ME)	37.620 €
		Bestandserhöhung De Luxe (829,60 €/ME x 100 ME)	82.960 €
Betriebsgewinn	**26.130 €**		
	836.080 €		836.080 €

19 Normalkostenrechnung

a)

	Material	Fertigung	Verwaltung/Vertrieb
Ist-Einzelkosten	165.000 €	175.000 €	-
Ist-Gemeinkosten	29.700 €	218.750 €	94.152 €
Ist-Zuschlagssatz	18%	125%	16%
Normal-Zuschlagssatz	20%	120%	15%
Normal-Gemeinkosten	33.000 €	210.000 €	87.450 €
Unterdeckung (+)		+ 8.750 €	+ 6.702 €
Überdeckung (-)	- 3.300 €		

b)

	Cafecito		Cafegrande	
	Normal	Ist	Normal	Ist
Materialeinzelkosten	150,00	150,00	300,00	300,00
Materialgemeinkosten	30,00	27,00	60,00	54,00
Fertigungseinzelkosten	200,00	200,00	250,00	250,00
Fertigungsgemeinkosten	240,00	250,00	300,00	312,50
Herstellkosten	620,00	627,00	910,00	916,50
Verwaltung/Vertrieb	93,00	100.32	136,50	146,64
Selbstkosten (€/ME)	**713,00**	**727,32**	**1.046,50**	**1.063,14**

20 Kostenkontrolle bei starrer Plankostenrechnung

a) **Budgetabweichungen:**

Betriebsstoffe: 44.000 € - 50.000 € = - 6.000 €

Personalkosten: 38.000 € - 40.000 € = - 2.000 €

Kalk. Kosten: 14.000 € - 15.000 € = - 1.000 €

Gesamtabweichungen:

Betriebsstoffe: 44.000 € - 50.000 €/400 h x 300 h = 6.500 €

Personalkosten: 38.000 € - 40.000 €/400 h x 300 h = 8.000 €

Kalk. Kosten: 14.000 € - 15.000 €/400 h x 300 h = 2.750 €

b) Plankostenverrechnungssatz = 105.000 €/400 h = 262,50 €/h

verrechnete Plankosten (K_{ver}) = 262,50 €/h x 300 h = 78.750 €

Budgetabweichung = 96.000 € - 105.000 € = - 9.000 €

Gesamtabweichung (K_{GA}) = 96.000 € - 78.750 € = 17.250 €

c)

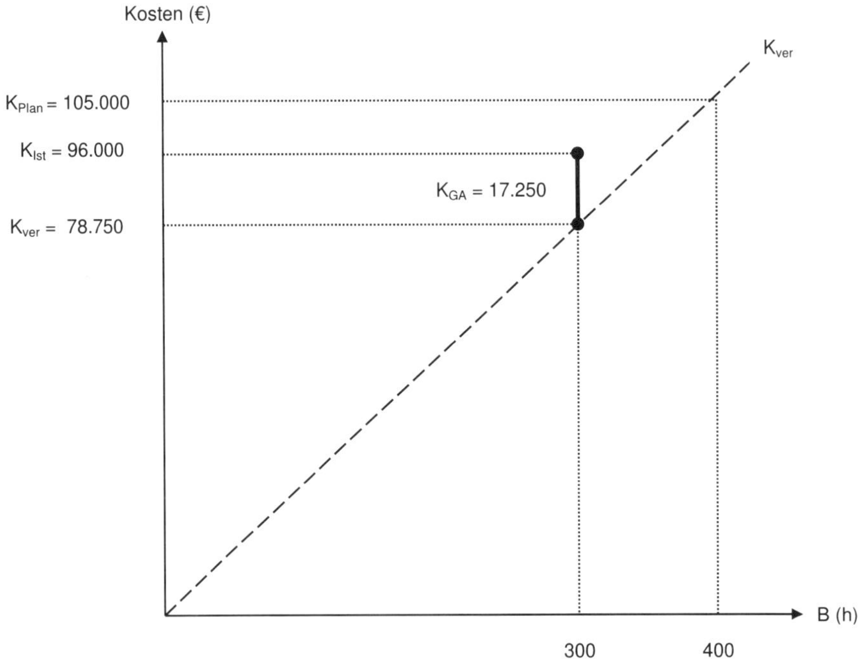

21 Kostenkontrolle bei starrer und flexibler Plankostenrechnung

a) Plankostenverrechnungssatz = 150.000 €/10.000 h = 15 €/h

Verrechnete Plankosten = 15 €/h x 8.500 h = 127.500 €

Budgetabweichung = 140.000 € - 150.000 € = -10.000 €

Gesamtabweichung = 140.000 € - 127.500 € = 12.500 €

b) **Kostenspaltung:**

k_{vp} = [(150.000 € - 112.500 €)/(10.000 h - 5.000 h)] = 7,50 €/h

K_{fp} = 150.000 € - 7,50 €/h x 10.000 h = 75.000 €

Sollkostenfunktion:

$K_s(B_i)$ = 75.000 € + 7,50€/h x B_i

Variator:

K_{vp} = 7,50 €/h x 10.000 h = 75.000 h

V = 75.000 €/150.000 € = 0,5 (5)

Der Variator gibt an, um wie viel Prozent sich die geplanten Gesamtkosten verändern, wenn die Beschäftigung um 10% variiert. Bei einem Variator von 0,5 (5) müssen sich die geplanten Gesamtkosten bei zehnprozentiger Beschäftigungsänderung (planmäßig) folglich um 5% verändern. Im vorliegenden Fall liegt ein Beschäftigungsrückgang von 15% gegenüber der Planung vor. Die Sollkosten (= Plankosten bei Istbeschäftigung) müssen also um 7,5% unter den Plankosten liegen.

Sollkosten:

K_s(85.000 h) = 150.00 € - 0,075 x 150.000 € = 138.750 €

oder bei Verwendung der Sollkostenfunktion:

K_s(85.000 h) = 75.000 € + 7,50 €/h x 8.500 h = 138.750 €

c) **Budgetabweichung** = 140.000 € - 150.000 € = -10.000 €

Gesamtabweichung (K_{GA}) = 140.000 € - 127.500 € = 12.500 €

Beschäftigungsabweichung (K_{BA}) = 138.750 € - 127.500 € = 11.250 €

Verbrauchsabweichung (K_{VA}) = 140.000 € - 138.750 € = 1.250 €

d)

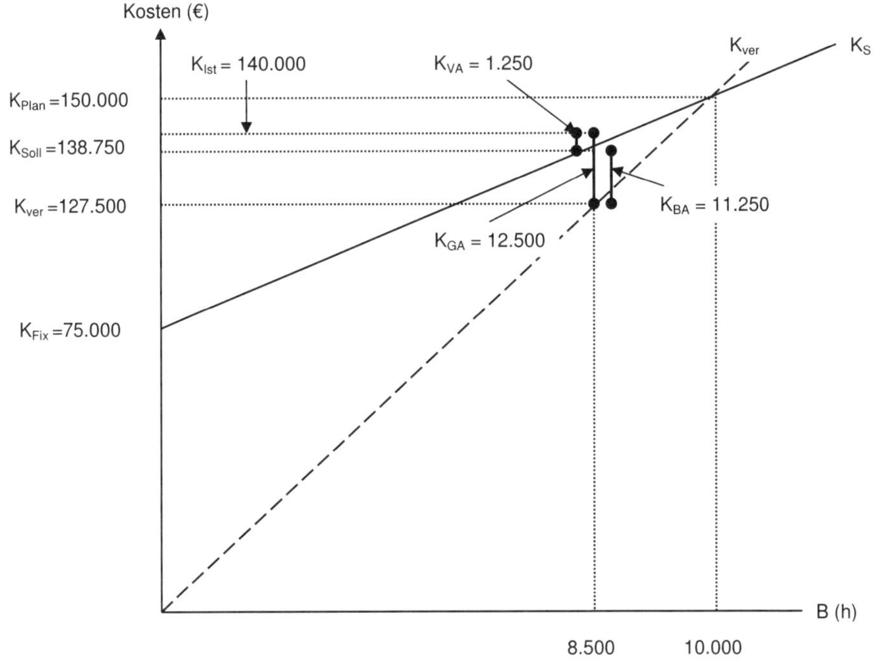

22 Kostenabweichungsanalyse mit Preis-/Mengenabweichungen

a) **Plankosten** = 0,1 €/kWh x 75.000 kWh = 7.500 €

Istkosten = 0,12 €/kWh x 83.500 kWh = 10.020 €

Plankostenverrechnungssatz = 7.500 €/6.000 ME = 1,25 €/ME

Verrechnete Plankosten = 1,25 €/ME x 5.000 ME = 6.250 €

Variable Plankosten = 0,7 x 7.500 € = 5.250 €

Sollkosten = 2.250 € + 5.250 €/6.000 ME x 5.000 ME = 6.625 €

Istkosten zu Planpreisen = 0,1 €/kWh x 83.500 kWh = 8.350 €

b) **Budgetabweichung** = 10.020 € - 7.500 € = 2.520 €

Gesamtabweichung = 10.020 € - 6.250 € = 3.770 €

Beschäftigungsabweichung = 6.625 € - 6.250 € = 375 €

Verbrauchsabweichung = 10.020 € - 6.625 € = 3.395 €

Preisabweichung = 10.020 € - 8.350 € = 1.670 €

Mengenabweichung = 8.350 € - 6.625 € = 1.725 €

c)

Budgetabweichung: Die geplanten Kosten werden im vorliegenden Fall um 2.520 € überschritten, obwohl die Istbeschäftigung unter der Planbeschäftigung lag. Die genauen Ursachen der Kostenabweichung können an dieser Stelle aber noch nicht ermittelt werden, da noch keine Trennung in fixe und variable Kosten erfolgt.

Gesamtabweichung: Insgesamt wurden 3.770 € zu wenig auf die Kostenträger verrechnet (Kostenunterdeckung). Die Gründe für die Gesamtabweichung können beschäftigungs- und verbrauchsbedingter Natur (Preis- und Mengeneffekte) sein.

Beschäftigungsabweichung: Es wurden aufgrund einer falschen Proportionalisierung von Planfixkosten insgesamt 375 € zu wenig Planfixkosten auf die Kostenträger verrechnet. Von den 2.250 € Planfixkosten (= 0,3 x 7.500 €) wurden nur 1.875 € (= 2.250 €/6000 ME x 5.000 ME) auf die Kostenträger verrechnet. Es handelt sich um einen „Systemfehler" der Vollkostenrechnung, der nicht durch Unwirtschaftlichkeiten, sondern durch Abweichung der Ist- von der Planbeschäftigung begründet ist.

Verbrauchsabweichung: Im vorliegenden Fall werden die „wirtschaftlichen" Kosten (= Sollkosten) um 3.395 € überschritten. Die Gesamtabweichung i.H.v. 3.770 € ist also i.H.v. 375 € beschäftigungs- und i.H.v. 3.395 € verbrauchsbedingter Natur. Zur Ermittlung möglicher Unwirtschaftlichkeiten muss dabei zwischen Preis- und Mengeneffekten unterschieden werden.

Preisabweichung: Der Preisanstieg um 0,02 €/kWh hat insgesamt zu einer Kostenunterdeckung i.H.v. 1.670 € geführt. Diese Preisabweichung ist i.d.R. nicht vom Kostenstellenleiter zu verantworten, da sich diese vermutlich durch „externe" Preiseffekte ergeben hat.

Mengenabweichung: Die Mengenabweichung i.H.v. 1.725 € liegt in einem Mehrverbrauch an Energie begründet, der im Rahmen einer Wirtschaftlichkeitsanalyse genauer zu untersuchen und zu begründen ist.

23 Flexible Plankostenrechnung auf Vollkostenbasis

Diese Übungsaufgabe ist die Fortsetzung des Demonstrationsbeispiels von **S. 198 ff.** Dort wurde der Lösungsweg nur für die Kostenart *Hilfslöhne* beschrieben. In analoger Weise ergeben sich die Lösungen für die anderen Kostenarten, die der Ergebnistabelle auf **S. 200** zu entnehmen sind.

24 Mängel der Vollkostenrechnung

a)

	1	5
Materialeinzelkosten (€/ME)	16,00	36,00
variable Materialgemeinkosten (€/ME)	1,00	2,25
Fertigungseinzelkosten (€/ME)	10,00	10,00
variable Fertigungsgemeinkosten (€/ME)	7,00	7,00
variable Herstell- bzw. Selbstkosten (€/ME)	34,00	55,25
Stückdeckungsbeitrag (€/ME) (= Preis – variable Kosten)	**16,00**	**0,75**
Periodendeckungsbeitrag (€) (= Stückdeckungsbeitrag x Absatzmenge)	**480.000**	**18.750**

Beide Produkte weisen einen positiven Stückdeckungsbeitrag auf, d.h. sie erwirtschaften neben der Deckung der variablen Kosten auch einen Beitrag zur Deckung der Fixkosten. Selbst das Produkt 5 erwirtschaftet trotz eines sehr geringen Stückdeckungsbeitrags i.H.v. nur 0,75 €/Stück immerhin noch 18.750 € an Fixkostendeckung in der Periode. Würden beide Produkte aus dem geplanten Produktions- und Absatzprogramm eliminiert werden, entginge dem Unternehmen insgesamt ein Gesamtdeckungsbeitrag von 498.750 €. Um diesen Betrag würde sich das Betriebsergebnis i.H.v. 540.000 € auf dann 41.250 € verringern, so dass die Verlustzone durch diese unternehmerische Fehlentscheidung fast erreicht wäre. Erst bei einem weiteren Preisverfall des Produktes 5 unter die variablen Stückkosten i.H.v. 55,25 € wäre die kurzfristige Eliminierung von Produkt 5 aus erfolgswirtschaftlicher Sicht sinnvoll (soweit keine Verbundeffekte oder ähnliches dagegen sprechen), da in diesem Fall nicht einmal mehr die variablen Stückkosten des Produktes gedeckt wären.

b)

Als Mängel der Vollkostenrechnung lassen sich zum einen die Proportionalisierung von Fixkosten und zum anderen der Verstoß gegen das Verursachungsprinzip nennen. Die **Proportionalisierung von Fixkosten** kann dabei zu der unternehmerischen Fehlentscheidung führen, Produkt 1 und 5 kurzfristig aus dem Programm zu eliminieren. Die Vollkostenrechnung behandelt Fixkosten im Prinzip wie variable Kosten und weist sie im Rahmen der Kalkulation (Kostenträgerstückrechnung) pro Stück aus. Dabei kann der Eindruck entstehen, dass diese Kosten z.B. bei einer Produkteliminierung entfallen. Dies ist aber nur bei variablen Kosten der Fall, deren absolute Höhe mit der Ausbringungsmenge variiert.

Ein Vergleich der variablen und vollen Selbstkosten zeigt im vorliegenden Fall, dass auf das Produkt 1 insgesamt 780.000 € (= (60 €/ME - 34 €/ME) x 30.000 ME) Fixkosten verrechnet wurden. Davon können über den Deckungsbeitrag des Produktes

1 immerhin 480.000 € gedeckt werden, so dass sich ein negatives Produktergebnis i.H.v. 300.000 ergibt. Auf Produkt 5 wurden 868.750 € (= (90 €/ME - 55,25 €/ME) x 25.000 ME) Fixkosten verrechnet, von denen zwar nur 18.750 € durch den Deckungsbeitrag dieses Produktes gedeckt werden (negatives Produktergebnis = - 850.000 €), in beiden Fällen gilt aber, dass durch eine Herausnahme der beiden Produkte diese Fixkostendeckung nicht mehr bestünde und sich das Betriebsergebnis (wie unter a) gezeigt) entsprechend verschlechtern würde. Die Höhe der Fixkosten kann durch diese Produkteliminierung nicht verändert werden, denn im Gegensatz zu ihrer Behandlung in einer Vollkostenrechnung handelt es sich nicht um proportionale/variable Kosten. Dieser Mangel wird in einer Teilkostenrechnung behoben (vgl. a), da keine Fixkosten mehr auf die Kostenträger verrechnet werden, eine Proportionalisierung dieser Kosten mithin nicht mehr erfolgt.

Dies gilt nicht in gleichem Maße für den **Verstoß gegen das Verursachungsprinzip** einer Vollkostenrechnung. Nach diesem Prinzip dürfen Gemeinkosten nicht auf einzelne Kostenträger verrechnet werden, da diese gemeinsam für mehrere Kostenträger anfallen und eine Zurechnung somit nicht verursachungsgerecht und willkürfrei möglich ist. Die Vollkostenrechnung verrechnet sowohl fixe als auch variable Gemeinkosten auf die einzelnen Kostenträger (bei Produkt 1 36 € (= 26 + 8), bei Produkt 5 44 € (= 34,75 + 9,25). Wie die Ergebnisse unter a) zeigen, erfolgt die Gemeinkostenzurechnung in einer Teilkostenrechnung nur in Höhe der variablen Gemeinkosten (8 € bei Produkt 1; 9,25 € bei Produkt 5). Der Verstoß gegen das Verursachungsprinzip fällt somit hier deutlich geringer aus, ist aber i.d.R. nicht ganz zu vermeiden, da variable Gemeinkosten im Gegensatz zu fixen Gemeinkosten auch kurzfristig veränderbar und somit entscheidungsrelevant sind.

25 Kostenkontrolle bei Grenzplankostenrechnung

a) **Var. Istkosten** = 0,80 €/kg x 1,2 kg/Stück x 11.000 Stück = 10.560 €
Var. Plankosten = 1,00 €/kg x 1 kg/Stück x 10.000 Stück = 10.000 €
Plankostenverrechnungssatz = 10.000 €/10.000 Stück = 1,00 €/Stück
Verrechnete Plankosten = 1,00 €/Stück x 11.000 Stück = 11.000 €
Var. Sollkosten = 1,00 €/Stück x 11.000 Stück = 11.000 €
Var. Istkosten zu Planpreisen = 1,00 €/kg x 1,2 kg/Stück x 11.000 Stück = 13.200 €

b) **Budgetabweichung** = 10.560 € - 10.000 € = 560 €
Gesamtabweichung = 10.560 € - 11.000 € = - 440 €
Beschäftigungsabweichung = 11.000 € - 11.000 € = 0 €
Verbrauchsabweichung = 10.560 € - 11.000 € = - 440 €
Preisabweichung = 10.560 € - 13.200 € = - 2.640 €
Mengenabweichung = 13.200 € - 11.000 € = 2.200 €

c)

Budgetabweichung: Die geplanten variablen Kosten werden im vorliegenden Fall um 560 € überschritten. Dabei ist allerdings zu berücksichtigen, dass die tatsächliche Produktionsmenge auch 10% über der geplanten Produktionsmenge lag. Ein aussagefähiger Kostenvergleich ist daher an dieser Stelle noch nicht möglich, da sich Ist- und Plankosten auf unterschiedliche Beschäftigungsgrade beziehen.

Gesamtabweichung: Insgesamt wurden 440 € zu viel auf die Kostenträger verrechnet (Kostenüberdeckung). Die Gründe für diese Gesamtabweichung können grundsätzlich beschäftigungs- und verbrauchsbedingter Natur (Preis- und Mengeneffekte) sein.

Beschäftigungsabweichung: Da eine Proportionalisierung von Planfixkosten im System der Grenzplankostenrechnung generell nicht mehr stattfindet, tritt die Beschäftigungsabweichung hier nicht mehr auf. Die Gesamtabweichung ist damit vollständig verbrauchsbedingter Natur (Preis- und Mengeneffekte) und entspricht in voller Höhe der Verbrauchsabweichung.

Verbrauchsabweichung: Im vorliegenden Fall werden die „wirtschaftlichen" Kosten (= variable Sollkosten) um 440 € unterschritten. Zur Ermittlung der genaueren Ursachen muss – wie bei flexibler Plankostenrechnung auf Vollkostenbasis – zwischen Preis- und Mengenabweichung unterschieden werden.

Preisabweichung: Aufgrund des Materialpreisrückgangs um 0,20 €/kg ergibt sich bei der tatsächlichen Istbeschäftigung im Prinzip ein Kostenrückgang i.H.v. 2.640 € (Kostenüberdeckung). Da die gesamte Kostenüberdeckung mit 440 € aber deutlich geringer ausfällt, muss ein zumindest teilweise kompensierender Mengeneffekt aufgetreten sein.

Mengenabweichung: Die Mengenabweichung i.H.v. 2.200 € liegt in einem Mehrverbrauch an Material begründet, der im Rahmen einer Wirtschaftlichkeitsanalyse genauer zu untersuchen und zu begründen ist. Der für die Kostenentwicklung positive Preiseffekt wird daher in der Tat durch diesen negativen Mengeneffekt weitgehend kompensiert.

d)

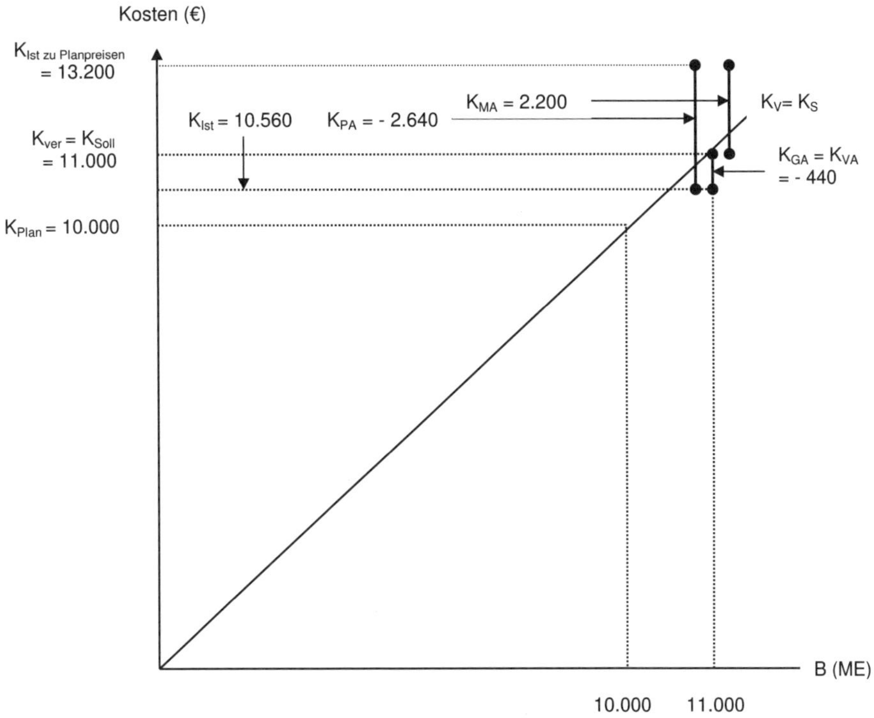

26 Kostenträgerstückrechnung bei Teilkostenrechnung

a) **Einzelkosten:**

Material: 112 €/ME x 600 ME + 220 €/ME x 400 ME + 368 €/ME x 300 ME = 265.600 €

Fertigung I: 25 €/ME x 600 ME + 35 €/ME x 400 ME + 50 €/ME x 300 ME = 44.000 €

Fertigung II: 42 €/ME x 600 ME + 50 €/ME x 400 ME + 62 €/ME x 300 ME = 63.800 €

Fertigung III: 30 €/ME x 600 ME + 40 €/ME x 400 ME + 44 €/ME x 300 ME = 47.200 €

Variable Herstellkosten = 265.600 € + 13.280 € + 44.000 € + 22.000 € + 63.800 € + 25.520 € + 47.200 € + 14.160 € = 495.560 €

Gemeinkostenzuschlagssätze:

- Material: 13.280 €/265.600 € x 100 = 5%
- Fertigung I: 22.000 €/44.000 € x 100 = 50%
- Fertigung II: 25.520 €/63.800 € x 100 = 40%

- Fertigung III: 14.160 €/47.200 € x 100 = 30%
- Verwaltung/Vertrieb: 9.911 €/495.560 € x 100 = 2%

	Simple	Medio	De Luxe
Materialeinzelkosten	112,00	220,00	368,00
var. Materialgemeinkosten (5%)	5,60	11,00	18,40
Fertigungseinzelkosten I	25,00	35,00	50,00
var. Fertigungsgemeinkosten I (50%)	12,50	17,50	25,00
Fertigungseinzelkosten II	42,00	50,00	62,00
var. Fertigungsgemeinkosten II (40%)	16,80	20,00	24,80
Fertigungseinzelkosten III	30,00	40,00	44,00
var. Fertigungsgemeinkosten III (30%)	9,00	12,00	13,20
var. Herstellkosten	**252,90**	**405,50**	**605,40**
var. Verwaltungs-/Vertriebsgemeinkosten (2%)	5,06	8,11	12,11
var. Selbstkosten (€/ME)	**257,96**	**413,61**	**617,51**

b)

	Simple	Medio	De Luxe
Preis (€/ME)	450,00	550,00	990,00
– var. Selbstkosten (€/ME)	257,96	413,61	617,51
Stückdeckungsbeitrag (€/ME)	**192,04**	**136,39**	**372,49**

Alle drei Waschmaschinentypen haben einen positiven Stückdeckungsbeitrag, d.h. über die Deckung der variablen Kosten hinaus erwirtschaften alle drei auch einen Beitrag zur Deckung der Fixkosten. Die kurzfristige Produkteliminierung des Waschmaschinentyps Medio wäre aus erfolgswirtschaftlicher Sicht somit eine unternehmerische Fehlentscheidung und würde sich negativ auf das Betriebsergebnis auswirken, wie auch aus der Lösung der Übungsaufgabe 27 deutlich wird.

27 Einstufige Deckungsbeitragsrechnung

a)

Produkte	Simple	Medio	De Luxe
Preis (€/ME)	450,00	550,00	990,00
- variable Selbstkosten (€/ME)	257,96	413,61	617,51
= Stückdeckungsbeitrag (€/ME)	192,04	136,39	372,49
Absatzmenge	600	400	300
Produktdeckungsbeitrag (€)	115.224	54.556	111.747
Gesamtdeckungsbeitrag (€)		281.527	
- fixe Materialgemeinkosten (€)		26.560	
- fixe Fertigungsgemeinkosten I (€)		74.800	
- fixe Fertigungsgemeinkosten II (€)		51.040	
- fixe Fertigungsgemeinkosten III (€)		56.640	
- fixe Verwaltungs- und Vertriebsgemeinkosten (€)		66.689	
= Betriebsergebnis (€)		**5.798**	

b)

Produkte	Simple	De Luxe
Preis (€/ME)	450,00	990,00
- variable Selbstkosten (€/ME)	257,96	617,51
= Stückdeckungsbeitrag (€/ME)	192,04	372,49
Absatzmenge	600	300
Produktdeckungsbeitrag (€)	115.224	111.747
Gesamtdeckungsbeitrag (€)	226.971	
- fixe Materialgemeinkosten (€)	26.560	
- fixe Fertigungsgemeinkosten I (€)	74.800	
- fixe Fertigungsgemeinkosten II (€)	51.040	
- fixe Fertigungsgemeinkosten III (€)	56.640	
- fixe Verwaltungs- und Vertriebsgemeinkosten (€)	66.689	
= Betriebsergebnis (€)	**- 48.758**	

Das Betriebsergebnis sinkt um den Deckungsbeitrag des Waschmaschinentyps Medio (= 54.556 €), der durch die Produkteliminierung verloren geht, so dass das Unternehmen nun im Vergleich zu a) in die Verlustzone gerät. Dies liegt daran, dass bei Herausnahme von Medio aus dem Produktions- und Absatzprogramm Fixkosten in Höhe des Deckungsbeitrags von Medio nicht mehr gedeckt sind. Die Eliminierung von Medio wäre somit zumindest kurzfristig (vgl. Lösung *Übungsaufgabe 26*) eine Fehlentscheidung, deren erfolgswirtschaftliches Ausmaß an der Veränderung der Betriebsergebnisse von a) und b) abzulesen ist.

28 Einstufige Deckungsbeitragsrechnung vs. Vollkostenrechnung bei Lagerbestandsveränderungen

a) **Einstufige Deckungsbeitragsrechnung:**

Produkte	Solo	Doble	Triple
Preis (€/Stück)	10,00	30,00	20,00
- variable Herstellkosten (€/Stück)	3,00	5,00	15,00
= Stückdeckungsbeitrag (€/Stück)	7,00	25,00	5,00
Absatzmenge	3.000	800	1.200
Produktdeckungsbeitrag (€)	21.000	20.000	6.000
Gesamtdeckungsbeitrag (€)		47.000	
- fixe Herstellkosten (€)		35.500	
- sonstige Fixkosten (€)		13.900	
= Betriebsergebnis (€)		**- 2.400**	

b) **Vollkostenrechnung:**

Produkte	Solo	Doble	Triple
Preis (€/Stück)	10,00	30,00	20,00
- Herstellkosten (€/Stück)	7,00	21,00	20,00
= Produktergebnis (€/Stück)	3,00	9,00	0
Absatzmenge	3.000	800	1.200
Produktergebnis (€)	9.000	7.200	0
$\sum$ Produktergebnisse (€)		16.200	
- sonstige Fixkosten (€)		13.900	
= Betriebsergebnis (€)		**2.300**	

c) **Einstufige Deckungsbeitragsrechnung:**

Produkte	Solo	Doble	Triple
Preis (€/Stück)	10,00	30,00	20,00
- variable Herstellkosten (€/Stück)	3,00	5,00	15,00
= Stückdeckungsbeitrag (€/Stück)	7,00	25,00	5,00
Absatzmenge	3.000	1.200	1.800
Produktdeckungsbeitrag (€)	21.000	30.000	9.000
Gesamtdeckungsbeitrag (€)		60.000	
- fixe Herstellkosten (€)		35.500	
- sonstige Fixkosten (€)		13.900	
= Betriebsergebnis (€)		**10.600**	

Vollkostenrechnung:

Produkte	Solo	Doble	Triple
Preis (€/Stück)	10,00	30,00	20,00
- Herstellkosten (€/Stück)	7,00	21,00	20,00
= Produktergebnis (€/Stück)	3,00	9,00	0
Absatzmenge	3.000	1.200	1.800
Produktergebnis (€)	9.000	10.800	0
∑ Produktergebnisse (€)		19.800	
- sonstige Fixkosten (€)		13.900	
= Betriebsergebnis (€)		**5.900**	

d)

Bei der Vollkostenrechnung gehen die fixen Herstellkosten der Produkte anteilig bezogen auf das Absatzvolumen in das Betriebsergebnis ein, während die einstufige Deckungsbeitragsrechnung als Teilkostenrechnung fixe Kosten als Periodenkosten interpretiert und in voller Höhe im Rahmen der Betriebsergebnisermittlung verrechnet. Beim Kugelschreiber Doble sind in den vollen Herstellkosten von 21 €/Stück 16 €/Stück anteilige Fixkosten enthalten (Proportionalisierung von Fixkosten), beim Kugelschreiber Triple sind es 5 € fixe Herstellkosten pro Stück bei insgesamt 20 € vollen Herstellkosten pro Stück. Da von Doble zunächst nur 800 und von Triple nur 1.200 Stück abgesetzt werden, verrechnet die Vollkostenrechnung in der Ausgangssituation nur 30.800 € (= 3.000 x 4 + 800 x 16 + 1.200 x 5) an fixen Herstellkosten, während die einstufige Deckungsbeitragsrechnung die gesamten fixen Herstellkosten i.H.v. 35.500 € (= 12.000 € + 16.000 € + 7.500 €) in Ansatz bringt. Die Fixkostendifferenz i.H.v. 4.700 € entspricht genau der Betriebsergebnisdifferenz zwischen Teil- und Vollkostenrechnung bei a) und b).

In der Folgeperiode werden nun von Doble und Triple auch Mengen aus dem Lager verkauft, so dass in der Vollkostenrechnung auch die anteiligen fixen Herstellkosten i.H.v 4.700 € der Vorperiode verrechnet werden. Die Vollkostenrechnung setzt folglich fixe Herstellkosten i.H.v. 40.200 € (= 3000 x 4 + 1.200 x 16 + 1.800 x 5) an, während die einstufige Deckungsbeitragsrechnung erneut fixe Herstellkosten i.H.v. 35.500 € verrechnet. Auch in dieser Periode entspricht damit die Fixkostendifferenz i.H.v. 4.700 € genau der Betriebsergebnisdifferenz zwischen Teil- und Vollkostenrechnung, wie aus der Lösung von Teilaufgabe c) zu erkennen ist.

Betrachtet man die Ergebnisse von Voll- und Teilkostenrechnung der beiden Perioden in Summe, so ist festzustellen, dass beide Rechnungen insgesamt identische Betriebsergebnisse (jeweils 8.200 €) ausweisen. Die Ergebnisunterschiede in den einzelnen Perioden ergeben sich nur aus einer unterschiedlichen Behandlung von Fixkosten. In einer Vollkostenrechnung werden Fixkosten proportionalisiert, in einer

Teilkostenrechnung als Periodenkosten stets in Summe von den Deckungsbeiträgen der Produkte abgezogen. Die Vorgehensweise der Teilkostenrechnung folgt damit konsequent dem Prinzip der Periodengerechtigkeit (vgl. 2.3).

29 Mehrstufige Deckungsbeitragsrechnung

a)

Bereich	Säfte		Konfitüre			
Gruppe			Standard		Wellness	
Produkt	Apfel	Orange	Erdbeere	Kirsch	Himbeere	Waldfrucht
db (€/ME)	- 0,10	0,30	0,50	0,50	1,00	0,55
DB I (€)	- 6.000	18.000	50.000	20.000	20.000	33.000
Produkt-fixkosten	6.000	5.200	45.000	21.000	10.200	10.000
DB II	- 12.000	12.800	5.000	- 1.000	9.800	23.000
∑ DB II	800		4.000		32.800	
Gruppen-fixkosten	-		5.000		7.400	
DB III	800		- 1.000		25.400	
∑ DB III	800		24.400			
Bereichs-fixkosten	2.000		10.000			
DB IV	- 1.200		14.400			
∑ DB IV	13.200					
Betriebs-fixkosten	9.000					
Betriebs-ergebnis	**4.200**					

b)

Das Planbetriebsergebnis für den kommenden Monat ist zwar insgesamt positiv, fällt mit 4.200 € aber, insbesondere gemessen an dem geplanten Gesamtumsatz i.H.v. 602.000 €, äußerst gering aus (Umsatzrendite unter 1%). Dies liegt vordergründig am Unternehmensbereich Säfte, der einen negativen Bereichsdeckungsbeitrag (DB IV) aufweist und damit nicht in der Lage ist, die eigenen Bereichsfixkosten vollständig zu decken. Zum Betriebsgewinn trägt damit de facto nur der Bereich Konfitüre mit einem Bereichsdeckungsbeitrag i.H.v. 14.400 € bei, der sicherstellt, dass die Betriebsfixkosten vollständig gedeckt werden können und ein – wenn auch geringer – Plangewinn erzielt werden kann.

Bei genauerer Analyse wird deutlich, dass der positive DB IV des Bereichs Konfitüre ausschließlich auf die Produktgruppe Wellnesskonfitüre zurückzuführen ist. Der Produktgruppe Standardkonfitüre gelingt es nicht, die Produktgruppenfixkosten vollständig zu decken, geschweige denn einen Beitrag zur Deckung der Bereichsfixkosten zu leisten. Auslöser hierfür sind die relativ hohen Produktfixkosten der Erdbeer- und Kirschkonfitüre. Während es bei der Erdbeerkonfitüre noch gelingt, die Produktfixkosten zu decken, erwirtschaftet die Kirschkonfitüre einen negativen DB II, da der positive DB I dieses Produktes nicht vollständig ausreicht, um die eigenen Produktfixkosten zu decken. Hauptproblem im Unternehmensbereich Säfte stellt der Apfelsaft dar. Diesem Produkt gelingt es nicht einmal, durch den Absatzpreis die eigenen variablen Kosten zu decken, so dass bereits der DB I negativ ausfällt.

Zur kurzfristigen Ergebnisverbesserung könnte es sinnvoll sein, den Apfelsaft aus dem Produktions- und Absatzprogramm zu nehmen. Voraussetzung hierfür ist allerdings, dass es sich nicht um ein Imageprodukt handelt, Verbundeffekte z.B. mit dem Orangensaft bestehen oder andere Gründe dem entgegenstehen. Das Betriebsergebnis würde sich direkt durch den Wegfall des negativen DB I um 6.000 € steigern lassen. Im Unternehmensbereich Konfitüre sollten mittelfristig absatzfördernde und v.a. fixkostensenkende Maßnahmen erwogen werden. Andernfalls wären auch hier programmbereinigende Maßnahmen in Erwägung zu ziehen. Kurzfristig wären diese nicht sinnvoll, da beide Produkte positive DB I erwirtschaften und damit zur Deckung kurzfristig nicht abbaubarer Fixkosten beitragen.

c)

Produkte	Apfel	Orange	Erdbeere	Kirsch	Himbeere	Waldfrucht
DB (€)	- 6.000	18.000	50.000	20.000	20.000	33.000
∑ DB	135.000					
∑ Fixkosten	130.800					
Betriebsergebnis	**4.200**					

Sowohl die einstufige als auch die mehrstufige Deckungsbeitragsrechnung weisen das Planbetriebsergebnis in gleicher Höhe aus. Allerdings gewährt die mehrstufige Deckungsbeitragsrechnung deutlich tiefere Einblicke in die Zusammensetzung des Betriebsergebnisses. Im Gegensatz zu den detaillierten Erkenntnissen unter b) lässt sich neben der Gesamtergebnisermittlung bei der einstufigen Deckungsbeitragsrechnung im Prinzip nur feststellen, dass das Produkt Apfelsaft einen negativen Produktdeckungsbeitrag erwirtschaftet und daher eine kurzfristige Produkteliminierung sinnvoll sein kann. Weitergehende Analysen auf Produkt-, Produktgruppen- und Bereichsebene sind aber nicht möglich.

30 Operative Produktionsprogrammplanung

a)

Produkte	A	B	C	D
DSP (€/ME))	400	600	520	- 100
Rangfolge	3	1	2	-
Max. Menge	10.000	5.000	3.000	7.000
Opt. Menge	10.000	5.000	3.000	0
DB (€)	4.000.000	3.000.000	1.560.000	0
∑ DB	8.560.000			
Fixkosten	4.400.000			
Max. Plangewinn	**4.160.000**			

b)

Produkte	A	B	C	D
DSP (€/ME))	400	600	520	- 100
Rangfolge	3	1	2	-
Max. Menge	10.000	5.000	3.000	7.000
Opt. Menge	10.000	5.000	3.000	500
DB (€)	4.000.000	3.000.000	1.560.000	- 50.000
∑ DB	8.510.000			
Fixkosten	4.400.000			
Max. Plangewinn	**4.110.000**			

c)

Das optimale Produktions- und Absatzprogramm bleibt – wie unter b) ermittelt – bestehen. Der maximale Plangewinn liegt nach wie vor bei 4.110.000 €.

d)

benötigte Kapazität in Min. = 10.000 ME x 5 Min./ME + 5.000 ME x 6 Min./ME
+ 3.000 ME x 13 Min./ME + 500 ME x 2,5 Min./ME
= 120.250 Min.

vorhandene Kapazität in Min. = 60 Min./h x 1.536 h = 92.160 Min.

Das unter b) ermittelte gewinnmaximale Programm ist aufgrund des nun existierenden Fertigungsengpasses nicht mehr realisierbar. Unter Einbezug der relativen Deckungsspanne (= Deckungsspanne/Engpasskoeffizient) als Entscheidungskriterium in Engpasssituationen mit nur einem unternehmensinternen Engpass ergibt sich das folgende gewinnmaximale Produktions- und Absatzprogramm:

Produkte	A	B	C	D
DSP (€/ME)	400	600	520	- 100
Relative DSP (€/Min.)	80	100	40	- 40
Rangfolge	2	1	3	-
Mindestmenge	3.000	-	2.000	500
Kapazität (Min)	15.000	-	26.000	1.250
Zusätzliche Menge	3.982	5.000	-	-
Kapazität (Min)	19.910	30.000	-	-
$\sum$ Opt. Menge	6.982	5.000	2.000	500
DB (€)	2.792.800	3.000.000	1.040.000	- 50.000
$\sum$ DB	6.782.800			
Fixkosten	4.400.000			
Max. Plangewinn	**2.382.800**			

31 Operative Programmplanung und mehrstufige Deckungsbeitragsrechnung

a) vorhandene Kapazität in Sekunden = 320 h x 60 Min./h x 60 Sek./Min.
= 1.152.000 Sekunden

	Erdbeer-konfitüre	Kirsch-konfitüre	Himbeer-konfitüre	Waldfrucht-konfitüre	$\sum$
Fertigungszeit in Sekunden	500.000	150.000	125.000	450.000	1.225.000

Es liegt ein Fertigungsengpass vor, d.h. das optimale Produktions- und Absatzprogramm ist auf Grundlage der relativen Deckungsspannen zu ermitteln:

Produkte	Erdbeer-konfitüre	Kirsch-konfitüre	Himbeer-konfitüre	Waldfrucht-konfitüre
DSP (€/Glas)	0,50	0,50	1,00	0,55
Sek./Glas	5	3,75	6,25	7,5
Rel. DSP (€/Sek.)	0,100	0,133	0,160	0,073
Rangfolge	3	2	1	4
Opt. Menge	100.000	40.000	20.000	50.266
Kapazität (Sek.)	500.000	150.000	125.000	376.995

b)

Bereich	Säfte		Konfitüre			
Gruppe			Standard		Wellness	
Produkt	Apfel	Orange	Erdbeere	Kirsch	Himbeere	Waldfrucht
db (€/ME)	- 0,10	0,30	0,50	0,50	1,00	0,55
DB I (€)	–	18.000	50.000	20.000	20.000	**27.646**[4]
Produkt-fixkosten	6.000	5.200	45.000	21.000	10.200	10.000
DB II	**- 6.000**	12.800	5.000	- 1.000	9.800	**17.646**
∑ DB II	**6.800**		4.000		**27.446**	
Gruppen-fixkosten	-		5.000		7.400	
DB III	**6.800**		- 1.000		**20.046**	
∑ DB III	**6.800**		**19.046**			
Bereichs-fixkosten	2.000		10.000			
DB IV	**4.800**		**9.046**			
∑ DB IV	**13.846**					
Betriebs-fixkosten	9.000					
Betriebs-ergebnis	**4.846**					

Im Sinne einer gewinnmaximalen Handlungsweise empfiehlt es sich, Produkte mit negativer Deckungsspanne aus dem Produktions- und Absatzprogramm zu nehmen (Apfelsaft). Dadurch lässt sich der Plangewinn um 6.000 steigern und ein Abrutschen in die Verlustzone vermeiden. Eine weitere Steigerung des Planbetriebsergebnisses durch Kapazitätsumschichtung im Bereich Konfitüre ist – wie die relativen Deckungsspannen der Konfitürensorten unter a) zeigen – nicht mehr möglich. Das ermittelte Planbetriebsergebnis stellt den unter diesen Bedingungen maximal erzielbaren Gewinn dar.

32 Operative Verfahrensplanung

1) **Vorperiode:**

Maschine	k_{vA} (€/ME)	k_{vB} (€/ME)	k_{vC} (€/ME)
I	8,00	7,00	8,00
II	3,60	4,50	3,75
III	**2,00**	**2,00**	**1,65**

---

[4] Es wude auf volle Euro-Beträge abgerundet.

Die Produktion aller Werkstücke auf Maschine III wäre kostenminimal.
Kapazitätsprüfung Maschine III:
= 1 Min./ME x 5.000 ME + 2 Min./ME x 2.000 ME + 1,5 Min./ME x 1.000 ME
= 10.500 Minuten

Es liegt kein Engpass auf der Stanzmaschine III vor, so dass alle drei Werkstücke mit ihren maximalen Produktionsmengen auf der kostenminimalen Anlage (III) gefertigt werden können.

(minimale) Gesamtkosten
= 50.000 € + 50.000 € + 100.000 € + 2,0 €/ME x 5.000 ME + 2,0 €/ME x 2.000 ME + 1,65 €/ME x 1.000 ME = **215.650 €**

2) **Planungsperiode:**

Kapazitätsprüfung Maschine III:
= 1 Min./ME x 7.000 ME + 2 Min./ME x 3.000 ME + 1,5 Min./ME x 3.000 ME
= 17.500 Minuten

Da nun auf Stanzmaschine III ein Kapazitätsengpass vorliegt, muss die Produktionsaufteilung auf Basis der relativen Kostendifferenzen erfolgen. Bei Produktionsverlagerung von Maschine III auf Maschine II ergeben sich für die drei Werkstücke folgende Kostendifferenzen (KD):

Werkstück	A	B	C
absolute KD (€/ME)	3,60 - 2,00 = 1,60	4,50 - 2,00 = 2,50	3,75 - 1,65 = 2,10
relative KD (€/Min)	1,60/1 = 1,60	2,50/2 = 1,25	2,10/1,5 = 1,40

Hieraus ergibt sich folgende (kostenminimale) Produktionsaufteilung:

	Werkstück A	Werkstück B	Werkstück C	∑ Kapazität
Maschine I	-	-	-	-
Maschine II		3.000 ME	556 ME	10.390 Min.
Maschine III	7.000 ME	-	2.444 ME	10.666 Min.

(minimale) Gesamtkosten
= 50.000 € + 50.000 € + 100.000 € + 2,0 €/ME x 7.000 ME + 4,50 €/ME x 3.000 ME + 1,65 €/ME x 2.444 ME + 3,75 €/ME x 556 ME = **233.617,60 €**

33 Make-or-Buy-Entscheidungen

a) **Kapazitätsprüfung:**
160 ME x 2 FZE/ME + 150 ME x 3 FZE/ME + 170 ME x 3 FZE/ME + 120 ME x 2 FZE/ME + 170 ME x 4 FZE/ME = **2.200 FZE** (Fertigungsengpass)

Es liegt ein Fertigungsengpass vor, d.h. die Make-or-Buy-Entscheidung ist auf Grundlage der relativen Deckungsspannen bzw. relativen Deckungsspannendifferenzen [(DSP_{EF} - DSP_{FF})/Engpasskoeffizient] zu treffen:

	XT1	XT2	XT3	YZ1	YZ2
DSP_{EF} (€/ME)	1.000	1.380	1.740	2.000	2.080
DSP_{FF} (€/ME)	-	-	-	1.070	880
Rel. DSP (€/FZE)/ Rel. DSP-Diff. (€/FZE)	500	460	580	465	300
Rangfolge	2	4	1	3	5
Opt. Menge (EF)	160	130	170	120	-
Kapazität (FZE)	320	390	510	240	-
Opt. Menge (FF)					170

Das Unternehmen sollte die Buy-Option für die Teilefertigung von YZ2 nutzen. Die Teilefertigung von YZ1 sollte aber trotz Engpasssituation aus erfolgswirtschaftlicher (gewinnmaximaler) Sicht durch das Unternehmen in Eigenfertigung erfolgen, auch wenn hierdurch die Absatzhöchstmenge von XT2 nicht realisiert werden kann.

b) DB (EF) = 160.000 € + 179.400 € + 295.800 € + 240.000 € = 875.200 €
DB (FF) = 880 €/ME x 170 ME = 149.600 €
$\sum$ DB = 875.200 € + 149.600 € = 1.024.800
Betriebsergebnis = 1.024.800 - 750.000 = **274.800 €**

34 Erfolgsorientierte Preisuntergrenzen

a) $PUG_{ZA} = k_{vZA}$ = (270.000 € + 30.000 €)/1.500 ME + 100 €/ME = 300 €/ME

b) Kapazitätsprüfung (ohne Zusatzauftrag):
5.000 ME x 2 FZE/ME + 6.000 ME x 2 FZE/ME + 7.500 ME x 1 FZE/ME + 8.000 ME x 2,5 FZE/ME = 49.500 FZE
Es liegt ein Fertigungsengpass vor. Auf Grundlage relativer Deckungsspannen ergibt sich folgendes optimale Programm (ohne Zusatzauftrag):

Produkte	A	B	C	D
DSP (€/ME)	200	400	160	500
Rel. DSP (€/FZE)	100	200	160	200
Rangfolge	3	1	2	1
Max. Menge	5.000	6.000	7.500	8.000
Opt. Menge	4.750	6.000	7.500	8.000
Kapazität (FZE)	9.500	12.000	7.500	20.000
DB (€)	950.000	2.400.000	1.200.000	4.000.000
$\sum$ DB	**8.550.000**			

c) **Zusatzauftrag i.H.v 1.500 Bauteilen E:**

benötigte Kapazität = 1,5 FZE/ME x 1.500 ME = 2.250 FZE
Verdrängung des Bauteils mit der geringsten relativen Deckungsspanne (A)
Mengenverlust von A = 2.250/2 = 1.125 Bauteile
$\mathbf{PUG_{ZA}}$ = (200 €/ME x 1.125 ME)/1.500 ME + 300 €/ME = **450 €/Bauteil E**

Die Annahme des Zusatzauftrages ist aus erfolgswirtschaftlicher Sicht erst ab einem Verkaufspreis i.H.v. 450 €/Bauteil E sinnvoll. Bei Annahme des Zusatzauftrags zu diesem Preis ergibt sich:

DB-Verlust (A) = 200 €/ME x 1.125 ME = 225.000 €
DB-Gewinn (E) = (450 €/ME - 300 €/ME) x 1.500 ME = 225.000 €

Die Gewinnsituation des Unternehmens ändert sich somit nicht (Handlungsindifferenz). Erst bei Realisierung von Verkaufspreisen oberhalb der Preisuntergrenze ist der DB-Gewinn (E) größer als der DB-Verlust (A) und der Zusatzauftrag sollte angenommen werden.

d) **Zusatzauftrag i.H.v 8.000 Bauteilen E:**

benötigte Kapazität = 1,5 FZE/ME x 8.000 ME = 12.000 FZE
Verdrängung der Bauteile mit den geringsten relativen Deckungsspannen (A, C)
Mengenverlust von A = 4.750 Bauteile (= 9.500 FZE)
Mengenverlust von C = 2.500 Bauteile (= 2.500 FZE)
$\mathbf{PUG_{ZA}}$ = (200 €/ME x 4.750 ME + 160 €/ME x 2.500 ME)/8.000 ME + 300 €/ME
= **468,75 €/Bauteil E**

Zusatzauftrag i.H.v 15.000 Bauteilen E:

benötigte Kapazität = 1,5 FZE/ME x 15.000 ME = 22.500 FZE
Verdrängung der Bauteile mit den geringsten relativen Deckungsspannen (A, C, B **oder** D, da beide letztgenannten mit 200 €/FZE identische relative Deckungsspannen aufweisen).
Mengenverlust von A = 4.750 Bauteile (= 9.500 FZE)
Mengenverlust von C = 7.500 Bauteile (= 7.500 FZE)
Mengenverlust von B = 2.750 Bauteile (= 5.500 FZE)
oder Mengenverlust von D = 2.200 Bauteile (5.500 FZE)
$\mathbf{PUG_{ZA}}$ = (200 €/ME x 4.750 ME + 160 €/ME x 7.500 ME
+ 400 €/ME x 2.750 ME)/15.000 ME + 300 €/ME = **516,67 €/Bauteil E**

oder

$\mathbf{PUG_{ZA}}$ = (200 €/ME x 4.750 ME + 160 €/ME x 7.500 ME
+ 500 €/ME x 2.200 ME)/15.000 ME + 300 €/ME = **516,67 €/Bauteil E**

35 Erfolgs- und liquiditätsorientierte Preisuntergrenzen

a) **erfolgsorientierte Preisuntergrenze (kurzfristig):**

Zu berücksichtigen sind alle variablen Kosten (hier: Lohn- und Materialkosten, variable Abschreibungen, Bauteil). Das Bauteil ist dabei zum Wiederbeschaffungspreis zu bewerten (Prinzip der Substanzerhaltung, vgl. 3.3.5.1):

$\mathbf{PUG_{kurzfr.}} = k_v = 20$ €/ME + 30 €/ME + 10 €/ME + 80 €/ME = **140 €/ME**

erfolgsorientierte Preisuntergrenze (langfristig):

Langfristig müssen neben den variablen Kosten auch sämtliche Fixkosten (hier: Gehälter, Unternehmerlohn, Miete) gedeckt werden:

$\mathbf{PUG_{langfr.}} = k_v + k_f = 140$ €/ME + (100.000 € + 20.000 €)/10.000 ME = **152 €/ME**

b) **liquiditätsorientierte Preisuntergrenze:**

Zu berücksichtigen sind alle liquiditätswirksamen variablen und fixen Kosten (hier: Material-/Lohnkosten und Gehälter) sowie Veränderungen des Liquiditätsbestandes aufgrund nicht kosten-, aber liquiditätswirksamer sonstiger Ein- und Auszahlungen (hier: Einzahlungen aus Forderungen für Verkäufe der Vorperiode, Tilgungsrate des Darlehens, noch ausstehende Lohnzahlungen früherer Perioden):

$\mathbf{PUG_L} = k_{vL} + k_{fL} - \Delta L/X$ = 20 €/ME + 30 €/ME + 100.000 €/10.000 ME
- (50.000 € - 60.000 € - 10.000 €)/10.000 ME
= **62 €/ME**

Bei Realisierung dieser liquiditätsorientierten PUG gilt:

Einzahlungen = 62 €/ME x 10.000 ME + 50.000 € = 670.000 €
Auszahlungen = (20 €/ME + 30 €/ME) x 10.000 ME
+ 100.000 € + 60.000 € + 10.000 € = 670.000 €

Die Liquiditätssituation bleibt somit unverändert, da die Einzahlungen den Auszahlungen entsprechen (Einzahlungsüberschuss = 0). Um eine Verbesserung der Liquiditätssituation zu erreichen, muss das Unternehmen einen Absatzpreis oberhalb dieser Preisuntergrenze anstreben. Aus erfolgsorientierter Sicht muss dieser sogar deutlich über der liquiditätsorientierten Preisuntergrenze liegen (vgl. Ergebnisse zu a).

36 Break-Even-Analyse

a) **Gewinnpunkt (GP):**

k_v = (10 Mio. € - 4 Mio. €)/5000 Stück = 1.200 €/Stück
DSP = 2.450 €/Stück - 1.200 €/Stück = 1.250 €/Stück
$\mathbf{B_{GP}}$ = (4 Mio. € + 2 Mio. €)/1.250 €/Stück = **4.800 Stück**

b) **Sicherheitskoeffizient (S):**

$\mathbf{B_{BEP}}$ = 4 Mio. €/1.250 €/Stück = **3.200 Stück**

S = (4.800 Stück - 3.200 Stück)/4.800 Stück x 100 = 33.34%

Kapazitätsgrad (KG):

KG = (1.250 €/Stück x 4.800 Stück)/4. Mio. € = 1,5

Die anfallenden Fixkosten werden bei einer geplanten Produktions- und Absatzmenge i.H.v. 4.800 Stück 1,5fach durch den Deckungsbeitrag gedeckt.

c) $\mathbf{B_{CP}}$ = (4 Mio. € - 1 Mio. €)/1.250 €/Stück = **2.400 Stück**

$\mathbf{B_{ZPF}}$ = (4 Mio. € - 1 Mio. € - 0,5 Mio. €)/1.250 €/Stück = **2.000 Stück**

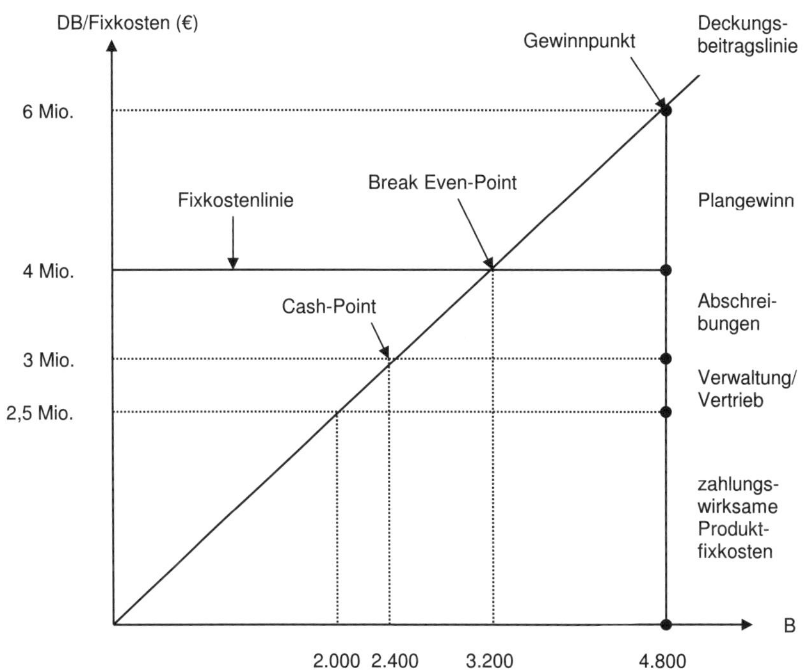

d) **Neuer Gewinnpunkt (GPneu):**

DSP_{neu} = 2.150 €/Stück - 1.150 €/Stück = 1.000 €/Stück

$\mathbf{B_{GPneu}}$ = (3,5 Mio. € + 2 Mio. €)/1.000 €/Stück = **5.500 Stück**

Die notwendige Absatzsteigerung beträgt folglich 700 Stück (= 5.500 - 4.800).

37 Prozesskostenrechnung

a) **Einzelkosten:**

Materialeinzelkosten = 400 €/ME x 8.000 ME + 750 €/ME x 1.000 ME
= 3.950.000 €

Fertigungseinzelkosten = 100 €/ME x 8.000 ME + 150 €/ME x 1.000 ME
= 950.000 €

Herstellkosten = 3.950.000 € + 1.975.000 € + 950.000 € + 8.550.000 €
= 15.425.000 €

Gemeinkostenzuschlagssätze:

- Material: 1.975.000 €/3.950.00 € x 100 = 50%
- Fertigung: 8.550.000 €/950.000 € x 100 = 900%
- Verwaltung: 1.542.500 €/15.425.000 € x 100 = 10%
- Vertrieb: 2.313.750 €/15.425.000 € x 100 = 15%

	A	B
Materialeinzelkosten	400,00	750,00
Materialgemeinkosten (50%)	200,00	375,00
Fertigungseinzelkosten	100,00	150,00
Fertigungsgemeinkosten (900%)	900,00	1.350,00
Herstellkosten	**1.600,00**	**2.625,00**
Verwaltungsgemeinkosten (10%)	160,00	262,50
Vertriebsgemeinkosten (15%)	240,00	393,75
Selbstkosten (€/ME)	**2.000,00**	**3.281,25**

b) **Berechnung des Maschinenstundensatzes:**

∑ Fertigungszeit = 0,5 h/ME x 8.000 ME + 1,5 h/ME x 1.000 ME = 5.500 h

Maschinenstundensatz = 8.550.000 €/5.500 h = **1.554,55 €/h**

Ermittlung der Prozesskostensätze und Prozesskoeffizienten:

	Prozesskosten-satz (lmi)	Umlagesatz (lmn)	Gesamtprozess-kostensatz (€/Prozess)
Einkauf	275,00	62,50	337,50
Warenlager	300,00	25,00	325,00
Vertrieb	2.800,00	285,00	3.085,00

Prozesskoeffizient/Produkt	A	B
Einkauf	0,1875	0,50
Warenlager	0,3750	1,00
Vertrieb	0,0625	0,25

	A	B
Materialeinzelkosten	400,00	750,00
Materialgemeinkosten Einkauf (über Prozesse)	63,28	168,75
Materialgemeinkosten Lager (über Prozesse)	121,88	325,00
Fertigungseinzelkosten	100,00	150,00
Fertigungsgemeinkosten (über Stundensatz)	777,28	2.331,83
Herstellkosten	**1.462,44**	**3.725,58**
Verwaltungsgemeinkosten (10%)	146,24	372,56
Vertriebsgemeinkosten (über Prozesse)	192,81	771,25
Selbstkosten (€/ME)	**1.801,49**	**4.869,39**

c)

Es zeigen sich deutliche Ergebnisunterschiede zwischen den Produktkalkulationen unter a) und b). Während die „traditionelle" Zuschlagskalkulation unter a) bei Produkt A fast 200 €/ME höhere Selbstkosten ausweist, liegen die Selbstkosten für Produkt B pro ME um mehr als 1.500 € unter dem Kalkulationsergebnis von b). Die „traditionelle" Zuschlagskalkulation führt aufgrund der ausschließlichen Verwendung von wertorientierten Bezugsgrößen bei der Gemeinkostenverrechnung zu erheblichen Kostenverzerrungen, deren Umfang im vorliegenden Fall durch den Vergleich mit den Ergebnissen unter b) deutlich wird. Sowohl die Verwendung einer Maschinenstundensatzkalkulation in der Fertigung als auch der Einsatz der Prozesskostenrechnung im Material- und Vertriebsbereich führen zu einer verursachungsgerechteren Verteilung der Gemeinkosten über die Inanspruchnahme von Fertigungszeiten und innerbetrieblichen Prozessen und damit zu einer genaueren Selbstkostenermittlung und einer hierauf aufbauenden exakteren Preiskalkulation.

Literaturhinweise

Adam, D.: Philosophie der Kostenrechnung, Stuttgart 1997

Birker, K.: Kosten- und Leistungsrechnung, Berlin 1998

Coenenberg, A.G.(u.a.): Kostenrechnung und Kostenanalyse, 6. Aufl., Stuttgart 2007

Coenenberg, A.G.: Kostenrechnung und Kostenanalyse - Aufgaben und Lösungen, 3. Aufl., Stuttgart 2003

Coenenberg, A.G./ Fischer, T.M./ Schmitz, J.: Target Costing und Product Life Cycle Costing als Instrumente des Kostenmanagements, in: Zeitschrift für Planung, 1994, S.1-38

Däumler, K.-P./ Grabe, J.: Kostenrechnung 2 (Deckungsbeitragsrechnung), 8. Aufl., Herne, Berlin 2006

Freidank, C.-C.: Kostenrechnung, 8. Aufl., München, Wien 2008

Gutenberg, E.: Grundlagen der Betriebswirtschaftslehre, 1. Bd., Die Produktion, 24. Aufl., Berlin, Heidelberg, New York 1983

Haberstock, L.: Kostenrechnung I (Einführung), 12. Aufl., Hamburg 2005

Haberstock, L.: Kostenrechnung II ((Grenz-) Plankostenrechnung), 9. Aufl., Hamburg 2004

Hummel, S./ Männel, W.: Kostenrechnung 1, 4. Aufl., Wiesbaden 1990

Hummel, S./ Männel, W.: Kostenrechnung 2, 3. Aufl., Wiesbaden 1991

Kern, W.: Operations Research, 6. Aufl., Stuttgart 1987

Kilger, W.: Flexible Plankostenrechnung und Deckungsbeitragsrechnung, 10. Aufl., Wiesbaden 1993

Kloock, J. u.a.: Kosten- und Leistungsrechnung, 9. Aufl., Stuttgart 2005

Müller-Merbach, H.: Operations Research, 3. Aufl., München 1973

Riebel, P.: Einzelkosten- und Deckungsbeitragsrechnung, 7. Aufl., Wiesbaden 1994

Schweitzer, M./ Küpper, H.-U.: Systeme der Kosten- und Erlösrechnung, 8. Aufl., München 2003

Stichwortverzeichnis